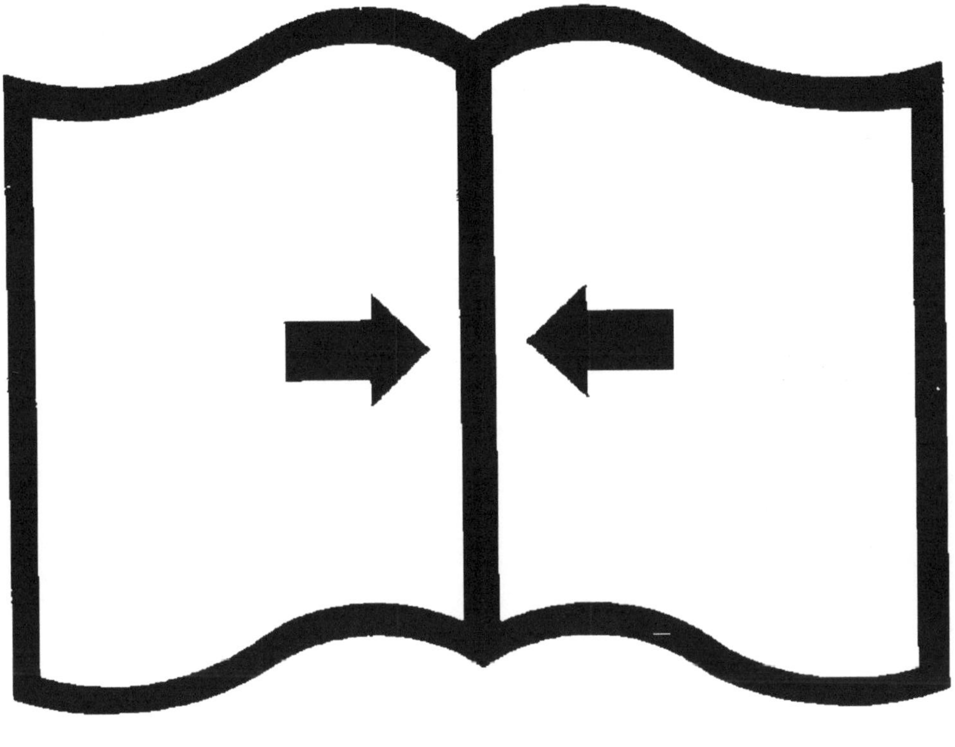

Reliure trop serrée

RECREATIONS MATHEMATIQUES ET PHYSIQUES,

QUI CONTIENNENT

Plusieurs Problêmes d'Arithmetique, de Geometrie, d'Optique, de Gnomonique, de Cosmographie, de Mecanique, de Pyrotechnie, & de Physique. Avec un Traité nouveau des Horloges Elementaires.

Par Mr OZANAM, Professeur des Mathematiques.

TOME PREMIER.

A PARIS,

Chez JEAN JOMBERT, prés des Augustins, à l'Image Nôtre-Dame.

M. DC. XCIV.

AVEC PRIVILEGE DU ROI.

PREFACE.

E ne m'excuferay pas de ce qu'aprés avoir donné au Public des Traitez ferieux qui demandent toute l'application des Lecteurs, il femble que je veüille diffiper leur application & les en détourner par les jeux d'efprit que je leur prefente dans ce premier Volume. La memoire des grands hommes qui ont fait la même chofe que j'entreprends, eft fi glorieufe, que leur exemple vaut toutes les juftifications que je pourrois apporter. Le Docte Bachet fieur de Meziriac, celebre par fes excellens Ouvrages, commença à fe faire connoître dans la Republique des Lettres par un Recüeil qu'il intitula *Problêmes plaifans qui fe font par les Nombres*; Il voulut par ce Livre s'affeurer de fon talent, & du jugement du Public, avant que de mettre au jour fes Commentaires fur l'Arithmetique de Diophante, & les au-

ã ij

PREFACE.

tres Livres qui luy ont acquis une gloire immortelle. Plusieurs autres Auteurs de ce Siecle, comme le fameux Pere Kircher, & les Peres Schot & Bettin n'ont pas moins fait de bruit dans le Monde sçavant, par les Problêmes divertissans qu'ils ont mis dans leurs Ouvrages, que par leurs raisonnemens, & par leurs plus serieuses observations.

Quoique ces grands exemples puissent suffire pour autoriser mon dessein, neanmoins afin que ces hommes illustres que j'ay pris pour garands, ne soient pas eux-mêmes exposez à la censure de ceux qui voudroient les accuser de nouveauté ; je produiray des exemples bien plus anciens, qui font voir que de tout temps les plus grands hommes ont tenu la même conduite, s'étant bien apperçûs que le même fonds de raison qui fait trouver du plaisir dans l'admiration, en doit aussi faire trouver dans les choses qui font le sujet de l'admiration.

Le commerce d'Enigmes que les Rois de Syrie entretenoient, & qui a fait durer si long-temps aprés eux le Stile Parabolique, n'étoit autre chose que des jeux d'esprit, & des entretiens également propres à exciter le plaisir , & à donner de l'élevation à l'esprit. Les Grands de ce

temps-là étoient faits comme ceux d'aujourd'huy : la peine les rebutoit, c'étoit
un coup de l'adresse & de l'habileté extraordinaire de ceux qui les vouloient in-
struire, que de les attacher à l'étude & à
la reflexion , par le plaisir & par la cu-
riosité. Je ne doute pas que l'éducation
que Nathan donna à Salomon par cet exercice, n'ait beaucoup contribué à cette élevation d'ame, & à cette sagesse merveil-
leuse qui fait le caractere & la gloire de ce
Prince.

C'étoit aussi par maniere de divertisse-
ment que les Chaldéens & les Egyptiens
qui ont inventé l'Astronomie, marquoient
par avance à leurs amis les jours & les
circonstances des Eclipses,& qu'ils leur tra-
çoient des figures qui partageoient la durée des jours, qui montroient les routes
des Etoiles , & qui representoient toutes
les varietez des mouvemens des Cieux,
persuadez aussi-bien que les Grecs, que les
premiers plaisirs de l'esprit sont ceux que
l'on emprunte des Mathematiques, dans
lesquelles ils faisoient élever leurs Enfans.
Ils croyoient que si la raison des Enfans
étoit sans action, elle n'étoit pas neanmoins sans force, & qu'il n'y avoit qu'à luy
donner du mouvement pour la perfection-
ner, ce qui se pouvoit faire, en donnant aux

PREFACE.

Enfans de la curiofité qui fait en eux ce qu'une longue fuite de neceffitez de la vie fait dans les perfonnes d'un âge plus avancé. C'eft là le fecret de Socrate qui tiroit des Enfans les refolutions les plus difficiles de la Geometrie & de l'Arithmetique : c'étoit la clef avec laquelle il leur ouvroit l'efprit, il connoiffoit leurs forces; il prédifoit leur deftinée : c'étoit le Demon ou le Genie qu'il confultoit, & qui ne le quittoit jamais.

Bien que les jeux d'efprit, dont je parle, foient des amufemens, ils ne font peut-être pas moins utiles que les exercices, aufquels on applique les jeunes perfonnes de qualité, pour façonner leurs corps, & pour leur donner le bon air : car s'accoûtumer à connoître les proportions, la force des mélanges, à connoître le point qu'on cherche dans la confufion, à prendre de juftes mefures dans les propofitions les plus embroüillées & les plus furprenantes, c'eft fe faire l'efprit aux affaires, c'eft s'armer contre les furprifes, c'eft fe preparer à vaincre les difficultez imprévûës, ce qui vaut bien autant que d'affûrer fa démarche par les leçons des Maîtres à danfer, ou le ton de fa voix par celle des Muficiens.

Ne faut-il pas outre cela que l'on fe dé-

PREFACE.

laſſe quelquefois ? & ſe peut-on délaſſer
par des divertiſſemens que l'on mépriſe,
ou dont on a honte ? Un homme d'Etat
voudroit-il danſer au ſortir du Conſeil &
des plus grandes affaires ? Seroit-il bien
ſéant qu'il fût trouvé dans les exercices
où il paſſoit ſon temps dans ſa jeuneſſe ?
la bien-ſéance, les affaires, & la ſanté ne
le permettent pas. Mais les jeux d'eſprit
ſont de toutes les ſaiſons & de tous les
âges : ils inſtruiſent les Jeunes, ils diver-
tiſſent les Vieux, ils conviennent aux Ri-
ches, & ne ſont pas au deſſus de la portée des Pauvres : les deux Sexes s'en peuvent accommoder ſans choquer la bien-
ſéance. Ces divertiſſemens ont encore l'a-
vantage, qu'on ne peut y commettre d'excés ; car c'eſt un exercice de la raiſon dans
la juſteſſe de ſes démarches, en quoy l'on
ne peut concevoir qu'elle aille à aucune
extremité, puiſque ſon application eſt dans
le juſte milieu qu'elle s'eſt propoſée, & où
ſe trouve la ſolution du Problême propoſé.

Ceux qui ont eu la curioſité d'épier
la conduite des Grands Hommes dans leur
particulier, ont trouvé qu'ils ſe ſont diſ-
tinguez dans leurs divertiſſemens comme
dans leur ſerieux. Auguſte joüoit les ſoirs
avec ſa famille à des jeux d'eſprit, il ne

â iiij

croyoit pas cela au deſſous de luy, il écri-
voit avec autant d'exactitude le détail de
ſes divertiſſemens que celuy des affaires
ſerieuſes. Le Sçavant Juriſconſulte Mutius
Scevola aprés avoir répondu à ceux qui le
venoient conſulter, ſe divertiſſoit à joüer
aux Echets, & étoit devenu un des meilleurs Joüeurs de ſon temps. Le Pape Leon
X. l'un des plus grands hommes de ſon
Siecle, joüoit auſſi quelquefois aux Echets,
ſi l'on en croit Paul Jove, pour ſe délaſſer
de la fatigue des affaires.

Il eſt certain que le Jeu des Echets a été
inventé pour inſtruire, auſſi bien que pour
divertir; en repreſentant les attaques &
les défenſes des pieces differentes, leur
marche, & leurs avantures, on a voulu
faire des Leçons de morale, & montrer
par le deſaſtre du Roy des Echets, qu'un
Prince tombe immanquablement au pouvoir de ſes Ennemis, quand il s'eſt dépoüil-
lé de ſes Soldats, & qu'il ne peut negli-
ger la perte d'un ſeul de ſes Sujets, ſans
s'expoſer à celle de ſes propres Etats.

On peut reduire tous les Jeux qui ont
été inventez, ou qu'on pourroit inventer,
à trois ordres, ou trois claſſes differentes:
la premiere eſt de ceux qui dépendent ab-
ſolument des nombres & des figures, comme les Echets, le Jeu des Dames, & quel-

ques autres : la seconde de ceux qui dépendent du hazard, comme les Dez, &
les Jeux semblables : la troisiéme de ceux
qui dépendent de la justesse des mouvemens, comme les Jeux de l'Arquebuse,
de l'Arc, de la Paume, & du Billard. Il
y en a qui sont mêlez d'adresse & de hazard, comme le Trictrac, le Hocca, les
Cartes, & la plûpart des autres. Mais il
est constant, qu'il n'y en a point qu'on
ne puisse si bien soûmettre aux Regles des
Mathematiques, que l'on ne fût assûré de
gagner, si l'on y pouvoit apporter toute
l'habileté necessaire. Les Jeux d'adresse
ont tant de rapport aux principes de la
Statique & de la Mecanique, que ce n'est
que faute d'en bien sçavoir les regles, ou de
les bien mettre en usage, que l'on ne gagne pas dans ces Jeux-là. Il n'y a point de
Jeu de hazard, où la victoire ne dépen-
de de la rencontre d'un nombre, ou du
poids, ou de l'étenduë de la figure. Le
Joüeur qui imprime le mouvement pourroit déterminer la fin, s'il étoit parfaitement habile, & quoique cela ne paroisse
pas possible, parce qu'on ne trouve personne d'une parfaite habileté, il est neanmoins vray que l'on pourroit le faire, &
qu'une methode infaillible de gagner aux
Echets, n'est pas absolument impossible;

PREFACE.

Perſonne ne l'a encore trouvée, & je ne crois pas qu'on la trouve jamais, parce qu'elle dépend d'un trop grand nombre de combinaiſons. C'eſt aſſez qu'un point de perfection ſoit poſſible, pour engager les curieux au travail. L'Orateur parfait, diſoit Ciceron, n'a jamais été, mais il eſt poſſible, ſon idée, telle que ce grand Maître la peint, ſert de modele à ceux qui ſe mettent en devoir de ſe rendre habiles en Eloquence. Il en eſt de même du Poëte, du Peintre, de l'Architecte., du Medecin, & de tous les autres. Auſſi quoy qu'il ſoit vray, que perſonne ne ſçaura la methode immanquable de tous les Jeux, ni peut-être d'aucun, neanmoins il ne faut pas laiſſer de s'y rendre le plus habile que l'on peut, en tâchant d'approcher de l'idée qu'on ſe fait de cette methode, qui eſt enfermée dans l'exactitude des regles & des principes des Mathematiques.

C'eſt une choſe bien extraordinaire que de vouloir mettre les Joüeurs dans mon parti, & engager dans l'étude des Récreations Mathematiques les Hommes d'Etat & les Capitaines: mais puis-je empêcher tout le monde de profiter des leçons qui ſont établiés ſur les principes les plus naturels, & ſur les veritez attachées à l'eſſence des choſes? Puis-je défendre des plaiſirs qui ſont engageans par leur utilité, & qui ſont ſi communs, ſi faciles, & ſi propres à tous ceux qui ont de la raiſon, qu'on ne peut pas les ôter aux hommes, ſans les priver de ce qu'il y a de plus agreable dans la vie.

Un ſeul Livre n'eſt pas capable de contenir toutes les propoſitions qu'on peut faire ſur cette matiere, c'eſt pourquoy je diviſe mon Traité en deux Volumes, où je ne donne que les Problêmes les plus faciles, les plus utiles, & les plus agreables: & pour conſerver un ordre je mettray les Problêmes des Nombres dans l'Arithmetique, les Problêmes Geometriques dans la Geometrie, &c. Ce premier Volume contient les Problêmes d'Arithmetique, de Geometrie, d'Optique, de Gnomonique, & de Coſmographie : le ſecond Volume comprend les Problêmes de Mecanique, de Pyrotechnie, & de Phyſique.

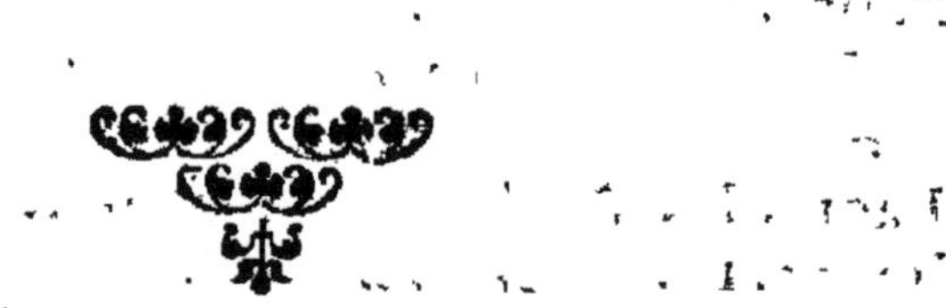

DES PROBLE'MES.

TABLE

DES PROBLE'MES.

TABLE

DES PROBLEMES.

PROBLEMES DE GEOMETRIE.

TABLE

ê iij

TABLE

TABLE

PROBLE'MES D'OPTIQUE.

DES PROBLEMES.

PROLE'MES DE GNOMONIQUE.

PROBLE'MES DE COSMOGRAPHIE.

DES PROBLE'MES.

Fin de la Table des Problêmes.

Extrait du Privilege du Roy.

PAr grace & Privilege du Roy, il eft permis au fieur Ozanam, Pro-
feffeur en Mathematique, de faire imprimer, vendre & diftribuer
un Livre intitulé *Cours de Mathematique, qui comprend toutes les parties
de cette Science les plus utiles & les plus neceffaires,* &c. *Avec des Recreations Mathematiques & Phyfiques,* &c. en un ou plufieurs Volu-
lumes, conjointement ou feparément, en telle marge, grandeur, & caractere qu'il voudra, durant le temps de quinze années, à commencer du
jour que ledit Ouvrage fera achevé d'imprimer, avec défenfes à tous
Libraires, Imprimeurs, & à toute autre perfonne, d'imprimer, faire imprimer ledit Ouvrage fous pretexte de correction, d'augmentation,
changement de titre, ni autrement, à peine de deux mille livres d'a-
mende, & autres peines portées par ledit Privilege. DONNE' à Verfailles
le onziéme jour de Janvier l'an de grace 1691. Signé, Par le Roy en fon
Confeil, BOUCHER.

Et ledit fieur Ozanam a cedé le prefent Privilege à Jean Jombert, Li-
braire à Paris, fuivant l'accord fait entre eux.

*Regiftré fur le Livre de la Communauté des Libraires & Imprimeurs de
Paris, le 21. Janvier 1691.* Signé P. AUBOÜIN. Syndic.

PROBLEMES

PROBLEMES

D'ARITHMETIQUE

OMME je ne prétens pas ajoûter ici des Problèmes bien difficiles, je ne prétens pas aussi en donner les démonstrations, pour ne pas embarrasser l'esprit de ceux que je veux divertir par la lecture de plusieurs Problèmes utiles & agreables, me contentant de leur donner pour la solution de ces Problèmes des regles infaillibles qui ne les tromperont jamais.

PROBLEME I.

Une Abbesse aveugle visitant ses Religieuses qui sont dispersées également dans huit Cellules construites aux quatre angles d'un Quarré, & au milieu de chaque côté, trouve par tout un nombre égal de personnes dans chaque rang, qui est composé de trois Cellules : & en les visitant une seconde fois, elle trouve dans chaque rang le même nombre de personnes, quoiqu'il y soit entré quatre hommes : & en les visitant une troisséme fois, elle trouve encore dans chaque rang le même nombre de personnes, quoique les quatre hom-

mes soient sortis, chacun avec une Religieuse;
on demande comment cela se peut & se doit faire.

POur resoudre le premier cas, auquel les quatre hommes sont entrez dans les Cellules, il faut qu'un homme se mette dans la Cellule de chaque angle, & que deux Religieuses en sortent pour passer dans chaque Cellule du milieu; en sorte que chaque Cellule des angles contienne une personne moins qu'auparavant, & que chaque Cellule du milieu en contienne deux de plus. Comme si dans la premiere visite chaque Cellule contenoit, par exemple, trois Religieuses, en sorte que chaque rang fût de neuf Religieuses, qui seroient en tout au nombre de vingt-quatre, il faut que dans la seconde visite; c'est à dire dans le premier cas, il y ait cinq Religieuses dans chaque milieu, & deux personnes dans chaque angle, sçavoir un homme & une Religieuse, ce qui fera toûjours neuf personnes dans chaque rang.

3	3	3
3		3
3	3	3

2	5	2
5		5
2	5	2

4	1	4
1		1
4	1	4

Pour resoudre le second cas, auquel les quatre hommes sont sortis, avec quatre Religieuses, chaque Cellule des angles contiendra une Religieuse de plus que dans la premiere visite, & chaque Cellule du milieu en contiendra deux de moins : de sorte que dans cet exemple chaque cellule des angles contiendra quatre Religieuses, & il y en aura seulement une dans chaque Cellule du milieu, ce qui

fera auſſi neuf perſonnes dans chaque rang, quoy
qu'il ne reſte plus que vingt Religieuſes.

PROBLEME II.

Souſtraire par une ſeule operation pluſieurs ſommes
de pluſieurs autres ſommes données.

POur ôter toutes les ſommes d'en bas, qui ſont
au deſſous de la ligne en B, de toutes les ſommes d'en haut, qui ſont au deſſus de la ligne en A,
l'on commencera à ajoûter enſemble les nombres
de la premiere colonne d'en bas à
la droite, en diſant 8 & 4 font
12, & 2 font 14, qui étant ôtez
de la plus proche dizaine, c'eſt à
dire de deux dixaines, ou de 20,
il reſte 6, qu'on ajoûtera à la colonne correſpondante de deſſus,
en diſant 6 & 8 font 14, & 2 font
16, & 4 font 20, & 3 font 23,
il faudra écrire 3 en deſſous, &
parce qu'il y a ici deux dixaines
comme auparavant, on ne retien-
dra rien. Ajoûtez de la même façon les nombres de
la colonne ſuivante d'en bas, en diſant 0 & 5 font
5, & 4 font 9, qui étant ôtez de la plus proche
dixaine, ou de 10, il reſte 1, qu'on ajoûtera pareillement à la colonne correſpondante d'en haut,
en diſant 1 & 4 font 5, & 5 font 10, & 6 font
16, & 4 font 20, il faudra écrire 0 en deſſous,
& parce qu'il y a ici deux dixaines, & que dans la
colonne d'en bas il n'y en a eu qu'une, on retiendra la difference 1, qu'on ôtera de la colonne ſuivante d'en bas, parce qu'on a trouvé plus de dixai-

A ij

nes en A qu'en B, car il la faudroit ajoûter, si l'on avoit trouvé moins de dixaines en A qu'en B, & quand il arrivera que cette difference ne pourra pas être ôtée de la colonne d'en bas, pour n'y avoir point de figures significatives, comme il arrive ici à la cinquiéme colonne, on l'ajoûtera à la colonne d'en haut, & l'on écrira toute la somme au dessous de la ligne, de sorte que dans cet exemple l'on aura 162003, pour le reste de la Soustraction.

PROBLEME III.

Multiplication abregée.

POur multiplier un nombre quelconque, par exemple 128, par un nombre qui soit produit par la Multiplication de deux autres, comme par 24, qui est produit par la Multiplication de ces deux 4, 6, ou de ces deux, 3, 8 ; on multipliera le nombre proposé 128 par 4, & le produit 512 par 6, ou bien on multipliera le nombre proposé 128 par 3, & le produit 384 par 8, & l'on aura 3072 pour le produit de la multiplication qu'il falloit faire.

D'où il suit, que pour multiplier un nombre proposé par un nombre quarré, il faut multiplier le nombre proposé par le côté de ce nombre quarré, & multiplier encore le produit par le même côté. Comme pour multiplier 128 par 25, dont la Racine quarrée, ou le côté est 5, on multipliera 128 par 5, & le produit 640 encore par 5, & l'on aura 3200 pour le produit de la Multiplication. Ainsi pour sçavoir combien il y a de pieds quarrez en 32 toises quarrées, on multipliera 32 par 6, & le produit 192 encore par 6, & l'on aura 1152 pour le nombre des pieds quarrez qu'on cherche.

Pour multiplier un nombre quelconque, par exemple, 128 par un nombre qui soit produit par la Multiplication de trois autres, comme par 108, qui est produit par la Multiplication de ces trois 2, 6, 9, ou de ces trois 3, 6, 6; on multipliera le nombre proposé 128 par 2, & le produit 256 par 6, & le second produit 1536 par 9, ou bien l'on multipliera le nombre proposé 128 par 3, & le produit 384 par 6, & le second produit 2304 encore par 6, & l'on aura 13824 pour le produit de la Multiplication qu'il falloit faire.

D'où il suit, que pour multiplier un nombre proposé par un nombre cubique, il faut multiplier le nombre proposé par le côté de ce nombre cubique, & le produit par le même côté, & le second produit encore par le même côté. Comme pour multiplier 128 par 125, dont la Racine cubique ou le côté est 5, on multipliera 128 par 5, & le produit 640 encore par 5, & le second produit 3200 derechef par 5, & l'on aura 16000 pour le produit de la Multiplication. Ainsi pour sçavoir combien il y a de pieds cubes en 32 toises cubes, on multipliera 32 par 6, & le produit 192 aussi par 6, & le second produit 1152 encore par 6, & l'on aura 6912 pour le nombre des pieds cubes qu'on cherche.

Pour multiplier un nombre quelconque par telle puissance qu'on voudra de 5, on ajoûtera au nombre proposé vers la droite autant de zero que l'exposant de la Puissance comprendra d'unitez, comme un zéro pour 5, deux zero pour son quarré 25, trois zero pour son cube 125, & ainsi ensuite, & l'on divisera ce nombre ainsi augmenté par une semblable Puissance de 2, sçavoir par 2 pour 5, par 4 pour son quarré 25 ; par 8 pour son cube 125 , & ainsi ensuite.

Comme pour multiplier 128 par 5 , on divisera 1280 par 2 , & le quotient 640 sera le produit de la Multiplication : mais pour multiplier 128 par 25 quarré de 5 , on divisera 12800 par 4 quarré de 2 , & le quotient donnera 3200 pour le produit de la Multiplication : & pour multiplier le même nombre 128 par 125 cube de 5 ; on divisera 128000 par 8 cube de 2 , & le quotient donnera 16000 pour le produit de la Multiplication. Ainsi des autres , comme vous voyez dans la Table suivante.

128.0.	128.00.	128.000.	128.0000
5	25	125	625
2	4	8	16
640	3200	16000	80000

Pour sçavoir combien valent 53 loüis d'or à 11 livres le loüis d'or , il faudroit multiplier 53 par 11 ; pour cette fin on écrira 53 sous 53 , en l'avançant d'une colonne vers la gauche , en sorte que le 3 réponde sous le 5 , & la somme de ces deux nombres ainsi dispo-

   53
   53
  ————
  583

sez , donnera 583 livres pour la valeur de 53 loüis d'or , à 11 livres le loüis d'or.

Pour sçavoir combien valent 53 loüis d'or à 12 liv. 10 s. le loüis d'or, il faudroit multiplier 12 liv. 10 s. par 53 , pour cette fin on prendra la huitiéme partie du nombre donné 53 , augmenté de deux zero vers la droite , sçavoir la huitiéme partie

de 5300 consideré comme 5300 livres , & l'on aura 662 liv. 10 s. pour la valeur de 53 loüis d'or à
12 liv. 10 s. le loüis d'or.

Pour sçavoir combien valent 53 loüis d'or à 12
liv. 5 s. le loüis d'or, il faudroit multiplier 12 l.
5 s. par 53 , pour cette fin on multipliera 53 que
l'on considerera comme 53 liv. par 7 , & le produit 371 liv. encore par 7 , & le quart du second
produit 2597 liv. donnera 649 liv. 5 s. pour la valeur de 53 loüis d'or à 12 liv. 5 s. le loüis d'or.

Pour sçavoir combien il y a de pouces en 53
pieds, il faudroit multiplier 53 par 12 , ce qui se
pourroit faire en multipliant 53 par 2 , & le produit 106 par 6 , ou bien 53 par 3 , & le produit
159 par 4 : mais cela se peut faire sans aucune
Multiplication , sçavoir en écrivant 53 sous 53 , &

```
  53      encore une fois 53 au dessous, en l'a-
  53      vançant d'une colonne, en sorte que le
  53      3 réponde sous le 5 , car la somme de
 ----     ces trois nombres ainsi disposez, donnera
  636     636 pour le nombre des pouces qui
```

sont compris en 53 pieds, qui est aussi le nombre
des deniers qui sont compris en 53 sols.

Pour multiplier ensemble deux nombres compo-

```
   ⎧4——— 8    sez de plusieurs figures , par exem-
  2⎨6———12    ple 12 & 18 , on reduira le pre-
   ⎩8———16    mier nombre 12 en ces trois par-
   ⎧4———16    ties composées chacune d'une seule
  4⎨6———24    figure 2 , 4 , 6 ; & pareillement le
   ⎩8———32    second nombre 18 en ces trois par-
   ⎧4———24    ties composées aussi chacune d'une
  6⎨6———36    seule figure 4 , 6 , 8 , dont chacune
   ⎩8———48    sera multipliée par la premiere par-
   ————————   tie 2 du premier nombre , & en-
 somme 216    suite par la seconde figure 4 du
```

même premier nombre, & enfin par la troisième figure 6 du même premier nombre, & la somme de
tous les produits sera celuy qui doit provenir en
multipliant 12 par 18, ou 18 par 12.

PROBLEME IV.

Division abregée.

POur diviser un grand nombre par un plus petit,
par la seule Addition & Soustraction, comme
1492992 par 432, il faudroit mettre, selon la
methode commune le diviseur 432 vers la gauche
sous 1492, pour sçavoir combien de fois il y est

1	432	1492992
2	864	1296... (3456
3	1296	
4	1728	1969
5	2160	1728
6	2592	
7	3024	2419
8	3456	2160
9	3888	
10	4320	2592
		2592
		000

compris : mais pour n'avoir pas cette peine, faites
un tarif du diviseur 432 en le mettant vers la droite, vis-à-vis de 1, & l'ajoûtez à luy-même, pour
avoir son double 864, que vous écrirez sous 432
vis-à-vis de 2, puis ajoûtez le même nombre 432
à son double 864, pour avoir son triple 1296,
que vous écrirez en bas vis-à-vis de 3. Ajoûtez pa-

reillement le même diviſeur 432 à ſon triple 1296,
pour avoir ſon quadruple 1728, que vous écrirez
en deſſous vis-à-vis de 4, & ainſi des autres, en
écrivant toûjours les multiples du diviſeur 432,
vis-à-vis des autres nombres 5, 6, 7, 8, 9, 10,
dont le dernier 10 doit avoir vis-à-vis à la droite
le même diviſeur 432 augmenté d'un zero vers la
droite, ſi le tarif eſt bien fait.

Cette preparation étant faite, pour ſçavoir tout
d'un coup combien de fois le diviſeur 432 eſt
compris dans 1492, cherchez ce nombre 1492
dans le tarif, ou ſon plus proche & moindre qui eſt
1296, lequel ſe trouvant vis-à-vis de 3, ſera la premiere figure du quotient, & ſi l'on ôte ce nombre
prochainement moindre 1296 de 1492, il reſtera
196 pour le reſte de la diviſion, vis-à-vis duquel il
faudra mettre vers la droite la figure ſuivante 9, qui
ſuit après 1492, pour avoir en tout 1969, que
vous chercherez dans le tarif, ou ſon moindre le
plus proche, qui eſt 1728, lequel ſe rencontrant
vis-à-vis de 4, ce nombre 4 ſera la ſeconde figure
du quotient, & ce nombre prochainement moindre 1728 étant pareillement ôté de 1969, il reſtera 241 pour le reſte de la diviſion, auquel il faudra comme auparavant ajoûter à la droite le nombre immediatement ſuivant 9 du dividende, pour
avoir en tout 2419, que vous chercherez de la
même façon dans le tarif, ou ſon plus proche &
moindre, qui eſt 2160, lequel donnera 5 pour
la troiſiéme figure du quotient, & ainſi enſuite.

Cette maniere eſt tres-commode, quand il faut
diviſer en pluſieurs rencontres de grands nombres
par un même nombre plus petit, parce qu'ayant
fait un tarif du diviſeur, il pourra toûjours ſervir
pour faire toutes ces diviſions. Comme il arrive

souvent aux Arpenteurs qui ont souvent befoin de
divifer de grands nombres par 144, lorfqu'ils veulent reduire des pouces quarrez en des pieds quarrez, ou par 1728, quand ils veulent reduire des
pouces cubes en des pieds cubes.

Pour divifer un nombre quelconque par telle
Puiffance qu'on voudra de 5, on le multipliera par
une femblable Puiffance de 2, & l'on retranchera
du produit vers la droite autant de figures que le
degré de la Puiffance contiendra d'unitez, & les figures qui refteront vers la gauche, reprefenteront le
quotient de la divifion, & celles qui auront été retranchées feront le numerateur d'une fraction, dont le
denominateur fera une femblable Puiffance de 10.

Comme pour divifer 128 par 5, on retranchera
le 6 qui eft à la droite du double 256 de 128, &
l'on aura $25\frac{6}{10}$ pour le quotient de la divifion :
& pour divifer le même nombre 128 par 25 quar-
ré de 5, on retranchera les deux dernieres figures
12 qui font à la droite du quadruple 512 de 128,
& l'on aura $5\frac{12}{100}$ pour le quotient de la divifion :
Ainfi des autres.

Pour divifer un nombre quelconque par un plus
petit, qui foit produit par la Multiplication de
deux autres plus petits, on divifera le nombre propofé par l'un de ces deux plus petits nombres, &
le quotient fera encore divifé par l'autre nombre,
& le fecond quotient qui viendra, fera celuy qu'on
cherche.

Comme pour divifer 20736 par 24, qui eft
produit par la Multiplication de ces deux 3, 8, &
auffi de ces deux 4, 6, on prendra la huitiéme
partie dé fon tiers, où la fixiéme partie de fon

quart, ou bien, ce qui eſt la même choſe, on prendra le tiers de ſa huitiéme partie, ou le quart de ſa ſixiéme partie, & l'on aura 1728 pour le quotient de la diviſion.

D'où il ſuit que pour reduire en toiſes quarrées des pieds quarrez, on doit prendre la ſixiéme partie de la ſixiéme partie du nombre propoſé des pieds quarrez, parce qu'une toiſe quarrée a 36 pieds quarrez, & que 6 fois 6 font 36. Ainſi pour reduire en toiſes quarrées 20736 pieds quarrez, on prendra la ſixiéme partie de la ſixiéme partie 3456 de 20736, & l'on aura 756 pour le nombre des toiſes quarrées qui ſont contenuës en 20736 pieds quarrez. Pareillement pour reduire en toiſes quarrées 542 pieds quarrez, on prendra la ſixiéme partie de la ſixiéme partie $90\frac{1}{6}$ de 542, & l'on aura 15 toiſes quarrées & 2 pieds quarrez pour la valeur de 542 pieds quarrez.

P R O B L E M E V.

De quelques proprietez des Nombres.

I.

LE nombre 9 eſt tel que s'il multiplie un nombre entier quelconque, la ſomme des figures du produit eſt diviſible par le même nombre 9. Comme ſi l'on multiplie 53 par 9, & qu'on ajoûte enſemble les figures du produit 477, la ſomme 18 eſt exactement diviſible par 9.

II.

De deux nombres quelconques, ou l'un des deux, ou leur ſomme, ou leur différence eſt divifible par 3. Comme des deux nombres 6, 5, le premier 6 eft divifible par 3 : des deux nombres 11, 5, la difference 6 eft divifible par 3 ; & des deux nombres 7, 5, la fomme 12 eft divifible par 3.

III.

Le produit qui vient par la Multiplication de deux nombres, dont les quarrez font enfemble un nombre quarré, eft divifible par 6. Comme le produit 12 de ces deux nombres 3, 4, dont les quarrez 9, 16, font enfemble le nombre quarré 25, dont le côté eft 5, eft divifible par 6.

Pour trouver deux nombres, dont les quarrez faffent enfemble un nombre quarré, multipliez enfemble deux nombres quelconques, & le double de leur produit fera l'un des deux nombres qu'on cherche, & la difference de leurs quarrez fera l'autre nombre.

Comme fi l'on multiplie enfemble ces deux nombres 2, 3, dont les quarrez font 4, 9, le produit fera 6, dont le double 12, & la difference 5 des quarrez 4, 9, font deux nombres, tels que leurs quarrez 144, 25, font enfemble ce nombre quarré 169, dont le côté eft 13. *Voyez Probl.* 6. & 7.

I V.

La fomme & la difference de deux nombres quelconques, dont les quarrez different d'un nombre quarré, font chacune ou un nombre quarré, ou la moitié d'un nombre quarré.

Comme des deux nombres 6, 10, dont les quarrez 36, 100, different du nombre quarré 64, qui a fa Racine quarrée 8, la fomme 16, &

la différence 4, font chacune un nombre quarré, & des deux nombres 8, 10, dont les quarrez 64, 100, different du nombre quarré 36, qui a fa Racine quarrée 6 ; la fomme 18, & la différence 2, font les moitiez de ces deux nombres quarrez 36, 4.

Pour trouver deux nombres, dont la fomme & la différence foient chacune un nombre quarré, auquel cas les quarrez de ces deux nombres differeront auffi d'un nombre quarré; choififfez deux nombres à volonté, comme 2, 3, dont le produit de la Multiplication eft 6, & dont les quarrez font 4, 9. La fomme 13 de ces deux quarrez, & le double 12 du produit 6, font les deux nombres qu'on cherche : car leur fomme 25, & leur difference 1, font chacune un nombre quarré, & de plus leurs quarrez 169, 144, different du nombre quarré 25, qui a fa Racine quarrée 5.

Pour trouver deux nombres, dont la fomme & la différence foient chacune la moitié ou le double d'un nombre quarré, auquel cas leurs quarrez differeront auffi d'un nombre quarré ; choififfez à volonté deux nombres, comme 2, 3, dont les quarrez font 4, 9. La fomme 13 de ces deux quarrez, & leur difference 5, font les deux nombres qu'on cherche : car leur fomme 18, & leur difference 8, font les moitiez de ces deux nombres quarrez 36, 16, ou les doubles de ces deux autres nombres quarrez 9, 4, & de plus leurs quarrez 169, 25, different de ce nombre quarré 144, qui a fa Racine quarrée 12.

V.

Tout nombre quarré finit ou par deux zeros, ou par l'une de ces cinq figures 1, 4, 5, 6, 9, ce qui sert *pour connoître quand un nombre proposé n'est point quarré*, sçavoir lorsqu'il ne finit pas par deux zeros, ou par quelqu'une des cinq figures precedentes : & quand mêmes il finira par deux zeros, on pourra assûrer qu'il n'est point quarré, lorsque ces deux zeros ne seront pas precedez par quelqu'une des cinq figures precedentes.

V I.

Toute Fraction quarrée, c'est-à-dire ; qui a sa Racine quarrée, est telle que le produit de la Multiplication du Numerateur & du Dénominateur a sa Racine quarrée, ce qui sert *pour connoître quand une fraction proposée est quarrée*, sçavoir lorsqu'en multipliant ensemble le Numerateur & le Dénominateur, le produit est un nombre quarré.

Ainsi l'on connoît que cette Fraction $\frac{28}{63}$ est quarrée, parce qu'en multipliant ensemble le Numerateur 28, & le Dénominateur 63, il vient ce nombre quarré 1764, dont le côté est 42 : & alors la Racine quarrée de la Fraction proposée $\frac{28}{63}$ sera $\frac{42}{63}$, en retenant le même Dénominateur 63, ou bien $\frac{28}{42}$, en retenant le même Numerateur 28, car l'une ou l'autre de ces deux Fractions $\frac{28}{42}$, $\frac{42}{63}$, vaut autant que $\frac{2}{3}$, pour la Racine quarrée de la Fraction proposée $\frac{28}{63}$, ou $\frac{4}{9}$.

VII.

Toute Fraction cubique, c'est-à-dire, qui a sa Racine cubique; est telle qu'en multipliant le Numerateur par le quarré du Dénominateur, ou le Dénominateur par le quarré du Numerateur, le produit a sa Racine cubique, ce qui sert *pour connoître quand une Fraction proposée est cubique*, sçavoir lorsqu'en multipliant ensemble le Numerateur & le quarré du Dénominateur, ou le Dénominateur & le quarré du Numerateur, le produit est un nombre cubique.

Ainsi l'on connoît que cette Fraction $\frac{24}{375}$ est cubique, parce qu'en multipliant le Numerateur 24 par le quarré 140625 du Dénominateur 375, le produit 3375000 a sa Racine cubique 150, ou bien parce qu'en multipliant le Dénominateur 375 par le quarré 576 du Numerateur 24, le produit 216000 a sa Racine cubique 60 : & alors la Racine cubique de la Fraction proposée $\frac{24}{375}$ sera $\frac{150}{375}$, en retenant le même Dénominateur 375, ou bien $\frac{24}{60}$, en retenant le même Numerateur 24, car l'une & l'autre de ces deux Fractions $\frac{150}{375}$, $\frac{24}{60}$ vaut autant que $\frac{2}{5}$ pour la Racine cubique de la Fraction proposé $\frac{24}{375}$, ou $\frac{8}{125}$.

VIII.

Quoiqu'il ne soit pas possible de trouver deux Puissances homogènes, dont la somme & la diffe-

rence ſoient chacune une ſemblable Puiſſance, coſſ-
me deux quarrez, dont la ſomme & la difference
ſoient chacune un nombre quarré, ou deux cubes,
dont la ſomme & la difference ſoient chacune un
nombre cubique; neanmoins il eſt poſſible, & même tres-facile de *trouver deux nombres triangu-*
laires, dont la ſomme & la difference ſoient chacu-
ne un nombre triangulaire.

Voici deux nombres triangulaires 15, 21, dont
les côtez ſont 5 & 6, & dont la ſomme 36, & la
difference 6, ſont auſſi des nombres triangulaires,
dont les côtez ſont 8 & 3. Voici encore deux autres nombres triangulaires 780, 990, dont les
côtez ſont 39 & 44, & dont la ſomme 1770, &
la difference 210, ſont auſſi des nombres triangulaires, dont les côtez ſont 59, 20. Si vous voulez
encore deux autres nombres triangulaires; les voici
1747515, 2185095, dont les côtez ſont 1869,
2090, & dont la ſomme 3932610, & la difference 437580, ſont auſſi des nombres triangulaires, dont les côtez ſont 2804, 935.

On appelle *Nombre triangulaire* la ſomme des
nombres naturels 1, 2, 3, 4, 5, 6, &c. en commençant par l'unité, & en telle multitude qu'on
voudra, dont le dernier & plus grand eſt appellé
Côté. Ainſi l'on connoît que ce nombre 10 eſt triangulaire, & que ſon côté eſt 4, parce qu'il eſt égal
à la ſomme des quatre premiers nombres naturels
1, 2, 3, 4, dont le dernier & plus grand eſt 4.
Il a été appellé *Triangulaire*, parce que l'on peut
diſpoſer 10 points en forme de Triangle équilateral, dont chaque côté en comprend 4, ce qui a fait
appeller 4 côté du nombre triangulaire 10.

Pour connoître ſi un nombre propoſé eſt Triangu-
laire, il le faut multiplier par 8, & ajoûter 1 au
produit,

produit, car si la somme a sa Racine quarrée , le nombre proposé sera triangulaire. Ainsi l'on connoît que ce nombre 10 est triangulaire, parce qu'étant multiplié par 8 , & le produit 80 étant augmenté de 1 , la somme 81 a sa Racine quarrée 9. On connoît aussi que ce nombre 3932610 est triangulaire, parce qu'étant multiplié par 8 , & le produit 31460880 étant augmenté de 1 , la somme 31460881 est un nombre quarré , dont le côté est 5609.

IX.

La difference de deux Puissances homogénes, comme de deux nombres quarrez, de deux nombres cubiques , &c. est divisible par la difference de leurs côtez. Ainsi l'on connoît que la difference 21 de ces deux quarrez 25 , 4 , dont les côtez sont 5 , 2 , est divisible par la difference 3 de ces côtez , le quotient 7 étant toûjours égal à la somme des mêmes côtez : & que la difference 117 des deux cubes 125 , 8 , dont les côtez sont 5 , 2 , est divisible par la difference 3 de ces côtez , le quotient 39 étant égal à la somme du produit 10 , sous les mêmes côtez 5 , 2 , & de leurs quarrez 25 , 4.

X.

La difference de deux Puissances homogénes, dont l'exposant commun est un nombre pair , est divisible par la somme de leurs côtez. Ainsi l'on connoît que la difference 21 de ces deux quarrez 25 , 4 , dont les côtez sont 5 , 2 , est divisible par la somme 7 de ces côtez , le quotient 3 étant égal à la difference des mêmes côtez : & que la difference 609 des deux quarrez-quarrez 625 , 16 , dont les côtez sont 5 , 2 , est divisible par la somme 7

de ces côtez, le quotient 87 étant égal au produit
sous la difference 3 des mêmes côtez 5 , 2 , & la
somme 29 de leurs quarrez 25 , 4.

X I.

La somme de deux Puissances homogénes , dont
l'exposant commun est un nombre impair , est divisible par la somme de leurs côtez. Ainsi l'on connoît que la somme 133 des deux cubes 125 , 8 ,
dont les côtez sont 5 , 2 , est divisible par la somme 7 de ces côtez, le quotient 19 étant égal à
l'excés de la somme 29 des quarrez 25 , 4 , des côtez 5 , 2 , sur le produit 10 des mêmes côtez : &
que la somme 3157 des deux surfolides 3125 ,
32 , dont les côtez sont 5 , 2 , est divisible par la
somme 7 de ces côtez ; le quotient 451 étant égal
à l'excés de la somme 741 des quarrez-quarrez
625 , 16 , des deux côtez 5 , 2 , & du quarré 100
du produit 10 sous les mêmes côtez , sur le produit
290 sous la somme 29 des quarrez 25 , 4 , des
côtez 5 , 2 , & le produit 10 des mêmes côtez.

X I I.

Toutes les Puissances des nombres naturels 1 ,
2 , 3 , 4 , 5 , 6 , &c. ont autant de differences que
leurs exposans contiennent d'unitez, les dernieres
differences étant toûjours égales entre elles dans
chaque Puissance : sçavoir les secondes differences,
c'est-à-dire, les differences des differences dans les
Quarrez 1 , 4 , 9 , 16 , 25 , 36 , &c. car ces secondes differences sont 2 , les premieres étant les
nombres impairs 3 , 5 , 7 , 9 , 11 , &c. les troisié-
mes differences , c'est-à-dire , les differences des
differences des premieres differences dans les Cu-

bes 1 , 8 , 27 , 64 , 125 , 216 , &c. car ces troisié-
mes differences font 6 , les premieres étant 7 , 19 ,
37 , 61 , 91 , &c. & les secondes, ou les differences de ces differences étant 12 , 18 , 24 , 30 ,
&c. qui se surpassent de 6 pour troisiéme difference.
Ainsi des autres.

Il arrive la même chose aux nombres *Polygones* ,
qui se forment par une continuelle addition des
nombres en continuelle progression arithmetique ,
qu'on appelle *Gnomons* , dont le premier est toûjours l'unité , qui est virtuellement tout nombre
polygone : & aux nombres *Pyramidaux* , qui se
produisent par l'addition continuelle des nombres
Polygones considerez comme des Gnomons , dont
le premier est toûjours l'unité : & pareillement aux
nombres *Pyramido-Pyramidaux* , qui sont produits
par l'addition continuelle des nombres Pyramidaux
considerez comme des Gnomons , dont le premier
est toûjours l'unité.

Lorsque les Gnomons se surpassent de l'unité ,
comme 1 , 2 , 3 , 4 , 5 , 6 , &c. les nombres Polygones 1 , 3 , 6 , 10 , 15 , 21 , &c. qui s'en forment sont appellez *Triangulaires* , dont la proprieté est telle que chacun étant multiplié par 8 , & le
produit étant augmenté de l'unité , la somme est
un nombre quarré , ce qui peut servir *pour connoître quand un nombre proposé est Triangulaire* ,
comme nous avons déja dit ailleurs. De plus la somme 9 du second & du troisiéme , en omettant le
premier , est un nombre quarré , & pareillement en
omettant le quatriéme , la somme 36 du cinquiéme & du sixiéme est un nombre quarré , & ainsi
ensuite.

Lorsque les Gnomons se surpassent de deux unitez , comme les nombres impairs 1 , 3 , 5 , 7 , 9 ,

11, &c. les nombres Polygones 1, 4, 9, 16, 25, 36, &c. qui s'en forment, sont des *Nombres quarrez* : & lorsque les Gnomons se surpassent de trois unitez, comme 1, 4, 7, 10, 13, 16, &c. les nombres 1, 5, 12, 22, 35, 51, &c. qui s'en forment, sont appellez *Pentagones*, dont la proprieté est telle que chacun étant multiplié par 24, & le produit étant augmenté de l'unité, la somme est un nombre quarré, ce qui sert *pour connoître quand un nombre proposé est Pentagone*. Ainsi des autres.

Pour *trouver la somme de tant de nombres Triangulaires qu'on voudra, en commençant depuis l'unité*, par exemple, de ces huit 1, 3, 6, 10, 15, 21, 28, 36, on multipliera le nombre donné 8 par son suivant 9, & le produit 72 encore par le suivant 10, & l'on divisera le second produit 720 toûjours par 6, & le quotient donnera 120 pour la somme qu'on cherche.

La somme de toutes ces Fractions infinies $\frac{1}{3}$, $\frac{1}{6}$, $\frac{1}{10}$, $\frac{1}{15}$, $\frac{1}{21}$, &c. dont le Dénominateur commun est 1, & dont les Dénominateurs 3, 6, 10, 15, 21, &c. sont des nombres Triangulaires, vaut precisément 1.

Pour trouver la somme de tant de nombres quarrez que l'on voudra depuis l'unité, par exemple, de ces huit 1, 4, 9, 16, 25, 36, 49, 64, on ôtera du double 240 de la somme 120 d'autant de nombres Triangulaires 1, 3, 6, 10 15, 21, 28, 36, le dernier nombre Triangulaire 36, & le reste 204 sera la somme qu'on cherche.

XIII.

Les cubes 1, 8, 27, 64, 125 216, &c. des nombres naturels 1, 2, 3, 4, 5, 6, &c. sont tels que le premier 1 est un nombre quarré, dont le côté 1 est le premier nombre Triangulaire : la somme 9 des deux premiers 1, 8, est un nombre quarré, dont le côté 3 est le second nombre Triangulaire : la somme 36 des trois premiers 1, 8, 27, est un nombre quarré, dont le côté 6 est le troisiéme nombre Triangulaire, & ainsi ensuite. C'est pourquoy *pour trouver la somme de tant de nombres cubiques qu'on voudra, depuis l'unité,* par exemple, de ces six 1, 8, 27, 64, 125, 216, le quarré 441 du sixiéme nombre Triangulaire 21, donnera la somme qu'on cherche.

XIV.

Entre les nombres entiers, il n'y a que 2, qui étant ajoûté à luy-même fasse autant qu'étant multiplié par luy-même, sçavoir 4 : car tout autre nombre, comme 5, étant ajoûté à luy-même fait 10, & étant multiplié par luy-même fait 25.

Quoiqu'on ne puisse pas trouver deux nombres entiers, dont la somme soit égale au produit de leur multiplication : neanmoins on en peut *trouver aisément deux en fractions, & même en raison donnée, dont la somme soit égale à leur produit,* sçavoir, en divisant la somme des deux termes de la raison donnée par chacun de ces deux termes ; comme si on leur veut donner la raison des deux nombres 2, 3, on divisera separément leur somme 5 par 2, & par 3, & l'on aura ces deux nombres

$2\frac{1}{2}$, $1\frac{2}{3}$, qui font autant ajoûtez que multipliez

enfemble, fçavoir $4\frac{1}{6}$.

X V.

Tout nombre eft la moitié de la fomme de deux
autres également éloignez, l'un par défaut, & l'autre par excés : par exemple 6 eft la moitié de la
fomme 12 des deux nombres 5 & 7, qui en font
également éloignez, ou des deux nombres 4 & 8,
qui en font auffi également éloignez, &c.

X V I.

Le nombre 37 eft tel, qu'étant multiplié par
chacun de ces nombres 3, 6, 9, 12, 15, 18,

37	37	37	37	37	37	37	37	37
3	6	9	12	15	18	21	24	27
111	222	333	444	555	666	777	888	999

21, 24, 27, qui font en progreffion arithmetique, tous les produits font compofez de trois figures femblables.

X V I I.

Les deux nombres 5 & 6, font appellez *Spheriques*, parce que leurs Puiffances finiffent par les mêmes nombres. Par exemple, les Puiffances de 5,
fçavoir 25, 125, 625, &c. finiffent par le même
nombre 5 : & pareillement les Puiffances de 6,
fçavoir 36, 216, 1296, &c. finiffent par le même
nombre 6.

Le premier nombre 5 a cela de particulier, qu'é-tant multiplié par un nombre impair, comme par 7, le produit 35 finit par le même nombre 5, & qu'étant multiplié par un nombre pair, comme par 8, le produit 40 se termine par un zero.

L'autre nombre 6 a aussi cela de particulier, qu'il est le premier des nombres qu'on appelle *Parfaits*, parce qu'ils sont égaux à la somme de leurs parties aliquotes, car ce nombre 6 est égal à la somme de ses parties aliquotes 1, 2, 3. Le nombre 28 est aussi Parfait, parce qu'il est égal à la somme de ses parties aliquotes 1, 2, 4, 7, 14 : & l'on en peut trouver une infinité d'autres parfaits, comme 496, qui est égal à la somme de ses parties aliquotes 1, 2, 4, 8, 16, 31, 62, 124, 248, &c.

Pour trouver tous les nombres parfaits par ordre, servez-vous des Puissances de 2, sçavoir 2, 4, 8, 16, 32, &c. & voyez celles de ces Puissan-

$$
\begin{array}{ccccc}
2, & 4, & 8, & 16, & 32, \\
1 & 1 & & & 1 \\
\hline
3 & 7 & & & 31 \\
2 & 4 & & & 16 \\
\hline
6 & 28 & & & 496
\end{array}
$$

ces, qui étant diminuées de l'unité, le reste soit un nombre premier, vous trouverez 4, 8, 32, &c. car si de chacune on ôte l'unité, les restes 3, 7, 31, &c. sont des nombres premiers, dont chacun doit être multiplié par la moitié de la Puissance qui luy répond, sçavoir 3 par 2, 7 par 4, 31 par 16, &c. pour avoir ces nombres parfaits 6, 28, 496, &c.

Pour trouver toutes les parties aliquotes, ou tous les diviseurs d'un nombre proposé, entre lesquels l'unité en est toûjours un, par exemple de 8128, qui est aussi un nombre parfait, divisez-le par le plus petit nombre qui se representera, sçavoir par 2, que l'on peut trouver aisément, parce que le nombre proposé 8128 est pair, & le quotient sera 4064, que vous écrirez à la droite, vis-à-vis de 2, pour second diviseur, qui se peut encore diviser par le premier diviseur 2, ce qui fait que son quarré 4 sera aussi un diviseur, que vous écrirez au dessous de son côté 2, & vis-à-vis le second quotient 2032 pour un autre

1	
2	4064
4	2032
8	1016
16	508
32	254
64	127
——	——
127	8001
	127
	——
	8128

diviseur, qui se peut encore diviser par le premier diviseur 2, ce qui fait que son cube 8 sera aussi un diviseur, que vous écrirez au dessous du quarré 4, & vis-à-vis le troisiéme quotient 1016, pour un autre diviseur, & ainsi ensuite jusqu'à ce qu'on soit parvenu à un dernier diviseur, qui ne se puisse plus diviser par le premier 2, comme il arrive au sixiéme quotient 127, qui étant un nombre premier, c'est-à-dire, tel qu'il ne se peut diviser que par l'unité, laquelle par consequent sera un diviseur, fait connoître que tous les diviseurs du nombre proposé 8128 sont trouvez, où vous voyez que leur somme est bien égale à ce nombre, & que par consequent il est parfait.

C'est de la même façon que nous avons trouvé tous les diviseurs de cet autre nombre 2096128, qui est aussi parfait, parce que comme vous voyez, il est égal à la somme de ses parties aliquotes. Où l'on void que le dernier quotient 2047, qui ré-

1	
2	1048064
4	524032
8	262016
16	131008
32	65504
64	32752
128	16376
256	8188
512	4094
1024	2047
2047	2094081
	2047
	2096128

pond à la dixiéme Puissance 1024 du premier diviseur 2, est aussi un nombre premier : car s'il avoit pû être divisé par quelqu'autre nombre que par 2, comme par 3, il auroit falu multiplier par ce nouveau diviseur 3, toutes les Puissances du premier diviseur 2, & diviser le nombre proposé & tous les quotiens par ce même nouveau diviseur 3, pour avoir d'autres diviseurs, &c. comme vous allez voir dans l'exemple suivant.

XVIII.

Le nombre 120 est égal à la moitié de la somme 240 de ses parties aliquotes 1, 2, 3, 4, 5, 6, 8, 10, 12, 15, 20, 24, 30, 40, 60, le nombre 672 est aussi égal à la moitié de la somme

1344 de ses parties aliquotes, que nous avons trouvées par une Methode semblable à la precedente, sans qu'il soit besoin de la repeter davantage. On peut trouver une infinité d'autres nombres de la même qualité, & mêmes on en peut trouver d'autres qui seront la troisiéme partie, ou telle autre partie qu'on voudra de la somme de leurs parties aliquotes, mais ce n'est pas ici le lieu d'en dire davantage.

1	
2	336
4	168
8	84
16	42
32	21
3	224
6	112
12	56
24	28
48	14
96	7
252	1092
	252
	1344

XIX.

Les deux nombres suivans 220, 284, sont appellez *Amiables*, parce que le premier 220 est egal à la somme des parties aliquotes 1, 2, 4, 71, 142, du second 284, & reciproquement le second 284 est égal à la somme des parties aliquotes 1, 2, 4, 5, 10, 11, 22, 44, 55, 110 du premier 220. Ces parties aliquotes sont faciles à trouver par ce qui a été enseigné auparavant, sur tout si l'on considere que tout nombre qui se termine par 5, ou par 0, est divisible par 5.

Pour trouver tous les nombres amiables par ordre, servez-vous du nombre 2, qui est tel que si de son triple 6, de son sextuple 12, & de l'Octodecuple 72 de son quarré 4, on ôte l'unité, il reste ces trois nombres premiers 5, 11, 71, dont les deux premiers 5, 11, étant multipliez ensemble, & leur produit 55 étant multiplié par le dou-

ble 4 du nombre 2, ce second produit 220 sera
le premier des deux nombres qu'on cherche, &
pour avoir l'autre qui est 284, on multipliera le

$$
\begin{array}{ccc}
2 & 2 & 4 \\
3 & 6 & 18 \\
\hline
6 & 12 & 72 \\
1 & 1 & 1 \\
\hline
5 & 11 & 71 \\
 & 5 & 4 \\
\hline
 & 55 & 284 \\
 & 4 & \\
\hline
 & 220 &
\end{array}
$$

troisiéme nombre premier 71 par le même double 4 du nombre 2 pris au commencement.

Pour trouver deux autres nombres amiables, au

$$
\begin{array}{ccc}
8 & 8 & 64 \\
3 & 6 & 18 \\
\hline
24 & 48 & 1152 \\
1 & 1 & 1 \\
\hline
23 & 47 & 1151 \\
 & 23 & 16 \\
\hline
 & 1081 & 18416 \\
 & 16 & \\
\hline
 & 17296 &
\end{array}
$$

lieu de 2, servez-vous d'une de ses Puissances qui

foit de la même qualité, tel qu'eſt ſon cube 8 , car ſi de ſon triple 24 , de ſon ſextuple 48 , & de l'Ocrodecuple 1152 de ſon quarré 64 , on ôte l'unité, il reſte ces trois nombres premiers 23 , 47 , 1151 , dont les deux premiers 23 , 47 , doivent être multipliez enſemble , & leur produit 1081 doit être encore multiplié par le double 16 du cube 8 , afin d'avoir 17296 pour le premier des deux nombres qu'on cherche , & pour avoir l'autre , qui eſt 18416 , on multipliera le troiſiéme nombre premier 1151 par le même double 16 du cube 8.

Si vous voulez deux autres nombres , au lieu de 2 , ou de ſon cube 8 , ſervez vous de ſon Quarré-cube 64 , qui eſt de la même qualité , car ſi de

$$
\begin{array}{ccc}
64 & 64 & 4096 \\
3 & 6 & 18 \\
\hline
192 & 384 & 73728 \\
1 & 1 & 1 \\
\hline
191 & 383 & 73727 \\
 & 191 & 128 \\
 & \hline & \hline \\
 & 73153 & 9437056 \\
 & 128 & \\
 & \hline & \\
 & 9363584 & \\
\end{array}
$$

ſon triple 192 , de ſon ſextuple 384 , & de l'Ocrodecuple 73728 de ſon quarré 4096 , on ôte l'unité , il reſte ces trois nombres premiers 191 , 383 , 73727 , par le moyen deſquels & par ce qui a été dit auparavant , on trouvera ces deux autres nombres 9363584 , 9437056 , qui ſont amiables. Ainſi des autres.

Comme il eſt difficile de connoître ſi un nombre eſt premier, quand il eſt un peu grand, nous ajoûterons à la fin de ce Problême une Table de tous les nombres premiers, qui ſont compris entre 1 & 10000.

X X.

Les quarrez 961, 1156, des deux nombres 31, 34, ſont tels que le premier 961 avec ſes parties aliquotes 1, 31, fait une ſomme 993 égale à la ſomme des parties aliquotes, 1, 2, 4, 17, 34, 68, 289, 578, du ſecond 1156, dont le côté eſt 34.

X X I.

Les deux nombres ſuivans 26, 20, ſont tels que chacun avec ſes parties aliquotes fait une même ſomme : car le premier 26 avec ſes parties aliquotes 1, 2, 13, fait 42, & le ſecond 20 avec ſes parties aliquotes 1, 2, 4, 5, 10, fait auſſi 42.

Il arrive la même choſe aux deux nombres 488, 464, dont chacun avec ſes parties aliquotes fait 930 : & auſſi aux deux nombres 11, 6, dont chacun avec ſes parties aliquotes fait 12 : & encore aux deux nombres 17, 10, dont chacun avec ſes parties aliquotes fait 18.

On peut mêmes avoir trois nombres, dont chacun avec ſes parties aliquotes fera une même ſomme, comme 20, 26, 41, dont chacun avec ſes parties aliquotes fait 42 : & auſſi 23, 14, 15, dont chacun avec ſes parties aliquotes fait 24 : & encore 46, 51, 71, dont chacun avec ſes parties aliquotes fait 72.

Au lieu de trois nombres on en peut avoir deux qui ſeront quarrez, comme 106276, 165649, dont les côtez font 326, 407, & dont chacun avec ſes parties aliquotes fait 187131. Les quarrez 16, 25, des deux nombres 4, 5, ſont auſſi tels, que chacun avec ſes parties aliquotes fait 31.

Ces deux derniers quarrez 16, 25, ſont les moindres de tous, par le moyen deſquels on en peut avoir autant d'autres qu'on voudra de la même qualité, ſçavoir en les multipliant par quelqu'autre nombre quarré impair qui ne ſoit pas diviſible par 5 ; comme ſi on les multiplie chacun par cet autre nombre quarré 9, dont le côté eſt 3, on aura ces deux autres nombres quarrez 144, 225, dont chacun avec ſes parties aliquotes fait 403.

XXII.

Le nombre quarré 81, dont le côté eſt 9, eſt tel qu'avec ſes parties aliquotes 1, 3, 9, 27, il fait ce nombre quarré 121, dont le côté eſt 11. Le nombre quarré 400, dont le côté eſt 20, eſt auſſi tel, qu'avec ſes parties aliquotes 1, 2, 4, 5, 8, 10, 16, 20, 25, 40, 50, 80, 100, 200, fait ce nombre quarré 961, dont le côté eſt 31.

XXIII.

La ſomme 666 de ces trois nombres Triangulaires 15, 21, 630, dont les côtez ſont 5, 6, 35, eſt auſſi un nombre Triangulaire, dont le côté eſt 36. Il arrive la même choſe à ces trois autres nombres Triangulaires 210, 780, 1711, dont les côtez ſont 20, 39, 58, car leur ſomme 2701 eſt un nombre Triangulaire; dont le côté eſt 73 : & auſſi la même choſe à ces trois autres nombres Triangulaires 666, 2628, 5886, dont les côtez ſont 36, 72, 108, car leur ſomme 9180 eſt un nombre Triangulaire, dont le côté est 135, &c.

XXIV.

Le quarré 49 du nombre 7, est tel que la somme 8 de ses parties aliquotes 1, 7, a sa Racine cubique 2 : & le cube 343 du même nombre 7, est tel qu'avec ses parties aliquotes 1, 7, 49, il fait ce nombre quarré 400, dont le côté est 20. Nous n'enseignons point ici à trouver de semblables nombres, parce que sans Algebre, dont nous ne voulons pas dire un seul mot, il est difficile de les connoître, à moins que le hazard ne les produise.

XXV.

Le quarré 9 du nombre 3, est tel que la somme 4 de ses parties aliquotes 1, 3, est un nombre quarré, dont le côté est 2. Le quarré 2401 du nombre 49 est de la même qualité, car la somme 400 de ses parties aliquotes 1, 7, 49, 343, est un nombre quarré, dont le côté est 20.

XXVI.

Les deux nombres 99, 63, sont tels que la somme 57 des parties aliquotes 1, 3, 9, 11, 33, du premier 99, surpasse la somme 41 des parties aliquotes 1, 3, 7, 9, 21, du second 63, de ce nombre quarré 16, dont le côté est 4. Il arrive la même chose à ces deux autres nombres 325, 175, car la somme 109 des parties aliquotes 1, 5, 13, 25, 65, du premier 325 surpasse la somme 73 des parties aliquotes 1, 5, 7, 25, 35, du second 175, de ce nombre quarré 36, dont le côté est 6.

XXVII.

La ſomme de deux nombres qui different de l'unité.eſt égale à la difference de leūrs qnarrez : & la ſomme des quarrez de leurs nombres Triangulaires eſt auſſi un nombre Triangulaire. Comme des deux nombres 5 , 6 , qui different de l'un·té, la ſomme 11 eſt égale à la difference de leurs quarrez 25 , 36 ; & leurs nombres Triangulaires 15 , 21 , ſont tels que la ſomme 666 de leurs quarrez 225 , 441 , eſt auſſi un nombre Triangulaire, dont le côté eſt 36.

XXVIII.

Les deux nombres Triangulaires 6 , 10 , des deux nombres 3 , 4 , qui different auſſi de l'unité, ſont tels que leur ſomme 16 , & leur difference 4, ſont des nombres quarrez , dont les côtez ſont 4 , 2 , & que la ſomme 136 de leurs quarrez 36 , 100 , eſt un nombre Triangulaire , dont le côté 16 eſt auſſi un nombre quarré, dont le côté 4 eſt encore un nombre quarré, dont le côté eſt 2.

Il arrive la même choſe à ces deux autres nombres Triangulaires 36 , 45 , dont les côtez 8 , 9 , different auſſi de l'unité : car leur ſomme 81 , & leur difference 9 , ſont des nombres quarrez , dont les côtez ſont 9 , 3 , & la ſomme 3321 de leurs quarrez 1296 , 2025 , eſt un nombre Triangulaire, dont le côté eſt 81 , qui a ſa Racine quarrée 9, laquelle a auſſi ſa Racine quarrée 3.

Il y a une infinité de couples d'autres nombres Triangulaires de cette qualité, *que l'on trouvera* en ôtant & en ajoûtant un nombre quarré quelconque à ſon quarré , & les moitiez du reſte & de la ſomme ſeront les deux nombres Triangulaires qu'on cherche.   Comme

Comme ſi l'on ôte & qu'on ajoûte ce nombre quarré 16 à ſon quarré 256, les moitiez du reſte 240, & de la ſomme 272, donneront 120,136, pour les deux nombres Triangulaires qu'on cherche, dont les côtez ſont 15, 16, qui differeront toûjours de l'unité.

Ces deux nombres Triangulaires ainſi trouvez, ſont encore tels que le plus grand de leurs côtez eſt toûjours un nombre quarré, & que la difference de leurs quarrez eſt auſſi un nombre quarré, & de plus que leur ſomme eſt un quarré-quarré égal au quarré de leur difference, & auſſi au côté du nombre Triangulaire que compoſe la ſomme de leurs qua-rez.

XXIX.

La difference des quarrez de deux nombres en raiſon double eſt égale à la ſomme de leurs cubes, diviſée par la ſomme des deux nombres : & la même ſomme des cubes eſt le tiers d'un cube.

Comme des deux nombres 4, 8, qui ſont en raiſon double, la difference 48 de leurs quarrez 16, 64, eſt égale au quotient qui vient en diviſant la ſomme 576 de leurs cubes 64, 512, par la ſomme 12 des deux nombres : & la même ſomme 576 des cubes eſt le tiers de ce cube 1728, dont le côté 12 eſt toûjours égal à la ſomme des deux nombres.

Je n'aurois jamais fait, ſi je voulois ici mettre toutes les proprietez des nombres, qui ſont infinies; c'eſt pourquoy je finiray ce Problême par la Table des nombres premiers, que nous vous avons promiſe.

C

Table des nombres premiers, entre 1 & 10000.

2	167	383	617	881	1129	1429	1693	1993	2273	2557
3	173	389	619	883	1151	1433	1697	1997	2281	2579
5	179	397	631	887	1153	1439	1699	1999	2287	2591
7	181	401	641	907	1163	1447	1709	2003	2293	2593
11	191	409	643	911	1171	1451	1721	2011	2297	2609
13	193	419	647	919	1181	1453	1723	2017	2309	2617
17	197	421	653	929	1187	1459	1733	2027	2311	2621
19	199	431	659	937	1193	1471	1741	2029	2333	2633
23	211	433	661	941	1201	1481	1747	2039	2339	2647
29	223	439	673	947	1213	1483	1753	2053	2341	2657
31	227	443	677	953	1217	1487	1759	2063	2347	2659
37	229	449	683	967	1223	1489	1777	2069	2351	2663
41	233	457	691	971	1229	1493	1783	2081	2357	2671
43	239	461	701	977	1231	1499	1787	2083	2371	2677
47	241	463	709	983	1237	1511	1789	2087	2377	2683
53	251	467	719	991	1249	1523	1801	2089	2381	2687
59	257	479	727	997	1259	1531	1811	2099	2383	2689
61	263	487	733	1009	1277	1543	1823	2111	2389	2693
67	269	491	739	1013	1279	1549	1831	2113	2393	2699
71	271	499	743	1019	1283	1553	1847	2129	2399	2707
73	277	503	751	1021	1289	1559	1861	2131	2411	2711
79	281	509	757	1031	1291	1567	1867	2137	2417	2713
83	283	521	761	1033	1297	1571	1871	2141	2423	2719
89	293	523	769	1039	1301	1579	1873	2143	2437	2729
97	307	541	773	1049	1303	1583	1877	2153	2441	2731
101	311	547	787	1051	1307	1597	1879	2161	2447	2741
103	313	557	797	1061	1319	1601	1889	2179	2459	2749
107	317	563	809	1063	1321	1607	1901	2203	2467	2753
109	331	569	811	1069	1327	1609	1907	2207	2473	2767
113	337	571	821	1087	1361	1613	1913	2213	2477	2777
127	347	577	823	1091	1367	1619	1931	2221	2503	2789
131	349	587	827	1093	1373	1621	1933	2237	2521	2791
137	353	593	829	1097	1381	1627	1949	2239	2531	2797
139	359	599	839	1103	1399	1637	1951	2243	2539	2801
149	367	601	853	1109	1409	1657	1973	2251	2543	2803
151	373	607	857	1117	1423	1663	1979	2267	2549	2819
157	379	613	859	1123	1427	1667	1987	2269	2551	2833
163			863			1669				
			877							

Table des Nombres premiers, entre 1 & 10000.

2837	3187	3499	3797	4111	4451	4789	5101	5449	5791
2843	3191	3511	3803	4127	4457	4793	5107	5471	
2851	3203	3517	3821	4129	4463	4799	5113	5477	5801
2857	3209	3527	3823	4133	4481	4801	5119	5479	5807
2861	3217	3529	3833	4139	4483	4813	5147	5483	5813
2879	3221	3533	3847	4153	4493	4817	5153	5501	5821
2887	3229	3539	3851	4157	4507	4831	5167	5503	5827
2897	3251	3541	3853	4159	4513	4861	5171	5507	5839
2903	3253	3547	3863	4177	4517	4871	5179	5519	5843
2909	3257	3557	3877	4201	4519	4877	5189	5521	5849
2917	3259	3559	3881	4211	4523	4889	5197	5527	5851
2927	3271	3571	3889	4217	4547	4903	5209	5531	5857
2939	3299	3581	3907	4219	4549	4909	5227	5557	5861
2953	3301	3583	3911	4229	4561	4919	5231	5563	5867
2957	3307	3593	3917	4231	4567	4931	5233	5569	5869
2963	3313	3607	3919	4241	4583	4933	5237	5573	5879
2969	3319	3613	3923	4243	4591	4937	5261	5581	5881
2971	3323	3617	3929	4253	4597	4943	5273	5591	5897
2999	3329	3623	3931	4259	4603	4951	5279	5623	5903
3001	3331	3631	3943	4261	4621	4957	5281	5639	5923
3011	3343	3637	3947	4271	4637	4967	5297	5641	5927
3019	3347	3643	3967	4273	4639	4969	5303	5647	5939
3023	3359	3659	3989	4283	4643	4973	5309	5651	5953
3037	3361	3671	4001	4289	4649	4987	5323	5653	5981
3041	3371	3673	4003	4297	4651	4993	5333	5657	5987
3049	3373	3677	4007	4327	4657	4999	5347	5659	6007
3061	3389	3691	4013	4337	4663	5003	5351	5669	6011
3067	3391	3697	4019	4339	4673	5009	5381	5683	6019
3079	3407	3701	4021	4349	4679	5011	5387	5689	6037
3083	3413	3709	4027	4357	4691	5021	5393	5693	6043
3089	3443	3719	4049	4363	4703	5023	5399	5701	6047
3109	3449	3727	4051	4373	4721	5039	5407	5711	6053
3119	3457	3733	4057	4391	4723	5051	5413	5717	6067
3121	3461	3739	4073	4397	4729	5059	5417	5737	6073
3137	3463	3761	4079	4409	4733	5077	5419	5741	6079
3163	3467	3767	4091	4421	4751	5081	5431	5743	6089
3167	3469	3769	4093	4423	4759	5087	5437	5749	6091
3169	3491	3779	4099	4441	4783	5099	5441	5779	6101
3181		3793		4447	4787		5443	5783	6113

Table des Nombres premiers, entre 1 & 10000.

6121	6449	6803	7151	7523	7853	8219	8581	8893	9241
6131	6451	6823	7159	7529	7867	8221	8597	8923	9257
6133	6469	6827	7177	7537	7873	8231	8599	8929	9277
6143	6473	6829	7187	7541	7877	8233	8609	8933	9281
6151	6481	6833	7193	7547	7879	8237	8623	8941	9283
6163	6491	6841	7207	7549	7883	8243	8627	8951	9293
6173	6521	6857	7211	7559	7901	8263	8629	8963	9311
6197	6529	6863	7213	7561	7907	8269	8641	8969	9319
6199	6547	6869	7219	7573	7917	8273	8647	8971	9323
6203	6551	6871	7229	7577	7927	8287	8663	8999	9337
6211	6553	6883	7237	7583	7933	8291	8669	9001	9341
6217	6563	6899	7243	7589	7937	8293	8677	9007	9343
6221	6569	6907	7247	7591	7949	8297	8681	9011	9349
6229	6571	6911	7253	7603	7951	8311	8689	9013	9371
6247	6577	6917	7283	7607	7963	8317	8693	9029	9377
6257	6581	6947	7297	7621	7993	8329	8699	9041	9391
6263	6599	6949	7307	7639	8009	8353	8707	9043	9397
6269	6607	6959	7309	7643	8011	8363	8713	9049	9403
6271	6619	6961	7321	7649	8017	8369	8719	9059	9413
6277	6637	6967	7331	7669	8039	8377	8731	9067	9419
6287	6653	6971	7333	7673	8053	8387	8737	9091	9421
6299	6659	6977	7349	7681	8059	8389	8741	9103	9431
6301	6661	6983	7351	7687	8069	8419	8747	9109	9433
6311	6673	6991	7369	7691	8081	8423	8753	9127	9437
6317	6679	6997	7393	7699	8087	8429	8761	9133	9439
6323	6689	7001	7411	7703	8089	8431	8779	9137	9461
6329	6691	7013	7417	7717	8093	8443	8783	9151	9463
6337	6701	7019	7433	7723	8101	8447	8803	9157	9467
6343	6703	7027	7451	7727	8111	8461	8807	9161	9473
6353	6709	7039	7457	7741	8117	8467	8819	9173	9479
6359	6719	7043	7459	7753	8123	8501	8821	9181	9491
6361	6733	7057	7477	7757	8147	8513	8831	9187	9497
6367	6737	7069	7481	7759	8161	8521	8837	9199	9511
6373	6761	7079	7487	7789	8167	8527	8839	9203	9521
6379	6763	7103	7489	7793	8171	8537	8849	9209	9533
6389	6779	7109	7499	7817	8179	8539	8861	9221	9539
6397	6781	7123	7507	7823	8191	8543	8863	9227	9547
6421	6791	7127	7517	7829	8209	8563	8867	9239	9551
6427	6793	7129		7841		8573	8887		

Table des Nombres premiers entre 1 & 10000.

9587	9629	9677	9721	9767	9803	9839	9883	9929	9973
9601	9631	9679	9733	9769	9811	9851	9887	9931	
9613	9643	9689	9739	9781	9871	9857	9901	9941	
9619	9649	9697	9743	9787	9829	9859	9907	9945	
9623	9661	9719	9749	9791	9833	9871	9923	9967	

PROBLEME VI.

Des Triangles rectangles en nombres.

ON appelle *Triangle rectangle en nombres*, trois nombres inégaux, dont le plus grand est tel, que son quarré est égal à la somme des quarrez des deux autres ; comme 3, 4, 5, car le quarré 25 du plus grand 5, qu'on appelle *Hypotenuse*, est égal à la somme des quarrez, 9, 16, des deux autres 3, 4, qu'on appelle *Côtez*, dont l'un étant pris pour la *Base* du Triangle rectangle, l'autre en sera la *Hauteur*. La moitié 6 du produit 12 sous cette Base & cette Hauteur, se nomme *Aire*, qui est toûjours divisible par 3. Vous remarquerez que pour le produit de deux nombres nous entendons celuy qui vient de leur mutuelle multiplication.

Il y a une infinité de Triangles rectangles de diverse espece, tant en nombres entiers, qu'en nombres rompus : mais on les conçoit ordinairement en nombres entiers, entre lesquels le premier & le moindre de tous est le precedent 3, 4, 5, qui a une infinité de belles proprietez, qu'il seroit par consequent trop long de rapporter ici : c'est pourquoy je me contenteray de dire que la somme 216 des Cubes 27, 64, 125, de ses deux côtez 3, 4,

& de son hypotenuse 5 , est un Cube , dont le côté 6 est égal à son Aire.

Pour trouver en nombres autant de Triangles rectangles qu'on voudra , prenez à plaisir deux nombres , comme 2, 3 , qu'on appelle *Nombres générateurs* , & les multipliez ensemble , pour avoir leur produit 6 , dont le double 12 sera le côté d'un Triangle rectangle , l'autre côté étant égal à la difference 5 des quarrez 4 , 9 , des Nombres generateurs 2 , 3 , & l'hypotenuse étant égale à la somme 13 des mêmes quarrez 4 , 9 : tellement qu'on aura ce Triangle rectangle 5 , 12 , 13 , car le quarré 169 de l'hypotenuse 13 , est égal à la somme des quarrez 25 , 144 , des deux côtez 5 , 12.

Le premier Triangle rectangle 3 , 4 , 5 , dont les deux nombres generateurs sont 1 , 2 , est tel , que la difference des deux côtez 3 , 4 , est 1 : & si vous en voulez *trouver un autre de cette qualité* , prenez pour le plus petit de ses deux nombres generateurs le plus grand 2 du precedent , & pour avoir le plus grand du second , ajoûtez au double 4 du plus grand 2 du premier le plus petit 1 , & vous aurez 5 pour le plus grand nombre generateur du second Triangle rectangle , lequel par conséquent sera 20, 21 , 29 , où la difference 1 des deux côtez 20 , 21 , est aussi 1.

Côtez.		Hypòtén.	Nomb. gen.	
3.	4.	5.	1.	2.
20.	21.	29.	2.	5.
119.	120.	169.	5.	12.
696.	697.	1025.	12.	29.
4059.	4060.	5741.	29.	70.
23660.	23661.	33461.	70.	169.

Si vous voulez un troisiéme Triangle rectangle

de la même qualité, fervez-vous pareillement du
precedent 20, 21, 29, dont les deux nombres
generateurs font 2, 5, & prenez le plus grand 5
pour le plus petit du troifiéme Triangle rectangle,
& pour avoir le plus grand, ajoûtez comme auparavant au double 10 du plus grand 5 du fecond
le plus petit 2, & vous aurez 12 pour le plus
grand nombre generateur du troifiéme Triangle
rectangle, lequel par confequent fera 119, 120,
169, où la difference des deux côtez 119, 120,
eft auffi 1. Ainfi des autres.

Le même premier Triangle rectangle 3, 4, 5,
eft auffi tel, que l'excés de l'hypotenufe 5 fur le
côté 4 eft auffi 1, parce que fes deux nombres generateurs 1, 2, different de l'unité :

Bas.	Haut.	Hyp.	nom. gen.	
3.	4.	5.	1.	2.
5.	12.	13.	2.	3.
7.	24.	25.	3.	4.
9.	40.	41.	4.	5.
11.	60.	61.	5.	6.
14.	84.	85.	6.	7.

c'eft pourquoy on pourra trouver une infinité d'autres Triangles rectangles de cette qualité, fi pour
leurs nombres generateurs on prend deux nombres differens de l'unité, comme vous voyez ici,
où les premieres differences des Bafes 3, 5, 7, 9,
&c. font égales, & où les fecondes differences des
Hauteurs 4, 12, 24, 40, &c. font auffi égales,
ce qui arrive auffi aux Hypotenufes 5, 13, 25,
41, &c.

Les Bafes font ici des nombres impairs, & fi
l'on veut qu'elles foient les quarrez de ces mêmes

nombres impairs, il ne faut que prendre les Hauteurs & les Hypotenuſes pour les nombres generateurs des Triangles rectangles qu'on cherche, lesquels par conſequent feront tels.

Baſes.	Haut.	Hypoten.	No gen.	
9.	40.	41.	4.	5.
25.	312.	313.	12.	13.
49.	1200.	1201.	24.	25.
81.	3280.	3281.	40.	41.
121.	7320.	7321.	60.	61.
169.	14280.	14281.	84.	85.

Si au lieu d'un côté, vous voulez que *l'Hypotenuſe ſoit un nombre quarré*, il faut que les deux nombres generateurs ſoient les côtez d'un Triangle rectangle, comme vous voyez ici, où l'hypotenuſe eſt le quarré du plus grand nombre generateur augmenté de l'unité.

Côtez.		Hypoten.	No. gen.	
7.	24.	25.	3.	4.
119.	120.	169.	5.	12.
336.	527	625.	7.	24.
720.	1519.	1681.	9.	40.
1320.	3479.	3721.	11.	60.
2184.	6887.	7225.	13.	84.

Le Triangle rectangle ſuivant 21, 28, 35, eſt tel que les deux côtez 21, 28, ſont des nombres Triangulaires, dont les côtez 6, 7, different de l'unité, & le quarré 1225 de l'Hypotenuſe 35 eſt auſſi un nombre Triangulaire, dont le côté eſt 49.

Il arrive la même choſe à cet autre Triangle rectangle 820, 861, 1189, car les deux côtez

820, 861, font des nombres Triangulaires, dont les côtez 40, 41, different auffi de l'unité, & le quarré 1413721 de l'hypotenufe 1189 eft auffi un nombre Trianglaire, dont le côté eft 1681.

Il arrive encore la même chofe à ce troifiéme Triangle rectangle 28441, 28680, 40391, car les deux côtez 28441, 28680, font des nombres Triangulaires, dont les côtez 238, 239, different auffi de l'unité, & le quarré 1631432881 de l'Hypotenufe 40391 eft auffi un nombre Triangulaire, dont le côté eft 114243. Ainfi des autres.

Les Triangles rectangles fuivans, que l'on peut prolonger à l'infini, font tels que les Bafes & les

Bafes.	Haut.	Hypoten.	No. gen.	
6.	8.	10.	1.	3.
36.	27.	45.	3.	6.
120.	64.	136.	6.	10.
300.	125.	335.	10.	15.
630.	216.	666.	15.	21.
1176.	343.	1225.	21.	28.

Hypotenufes font des nombres Triangulaires, & les Hauteurs font des nombres cubiques. On en *trouvera autant que l'on voudra*, en ajoûtant & en ôtant un nombre quarré de fon quarré, car la moitié de la fomme fera l'Hypotenufe, & la moitié du refte fera la Bafe, la hauteur étant égale au Cube du côté du premier nombre quarré: ou bien, ce qui eft la même chofe, en prenant pour nombres generateurs les nombres Triangulaires par ordre, comme vous voyez ici, où le plus petit nombre generateur d'un Triangle rectangle eft le même que le plus grand du Triangle rectangle precedent, &c.

PROBLEME VII.

De la Progreſſion Arithmetique.

ON appelle *Progreſſion Arithmetique* une ſuite de quantitez appellées *Termes*, qui augmentent continuellement par un excés égal, comme 1, 3, 5, 7, 9, 11, &c. où l'excés eſt 2, ou bien 1, 4, 7, 10, 13, 16, &c. où l'excés eſt 3, ou bien encore 2, 6, 10, 14, 18, 22, &c. où l'excés eſt 4. Ainſi des autres.

La principale proprieté de la Progreſſion Arithmetique, eſt que de trois termes continuels, comme 6, 10, 14, la ſomme 20 des deux extrémes 6, 14, eſt double du moyen 10; & que de quatre termes continuels, comme 6, 10, 14, 18, la ſomme 24 des deux extrémes 6, 18, eſt égale à celle des deux moyens 10, 14 : & enfin que dans une plus grande multitude de termes continuels, comme dans ces ſix, 2, 6, 10, 14, 18, 22, la ſomme 24 des deux extrémes 2, 22, eſt la même que celle des deux 6, 18, qui en ſont également éloignez, ou que celle des deux 10, 14, qui en ſont auſſi également éloignez. D'où il eſt aiſé de conclure, que loſſque la multitude des termes eſt un nombre impair, cette ſomme eſt double du terme moyen, comme il arrive dans ces cinq termes 2, 6, 10, 14, 18, car la ſomme 20 des deux extrémes 2, 18, ou des deux 6, 14, qui en ſont également éloignez, eſt double du moyen 10.

On peut aiſément trouver autant de fois que l'on voudra, deux nombres, tels que la ſomme de leurs quarrez ſoit un nombre quarré, ou ce qui eſt la même chofe, les côtez d'un Triangle rectangle en nombres, par le moyen de cette double Progreſſion Arithmetique $1\frac{1}{2}$, $2\frac{2}{5}$, $3\frac{5}{7}$, $4\frac{14}{9}$, &c. ou l'excés eſt 2 dans les Fractions, & 1 dans les Nombres entiers : car ſi l'on reduit l'entier avec ſa Fraction en une ſeule Fraction, comme $1\frac{1}{3}$ en $\frac{4}{3}$, le numerateur 4, & le dénominateur 3, feront les côtez de ce Triangle rectangle 3, 4, 5, & pareillement ſi l'on reduit $2\frac{2}{5}$ en $\frac{12}{5}$, ce qui ſe fait en multipliant le nombre entier 2 par le dénominateur 5, & en ajoûtant au produit 10 le numerateur 2, le dénominateur 5, & le numerateur 12, feront les côtez de ce Triangle rectangle 5, 12, 13. Ainſi des autres : où vous voyez que tout nombre impair peut être l'un des deux côtez d'un Triangle rectangle, en nombres entiers.

Au lieu de cette double Progreſſion Arithmetique, l'on peut ſe ſervir de celle-cy, $1\frac{7}{8}$, $2\frac{11}{12}$, $3\frac{15}{16}$, $4\frac{19}{20}$, $5\frac{23}{24}$, &c. où l'excés eſt 4 dans les fractions, & pareillement 1 dans les nombres entiers : car ſi l'on reduit $1\frac{7}{8}$ en $\frac{15}{8}$, le dénominateur 8, & le numerateur 15, feront les deux côtez de ce Triangle rectangle 8, 15, 17, & pareillement ſi l'on reduit $2\frac{11}{12}$, en $\frac{35}{12}$, le dénominateur 12, & le numerateur 35, feront les deux côtez de cet autre Triangle rectangle 12, 35, 37. Ainſi des autres, où vous voyez qu'un nombre diviſible par 4 peut être l'un des deux côtez d'un Triangle rectangle en nombres entiers.

Dans une Progreſſion Arithmetique, la ſomme
des termes eſt égale à la ſomme des deux extrêmes,
multipliée par la moitié du nombre de la multitude
de tous ces termes. C'eſt pourquoy *pour trouver
la ſomme d'autant de termes qu'on voudra d'une
Progreſſion Arithmetique*, par exemple de ces huit,
3, 5, 7, 9, 11, 13, 15, 17, on multipliera
par leur nombre de multitude 8, la ſomme 20 des
deux extrémes 3, 17, & la moitié 80 du produit
160 ſera la ſomme qu'on cherche.

Si tout au contraire l'on connoît la ſomme des
termes, dont le premier eſt auſſi connu, & encore
le nombre de leur multitude, l'on trouvera ces termes en cherchant leur excés en cette ſorte. Si la
ſomme donnée des termes eſt par exemple 80, que
leur nombre de multitude ſoit 8, & que le premier
mier terme ſoit 3, diviſez par le nombre donné
de multitude 8 le double 160 de la ſomme donnée 80, & ôtez du quotient 20 le double 6 du
premier terme donné 3, & enfin diviſez le reſte
14 par le nombre donné de multitude diminué de
l'unité, c'eſt-à-dire dans cet exemple par 7, & le
quotient 2 ſera l'excés qu'on cherche, lequel étant
ajoûté au premier terme donné 3, on aura 5 pour
le ſecond terme, auquel ſi l'on ajoûte pareillement le même excés 2, on aura 7 pour le troiſiéme terme, & ainſi enſuite.

Mais ſi l'on donne la ſomme des termes, le nombre de leur multitude, & l'excés, on trouvera le
premier terme, & par conſequent tous les autres
en cette ſorte. Que la ſomme donnée des termes
ſoit 80, que le nombre de leur multitude ſoit 8,
& que l'excés ſoit 2; diviſez le double 160 de la
ſomme donnée 80 par le nombre donné 8 de multitude, & ôtez du quotient 20 autant de fois l'ex-

cés 2, que le nombre donné de multitude 8 comprend d'unitez moins une, sçavoir 7 fois, ou 14, & la moitié 3 du reste 6 sera le premier terme, auquel ajoûtant l'excés donné 2, on aura 5 pour le second terme, auquel pareillement si l'on ajoûte le même excés 2, on aura 7 pour le troisiéme terme, & ainsi ensuite. Nous allons faire l'application de ces trois cas dans les Questions suivantes.

QUESTION I.

Un Proprietaire fait faire un Puits à un Masson avec cette condition, qu'il luy donnera 3 livres pour la premiere toise de profondeur, 5 pour la seconde, 7 pour la troisiéme, & ainsi ensuite en augmentant de 2 livres à chaque toise jusqu'à 20 toises de profondeur. On demande combien il sera dû au Masson, quand les 20 toises de profondeur seront achevées.

POur resoudre cette Question, multipliez les 2 livres d'augmentation pour chaque toise de profondeur par le nombre des toises moins une de toute la profondeur, sçavoir par 19, & ayant ajoûté au produit 38 le double 6 de 3, qui est le nombre des livres promises pour la premiere toise, multipliez la somme 44 par la moitié 10 du nombre 20 des toises de toute la profondeur, & vous aurez 440 livres pour l'argent dû au Masson sur 20 toises de profondeur.

QUESTION II.

Un Voyageur a fait 100. lieuës en 8 jours de temps, & chaque jour il a fait également plus de chemin que le jour precedent, & sçachant que le premier jour il a fait seulement 2 lieuës, on demande combien de lieuës il a fait chacun des autres jours.

POur resoudre cette Question, divisez le double 200. des lieuës données 100 par le nombre donné 8 des jours, & ôtez du quotient 25 le double 4 du nombre donné 2 des lieuës du premier jour, pour diviser le reste 21 par 7, qui est le nombre donné des jours, diminué de l'unité, & le quotient 3 fera connoître que le Voyageur a fait chaque jour 3 lieuës plus que le precedent; d'où il est aisé de conclure, que comme le premier jour il a fait 2 lieuës, le second il en aura fait 5, le troisiéme 8, le quatriéme 11, le cinquiéme 14, le sixiéme 17, le septiéme 20, & le huitiéme 23, ce qui fait en tout 100 lieuës, comme porte la Question.

QUESTION III.

Un Voyageur a fait 100 lieuës en 8 jours de temps, & il a fait chaque jour 3 lieuës plus que le precedent ; on demande combien de lieuës il a fait chaque jour.

POur resoudre cette Question, divisez le double 200 des lieuës données 100, par le nombre donné 8 des jours, & ôtez du quotient 25 le nombre 21, qui est le nombre donné 3 des lieuës de surplus en chaque jour, multiplié par le nombre donné des jours moins un, c'est-à-dire par 7, & la moitié 2 du reste 4 fera connoître que le premier jour le Voyageur a fait 2 lieuës, & que par conséquent il en fait 5 le second jour, 8 le troisiéme, 11 le quatriéme, 14 le cinquiéme, 17 le sixiéme, 20 le septiéme, & 23 le huitiéme, ce qui fait en tout 100 lieuës, comme porte la Question.

QUESTION IV.

Un Voleur en s'enfuyant fait 8 lieuës par jour, & un Archer le poursuit, qui n'a fait que 3 lieuës le premier jour, 5 le second, 7 le troisiéme, & ainsi ensuite en augmentant de 2 lieuës chaque jour. On demande en combien de jours l'Archer atteindra le Voleur, & combien de lieuës chacun aura fait.

POur resoudre cette Question & ses semblables, ajoûtez le nombre 2 des lieuës que l'Archer fait chaque jour plus que le precedent, au double 16 du nombre 8 des lieuës que le voleur fait chaque jour, & ayant ôté de la somme 18 le double 6 du nombre 3 des lieuës que l'Archer a fait le premier jour, divisez le reste 12 par le nombre 2 des lieuës que le même Archer fait de plus chaque jour, & le quotient 6 fera connoître que l'Archer atteindra le Voleur au bout de six jours, & que par conséquent chacun aura fait 48 lieuës, parce que 6 fois 8 font 48, & que la somme de ces six termes de la Progression Arithmetique, 3, 5, 7, 9, 11, 13, fait aussi 48.

QUESTION V.

On suppose que de Paris à Lyon il y a 100 lieuës, & que deux Couriers sont partis en même temps, & par la même route, l'un de Paris pour aller à Lyon, en faisant 2 lieuës chaque jour plus que le precedent, & l'autre de Lyon pour venir à Paris, en faisant 3 lieuës chaque jour plus que le precedent : & que precisément au milieu du chemin ils se sont rencontrez, le premier au bout de 5 jours, & le second au bout de 4 jours. On demande combien de lieuës ces deux Couriers ont fait chaque jour.

POur sçavoir combien de lieuës a fait chaque jour celuy qui pour rencontrer l'autre, a employé 5 jours, ôtez ce nombre 5 de son quarré 25, & ayant multiplié le reste 20 par le nombre 2 des lieuës que ce Courier a fait chaque jour plus que le precedent, ôtez le produit 40 du nombre 100 de la distance de Paris à Lyon, pour diviser le reste 60 par le double 10 du nombre 5 des jours, & le quotient 6 fera connoître que le Courier a fait 6 lieuës le premier jour, & par conséquent 8 le second, 10 le troisiéme, 12 le quatriéme, & 14 le cinquiéme.

Pareillement pour sçavoir combien de lieuës a fait chaque jour celuy qui pour rencontrer l'autre a employé 4 jours, ôtez ce nombre 4 de son quarré 16, & ayant multiplié le reste 12 par le nombre 3 des lieuës que ce Courier a fait chaque jour de plus, ôtez le produit 36 du nombre 100 de la distance de Paris à Lyon, pour diviser le reste 64 par le double 8 du nombre 4 des jours, &

le

le quotient 8 fera connoître que ce Courier a fait
8 lieuës le premier jour, & par conséquent 11 le
second, 14 le troisiéme, & 17 le quatriéme.

QUESTION VI.

*Il y a cent pommes & un panier, rangez en ligne
droite, & éloignez par tout d'un pas les uns
des autres. On demande combien de pas feroit
celuy qui entreprendroit de cueillir ces pommes
les unes aprés les autres, & de les rapporter
dans son panier, qui seroit toûjours dans la même place.*

IL est certain que pour la premiere pomme il
faut faire 2 pas, un pour aller, & un pour revenir : que pour la seconde pomme il faut faire 4
pas, deux pour aller, & deux pour revenir : que
pour la troisiéme pomme il faut faire 6 pas, trois
pour aller, & trois pour revenir : & ainsi ensuite
dans cette Progression Arithmetique, 2, 4, 6, 8,
10, &c. dont le dernier & plus grand terme sera
200, sçavoir le double du nombre des pommes,
auquel ajoûtant le premier terme 2, & multipliant
la somme 202 par la moitié 50 du nombre des
pommes, qui est le nombre de la multitude des
termes, le produit 10100 sera la somme de
tous ces termes, ou le nombre des pas qu'on cherche.

PROBLEME VIII.

De la Progression Geometrique.

ON appelle *Progression Geometrique* une suite
de plusieurs quantitez qui croissent continuel-

lement par la multiplication d'un même nombre,
comme 3 , 6 , 12 , 24 , 48 , 96 , &c. où chaque
terme est double de son precedent : ou bien 2 , 6 ,
18 , 54 , 162 , 486 , &c. où chaque terme est triple de son precedent. Ainsi des autres

La principale proprieté de la Progreffion Geometrique , est que de trois termes continuellement
proportionnels , comme 3 , 6 , 12 , le produit 36
des deux extrémes 3 , 12 , est égal au quarré du
moyen 6 ; & que de quatre termes en proportion
continuë , comme 3 , 6 , 12 , 24 , le produit 72
des deux extrémes 3 , 24 , est le même que le produit des deux moyens 6 , 12 : & enfin que dans
une plus grande multitude de termes continuellement proportionnels , comme dans ces fix 3 , 6 ,
12 , 24 , 48 , 96 , le produit 288 des deux extrémes 3 , 96 , est le même que celuy des deux
6 , 48 , qui en font également éloignez , ou des
deux 12 , 24 , qui en font auffi également éloignez. D'où il est aifé de conclure , que lorfque la
multitude des termes est un nombre impair , ce
produit est égal au quarré du terme moyen , comme
il arrive dans ces cinq termes 3 , 6 , 12 , 24 , 48 ,
car le produit 144 des deux extrémes 3 , 48 , ou
des deux 6 , 24 , qui en font également éloignez ,
est le quarré du terme moyen 12.

Ainfi vous voyez que ce qui convient à la Progreffion Arithmetique par addition , convient à la
Progreffion Geometrique par multiplication : mais
il y a une autre difference confiderable entre ces
deux Progreffions , en ce que dans la Progreffion
Arithmetique les differences des termes font égales , & que dans la Progreffion Geometrique , elles
font toûjours inégales , & confervent entre elles la
même Progreffion Geometrique , en continuant mê-

mes à l'infini de prendre les differences des differences, fans pouvoir jamais venir à des differences
égales. Ainfi l'on void que dans cette Progreffion
Geometrique 2, 6, 18, 54, 162, 486, les differences des termes font cette femblable Progreffion
Geometrique 4, 12, 36, 108, 324, où les
differences des termes font auffi cette femblable
Progreffion Geometrique, 8, 24, 72, 216, &
ainfi enfuite.

De trois termes proportionnels, comme 2, 6,
18, le cube 216 du moyen 6 eft égal au produit
folide qui vient en multipliant enfemble les trois
nombres 2, 6, 18 : & de quatre nombres continuellement proportionnels, comme 2, 6, 18, 54,
le cube 216 du fecond 6 eft égal au produit folide
qu'on a en multipliant le quatriéme 54 par le quarré du premier 2, & pareillement le cube 5832 du
troifiéme 18 eft égal au produit folide qui vient en
multipliant le premier 2 par le quarré 2916 du
quatriéme 54.

On connoît aifément par ce qui a été dit jufqu'à
prefent, que *pour trouver entre deux nombres donnez un moyen geometrique proportionnel*, comme
entre 2 & 18, il faut multiplier enfemble les deux
nombres donnez 2, 18, & prendre la Racine
quarrée 6 de leur produit 36, qui fera le moyen
proportionnel qu'on cherche.

Et que *pour trouver entre deux nombres donnez
deux moyens Geometriques continuellement proportionnels*, comme entre 2 & 54, il faut multiplier
le dernier 54 par le quarré 4 du premier 2, & la
Racine cubique 6 du produit 216 fera le premier
moyen proportionnel, lequel étant multiplié par
le fecond nombre donné 54, la Racine quarrée
18 du produit 324 fera l'autre moyen proportionnel qu'on cherche.   D ij

Mais *pour trouver entre deux nombres donnez un moyen proportionnel Arithmetique*, comme entre 2 & 8, la moitié 5 de la somme 10 des deux nombres donnez 2, 8, sera le moyen proportionnel qu'on cherche.

Et *pour trouver entre deux nombres donnez deux moyens arithmetiques continuellement proportionnels*, comme entre 2 & 11, on ôtera le plus petit nombre donné 2 de ces deux nombres du plus grand 11, & on ajoûtera separement au même plus petit 2 le tiers 3 du reste 9, & son double 6, & l'on aura 5 & 8 pour les deux moyens proportionnels qu'on cherche.

Ou bien on ajoûtera au plus grand 11 des deux nombres donnez le double 4 du plus petit 2, & reciproquement au plus petit 2 le double 22 du plus grand 11, & les tiers des deux sommes 15, 24, donneront 5 & 8 pour les deux moyens qu'on cherche.

Il est évident que toutes les Puissances par ordre d'un même nombre comme de 2, font une Progression Geometrique, telle qu'est la suivante,

$$\overset{①}{2}, \overset{②}{4}, 8, \overset{④}{16}, 32, 64, 128, \overset{⑧}{256}, \&c.$$

1	1	1		1
3	5	17		257

où vous voyez que toutes les Puissances du nombre 2, dont les exposans ①, ②, ④, ⑧, &c. font les termes d'une Progression Geometrique, sçavoir 2, 4, 16, 256, &c. font telles que si à chacune on ajoûte l'unité, les sommes 3, 5, 17, 257, &c. font des nombres premiers. Par où il

eſt aiſé de trouver un nombre premier plus grand
que quelque nombre donné que ce ſoit.

Si l'on continuë à l'infini une Progreſſion Geo-
metrique en décroiſſant, comme 6, 2, $\frac{2}{3}$, $\frac{2}{9}$,
$\frac{2}{27}$, &c. la difference 4 des deux premiers termes
6, 2, eſt au premier 6, comme le même premier
6, eſt à la ſomme de tous les termes infinis. C'eſt
pourquoy *pour trouver la ſomme de tous les ter-*
mes infinis d'une Progreſſion Geometrique qui dé-
croît, comme de la propoſée, 6, 2, $\frac{2}{3}$, $\frac{2}{9}$,
$\frac{2}{27}$, &c. il faut diviſer le quarré 36 du premier terme 6, par la difference 4 des deux premiers 6, 2, & le quotient 9 ſera la ſomme qu'on
cherche, de laquelle ôtant la ſomme 8 des deux
premiers termes 6, 2, il reſtera 1 pour la ſomme de ces Fractions infinies continuellement pro-
portionnelles $\frac{2}{3}$, $\frac{2}{9}$, $\frac{2}{27}$, &c. on connoîtra de
la même façon, que la ſomme de toutes ces Frac-
tions infinies continuellement proportionnelles,
$\frac{1}{2}$, $\frac{1}{4}$, $\frac{1}{8}$, $\frac{1}{16}$, $\frac{1}{32}$, &c. vaut auſſi 1. C'eſt par
cette regle qu'on peut reſoudre la Queſtion ſui-
vante, aprés avoir dit que

Quand on parle de quantitez proportionnelles
ſans ſpecifier, cela s'entend toûjours de la Proportion Geometrique. Nous dirons ici en paſſant,
que ſi de l'unité, comme numerateur, & des nombres naturels 1, 2, 3, 4, 5, &c. comme Dénominateurs, on fait cette ſuite de Fractions,
$\frac{1}{1}$, $\frac{1}{2}$, $\frac{1}{3}$, $\frac{1}{4}$, $\frac{1}{5}$, &c. qui vont toûjours en di-

minuant, ces Fractions étant prises consecutive-
ment de trois en trois, comme l'on voudra, seront en proportion harmonique, c'est-à-dire que
la premiere de ces trois sera à la troisiéme, comme la difference des deux premieres est à la difference des deux dernieres, comme l'on connoîtra
encore mieux en reduisant ces Fractions en même
dénomination, ou en entiers, ce qui se fera ici
pour les cinq Fractions $\frac{1}{1}$, $\frac{1}{2}$, $\frac{1}{3}$, $\frac{1}{4}$, $\frac{1}{5}$, en
les multipliant par le même nombre 60, qui est
divisible par tous les dénominateurs 2, 3, 4, 5,
car à la place de ces cinq Fractions, on aura ces cinq
nombres entiers 60, 30, 20, 15, 12, dont les
trois premiers 60, 30, 20, sont bien en proportion harmonique, car le premier 60 est au
troisiéme 20, qui en est la troisiéme partie, comme la difference 30 des deux premiers est à la difference 10 des deux derniers, qui en est aussi la
troisiéme partie. C'est par un semblable raisonnement que l'on connoîtra que ces trois 30, 20,
15, sont aussi en proportion harmonique, & pareillement ces trois 20, 15, 12.

<h3 style="text-align:center">QUESTION.</h3>

Un grand Navire en poursuit sur le même Rumb
un plus petit, dont il est éloigné de 4 lieuës, &
il marche deux fois plus vîte que le plus petit.
On demande le chemin que le grand Navire doit
faire pour atteindre le plus petit.

PArce que la distance des deux Navires est 4, &
que leurs vîtesses sont en raison double, continuez à l'infini cette Progression Geométrique dou-

ble 4 , 2 , 1 , $\frac{1}{2}$, $\frac{1}{4}$, $\frac{1}{8}$, &c. dont le premier &
le plus grand terme soit 4 : & trouvez la somme de
tous ces termes infinis, en divisant le quarré 16
du premier 4 par la difference 2 des deux premiers 4 , 2 , vous aurez 8 pour cette somme, qui
fera connoître que lorsque le grand Navire aura
fait 8 lieuës, il atteindra le plus petit.

PROBLEME IX.

Des Quarrez Magiques.

ON appelle *Quarré Magique* un Quarré divisé en plusieurs autres petits quarrez égaux,
ou cases remplies des termes d'une Progression Arithmetique, qui y sont tellement transposez que tous
ceux d'une même bande , ou d'un même rang, tant
en long, qu'en travers , & qu'en diagonale, font
ensemble une même somme.

Comme il arrive à ce Quarré qui est divisé en
25 petites Cases égales, ou les 25 premiers nombres naturels 1 , 2 , 3 , 4,
&c. sont tellement trans-
posez, que la somme de
chaque rang, soit de haut
en bas, soit de droit à
gauche, & de ceux des
diagonales ou diametres
du Quarré, est par tout
65, laquelle somme 65

11	24	7	20	3
4	12	25	8	16
17	5	13	21	9
10	18	1	14	22
23	6	19	2	15

est dans tout *Quarré impair*, c'est-à-dire qui a un
nombre quarré impair de Cases , comme celui-ci
qui en a 25 , est égal au produit sous la Racine
quarrée 5 de ce nombre quarré 25 , & le terme

moyen 13 de la Progreſſion Arithmetique 1 , 2 , 3 , 4 , &c.

Cette ſomme ſe trouve auſſi en diſpoſant les termes donnez de la Progreſſion Arithmetique, ſelon leur ſuite naturelle 1 , 2 , 3 , 4 , &c. dans les Caſes du Quarré , comme vous voyez ici ; car alors la ſomme des nombres de chaque *Rang diagonal* , c'eſt-à-dire , qui va d'un angle à l'autre du Quarré, ſera celle qu'on cherche , ce qui arrivera auſſi aux *Quarrez pairs* , c'eſt-à-dire qui contiennent un nombre quarré pair de Caſes.

1	2	3	4	5
6	7	8	9	10
11	12	13	14	15
16	17	18	19	20
21	22	23	24	25

Pour diſpoſer magiquement dans les Caſes d'un Quarré impair , par exemple de celuy dont le côté eſt 5 , ou qui a 25 Caſes , autant de nombres donnez en Progreſſion Arithmetique , comme 1 , 2 , 3 , 4 , 5 , & ainſi enſuite juſqu'au dernier & plus grand 25 , écrivez le premier & plus petit 1 dans la Caſe qui répond immediatement ſous celle du milieu , où eſt le Centre du Quarré, & en ſuivant la Diagonale vers la droite écrivez le ſecond terme 2 dans la Caſe voiſine & plus baſſe de la bande qui ſuit vers la droite, & continuez ainſi juſqu'à ce que vous ayez rempli la plus baſſe Caſe, comme il arrive ici au ſecond terme 2.

11	24	7	20	3
4	12	25	8	16
17	5	13	21	9
10	18	1	14	22
23	6	19	2	15

Aprés cela parce qu'en continuant ſelon la dia-

gonale de la gauche vers la droite , le terme suivant
3 se rencontre en dehors, on le placera à la Case
oppofée de la bande où il se rencontrera : & encore parce qu'en continuant toûjours selon la diagonale vers la droite, le terme suivant 4 se trouve
auffi en dehors, on le placera pareillement dans la
Case oppofée du rang où il se rencontre en dehors,
apîés quoy l'on continuera à placer les termes suivans toûjours en décendant selon la diagonale vers
la droite : mais parce que le terme 6 tombe dans
une Case qui eft déja remplie, fçavoir dans celle
où il y a déja 1 , on retrogradera selon la diagonale de la droite vers la gauche, & l'on écrira ce
terme 6 dans la seconde Case du rang , où le terme precedent 5 se rencontre , en forte qu'entre ces
deux termes il refte une Case vuide; ce qu'il faut
toûjours ainfi pratiquer, lorfqu'une Case se trouvera déja remplie.

Enfin l'on continuera selon ces regles à placer
les autres termes dans les Cases vuides, jufqu'à ce
qu'on foit parvenu à l'angle du Quarré, où dans
cet exemple le terme 15 se rencontre : & alors
comme l'on ne peut plus se conduire selon la Diagonale en décendant vers la droite , pour placer le
terme suivant 16 , on le placera toûjours dans la seconde Case d'en haut du même rang, aprés quoy
les autres termes se placeront dans les autres Cafes vuides comme les precedens , fans qu'il puiffe
plus arriver quelque nouvelle difficulté.

Ces mêmes termes peuvent avoir d'autres difpo-
fitions magiques, telles que font les suivantes, que
nous avons trouvées par une autre maniere, qui
n'étant pas fi facile que la precedente , ne fera pas
ici expliquée , non plus que celle qui fert pour
les Quarrez pairs, parce qu'elle eft trop difficile

pour être inferée dans des Recreations Mathematiques.

3	10	25	16	11
20	8	19	12	6
5	9	13	17	21
22	14	7	18	4
15	24	1	2	23

12	25	6	19	3
5	11	24	8	17
16	4	13	22	10
9	18	2	15	21
23	7	20	1	14

1	20	23	16	5
4	18	9	12	22
15	7	13	19	11
24	14	17	8	2
21	6	3	10	25

11	24	17	10	3
4	12	25	18	6
7	5	13	21	19
20	8	1	14	22
23	16	9	2	15

11	22	9	20	3
2	14	25	8	16
19	5	13	21	7
10	18	1	12	24
23	6	17	4	15

17	24	1	8	15
23	5	7	14	16
4	6	13	20	22
10	12	19	21	3
11	18	25	2	9

Remarque.

CE Quarré a été appellé *Magique*, parce qu'il a été en grande veneration parmy les Égyptiens, & les Phytagoriciens leurs Disciples, qui pour donner plus d'éficace & de vertu à ce Quarré, le dédioient aux sept Planetes en differentes manieres, & le gravoient sur une lame du métal qui sympatisoit avec la Planete, à laquelle il étoit dedié en l'enfermant dans un Polygone regulier inscrit en un Cercle divisé en autant de parties égales que le côté du Quarré avoit d'unitez, avec les noms des Anges de la Planete, & des Signes du Zodiaque, qu'ils écrivoient dans les espaces vuides entre le Polygone & la circonference du Cercle circonscrit; croyant par une vaine superstition qu'une telle médaille, ou talisman étoit favorable à celuy qui la portoit avec foy en temps & lieu.

Ils attribuoient à Saturne le Quarré de 9 Cases, ayant 3 pour côté, & 15 pour la somme des nombres de chaque Bande. A Jupiter le Quarré de 16 Cases, ayant 4 pour côté, & 34 pour la somme des nombres de chaque Bande. A Mars le Quarré de 25 Cases, ayant 5 pour côté, & 65 pour la somme des nombres de chaque Bande. Au Soleil le Quarré de 36 Cases, ayant 6 pour côté, & 111 pour la somme des nombres de chaque Bande. A Venus le Quarré de 49 Cases, ayant 7 pour côté, & 175 pour la somme des nombres de chaque Bande. A Mercure le Quarré de 64 Cases, ayant 8 pour côté, & 260 pour la somme des nombres de chaque Bande. A la Lune le Quarré de 81 Cases, ayant 9 pour côté, & 369 pour la somme des nombres de chaque Bande.

Enfin , ils attribuoient à la matiere imparfaite le Quarré de 4 Cafes , ayant 2 pour côté , & à Dieu le Quarré d'une feule Cafe, ayant pour côté l'unité, qui étant multipliée par elle-même , ne fe change pas. Par le moyen de ce Problême nous refoudrons cette

QUESTION.

Difpofer en trois rangs les neuf premieres Cartes , depuis l'As jufqu'au Neuf , de forte que tous les points de chaque rang pris en long , ou en large, ou en diagonale , faffent enfemble une même fomme.

ON difpofera magiquement les neuf premiers nombres naturels 1 , 2 , 3 , 4 , 5 , 6 , 7 , 8 , 9 , par la Methode que nous avons enfeignée , comme vous voyez ici, & alors on connoîtra que les Cartes marquées des mêmes points que font les chifres de chaque Cafe , doivent être rangées de la même façon , afin que la fomme de tous les points de chaque rang foit par tout le même , fçavoir 15.

4	9	2
3	5	7
8	1	6

Au lieu de la Progreffion Arithmetique , l'on peut prendre la Progreffion geometrique , par exemple , cette Progreffion double , 1 , 2 , 4 , 8 , 16 , 32 , 64 , 128 , 256 , & alors il arrivera que ces neuf termes étant difpofez magiquement par la Methode qui a été enfeignée auparavant, le produit qui viendra en multipliant enfemble ceux qui feront dans chaque rang , fera par tout le même , fçavoir 4096 , qui eft

8	256	2
4	16	64
128	1	32

égal au Cube du terme moyen 16.

Nous ajoûterons ici en paffant cet autre Quarré de neuf Cafes, dont les nombres qui font dans chaque rang, de quelque maniere qu'on le prenne, c'eft-à-dire foit en long ou en travers , ou en diagonale font en proportion harmonique : & l'on peut trouver

1260	840	630
504	420	360
315	280	252

autant d'autres nombres qu'on voudra de la même qualité , fi au lieu des nombres precedens on met des lettres , comme vous voyez icy, où les grandeurs litterales de chaque rang font harmoniquement proportionelles : c'eft pourquoy en donnant

$$a.\qquad 2ac\qquad c.$$

$$2ab\qquad a+c\qquad 2abc$$

$$\overline{a+b}\qquad 2bc\qquad \overline{2ab+ac-bc}$$

$$b.\qquad \overline{b+c}\qquad abc$$

$$2abc\qquad \overline{ab+ac-bc}$$

$$\overline{2ac+ab-bc}$$

aux trois lettres indéterminées a, b, c, des valeurs differentes , on aura en la place de ces quantitez litterales des nombres qui conferveront toûjours dans chaque rang la proportion harmonique.

PROBLEME X.

Du Triangle Aritthmetique.

ON appelle *Triangle Arithmetique* la moitié d'un Quarré divisé comme le Quarré Magique, en plusieurs petites Cases égales qui contiennent les nombres naturels 1, 2, 3, 4, &c. les nombres Triangulaires 1, 3, 6, 10, &c. qu'on a par l'addition continuelle des nombres precedens : les nombres Pyramidaux 1, 4, 10, 20, &c. que donne l'addition continuelle des nombres Triangulaires : les nombres Pyramido-pyramidaux 1, 5, 15, 35, &c. qui viennent par l'addition continuelle des nombres Pyramidaux : & ainsi ensuite, comme vous voyez dans la Figure, qu'il ne faut que regarder pour la comprendre.

Entre les differens usages du Triangle Arithmetique, je parleray seulement de ceux qui sont pour les Combinaisons, pour les permutations, & pour les Partis du Jeu, parce que les autres sont trop speculatifs pour des Recreations Mathematiques.

Des Combinaisons.

NOus entendons ici pour *Combinaisons* tous les differens choix qu'on peut faire de plusieurs choses, dont la multitude est connuë, en les prenant en diverses manieres, une à une, deux à deux, trois à trois, &c. sans jamais prendre les mêmes deux fois.

Comme si l'on a quatre choses exprimées par ces quatre lettres *a*, *b*, *c*, *d*, toutes les diverses manieres d'en prendre par exemple deux differentes, sça-

voir *ab*, *ac*, *ad*, *bc*, *bd*, *cd*, ou trois differentes,
sçavoir *abc*, *abd*, *acd*, *bcd*, s'appellent *Combinaisons*, où il est aisé de voir, que de quatre choses
proposées, on les peut prendre d'une à une en quatre façons, de deux à deux en six façons, de trois
à trois en quatre façons, & de quatre à quatre en
une maniere seulement : de sorte que 1 se combine
dans 4 quatre fois, 2 six fois, 3 quatre fois, & 4
une fois.

Pour trouver dans une plus grande multitude de
choses differentes, par exemple de sept, les diverses combinaisons que l'on peut faire en les prenant
diversement, soit pour les ajoûter ensemble , ou
pour les multiplier, comme si l'on vouloit sçavoir
toutes les conjonctions possibles des sept Planetes,
en les prenant de deux à deux, c'est-à-dire, si l'on
vouloit sçavoir combien de fois 2 se combine dans
7; ajoûtez l'unité à chacun des deux nombres donnez 2, 7, pour avoir ces deux autres nombres 3,
8, qui font connoître que dans la troisiéme Case
de bas en haut, ou de haut en bas, de la huitiéme
diagonale du Triangle Arithmetique, l'on trouvera
le nombre des combinaisons qu'on cherche, sçavoir
21, qui marque les diverses rencontres des sept
Planetes conjointes deux à deux.

Ou bien parce que les deux nombres donnez sont
2, 7, & que le plus petit est 2, ajoûtez ensemble
tous les nombres du deuxiéme rang jusqu'à la septiéme diagonale, parce que le plus grand nombre
donné est 7, sçavoir 1, 2, 3, 4, 5, 6, & la somme 21 sera le nombre qu'on cherche.

Si vous n'avez point de Triangle Arithmetique
qui mêmes peut manquer, lorsque le nombre de
multitude des choses proposées passera 9, parce
que nous ne l'avons pas prolongé au delà de 9,

quoique cela soit facile, apprenez cette autre Regle qui est generale pour quelque nombre de multitude que ce soit.

Etant donc donnez les deux nombres 2, 7, pour sçavoir combien de fois le plus petit 2 se combine dans le plus grand 7, faites des deux nombres donnez 2, 7, ces deux Progressions Arithmetiques 2, 1, & 7, 6, qui décroissent de l'unité, & qui ne doivent avoir que deux termes, sçavoir autant que le plus petit nombre donné 2 comprend d'unitez. Aprés cela multipliez ensemble tous les termes de chaque Progression, sçavoir 7 par 6, & 2 par 1, & divisez le premier produit 42 par le second 2, & le quotient 21 sera la multitude des Combinaisons de 2 en 7.

C'est par cette maniere, ou par la precedente, qu'on trouvera que 3 se combine dans 7, 35 fois, & 4 aussi 35 fois, que 5 s'y combine 22 fois, & 6 seulement 7 fois. D'où il suit que la multitude de toutes les Combinaisons qui se peuvent faire dans sept choses differentes, en les prenant une à une, deux à deux, trois à trois, quatre à quatre, cinq à cinq, six à six, & sept à sept, est 127, que l'on trouve en ajoûtant ensemble toutes les multitudes particulieres de Combinaisons, 7, 21, 35, 21, 7, 1, qui conviennent aux nombres 1, 2, 3, 4, 5, 6, 7; mais cette multitude se peut trouver plus facilement en faisant cette Progression Geometrique double 1, 2, 4, 8, 16, 32, 64, qui doit être composée de sept termes, parce que le nombre proposé des choses à combiner est 7 : car la somme 127 de tous ces termes sera le nombre qu'on cherche, qui se peut trouver encore plus facilement en cette sorte. Otez l'unité du nombre proposé 7, & parce qu'il reste 6, cela vous fait voir que

que du nombre 2 il en faut prendre la sixiéme
Puissance qui est 64., dont le double 128 doit
être diminué de l'unité, & le reste 127 sera le
nombre qu'on cherche.

Auparavant que de finir, j'ajoûteray ici deux
Methodes particulieres aux deux nombres 2 & 3,
pour trouver combien de fois ils se combinent dans
un nombre proposé qui doit être plus grand, par
exemple dans le même nombre donné 7.

Pour donc trouver premierement combien de
fois 2 se combine dans 7, ôtez ce nombre 7 de son
quarré 49. & la moitié du reste 42 donnera 21
pour le nombre des fois que 2 se combine dans 7.

Pour trouver combien de fois 3 se combine
dans 7, ajoûtez au Cube 343 du nombre donné
7 le double 14 de ce même nombre 7, & ôtez de
la somme 357 le triple 147 du quarré 49 du même nombre 7, & la sixiéme partie du reste 210
donnera 35 pour le nombre des fois que 3 se combine dans 7.

Des Permutations.

IL y a une autre sorte de Combinaisons, que
l'on peut appeller *Permutation*, où l'on prend
les mêmes choses deux fois : comme si l'on veut
combiner ces trois nombres 2, 5, 6. en les prenant deux à deux, pour sçavoir les differentes valeurs qu'ils peuvent produire, en considerant les
deux premiers nombres en cette sorte, 25, on dira
qu'ils font vingt-cinq, & en les considerant ainsi,
52 on prononcera qu'ils font 52. Pareillement en
considerant le premier & le troisiéme nombre en
cette sorte 26, on connoîtra qu'ils font vingt-six,
& en les considerant ainsi, 62, on dira qu'ils font

foixante-deux. Ainfi des autres, où vous voyez que la multitude des Permutations eft double de celle des Combinaifons.

On fe fert tres-utilement des Permutations, quand on veut faire des Anagrammes, où l'on fait quelquefois des rencontres heureufes, c'eft-à-dire qui conviennent fort à leur fujet, comme il arrive à ce mot ROMA, dont les lettres étant tranfpofées font cet autre mot AMOR. Mais la rencontre eft bien plus heureufe dans ces deux Vers Latins;

Signa te, figna, temere me tangis et angis,
Roma tibi fubito motibus ibit amor.

dont les lettres étant prifes à contre-fens font les mêmes Vers.

On fe fert auffi des Permutations dans le Jeu de Dez, pour connoître le nombre des hazards qu'auroit celuy qui avec deux Dez entreprendroit de faire par exemple 9, étant certain qu'il auroit quatre hazards, parce que 9 fe peut faire en quatre façons, fçavoir par le 4 du premier Dé & le 5 du fecond, ou bien par le 5 du premier & le 4 du fecond : & encore par le 3 du premier Dé & le 6 du fecond, ou bien par le 6 du premier & le 3 du fecond.

Pour combiner enfemble fimplement plufieurs lettres, par exemple ces quatre AMOR, c'eft-à-dire, pour trouver le nombre de leurs Permutations fimples, en les tranfpofant felon toutes les manieres poffibles, faites cette Progreffion Arithmetique 1, 2, 3, 4, compofée d'autant de termes qu'il y a de lettres à combiner enfemble, comme en cet exemple de quatre termes, parce qu'il y a quatre lettres à combiner, en forte que le premier terme foit toûjours l'unité, & que le dernier exprime le nombre des lettres : & alors en multipliant ensemble tous ces termes , le produit 24

AMOR	MARO	OAMR	ROMA
AMRO	MAOR	OARM	ROAM
AOMR	MOAR	OMAR	RMAO
AORM	MORA	OMRA	RMOA
ARMO	MRAO	ORAM	RAMO
AROM	MROA	ORMA	RAOM

sera le nombre des Permutations , ou des changemens differens que l'on peut faire des quatre lettres proposées AMOR , comme vous voyez ici.

C'est de la même façon que l'on trouvera le nombre des Permutations d'une autre multitude de lettres , sçavoir en faisant une Progression d'autant de nombres naturels 1 , 2 , 3 , 4 , 5 , &c. qu'il y aura de lettres à combiner ensemble , & en multipliant ensemble tous les termes de cette Progression. Ainsi vous trouverez que cinq Lettres se peuvent combiner simplement , ou transposer en 120 manieres , six en 720 , & ainsi des autres , comme vous voyez dans la Table suivante , qui montre que les 23 lettres de l'Alphabet se peuvent combiner en 25852016738884976640000 façons.

1	1. A.
2	2. B.
3	6. C.
4	24. D.
5	120. E.
6	720. F.
7	5040. G.
8	40320. H.
9	362880. I.
10	3628800. K.
11	39916800. L.
12	479001600. M.
13	6227020800. N.
14	87178291200. O.
15	1307674368000. P.
16	20922789888000. Q.
17	355687428096000. R.
18	6402373705728000. S.
19	121645100408832000. T.
20	2432902008176640000. V.
21	51090942171709440000. X.
22	1124000727777607680000. Y.
23	25852016738884976640000. Z.
24	620448401733239439360000.
25	15511210043330985984000000.

Cette Table eſt aiſée à conſttuire, car ayant connu par exemple que 4 lettres ſe peuvent combiner ou tranſpoſer en 24. façons, ſi l'on multiplie ce nombre 24 des combinaiſons par le nombre 5, qui ſuit immediatement aprés le 4, on aura 120 pour le nombre des combinaiſons de 5 lettres, lequel étant multiplié par le nombre ſuivant 6, on aura 720 pour le nombre des combinaiſons de 6 lettres,

lequel étant pareillement multiplié par le nombre
suivant 7 , le produit 5040 sera le nombre des
Combinaisons de 7 lettres , & ainsi ensuite.

Des Partis du Jeu.

ON appelle *Parti* en matiere de Jeu, la juste
distribution, ou le reglement de ce qui doit
appartenir à plusieurs Joüeurs de l'argent qui est au
Jeu, & qu'ils joüent en un certain nombre de parties, proportionnellement à ce que chacun a droit
d'esperer de la fortune par le nombre des parties
qui luy manquent pour achever.

Comme si deux Joüeurs ont mis chacun 40 pistoles au Jeu, qui dans ce cas ne leur appartiennent
plus, parce qu'en les mettant au Jeu ils en ont
quitté la proprieté, ayant en revanche le droit d'at-
tendre ce que le hazard leur en peut donner, suivant
les conditions dont ils sont convenus en mettant
leur argent au Jeu, en sorte qu'ils joüent 80 pistoles par exemple en trois parties, que le premier
ait une partie, & que le second n'en ait pas une,
c'est-à-dire qu'il manque deux parties au premier
pour gagner, & 3 au second; si les Joüeurs se
veulent separer en renonçant à l'attente du hazard,
pour rentrer chacun à la proprieté de quelque chose, le premier à raison des 2 parties qui luy manquent, & le second à raison des 3 parties qu'il luy
faut pour remporter tout l'argent, la portion juste
qui doit appartenir à chacun de cet argent s'appelle
Party, qui se peut trouver par le moyen du Triangle Arithmetique, en cette sorte.

Parce que nous avons supposé qu'il manque au
premier Joüeur 2 parties, & 3 au second pour gagner, & que la somme des deux nombres 2 & 3

eſt 5, il faut prendre dans la 5 Diagonale du Triangle Arithmetique, la ſomme 5 des deux premiers nombres 1, 4, à cauſe des deux parties qui manquent au premier Joüeur, & la ſomme 11 des trois autres 6, 4, 1, à cauſe des trois parties qui manquent au ſecond Joüeur, & ces deux dernieres ſommes 5, 11, donneront la raiſon reciproque des deux partis qu'on cherche, de ſorte que le parti de celuy à qui il ne manque que 2 parties eſt au parti de celuy à qui il en manque 3, comme 11 eſt à 5.

Mais pour déterminer ces deux partis, c'eſt-à-dire pour aſſigner à chacun la part des 80 piſtoles qui ſont au Jeu, à raiſon des avantages qu'il a, il faut diviſer ce nombre 80 en deux parties proportionnelles aux deux termes 11, 5, ce qui ſe fera en multipliant ſeparément par ces deux termes 11, 5, le nombre 80 des piſtoles qui ſont au Jeu, & en diviſant chacun des deux produits 880, 400, par la ſomme 16 des deux mêmes termes 11, 5, & l'on aura 55 pour le nombre des piſtoles que doit emporter le premier Joüeur qui a fait une partie, & 25 pour le nombre des piſtoles pour le ſecond Joüeur qui n'a fait aucune partie.

Pareillement s'il manque 1 partie au premier Joüeur, & 2 au ſecond pour gagner, on ajoûtera enſemble ces deux nombres de parties 1, 2, & parce que leur ſomme eſt 3, on prendra dans la 3e diagonale du Triangle Arithmetique le ſeul & premier nombre 1, & la ſomme 3 des deux autres 2, 1, & ces deux nombres 1, 3, font connoître que le parti du premier Joüeur eſt au parti du ſecond, comme 3 eſt à 1; & parce que la ſomme de ces deux termes 1, 3, eſt 4, il s'enſuit que le premier Joüeur doit avoir les

$\frac{3}{4}$ des 80 piſtoles qui ſont au Jeu, & le ſecond

ſeulement $\frac{1}{4}$, & que par conſequent il appartient

60 piſtoles au premier Joüeur, & 20 au ſecond, dans la ſuppoſition que nous avons faite, qu'ils ſe veulent ſeparer ſans continuer le Jeu.

Par là vous voyez que ſi le Jeu eſt dans cet état, qu'il manque au premier Joüeur une partie, & au ſecond deux parties pour achever, le premier Joüeur pourroit parier au pair 3 contre 1, ce que l'on peut auſſi connoître ſans le Triangle Arithmetique, en cette ſorte.

Puiſqu'il manque au premier Joüeur une partie 1. Cas. pour achever, & qu'il en manque deux au ſecond, on conſiderera que ſi les Joüeurs continuoient de joüer, & que le ſecond gagnât une partie, il luy manqueroit comme au premier une partie pour achever, & que dans ce cas les deux Joüeurs ayant des hazards égaux, leurs Partis ſeroient auſſi égaux, par cette regle generale qui porte, que le Parti du premier Joüeur eſt au Parti du ſecond, en même raiſon que le nombre des hazards qui peuvent faire gagner le premier, au nombre des hazards qui peuvent faire gagner le ſecond. Ainſi dans cette ſuppoſition le parti de chacun ſeroit la moitié de l'argent qui eſt au Jeu.

Il eſt donc certain, que ſi le premier gagne la partie qui ſe va joüer, tout l'argent qui eſt au Jeu luy appartiendra, & que s'il la perd, il luy en appartiendra la moitié : c'eſt pourquoy s'ils veulent ſe ſeparer ſans joüer cette partie, le premier doit avoir la moitié de l'argent qui eſt au Jeu, & encore de la moitié du même argent, c'eſt-à-dire, qu'il doit avoir les $\frac{3}{4}$ de cet argent, le reſte $\frac{1}{4}$ demeurant pour le fecond : car il eft évident, que fi un Joüeur prétend une certaine fomme en cas de gain, & une fomme moindre en cas de perte, le fort étant égal, fon parti eft que fans joüer il luy appartient la moitié de ces deux fommes prifes enfemble.

2. Cas. Ce premier Cas fervira pour refoudre le fuivant, qui fuppofe qu'au premier Joüeur il manque une partie pour achever, & au fecond trois parties : car fi le premier gagne une partie, il doit remporter les 80 piftoles qui font au Jeu, & s'il perd une partie, en forte qu'il n'en faille plus que deux au fecond pour achever, il appartiendra au premier les $\frac{3}{4}$ de l'argent, *par le* 1. *Cas.* Ainfi en cas de gain, le premier emportera tout l'argent, & en cas de perte, il ne luy en appartiendra que les $\frac{3}{4}$: c'eft pourquoy en cas de Parti, il ne luy en doit appartenir que la moitié de ces deux fommes prifes enfemble, c'eft-à-dire $\frac{7}{8}$, ou 70 piftoles, le refte $\frac{1}{8}$, ou 10 piftoles demeurant pour le fecond.

3. Cas. Ce fecond Cas fervira de la même façon pour refoudre le fuivant, qui fuppofe qu'il manque deux parties au premier Joüeur pour achever, & trois au fecond : car fi le premier gagne une partie, il doit avoir les $\frac{7}{8}$ de l'argent qui eft au Jeu, *par le* 2. *Cas,* & s'il perd une partie, en forte qu'il n'en faille plus que deux au fecond pour gagner, fçavoir autant qu'il en manque au premier, chacun doit avoir pour fon Parti la moitié de l'argent qui eft au Jeu. C'eft pourquoy en cas de gain, le premier em-

portera $\frac{7}{8}$ de l'argent qui eſt au Jeu , & $\frac{1}{2}$ en cas
de perte, & ainſi en cas de Parti il ne luy en doit
appartenir que la moitié de ces deux ſommes priſes
enſemble, c'eſt-à-dire, $\frac{11}{16}$, ou 55 piſtoles , le
reſte $\frac{5}{16}$, ou 25 piſtoles demeurant pour le ſecond.

Le même ſecond cas ſervira auſſi pour reſoudre 4. Cas.
ce quatriéme, qui ſuppoſe qu'au premier Joüeur il
manque une partie pour achever, & quatre au ſecond : car ſi le premier gagne une partie, il rem-
portera les 80 piſtoles qui ſont au Jeu , & s'il en
perd une, en ſorte qu'il n'en faille plus que trois
au ſecond pour achever, il appartiendra au pre-
mier les $\frac{7}{8}$ de tout l'argent , *par le* 2. *Cas.* Ainſi
puiſqu'en cas de gain , le premier doit emporter
tout l'argent , & qu'en cas de perte il n'en doit emporter que les $\frac{7}{8}$, en cas de Parti il ne luy en doit
appartenir que la moitié de ces deux ſommes priſes
enſemble, c'eſt-à-dire , $\frac{15}{16}$, ou 75 piſtoles , le reſte
$\frac{1}{16}$, ou 5 piſtoles demeurant pour le ſecond.

Ce quatriéme Cas & le troiſiéme ſerviront de la 5. Cas.
même façon pour reſoudre le ſuivant , qui ſuppoſe,
qu'il manque deux parties au premier Joüeur pour
achever, & quatre au ſecond : car ſi le premier gagne une partie, en ſorte qu'il ne luy en manque
plus qu'une pour achever, il doit remporter les $\frac{15}{16}$
de l'argent qui eſt au Jeu, *par le* 4. *Cas*, & s'il
en perd une , en ſorte qu'il n'en manque plus

que trois au second, il doit en remporter seulement les $\frac{11}{16}$, *par le 3. Cas.* Ainsi puisqu'en cas de gain le premier doit remporter les $\frac{15}{16}$ de tout l'argent, & seulement les $\frac{11}{16}$, en cas de perte, il doit en cas de Parti prétendre la moitié de ces deux sommes prises ensemble, c'est-à-dire $\frac{13}{16}$, ou 65 pistoles, le reste $\frac{3}{16}$, ou 15 pistoles demeurant pour le second. Ainsi des autres.

Autrement & plus facilement.

TOus les Cas precedens, & tous les autres infinis qui peuvent arriver, se peuvent resoudre encore autrement sans le Triangle Arithmetique, & plus facilement en cette sorte.

5. *Cas.*   Pour resoudre par exemple le cinquiéme Cas, où l'on suppose qu'il manque deux parties au premier Joüeur pour achever, & 4 au second, de sorte qu'il leur manque ensemble 6 parties pour achever, ôtez toûjours 1 de cette somme 6, & parce qu'il reste 5, on supposera ces cinq lettres semblables *aaaaa* favorables au premier Joüeur, & pareillement ces cinq lettres semblables *bbbbb* favorables au second Joüeur, & l'on combinera ensemble ces dix lettres, comme vous voyez ici, ou des 32 Combinaisons, les 26 premieres vers la gauche, où il y a au moins deux *a*, seront prises pour le nombre des hazards qui peuvent faire gagner le premier, parce qu'il luy manque deux parties : & les six dernieres qui restent à la droite, où il y a au moins quatre *b*, seront prises pour le nombre

des hazards qui peuvent faire gagner le second,
parce qu'il luy manque quatre parties. Ainsi le

aaaaa	aaabb	aabbb	abbbb
aaaab	aabba	abbba	bbbba
aaaba	abbaa	bbbaa	babbb
aabaa	bbaaa	ababb	bbabb
abaaa	aabab	abbab	bbbab
baaaa	abaab	ababb	bbbbb
	baaab	baabb	
	baaba	babba	
	babaa	bbaba	
	ababa	babab	

Parti du premier Joüeur sera au Parti du second,
comme 26 est à 6 , ou comme 13 est à 3 , &c.

Pareillement pour resoudre le troisiéme Cas, qui _{3. Cas.}
suppose qu'il manque deux parties au premier
Joüeur pour achever, & trois parties au second,
de sorte qu'ensemble il leur manque 5 parties pour
achever, ôtez toûjours 1 de cette somme 5 , &
parce qu'il reste 4 , supposez ces quatre lettres semblables *aaaa* favorables au premier, & ces quatre
lettres semblables *bbbb* favorables au second , &
combinez ensemble ces huit lettres , comme vous

aaaa	aabb	abbb
aaab	abba	bbba
aaba	bbaa	bbab
abaa	baab	babb
baaa	baba	bbbb
	abab	

voyez ici, ou des 16 Com-
binaisons, les 11 premie-
res à la gauche, où il y a
au moins deux *a* , seront
prises pour le nombre des
hazards qui peuvent faire
gagner le premier, parce
qu'il luy manque deux par-
ties : & les 5 dernieres qui restent à la droite, où
il y a au moins trois *b* , seront prises pour le nom-

bre des hazards qui peuvent faire gagner le second, parce qu'il luy manque trois parties. Ainſi le Parti du premier Joüeur eſt au Parti du ſecond , comme 11 eſt à 5 , &c.

4. Cas.   Parce que pour reſoudre le quatriéme Cas, où l'on a ſuppoſé qu'il manquoit au premier Joüeur une partie pour achever , & quatre au ſecond , il vient la même ſomme 5 des parties qui manquent enſemble à ces deux Joüeurs, on ſe ſervira des 16 Combinaiſons precedentes , entre leſquelles on en trouvera 15 , où il y a au moins une lettre *a* , parce qu'il manque au premier Joüeur une partie , pour le nombre des hazards qui le peuvent faire gagner, & ſeulement une, où il y a quatre *b* , parce qu'il manque au ſecond Joueur quatre parties , pour un ſeul hazard qui le peut faire gagner : de ſorte que le Parti du premier Joueur eſt au Parti du ſecond , comme 15 eſt à 1. Ainſi des autres.

Du Jeu des Dez.

POur ſçavoir entre deux Joüeurs l'avantage que peut avoir celuy qui entreprend de faire par exemple 6 avec un Dé en un certain nombre de coups, & premierement au premier coup ; on conſiderera que le Parti à l'entreprendre du premier coup eſt de 1 contre 5 , parce que celuy qui tient le Dé , n'a qu'un hazard pour gagner, & qu'il en a 5 pour ne rien gagner : & que par conſequent pour l'entreprendre en un ſeul coup, il ne doit mettre que 1 contre 5 , ou ce qui eſt la même choſe, parier 1 contre 5 , ce qui fait voir que d'entreprendre de faire 6 avec un Dé en un coup il y a deſavantage.

Pour entreprendre de faire ſix en deux coups avec

un Dé, on considerera que c'est la même chose que d'entreprendre en jettant deux Dez à la fois d'en trouver un marqué au 6, & alors celuy qui tient le Dé, n'a que 11 hazards pour gagner, car il peut faire 6 avec le premier Dé, & 1, 2, 3, 4, 5, avec le second : ou bien 6 avec le second Dé, & 1, 2, 3, 4, 5, avec le premier : ou bien encore 6 avec chaque Dé : & qu'il en a 25 pour ne rien gagner,

1, 1	2, 1	3, 1	4, 1	5, 1
1, 2	2, 2	3, 2	4, 2	5, 2
1, 3	2, 3	3, 3	4, 3	5, 3
1, 4	2, 4	3, 4	4, 4	5, 4
1, 5	2, 5	3, 5	4, 5	5, 5

comme vous voyez ici ; il est aisé de conclure, que celuy qui entreprend en deux coups de faire 6 avec un Dé ne doit mettre que 11 contre 25, & qu'ainsi il y a desavantage de l'entreprendre au pair.

Vous prendrez garde que la somme 36 de tous les hazards 11, 25, est le quarré du nombre donné 6, quand on entreprend de faire 6 en deux coups avec un Dé : & que le nombre 25 des hazards qui peuvent empêcher de gagner, celuy qui tient le Dé, est le quarré du même nombre donné 6 moins 1, c'est-à-dire, de 5. C'est pourquoy pour trouver le nombre des hazards favorables à celuy qui tient le Dé, il n'y a qu'à ôter 1 du double 12 du nombre donné 6, & le reste 11 sera le nombre qu'on cherche, qui étant ôté du quarré 36 du même nombre donné 6, le reste 25 qui sera toûjours un nombre quarré, sera le nombre des hazards contraires à celuy qui tient le Dé.

Pour entreprendre de faire 6 en trois coups avec un Dé, on considerera pareillement que c'est la même chofe que d'entreprendre en jettant trois Dez à la fois, d'en trouver un marqué au 6, & alors ce-luy qui tient le Dé, a 91 hazards favorables, & 125 contraires, & ainfi il ne doit mettre que 91 contre 125, où vous voyez qu'il y a encore defa-vantage à entreprendre au pair de faire 6 en trois coups avec un Dé.

Vous remarquerez que la fomme 216 de tous les hazards 91, 125, eft le Cube du nombre don-né 6, quand on entreprend de faire 6 en trois coups avec un Dé, & que le nombre 125 des ha-zards contraires à celuy qui tient le Dé, eft le Cu-be du même nombre donné 6 moins 1, c'eft-à-di-re, de 5. C'eft pourquoy pour trouver le nombre des hazards qui peuvent faire gagner celuy qui tient le Dé, il n'y a qu'à ôter du Cube 216 du nombre donné 6, le Cube 125 du même nombre donné 6 moins 1, ou de 5.

C'eft de la même façon que l'on trouvera l'avan-tage que peut avoir celuy qui entreprendroit en qua-tre coups de faire 6 avec un Dé : car fi l'on ôte de la quatriéme Puiffance, ou du quarré-quarré 1296 du nombre donné 6, le quarré-quarré 625 du même nombre donné 6 moins 1, ou de 5, le refte don-nera 671 hazards favorables à celuy qui tient le Dé, le plus petit quarré-quarré precedent 625 étant le nombre des hazards contraires à celuy qui tient le Dé; où vous voyez que celuy qui entre-prend en quatre coups de faire 6 avec un Dé, peut mettre 671 contre 625, & qu'ainfi il y a avantage à l'entreprendre au pair.

L'avantage fera plus grand à entreprendre de faire 6 en cinq coups avec un Dé, comme l'on connoîtra en ôtant de la cinquiéme Puiffance, ou Surfolide 7776 du nombre donné 6, le Surfolide 3125 du même nombre donné 6 moins 1 , ou de 5 , car le reste 4651 sera le nombre des hazards favorables à celuy qui tient le Dé, le plus petit Surfolide precedent 3125 étant le nombre des hazards contraires à celuy qui tient le Dé ; où l'on void que celuy qui entreprend en cinq coups de faire 6 avec un Dé, peut mettre 4651 contre 3125 , & qu'ainsi il y a de l'avantage à l'entreprendre au pair, &c.

Si vous voulez sçavoir le Parti de celuy qui voudroit entreprendre en un coup de faire avec deux , ou plusieurs Dez une Rafle déterminée , par exemple Terne , vous considererez que s'il l'entreprenoit avec deux Dez, il n'auroit qu'un hazard pour gagner , & 35 pour perdre , parce que deux Dez se peuvent combiner en 36 façons differentes , c'est-à-dire , que leurs faces qui sont au nombre de 6 , peuvent avoir 36 assietes diverses , comme vous voyez ici , ce nombre 36 étant le quarré du nombre

1, 1	2, 1	3, 1	4, 1	5, 1	6, 1
1, 2	2, 2	3, 2	4, 2	5, 2	6, 2
1, 3	2, 3	3, 3	4, 3	5, 3	6, 3
1, 4	2, 4	3, 4	4, 4	5, 4	6, 4
1, 5	2, 5	3, 5	4, 5	5, 5	6, 5
1, 6	2, 6	3, 6	4, 6	5, 6	6, 6

6 des faces , parce qu'il y a deux Dez, car s'il y avoit trois Dez , au lieu du quarré 36 de 6 , on auroit le Cube 216 pour le nombre des Combinaisons entre trois Dez, & s'il y avoit quatre Dez , on auroit le quarré-quarré 1296 du même nombre 6 , pour le nombre des Combinaisons entre quatre Dez, & ainsi ensuite.

D'où il suit qu'on ne doit mettre que 1 contre 35 , pour faire une Rafle déterminée avec deux

Dez en un coup : & l'on connoîtra par un semblable raisonnement, qu'on ne doit mettre que 3
contre 213, pour faire une Rafle déterminée avec
trois Dez, en un coup, & 6 contre 1290, ou un
contre 215 avec quatre Dez, & ainsi ensuite, parce
que des 216 hazards qui se trouvent entre trois
Dez, il y en a trois pour celuy qui tient le Dé,
puisque trois choses se peuvent combiner de deux
en trois façons, & par consequent 213 contraires
à celuy qui tient le Dé : & que pareillement des
1296 hazards qui se trouvent entre quatre Dez,
il y en a six qui sont favorables à celuy qui tient le
Dé, puisque quatre choses se combinent de deux à
deux en six façons, & par consequent 1290 contraires à celuy qui tient le Dé.

Mais si vous voulez sçavoir le Parti de celuy qui entreprendroit de faire une Rafle quelconque du premier coup avec deux ou plusieurs
Dez, il ne sera pas difficile de connoître qu'il
doit mettre 6 contre 30, ou 1 contre 5 avec deux
Dez, parce que des 36 hazards qui se trouvent
entre deux Dez, ôtant 6 hazards qui peuvent produire une Rafle, il reste 30. On connoîtra aussi
aisément qu'avec trois Dez il peut mettre 18 contre 198, ou 1 contre 11, parce que des 216
hazards qui se rencontrent entre trois Dez, ôtant
18 hazards qui peuvent produire une Rafle, il
reste 198, &c.

PROBLEME

PROBLEME XI.

Plusieurs Dez étant jettez, trouver le nombre des points qui en proviennent aprés quelques operations.

SI quelqu'un a jetté fur une table, par exemple trois Dez, que nous appellerons A, B, C, di-tes-luy qu'il ajoûte enfemble tous les points de def-fus, & encore ceux de deffous de deux Dez feule-ment tels qu'on voudra, comme des deux derniers B, C, en mettant à part le troifiéme A, fans en changer l'affiete. Dites-luy enfuite qu'il jette de nouveau les deux mêmes Dez B, C, & faites-luy ajoûter à la fomme precedente tous les points de deffus, & encore ceux de deffous de l'un de ces deux Dez, comme du fecond C, en mettant pa-reillement à part le premier B, proche du prece-dent A, fans en changer l'affiete, pour avoir une feconde fomme. Enfin faites-luy encore jetter le der-nier Dé C, & dites-luy qu'il ajoûte à la feconde fomme precedente les points de deffus, pour avoir une troifiéme fomme, que vous trouverez en cette forte. Ayant approché le troifiéme Dé C proche des deux autres, fans en changer la fituation, appro-chez-vous de la Table, & ayant compté tous les points qui fe trouveront au deffus de ces trois Dez; ajoûtez à leur fomme autant de fois 7, qu'il y a de Dez, comme ici trois fois 7, ou 21, ce nom-bre 7 étant le nombre des points des deux faces oppofées d'un Dé, quand il eft bien fait, & la fomme fera celle qu'on cherche.

Suppofons qu'ayant jetté pour la premiere fois les trois Dez A, B, C, il foit venu en deffus ces trois points 1 , 4 , 5 , & ayant mis par exemple le premier 1 à part , faites ajoûter à ces trois points 1 , 4 , 5 , les deux 3 , 2 , qui se trouvent au dessous des deux autres , dont les points de dessus sont 4 , 5 , pour avoir la premiere somme 15. Supposons maintenant , que les deux mêmes Dez étant jettez il vienne en dessus ces deux points 3 , 6 , dont celuy qui a 3 étant mis à part proche de celuy qui avoit 1 , faites ajoûter ces deux points 3 , 6 , & encore 1 , qui se trouve au troisiéme Dé restant , qui a 6 au dessus , pour avoir une seconde somme 25. Supposons enfin que ce troisiéme & dernier Dé étant jetté par une troisiéme fois , il vienne 6 en dessus , que vous ferez ajoûter à la seconde somme 25 , pour avoir cette troisiéme somme 31 , que vous devinerez en ajoûtant 21 à la somme 10 des points 1 , 3 , 6 , qui se trouvent au dessus des trois Dez restans , &c.

PROBLEME XII.

Deux Dez étant jettez , trouver les points de dessus de chaque Dé , sans les voir.

FAites jetter à quelqu'un deux Dez sur une Table , & faites-luy ajoûter 5 au double des points de dessus de l'un de ces deux Dez , & dites-luy qu'il multiplie la somme par le même nombre 5 , pour luy faire ajoûter au produit le nombre des points de dessus du second Dé : aprés quoy luy ayant demandé la somme , ôtez-en toûjours 25 , quarré du même nombre 5 , & alors il restera un nombre composé de deux figures , dont la premiere vers la droite , qui represente les dixaines , sera le nombre des points de dessus du premier Dé , & la seconde vers la gauche, qui reprefente les fimples unitez, fera le nombre des points de deffus du fecond Dé.

Suppofons que le nombre des points de deffus du premier Dé foit 2, & que le nombre des points de deffus du fecond Dé, foit 3 ; fi l'on double 2, le nombre des points de deffus du premier Dé, & qu'au double 4 on ajoûte 5, on aura 9, qui étant multiplié par le même nombre 5, on aura 45, auquel ajoûtant 3, le nombre des points de deffus du fecond Dé, on aura 48, d'où ôtant 25 quarré du même nombre 5, il refte 23, dont la premiere figure 2, montre le nombre des points de deffus du premier Dé, & l'autre figure 3 fait connoître le nombre des points de deffus du fecond Dé.

Autrement.

Ou bien demandez à celuy qui a jetté les deux Dez, combien font enfemble les points de deffous, & de combien le nombre des points de deffous de l'un des Dez furpaffe le nombre des points de deffous de l'autre Dé : & fi cet excés eft par exemple 1, & que la fomme de tous les points de deffous foit 9, ajoûtez enfemble ces deux nombres 1, 9, & ôtez de 14 leur fomme 10, & la moitié 2 du refte 4 fera le nombre des points de deffus de l'un des deux Dez ; & pour avoir le nombre des points de deffus de l'autre Dé, au lieu d'ajoûter l'excés 1 à la fomme 9, il le faut ôter, & ayant ôté de 14 le refte 8, on aura ce fecond refte 6, dont la moitié 3 fera le nombre qu'on cherche.

Encore autrement.

Ou bien encore, dites à celuy qui a jetté les

deux Dez qu'il ajoûte enfemble les points de deſſus, & qu'il vous diſe leur ſomme, qui ſoit par exemple 5. Dites luy encore qu'il multiplie le nombre des points de deſſus d'un Dé par le nombre des points de deſſus de l'autre Dé, & qu'il vous diſe pareillement leur produit, que nous ſuppoſerons 6, par le moyen duquel & de la ſomme precedente 5, vous trouverez le nombre des points de deſſus de chaque Dé en cette ſorte. Multipliez la ſomme 5 par elle-même, pour avoir ſon quarré 25, duquel vous ôterez 24, le quadruple du produit 6, & il reſte 1, vous prendrez la Racine quarrée, qui eſt auſſi 1, laquelle étant ajoûtée & ôtée de la ſomme precedente 5, on aura ces deux nombres 6, 4, dont les moitiez 3, 2, ſeront les nombres des points de deſſus de chaque Dé.

PROBLEME XIII.

Trois Dez étant jettez, trouver les points de deſſus de chaque Dé ſans les voir.

FAites jetter à quelqu'un trois Dez ſur une Table, & les luy ayant fait ranger en ligne droite l'un proche de l'autre, demandez luy la ſomme des points de deſſous du premier & du ſecond Dé, qui ſoit par exemple 9, & auſſi la ſomme des points de deſſous du ſecond & du troiſiéme Dé, que nous ſuppoſerons 5, & enfin la ſomme des points de deſſous du premier & du troiſiéme Dé, qui ſoit 6. Par le moyen de ces trois ſommes, ou nombres connus 9, 5, 6, on trouvera le nombre des points de deſſus du premier Dé, en ôtant de la ſomme 15 du premier & du troiſiéme nombre le ſecond 5, & en ôtant toûjours de 14 le reſte 10, pour avoir cet autre reste 4, dont la moitié 2 sera le nombre des points de dessus du premier Dé. Pour trouver le nombre des points de dessus du second Dé, ôtez de la somme 14 des deux premiers nombres 9, 5, le troisiéme 6, & ôtez toûjours de 14 le reste 8, pour avoir un second reste 6, dont la moitié 3 sera le nombre des points de dessus du second Dé. Enfin pour avoir le nombre des points de dessus du troisiéme Dé, ôtez de la somme 11 du second nombre 5, & du troisiéme 6, le premier 9, & ôtez toûjours de 14 le reste 2, pour avoir un second reste 12, dont la moitié 6 sera le nombre des points de dessus du troisiéme Dé.

PROBLEME XIV.

Deviner le nombre que quelqu'un a pensé.

AYant fait ôter 1 du nombre pensé, faites doubler le reste, & ayant fait pareillement ôter 1 de ce double, faites ajoûter au reste le nombre pensé, & enfin demandez le nombre qui vient par cette addition, car si vous luy ajoûtez toûjours 3, la troisiéme partie de la somme fera le nombre pensé.

Comme si l'on a pensé 5, & qu'on en ôte 1, il restera 4, dont le double 8 étant diminué de 1, & le reste 7 étant augmenté du nombre pensé 5, on a cette somme 12, à laquelle ajoûtant 3, on a cette autre somme 15, dont la troisiéme partie 5 est le nombre pensé.

Autrement.

Ou bien aprés avoir fait ôter 1 du nombre pensé, faites tripler le reste, & aprés avoir aussi fait ôter 1 de ce triple, faites ajoûter au reste le nombre pensé, & enfin demandez le nombre qui vient par cette addition, car si vous luy ajoûtez toûjours 4, la quatriéme partie de la somme sera le nombre pensé.

Comme si l'on a pensé 5, & qu'on en ôte 1, il restera 4, dont le triple 12 étant diminué de 1, & le reste 11 étant augmenté du nombre pensé 5, on a cette somme 16, à laquelle ajoûtant 4, on a cette autre somme 20, dont la quatriéme partie 5 est le nombre pensé.

Autrement.

Ayant fait ajoûter 1 au nombre pensé, faites doubler la somme, & ayant fait pareillement ajoûter 1 à ce double, faites ajoûter à la somme le nombre pensé, & enfin demandez le nombre qui vient par cette derniere addition, car si vous en ôtez toûjours 3, la troisiéme partie du reste sera le nombre pensé.

Comme si l'on a pensé 5, & qu'on luy ajoûte 1, on aura 6, dont le double 12 étant augmenté de 1, & la somme 13 étant augmentée du nombre pensé 5, on a cette somme 18, de laquelle ôtant 3, il reste 15, dont la troisiéme partie 5 est le nombre pensé.

Autrement.

Ou bien aprés avoir fait ajoûter 1 au nombre pensé, faites tripler la somme, & aprés avoir aussi fait ajoûter 1 à ce triple, faites ajoûter à la somme le nombre pensé, & enfin demandez le nombre qui vient par cette derniere addition, car si vous en ôtez toûjours 4, la quatriéme partie du reste sera le nombre pensé.

Comme si l'on a pensé 5 , & qu'on luy ajoûte 1 ,
on aura 6 , dont le triple 18 étant augmenté de
1 , & la somme 19 étant augmentée du nombre
pensé 5 , on a cette somme 24 , de laquelle ôtant
4 , il reste 20 , dont la quatriéme partie 5 est le
nombre pensé.

Autrement.

Ayant fait ôter 1 du nombre pensé , faites doubler le reste , & ayant fait pareillement ôter 1 de
ce double , faites ôter du reste le nombre pensé , &
enfin demandez le nombre qui reste par cette derniere soustraction , car si vous luy ajoûtez toûjours
3 , la somme sera le nombre pensé.

Comme si l'on a pensé 5 , & qu'on en ôte 1 , il
restera 4 , dont le double 8 étant diminué de 1 ,
& le reste 7 étant encore diminué du nombre pensé
5 , il reste 2 : auquel ajoûtant 3 , la somme 5 est
le nombre pensé.

Autrement.

Ayant fait ajoûter 1 au nombre pensé , faites
doubler la somme , & ayant fait pareillement ajoûter 1 à ce double , faites ôter de la somme le nombre pensé , & enfin demandez le nombre qui reste
par cette soustraction , car si vous en ôtez toûjours
3 , le reste sera le nombre pensé.

Comme si l'on a pensé 5 , & qu'on luy ajoûte
1 , on aura 6 , dont le double 12 étant augmenté
de 1 , & la somme 13 étant diminuée du nombre pensé 5 , il reste 8 , d'où ôtant 3 , le reste 5
est le nombre pensé.

Autrement.

Aprés avoir fait ôter 1 du nombre pensé , faites

tripler le reste, & aprés avoir aussi fait ôter 1 de ce triple, faites ôter du reste le double du nombre pensé, & enfin demandez le nombre qui reste par cette derniere soustraction, car si vous luy ajoûtez toûjours 4, la somme sera le nombre pensé.

Comme si l'on a pensé 5, & qu'on en ôte 1, il restera 4, dont le triple 12 étant diminué de 1, & le reste 11 étant encore diminué du double 10 du nombre pensé 5, il reste 1, auquel ajoûtant 4, la somme 5 est le nombre pensé.

Autrement.

Aprés avoir fait ajoûter 1 au nombre pensé, faites tripler la somme, & aprés avoir aussi fait ajoûter 1 à ce triple, faites ôter de la somme le double du nombre pensé, & enfin demandez le nombre qui reste, car si vous en ôtez 4, le reste sera le nombre pensé.

Comme si l'on a pensé 5, & qu'on luy ajoûte 1, l'on aura 6, dont le triple 18 étant augmenté de 1, & la somme 19 étant diminuée du double 10 du nombre pensé 5, on a ce reste 9, duquel ôtant 4, le reste 5 est le nombre pensé.

Autrement.

Dites à la personne à qui vous aurez fait penser un nombre, qu'elle multiplie ce nombre par 3, & que du triple elle en prenne la moitié, au cas que cela se puisse faire sans aucun reste, car s'il reste 1, vous luy ferez ajoûter 1 à ce triple, pour en pouvoir prendre justement la moitié, que vous ferez encore multiplier par 3; aprés quoy vous demanderez combien il y a de fois 9 dans ce dernier triple, & vous prendrez autant de fois 2, que de fois il y aura 9 , pour le nombre qui aura été penſé , en vous ſouvenant qu'il luy faut ajoûter 1 , ſi vous l'a-vez fait ajoûter auparavant , & que le nombre pen-ſé ſera 1 , lorſque dans le dernier triple il ne ſe trou-vera pas ſeulement une fois 9.

Comme ſi l'on a penſé 5 , ſon triple eſt 15 , dont on ne peut pas prendre exactement la moitié, c'eſt pourquoy on luy ajoûtera 1 , & l'on aura 16 , dont la moitié 8 étant multipliée encore par 3 , on a ce produit 24 , dans lequel 9 eſt compris 2 fois , pour leſquelles prenant autant de fois 2 , on a ce nombre 4 , auquel ajoûtant 1 , qu'on a fait ajoûter auparavant , la ſomme 5 eſt le nombre penſé.

Autrement.

Faites ajoûter & ôter 1 du nombre penſé , pour avoir une ſomme & un reſte que vous ferez multi-plier enſemble , & demandez le produit qui vient par la multiplication , car ſi vous ajoûtez 1 à ce produit, la Racine quarrée de la ſomme ſera le nombre penſé.

Comme ſi l'on a penſé 5 , en ajoûtant 1 à 5 , on a la ſomme 6 , & en ôtant 1 de 5 , on a le reſte 4, & multipliant la ſomme 6 par le reſte 4 , on a au produit 24 , auquel ajoûtant 1 , la Racine quar-rée 5 de la ſomme 25 eſt le nombre penſé.

Autrement.

Ayant fait ajoûter 1 au nombre penſé , faites multiplier la ſomme par le nombre penſé , & fai-tes ôter du produit le même nombre penſé , & en-fin demandez le nombre qui reſtera de cette ſouſ-traction , car la Racine quarrée de ce reſte ſera le nombre penſé.

Comme si l'on a pensé 5, en ajoûtant 1 à 5, on a 6, qui étant multiplié par le nombre pensé 5, on a 30, d'où ôtant le même nombre pensé 5, il reste 25, dont la Racine quarrée 5 est le nombre pensé.

Autrement.

Ou bien ayant fait ôter 1 du nombre pensé, faites multiplier le reste par le nombre pensé, & faites ajoûter au produit le même nombre pensé, & enfin demandez la somme qui vient par cette addition, car la Racine quarrée de cette somme sera le nombre pensé.

Comme si l'on a pensé 5, en ôtant 1 de 5, il reste 4, qui étant multiplié par le nombre pensé 5, on a 20, auquel ajoûtant le même nombre pensé 5, on a 25, dont la Racine quarrée 5 est le nombre pensé.

Autrement.

Ayant fait ajoûter 2 au nombre pensé, faites ajoûter à la somme un o vers la gauche, pour avoir un nombre dix fois plus grand, auquel vous ferez ajoûter toûjours 12, & vous ferez pareillement ajoûter à la somme un o vers la gauche, pour avoir un nombre aussi dix fois plus grand, duquel vous ferez ôter toûjours 320, après quoy vous demanderez le reste, dont les figures significatives vers la gauche, en retranchant les deux zeros, qui se rencontreront toûjours à la droite, representeront le nombre pensé.

Comme si l'on a pensé 5, en luy ajoûtant 2, on a 7, auquel ajoûtant un o vers la droite, on a 70, auquel si l'on ajoûte 12, on a 82, auquel ajoûtant pareillement un o vers la droite, on a 820, d'où ôtant 320, il reste 500, d'où retranchant les deux zeros à la droite, le reste 5 est le nombre pensé.

Autrement.

Ayant fait ajoûter 5 au double du nombre pensé, faites ajoûter à la somme un o vers la droite, pour avoir un nombre 10 fois plus grand, auquel vous ferez ajoûter toûjours 20, & vous ferez pareillement ajoûter à la somme un o vers la droite, pour avoir un nombre aussi dix fois plus grand, duquel vous ferez ôter toûjours 700, aprés quoy vous demanderez le reste : duquel vous retrancherez les deux zeros, qui se rencontreront toûjours à la droite, & la moitié du nombre qui restera vers la gauche, sera le nombre pensé.

Comme si l'on a pensé 5, en ajoûtant à son double 10 toûjours 5, on a 15, auquel ajoûtant un o vers la gauche, on a 150, auquel si l'on ajoûte 20, on a 170, auquel ajoûtant pareillement un o vers la droite, on a 1700, d'où ôtant 700, on a 1000, d'où retranchant deux zeros à la droite, la moitié 5 du reste 10 est le nombre pensé.

Autrement.

Ces deux dernieres Methodes ne sont pas extrémement subtiles, parce que le dernier nombre étant connu, il est aisé en retrogradant de connoître les autres nombres, & par consequent le nombre pensé. C'est pourquoy il vaudra mieux se servir des deux Methodes suivantes, dont le secret est plus caché.

Ayant fait ajoûter 1 au triple du nombre pensé, faites multiplier la somme toûjours par 3 ; & ayant fait ajoûter à ce triple le nombre penſé , demandez le nombre qui proviendra de cette addition, car ſi de cette ſomme vous en ôtez 3 , & que du reſte vous retranchiez le 0 qui ſe trouvera toûjours à la droite , le reſte vers la gauche ſera le nombre penſé.

Comme ſi l'on a penſé 5 , en ajoûtant 1 à ſon triple 15 , on a 16 , dont le triple eſt 48 , auquel ajoûtant le nombre penſé 5 , on a 53 , d'où ôtant 3 , & retranchant du reſte 50 le 0 qui eſt à la droite , il reſte 5 vers la gauche pour le nombre penſé.

Autrement.

Ayant fait ôter 1 du triple du nombre penſé , faites multiplier le reſte toûjours par 3 , & ayant fait ajoûter au produit le nombre penſé , demandez le nombre qui provient de cette addition , car ſi à cette ſomme vous ajoûtez 3 , & que de cette ſeconde ſomme vous retranchiez le 0 , qui doit neceſſairement ſe trouver à la droite , le reſte vers la gauche ſera le nombre penſé.

Comme ſi l'on a penſé 5 , en ôtant 1 de ſon triple 15 , il reſte 14 , dont le triple eſt 42 , auquel ajoûtant le nombre penſé 5 , on a 47 , auquel ajoûtant 3 , & retranchant de la ſomme 50 le 0 qui eſt à la droite , il reſte 5 vers la gauche pour le nombre penſé.

Corollaires.

Il ſuit de ces deux dernieres Methodes, que *ſi au triple d'un nombre quelconque on ajoûte l'unité, & qu'au triple de la ſomme on ajoûte le même nombre, on aura une ſeconde ſomme qui ſe terminera toûjours par 3.* Comme ſi au triple 18 du nombre 6, on ajoûte l'unité, & qu'au triple 57 de la somme 19, on ajoûte le même nombre 6, on a cette seconde somme 63, qui se termine par 3.

Il s'ensuit aussi que *si du triple d'un nombre quelconque on ôte l'unité, & qu'au triple du reste on ajoûte le même nombre, on aura une somme qui se terminera toûjours par 7.* Comme si du triple 18 du nombre 6, on ôte l'unité, & qu'au triple 51 du reste 17, on ajoûte le même nombre 6, on a cette somme 57, qui se termine par 7.

Enfin, il s'ensuit que ce Problême double est impossible ; *Trouver un nombre tel, que si à son triple on ajoûte ou qu'on ôte l'unité, & qu'au triple de la somme ou du reste on ajoûte le même nombre, la somme soit un quarré parfait,* parce que tout nombre qui finit par 3, ou par 7, ne peut pas avoir une Racine quarrée juste, comme vous avez vû au *Probl. 5.* Voyez le Problême suivant.

PROBLEME XV.

Trouver le nombre qui reste à quelqu'un aprés quelques operations, sans luy rien demander.

AYant fait penser un nombre à volonté, faites ajoûter à son double un nombre pair tel qu'il vous plaira, par exemple 8, & faites ôter de la moitié de la somme le nombre pensé, & ce qui restera sera toûjours la moitié du nombre pair que vous aviez fait ajoûter auparavant, sçavoir 4. Ainsi vous direz hardiment qu'il reste 4, ce qui surprendra agreablement ceux qui n'en verront pas d'abord la raison, quoique la démonstration en soit facile. C'est pourquoy pour sçavoir adroitement le nombre qui aura été pensé, faites semblant d'ignorer le reſte 4 , & le faites ôter du nombre penſé , ſi le nombre penſé eſt plus grand, ou en faites ôter le nombre penſé, ſi le nombre penſé eſt moindre, & demandez le reſte, car ſi vous ajoûtez ce reſte à la moitié 4 du nombre 8 , que vous aviez fait a-joûter au nombre penſé, ſi le nombre penſé a été trouvé plus grand que cette moitié 4 , ou ſi vous ôtez ce reſte de la même moitié 4 , ſi le nombre penſé a été trouvé moindre que cette moitié 4 , vous aurez le nombre penſé.

Comme ſi l'on a penſé 5 , & qu'à ſon double 10 on ajoûte 8 , on aura 18 , dont la moitié eſt 9 , d'où ôtant le nombre penſé 5 , il reſte 4 , moitié du nombre ajoûté 8 , & ſi l'on ôte cette moitié 4 du nombre penſé 5 , qui eſt plus grand , il reſtera 1 , qui étant ajoûté à la même moitié 4 , parce que le nombre penſé 5 s'eſt trouvé plus grand que cette moitié 4 , la ſomme 5 ſera le nombre penſé.

Pareillement ſi au double 10 du nombre penſé 5 , on ajoûte 12 , on aura 22 , dont la moitié eſt 11 , d'où ôtant le nombre penſé 5 , il reſte 6 moitié du nombre ajoûté 12 , & ſi de cette moitié 6 , on ôte le nombre penſé 5 , qui eſt plus petit , il reſtera 1 , qui étant ôté de la même moitié 6 , parce que le nombre penſé 5 s'eſt trouvé moin-dre que cette moitié 6 , le reſte 5 ſera le nombre penſé.

Ou plus facilement faites ôter du double du nombre penſé un nombre pair moindre & tel qu'il vous plaira , par exemple 4 , & faites ôter la moitié du reſte du nombre penſé , le reſte ſera 2 moitié du nombre ôté 4 : c'eſt pourquoy pour trouver le nombre penſé , faites ajoûter à cette moitié 2 le nombre penſé , & demandez la ſomme, qui ſoit

par exemple 7, de laquelle si vous ôtez la même
moitié 2, le reste 5 sera le nombre pensé.

Mais on peut trouver encore autrement & plus
facilement le nombre que quelqu'un aura pensé,
en luy faisant ajoûter un nombre à volonté, & en
faisant multiplier la somme par le nombre pensé :
car si du produit vous luy faites ôter le quarré du
nombre pensé, & qu'il vous dise le reste, en divisant ce reste par le nombre que vous avez fait
ajoûter auparavant, le quotient sera le nombre
pensé.

Comme si l'on a pensé 5, & qu'on luy ajoûte
par exemple 4, on aura 9, qui étant multiplié par
le nombre pensé 5, on a 45, d'où ôtant le quarré
25 du nombre pensé 5, & le reste 20 étant divisé par le nombre 4, qui a été ajoûté auparavant,
le quotient donne 5 pour le nombre pensé.

Ou bien faites ôter du nombre pensé un nombre moindre & tel qu'il vous plaira, & faites multiplier le reste par le nombre pensé : car si vous faites ôter le produit du quarré du nombre pensé, &
qu'on vous dise le reste, en divisant ce reste par le
nombre que vous avez fait ôter du nombre pensé,
vous aurez le nombre pensé.

Comme si l'on a pensé 5, & qu'on en ôte par
exemple 3, il restera 2, qui étant multiplié par le
nombre pensé 5, on a 10, qui étant ôté du quarré
25 du nombre pensé 5, il reste 15, qui étant divisé par le nombre 3 qui a été ôté du nombre pensé,
le quotient 5 est le nombre pensé.

La maniere la plus facile de toutes pour deviner le nombre que quelqu'un aura pensé, est la suivante. Faites ôter du nombre pensé un nombre
moindre & tel qu'il vous plaira, & faites mettre le
reste à part. Faites ajoûter le même nombre au nom-

bre penſé, & faites ajoûter à la ſomme le reſte precedent, pour avoir une ſeconde ſomme, que vous devez demander, parce que la moitié de cette ſomme ſera le nombre penſé.

Comme ſi l'on a penſé 5, & qu'on en ôte par exemple 3, il reſtera 2, & ſi l'on ajoûte le même nombre 3 au nombre penſé 5, on aura 8, auquel ajoûtant le precedent reſte 2, on a 10, dont la moitié 5 eſt le nombre penſé.

PROBLEME XVI.

Trouver le nombre que quelqu'un aura penſé, ſans luy rien demander.

Faites ajoûter au nombre penſé ſa moitié s'il eſt pair, ou ſa plus grande moitié s'il eſt impair, & faites auſſi ajoûter à la ſomme ſa moitié, ou ſa plus grande moitié, ſelon qu'elle ſera un nombre pair, ou impair, pour avoir une ſeconde ſomme, dont vous ferez ôter le double du nombre penſé, & faites prendre la moitié du reſte, ou ſa plus petite moitié, au cas que ce reſte ſoit un nombre impair, & continuez ainſi à faire prendre la moitié de la moitié juſqu'à ce qu'on vienne à l'unité. Cela étant fait, remarquez combien de ſoudiviſions on aura faites, & pour la premiere diviſion retenez 2, pour la ſeconde 4, pour la troiſiéme 8, & ainſi des autres en proportion double, en prenant garde qu'il faut ajoûter 1 pour chaque fois que vous aurez pris la plus petite moitié, parce qu'en prenant cette plus petite moitié, il reſte toûjours 1, & qu'il faut ſeulement retenir 1, lorſqu'on n'aura pû faire aucune ſoûdiviſion, car ainſi vous aurez le nombre dont on a pris les

moitiez

moitiez des moitiez, & alors le quadruple de ce nombre fera le nombre penfé, au cas qu'il n'ait point falu prendre au commencement la plus grande moitié, ce qui arrivera feulement lorfque le nombre penfé fera pairement pair, ou divifible par 4 : autrement on ôtera 3 de ce quadruple fi à la premiere divifion l'on a pris la plus grande moitié, ou bien feulement 2 fi à la feconde divifion l'on a pris la plus grande moitié, ou bien enfin 5 fi à chacune des deux divifions on a pris la plus grande moitié, & alors le refte fera le nombre penfé.

Comme fi l'on a penfé 4, en luy ajoûtant fa moitié 2, on a 6, auquel fi l'on ajoûte pareillement fa moitié 3, on a 9, d'où ôtant le double 8 du nombre penfé 4, il refte 1, dont on ne fçauroit prendre la moitié, parce qu'on eft parvenu à l'unité, c'eft pourquoy on retiendra 1, dont le quadruple 4 eft le nombre penfé.

Si l'on a penfé 5, en luy ajoûtant fa plus grande moitié 3, on a 8, auquel fi l'on ajoûte fa moitié 4, on a 12, d'où ôtant le double 10 du nombre penfé 5, il refte 2, dont la moitié eft 1 : & comme l'on ne fçauroit plus prendre la moitié, parce qu'on eft parvenu à l'unité, on retiendra 2, parce qu'il y a une foûdivifion ; & fi du quadruple 8 de ce nombre retenu 2, on ôte 3, parce que dans la premiere divifion l'on a pris la plus grande moitié, le refte 5 eft le nombre penfé.

Si le nombre penfé eft 6, en luy ajoûtant fa moitié 3, on a 9, auquel fi l'on ajoûte fa plus grande moitié 5, on a 14, d'où ôtant le double 12 du nombre penfé 6, il refte 2, dont la moitié eft 1 : & comme l'on ne fçauroit plus prendre la moitié, parce qu'on eft parvenu à l'unité, on retiendra 2, parce qu'il y a une foûdivifion ; & fi du quadruple

Tome I.   G

8 de ce nombre retenu 2, on ôte 2, parce que dans la seconde division l'on a pris la plus grande moitié, le reste 6 est le nombre pensé.

Si l'on a pensé 7, en luy ajoûtant sa plus grande moitié 4, on a 11, auquel si l'on ajoûte pareillement sa plus grande moitié 6, on a 17, d'où ôtant le double 14 du nombre pensé 7, il reste 3, dont la plus petite moitié est 1 : & comme l'on ne sçauroit plus prendre la moitié, parce qu'on est parvenu à l'unité, on retiendra 2, auquel on ajoûtera 1, parce qu'on a pris la plus petite moitié, on aura 3, dont le quadruple est 12, duquel ôtant 5, parce que dans la premiere & dans la seconde division l'on a pris la plus grande moitié, le reste 7 est le nombre pensé. Ainsi des autres.

PROBLEME XVII.

Deviner deux nombres que quelqu'un aura pensez.

A Yant fait ajoûter ensemble les deux nombres pensez, pour avoir leur somme, & ayant fait ôter le plus petit du plus grand, pour avoir leur difference, faites multiplier la somme par la difference, & ajoûter au produit le quarré du plus petit nombre pensé : & alors demandez le nombre qui vient par cette addition, & en prenez la Racine quarrée, qui sera le plus grand des deux nombres pensez ; & pour avoir le plus petit, au lieu de faire ajoûter au produit le quarré du plus petit nombre pensé, faites ôter le produit du quarré du plus grand nombre pensé, & demandez le nombre qui restera, car la Racine quarrée de ce nombre sera le plus petit nombre pensé.

Comme si l'on a pensé 3 & 5, en multipliant

leur fomme 8 par leur difference 2 , on a le pro‑
duit 16 , auquel ajoûtant le quarré 9 du plus petit
nombre penfé 3 , on a 25 , dont la Racine quarrée
5 eft le plus grand des deux nombres penfez : &
ôtant le même produit 16 du quarré 25 du plus
grand nombre penfé 5 , il refte 9 , dont la Racine
quarrée 3 eft le plus petit nombre penfé.

Ou bien plus facilement faites ajoûter à la fom‑
me des deux nombres penfez leur difference, &
demandez le nombre qui vient par cette addition,
car la moitié de ce nombre fera le plus grand des
deux nombres penfez : & pour avoir le plus petit
faites ôter la difference des deux nombres penfez
de leur fomme, & demandez le nombre qui refte‑
ra , car la moitié de ce refte fera le plus petit nom‑
bre penfé.

Comme dans cet exemple , en ajoûtant la diffe‑
rence 2 des deux nombres penfez à leur fomme 8 ,
on a 10 , dont la moitié 5 eft le plus grand des
deux nombres penfez : & en ôtant la difference 2
de la fomme 8 , il refte 6 : dont la moitié 3 eft le
plus petit nombre penfé.

Ce Problême fe peut encore refoudre ainfi. Fai‑
tes multiplier la fomme des deux nombres penfez
par elle-même , pour avoir fon quarré. Ayant fait
ajoûter au plus petit des deux nombres penfez le
double du plus grand , & ayant fait multiplier la
fomme par le plus petit , faites ôter le produit du
precedent quarré , & demandez le refte , car la Ra‑
cine quarrée de ce refte fera le plus grand des deux
nombres penfez : & pour avoir le plus petit , ayant
fait ajoûter au plus grand le double du plus petit , &
ayant fait multiplier la fomme par le plus grand ,
faites ôter le produit du precedent quarré , & de‑
mandez le refte , dont la Racine quarrée fera le plus
petit nombre penfé. G ij

Comme dans cet exemple , où l'on a suppofé que les deux nombres penfez font 3 & 5 , leur fomme eft 8 , qui étant multipliée par foy-même donne 64 pour fon quarré. En ajoûtant au plus petit nombre penfé 3 le double 10 du plus grand 5 , on a 13 , qui étant multiplié par le plus petit 3 , on a 39 , qui étant ôté du precedent quarré 64 , il refte 25 , dont la Racine quarrée 5 eft le plus grand des deux nombres penfez. En ajoûtant au plus grand nombre penfé 5 le double 6 du plus petit 3 , on a 11 , qui étant multiplié par le plus grand 5 , le produit eft 55 , qui étant ôté du precedent quarré 64 , il refte 9 , dont la Racine quarrée 3 eft le plus petit nombre penfé.

Ce Problême fe peut encore refoudre tres-facilement en cette forte. Faites multiplier enfemble les deux nombres penfez , pour avoir leur produit. Faites auffi multiplier la fomme des deux mêmes nombres par celuy que vous voulez trouver , & faites ôter de ce produit le produit des deux nombres : aprés quoy vous demanderez le refte , dont la Racine quarrée fera le nombre que vous cherchez.

Comme dans cet exemple , fi l'on multiplie enfemble les deux nombres penfez 3 , 5 , on aura leur produit 15 : & fi l'on multiplie leur fomme 8 par le plus grand nombre 5 , fi vous le voulez trouver , on a ce produit 40 , duquel ôtant le precedent 15 , il refte 25 , dont la Racine quarrée 5 eft le nombre qu'on cherche.

Ou bien aprés avoir fait multiplier enfemble les deux nombres penfez , pour avoir leur produit , faites multiplier leur difference par le nombre que vous cherchez , & faites ajoûter à ce produit le produit des deux nombres , fi vous demandez le plus grand nombre , ou bien faites ôter ce produit

du produit des deux nombres, si vous demandez
le plus petit : & alors si vous demandez le nombre
qui vient par cette addition, ou par cette souftraction, & que vous en preniez la Racine quarrée,
vous aurez le nombre que vous cherchez.

Comme dans cet exemple aprés avoir multiplié
ensemble les deux nombres pensez 3, 5, pour avoir
leur produit 15, si l'on fait multiplier leur difference 2 par le plus grand nombre 5, & qu'on
ajoûte le produit 10 au premier produit 15, on
aura 25, dont la Racine quarrée 5 est le plus
grand nombre : & pareillement si l'on multiplie
leur difference 2 par le plus petit nombre 3, &
qu'on ajoûte le produit 6 du premier 15, il restera 9, dont la Racine quarrée 3 est le plus petit
nombre pensé.

Lorsque le plus petit des deux nombres pensez
ne passera pas 9, on les pourra deviner tres-facilement en cette sorte. Ayant fait ajoûter 1 au triple du plus grand des deux nombres pensez, faites encore ajoûter au triple de la somme les deux
nombres pensez, & demandez le nombre qui vient
par cette addition, car si vous en ôtez 3, la premiere figure du reste vers la droite sera le plus petit nombre pensé, & ce qui restera vers la gauche,
sera le plus grand.

Comme dans l'exemple proposé, où les deux
nombres pensez sont 3, 5, en ajoûtant 1 au triple
15 du plus grand 5, & en ajoûtant au triple 48
de la somme 16 les deux nombres pensez 3, 5, ou
8, on a 56, d'où ôtant 3, il reste 53, dont la
premiere figure 3 vers la droite est le plus petit
nombre pensé, & l'autre figure 5 qui reste vers la
gauche, est le plus grand.

G iij

PROBLEME XVIII.

Devi.   plufieurs nombres que quelqu'un aura penfez.

SI la multitude des nombres penfez eſt impaire, demandez les ſommes du premier & du ſecond, du ſecond & du troiſiéme, du troiſiéme & du quatriéme, & ainſi enſuite juſqu'à la ſomme du premier & du dernier, & ayant écrit toutes ces ſommes par ordre, en ſorte que la ſomme du premier & du dernier ſoit la derniere, ôtez toutes les ſommes qui ſeront dans les lieux pairs de toutes celles qui ſeront dans les lieux impairs, & la moitié du reſte ſera le premier nombre penſé, lequel étant ôté de la premiere ſomme, il reſtera le ſecond nombre penſé, lequel étant pareillement ôté de la ſeconde ſomme, le reſte ſera le troiſiéme nombre penſé, & ainſi enſuite.

Comme ſi l'on a penſé ces cinq nombres, 2, 4, 5, 7, 8, les ſommes du premier & du ſecond, du ſecond & du troiſiéme, & ainſi des autres juſqu'à la ſomme du premier & du cinquiéme ſont 6, 9, 12, 15, 10, & ôtant la ſomme 24 des deux 9, 15, qui ſont dans les lieux pairs, de la ſomme 28 des trois 6, 12, 10, qui ſont dans les lieux impairs, il reſte 4, dont la moitié 2 eſt le premier nombre penſé, lequel étant ôté de la premiere ſomme 6, le reſte 4 eſt le ſecond nombre penſé, lequel étant pareillement ôté de la ſeconde ſomme 9, il reſte 5 pour le ſecond nombre penſé, &c.

Si la multitude des nombres penſez eſt paire, demandez les ſommes du premier & du ſecond, du ſecond & du troiſiéme, du troiſiéme & du quatrié-

me, & ainsi ensuite jusqu'à la somme du second &
du dernier, & ayant écrit toutes ces sommes par
ordre, en sorte que la somme du second & du dernier soit la derniere, ôtez de toutes les sommes
qui seront dans les lieux pairs toutes celles qui seront dans les lieux impairs, excepté la premiere, &
la moitié du reste sera le second nombre pensé,
par le moyen duquel il sera facile de trouver les
autres, car si on l'ôte de la premiere somme, il
restera le premier nombre pensé, & si on l'ôte de
la seconde somme, le reste sera le troisiéme nombre pensé, lequel étant pareillement ôté de la troisiéme somme, on aura au reste le quatriéme nombre pensé, & ainsi ensuite.

Comme si l'on a pensé ces six nombres, 2, 4,
5, 7, 8, 9, les sommes du premier & du second,
du second & du troisiéme, du troisiéme & du quatriéme, & ainsi ensuite jusqu'à la somme du second
& du sixiéme, seront 6, 9, 12, 15, 17, 13, &
ôtant la somme 29 de la troisiéme 12, & de la cinquiéme 17, qui sont dans les lieux impairs, en
omettant la premiere, de la somme 37 des trois 9,
15, 13, qui sont dans les lieux pairs, il reste 8,
dont la moitié 4 est le second nombre pensé, qui
étant ôté de la premiere somme 6, le reste 2 est
le premier nombre pensé, & étant ôté de la seconde somme 9, le reste 5 est le troisiéme nombre pensé, lequel étant pareillement ôté de la troisiéme
somme 12, il reste 7 pour le quatriéme nombre
pensé, & ainsi ensuite.

Lorsque chacun des nombres pensez ne sera composé que d'une figure, on les pourra trouver tres-
facilement en cette sorte. Ayant fait ajoûter 1 au
double du nombre pensé, faites multiplier le tout
par 5, & ajoûter au produit le second nombre pen-

fé, & s'il y a un troifiéme nombre, ayant fait pareillement ajoûter 1 au double de la fomme precedente, faites multiplier le tout par 5, & ajoûter au produit le troifiéme nombre penfé : & de même s'il y a un quatriéme nombre, ayant fait auffi ajoûter 1 au double de la derniere fomme precedente, faites multiplier le tout par 5, & ajoûter au produit le quatriéme nombre penfé, & ainfi enfuite, s'il y a davantage de nombres penfez. Aprés cela demandez le nombre qui provient par l'addition du dernier nombre penfé, & en ôtez 5 pour deux nombres penfez, & 55 pour trois nombres penfez, & 555 pour quatre nombres penfez, & ainfi enfuite, & alors la premiere figure du refte vers la gauche fera le premier nombre penfé, la fuivante en allant vers la droite fera le fecond nombre penfé, & ainfi enfuite jufqu'à la derniere figure vers la droite, qui reprefentera le dernier nombre penfé.

Comme fi l'on a penfé ces quatre nombres 3, 4, 6, 9, en ajoûtant 1 au double 6 du premier nombre penfé 3, & en multipliant la fomme 7 par 5, on a 35, auquel ajoûtant le fecond nombre penfé 4, on a 39, dont le double eft 78, auquel ajoûtant 1, & multipliant la fomme 79 par 5, on a 395, auquel ajoûtant le troifiéme nombre penfé 6, on a 401, dont le double eft 802, auquel ajoûtant pareillement 1, & multipliant la fomme 803 par 5, il vient 4015, auquel ajoûtant le quatriéme nombre penfé 9, & ôtant de la fomme 4024 ce nombre 555, il refte 3469, dont les quatre figures font les quatre nombres penfez.

Ou bien plus facilement, ayant fait ôter 1 du double du premier nombre penfé, & ayant fait multiplier le refte par 5, faites ajoûter au produit le

second nombre penſé, & demandez la ſomme s'il
n'y a plus de nombres penſez, autrement faites
ajoûter 5 à cette ſomme, pour avoir une ſeconde
ſomme, & ayant fait pareillement ôter 1 du double
de cette ſeconde ſomme, faites auſſi multiplier le
reſte par 5, & faites ajoûter au produit le troiſiéme nombre penſé, & demandez la ſomme s'il n'y
a plus de nombres penſez, autrement il faudra comme auparavant faire ajoûter 5 à cette ſomme, pour
avoir une ſeconde ſomme, & ayant fait de la même façon ôter 1 du double de cette ſeconde ſomme, faites pareillement multiplier le reſte par 5,
& faites ajoûter au produit le quatriéme nombre
penſé, & ſi ce quatriéme nombre eſt le dernier,
demandez la ſomme, à laquelle ſi vous ajoûtez 5,
vous aurez une ſeconde ſomme, dont les figures
repreſenteront comme auparavant les nombres
penſez.

Comme dans la ſuppoſition que nous venons de
faire de ces quatre nombres penſez 3, 4, 6, 9, en
ôtant 1 du double 6 du premier nombre penſé 3,
& en multipliant le reſte 5 par 5, on a 25, auquel ajoûtant le ſecond nombre penſé 4, on a cette ſomme 29, à laquelle ſi l'on ajoûte 5, on a
cette ſeconde ſomme 34, dont le double eſt 68,
d'où ôtant 1, il reſte 67, qui étant multiplié par
5, on a 335, auquel ajoûtant le troiſiéme nombre penſé 6, on a cette ſomme 341, à laquelle
ajoûtant 5 on a cette ſeconde ſomme 346, dont
le double 692 étant diminué de 1, & le reſte 691
étant multiplié par 5, on a 3455, auquel ajoûtant le quatriéme nombre penſé 9, on a cette ſomme 3464, à laquelle ajoûtant 5, on a cette ſeconde
ſomme 3469, dont les quatre figures repreſentent
les quatre nombres penſez.

PROBLEME XIX.

Une personne tenant dans une main un certain nombre pair de pistoles, & un nombre impair en l'autre main, deviner en quelle main est le nombre pair & impair.

FAites multiplier le nombre de la main droite par un nombre pair tel qu'il vous plaira, comme par 2, & le nombre de la main gauche par un nombre impair aussi tel qu'il vous plaira, comme par 3, & ayant fait ajoûter ensemble les deux produits, faites prendre la moitié de leur somme : & alors si cette moitié est juste, en sorte que la somme soit un nombre pair, vous connoîtrez par là, que le nombre de la main droite, qui a été multiplié par un nombre pair est impair, & que par conséquent celuy de la main gauche, qui a été multiplié par un nombre impair est pair. Il arrivera tout le contraire, lorsque la moitié de la somme ne sera pas juste, c'est-à-dire, quand cette somme sera un nombre impair : car dans ce cas le nombre de la main droite, qui a été multiplié par un nombre pair, sera pair, & celuy de la main gauche, qui a été multiplié par un nombre impair, sera aussi impair.

Comme si dans la main droite il y a 9 pistoles, & 8 en la gauche, en multipliant le nombre 9 de la droite par 2, & le nombre 8 de la gauche par 3, & en ajoûtant ensemble les deux produits 18, 24, on aura leur somme 42, qui étant un nombre pair, fait connoître que le nombre impair 9, qui a été multiplié par le nombre pair 2, est en la main droite, & par conséquent le nombre pair 8 dans la gauche.

Mais si dans la main droite il y a 10 pistoles, & 7 en la gauche, en multipliant le nombre 10, de la droite par 2, & le nombre 7 de la gauche par 3, & en ajoûtant ensemble les deux produits 20, 21, on aura leur somme 41, laquelle étant un nombre impair, fait connoître que le nombre pair 10, qui a été multiplié par le nombre pair 2, est en la main droite, & par conséquent le nombre impair 7 dans la main gauche. C'est par le moyen de ce Problême qu'on peut resoudre la Question suivante.

QUESTION.

Une personne tenant une piece d'or dans une main, & une piece d'argent en l'autre, trouver en quelle main est la piece d'or & la piece d'argent.

APrés avoir donné à l'or une certaine valeur qui soit un nombre pair, comme 8, & à l'argent une certaine valeur qui soit un nombre impair, comme 5, faites multiplier le nombre de la main droite par un nombre pair quelconque, comme par 2, & le nombre de la main gauche par un nombre impair quelconque, comme par 3, & ayant fait ajoûter ensemble les deux produits, demandez si leur somme est un nombre pair ou impair, ce que vous sçaurez sans le demander, si vous en faites prendre la moitié : car si cette somme est un nombre impair, l'or sera dans la main droite, & l'argent en la gauche, & tout au contraire, si elle est un nombre pair, l'or sera dans la main gauche, & l'argent en la droite.

PROBLEME XX.

Trouver deux nombres, dont on connoît la Raison & la difference.

POur trouver deux nombres, dont le premier soit au second, par exemple comme 5 est à 2, & dont la difference, ou l'excés du plus grand sur le plus petit soit par exemple 12 ; multipliez cette difference 12 par le plus petit terme 2 de la Raison donnée, & divisez le produit 24 par la difference 3 des deux termes 5 , 2, de la même Raison donnée, & le quotient 8 sera le plus petit des deux nombres qu'on cherche, auquel ajoûtant la difference donnée 12, la somme 20 sera le plus grand.

Ou bien multipliez la difference donnée 12 par le plus grand terme 5 de la raison donnée, & divisez le produit 60 par la difference 3 des deux termes 5 , 2, de la même Raison donnée, & le quotient 20 sera le plus grand des deux nombres qu'on cherche, duquel ôtant la difference donnée 12, le reste 8 sera le plus petit, comme auparavant.

Ou bien encore multipliez chacun des deux termes 5 , 2, de la Raison donnée, par la difference donnée 12, & divisez chacun des deux produits 60, 24, par la difference 3 des deux mêmes termes 5 , 2, & les quotiens 20, 8, seront les deux nombres qu'on cherche, comme auparavant. Par le moyen de ce Problême, l'on peut aisément resoudre la Question suivante.

Question.

*Quelqu'un ayant autant de pieces de monnoye dans
une main que dans l'autre, deviner combien
il y en a en chaque main.*

FAites mettre quelques pieces de la main gauche à la main droite, par exemple deux, en-
sorte qu'il y ait quatre pieces plus dans la main droite que dans la gauche, & demandez la Raison du
nombre des pieces de la main droite au nombre
des pieces de la main gauche, qui soit par exemple
égale à celle de 5 à 3 : & alors il faudra multiplier
la difference 4 du nombre des pieces d'une main au
nombre des pieces de l'autre, par le plus petit terme 3 de la Raison donnée, & diviser le produit
12 par la difference 2 des deux termes 5 , 3 , de la
même Raison donnée , & le quotient 6 sera le
nombre des pieces de la main gauche, auquel ajoûtant la difference 4 des deux nombres des pieces qui
sont en chaque main , on aura 10 pour le nombre
des pieces de la main droite , auquel si l'on ajoûte
le nombre 6 des pieces de la main gauche, on aura
16 pieces en tout , dont la moitié 8 fait connoître
qu'au commencement il y avoit 8 pieces de monnoye dans chaque main.

PROBLEME XXI.

Deux perfonnes étant convenus de prendre à plaifir des nombres moindres qu'un nombre propofé, en continuant alternativement jufqu'à ce que tous leurs nombres faffent enfemble un nombre déterminé plus grand que le propofé, faire qu'on arrive à ce nombre déterminé plus grand.

POur faire que le premier arrive par exemple à 100, en fuppofant qu'il luy eft libre, auffi bien qu'au fecond, de prendre alternativement un nombre tel qu'il voudra, pourvû qu'il foit moindre par exemple que 11, qu'il ôte ce nombre 11 de 100 autant de fois qu'il pourra, & alors il reftera ces nombres 1, 12, 23, 34, 45, 56, 67, 78, 89, dont il fe doit fouvenir & prendre le premier 1, car ainfi quelque nombre que le fecond prenne, il ne pourra pas empêcher le premier de parvenir au fecond nombre 12, car fi le fecond prend par exemple 3, qui avec 1 fait 4, le premier n'a qu'à prendre 8, pour parvenir à 12: après quoy quelque nombre que prenne le fecond, il ne pourra pas empêcher que le premier ne parvienne au troifiéme nombre 23, car s'il prend par exemple 1, qui avec 12 fait 13, le premier n'a qu'à prendre 10, qui avec 13 fait 23; enfuite de quoy quelque nombre pareillement que le fecond prenne, il ne pourra pas empêcher le premier de parvenir au quatriéme nombre 34, & enfuite au cinquiéme 45, & en après au fixiéme 56, & de là au feptiéme 67, de là au huitiéme 78, de là au dernier 89, & de là enfin à 100.

Si le fecond vouloit gagner, il eft évident qu'il devroit prendre au commencement un nombre qui fût le refte à 12 du nombre que le premier auroit pris, afin de pouvoir parvenir à 12, comme si le premier avoit pris 2, le second devroit prendre 10: mais si le premier sçait la finesse, il ne peut prendre que 1, & alors le second devroit prendre 11, ce qui ne se peut, parce qu'ils sont convenus de prendre des nombres moindres que 11. Mais ces sortes de Jeux ne se font ordinairement que parmy ceux qui les ignorent : Ainsi si le second ne sçait pas la finesse du Jeu, le premier qui veut gagner ne doit pas prendre toûjours 1 au commencement, mais quelqu'autre nombre aprés avoir gagné la premiere partie, en risquant de perdre la seconde, pour mieux cacher l'artifice.

Si le premier veut gagner, il ne faut pas que le plus petit nombre proposé mesure le plus grand, car dans ce cas le premier n'auroit pas une regle infaillible pour gagner. Par exemple si au lieu de 11, on avoit 10 qui mesure 100, en ôtant 10 continuellement de 100, on auroit ces nombres 10, 20, 30, 40, 50, 60, 70, 80, 90, dont le premier 10 ne pourroit pas être pris par le premier, ce qui fait qu'étant obligé de prendre un nombre moindre que 10, si le second étoit aussi fin que luy, il pourroit prendre le reste à 10, & ainsi il auroit une regle infaillible pour gagner.

Il n'est pas necessaire d'ôter continuellement le plus petit nombre du plus grand, pour sçavoir le nombre que le premier doit prendre pour gagner, car il suffit de diviser le plus grand par le plus petit, & le reste de la division sera le nombre que le premier doit choisir au commencement. Comme dans l'exemple proposé en divisant 100 par 11, il reste 1, pour le premier nombre du premier, auquel s'il ajoûte 11, il aura 12 pour son second nombre, auquel ajoûtant pareillement 11,

il aura 23 pour son troisiéme nombre, & ainsi ensuite jusqu'à 100.

PROBLEME XXII.

*Diviser un nombre donné en deux parties, dont
la Raison soit égale à celle de deux nombres
donnez.*

QU'il faille diviser le nombre donné 60 en
deux autres nombres tels que le plus petit
soit au plus grand, par exemple comme 1 est à 2,
en sorte qu'une partie soit double de l'autre.

Ajoûtez ensemble les deux termes 1, 2, de la
Raison donnée, & divisez par leur somme 3 le
nombre donné 60 ; & le quotient 20 sera le plus
petit des deux nombres qu'on cherche, lequel étant
ôté du nombre donné 60, le reste 40 sera le plus
grand nombre.

Ou bien multipliez les deux termes 1, 2, de
la Raison donnée, chacun par le nombre donné 60,
& divisez les produits 60, 120, chacun par la
somme 3 des deux mêmes termes 1, 2, & les deux
quotiens 20, 40, feront les deux nombres qu'on
cherche.

Ce Problême est le même que la seconde Question du Livre premier de Diophante, & l'on peut
aisément par son moyen resoudre la Question suivante.

Question.

Faire la monnoye d'un écu blanc en deux especes differentes, en sorte qu'il y ait autant d'une espece que de l'autre.

COmme l'on cherche une solution en nombres entiers, il est aisé de connoître que cette Question ne se peut pas resoudre generalement pour toutes sortes de monnoyes, car afin que la Question soit possible, il faut que la somme des deux termes qui expriment la Raison des deux especes proposées puisse diviser exactement la valeur d'un écu blanc, lorsqu'il sera reduit en la monnoye la plus basse.

Ainsi en faisant valoir 60 sols un écu blanc, ou 240 liards, on connoît qu'on en peut donner la monnoye en sols & en liards, parce que sa valeur 240 se peut diviser par la somme 5 des deux termes 1, 4, qui expriment la Raison d'un liard à un sol, parce que quatre liards font un sol. Si donc on divise 240 liards par 5, on aura 48 liards, & par consequent 48 sols, pour la resolution de la Question, car 48 sols avec 48 liards, qui valent 12 sols, font 60 sols, telle qu'est la valeur supposée d'un écu blanc.

On connoîtra de la même façon, qu'il faut 12 sols & 12 pieces de quatre sols pour faire un écu de 60 sols, parce que divisant 60 par 5, le quotient est 12; & qu'il faut 13 sols, & 13 pieces de quatre sols, pour faire un écu de 65 sols, parce que divisant 65 par 5, le Quotient est 13.

Pareillement pour donner en sols & en pieces de quatre sols la monnoye d'un Loüis d'or valant

11 livres, ou 220 fols, en forte qu'il y ait autant de fols que de pieces de quatre fols, il faut 44 fols, & 44 pieces de quatre fols, parce que divifant 220 par 5, le Quotient eft 44 : & que pour donner dans les deux mêmes efpeces la monnoye d'un Loüis d'or valant 12 livres 5 fols, ou 245 fols, en forte qu'il y ait autant d'une efpece que de l'autre, il faut 49 fols, & 49 pieces de quatre fols, parce que divifant 245 par 5, le quotient eft 49.

Enfin l'on connoîtra que pour faire la monnoye en fols & en deniers d'un écu valant 65 fols, ou 780 deniers, en forte qu'il y ait autant de fols que de deniers, il faut 60 fols, & 60 deniers, parce que divifant 780 par 13, qui eft la fomme des deux termes 1, 12, qui expriment la Raifon d'un denier à un fol, parce qu'un fol contient 12 deniers, le Quotient eft 60. Ainfi des autres.

PROBLEME XXIII.

Trouver un nombre, qui étant divifé feparément par des nombres donnez, il refte par tout 1, & étant divifé par un autre nombre donné, il ne refte rien.

POur trouver un nombre tel que fi on le divife feparément par les deux nombres donnez 5, 7, chaque refte foit 1, & que fi on le divife par ce troifiéme nombre donné 3, qui doit être premier avec les deux precedens, il ne refte rien.

Multipliez enfemble les deux premiers nombres donnez 5, 7, pour avoir leur produit 35, auquel ajoûtant 1, on aura ce nombre 36, qui fera tel qu'étant divifé par 5, & par 7, il reftera 1; & comme il arrive par hazard que ce même nombre

36 étant divisé par le troifiéme nombre donné 3, il ne refte rien, il s'enfuit que 36 eft le nombre qu'on cherche.

Mais on peut trouver une infinité d'autres nombres plus grands , qui fatisferont aux conditions du Problême, ce qui fe fera par le moyen du premier & plus petit nombre trouvé 36 , en cette forte.

Pour donc trouver un fecond nombre, ajoûtez le premier nombre trouvé 36 au produit 105 des trois nombres donnez 5 , 7 , 3 , & la fomme 141 fera le fecond nombre qu'on cherche , auquel ajoûtant le produit precedent 105 , on aura 246 pour troifiéme nombre, auquel fi l'on ajoûte pareillement le même produit 105 , on aura 351 pour quatriéme nombre, & ainfi enfuite.

Pareillement pour trouver un nombre, qui étant divifé feparément par les trois nombres donnez 2 , 3 , 5 , il refte 1 , & étant divifé par ce quatriéme nombre donné 11 , qui doit pareillement être premier avec les trois precedens 2 , 3 , 5 , il ne refte rien.

Multipliez enfemble les trois premiers nombres donnez 2 , 3 , 5 , pour avoir leur produit 30 , auquel ajoûtant 1 , on aura ce nombre 31 , qui étant divifé par chacun des trois premiers nombres donnez, 2 , 3 , 5 , il doit refter 1 : & fi étant divifé par le quatriéme nombre donné 11 , il ne reftoit rien, ce nombre 31 feroit celuy qu'on cherche, mais parce qu'il refte 9 , le nombre 31 n'eft pas celuy qu'on cherche , & pour le trouver on fera ainfi.

Parce que le produit 30 des trois premiers nombres donnez 2 , 3 , 5 , étant divifé par le quatriéme nombre donné 11 , il refte 8 , dont le quadruple

32 n'est moindre que de 1 du nombre 33 qui est multiple de 11, sçavoir le triple, si l'on multiplie ce produit 30 par 4, & qu'au produit 120 on ajoûte 1, la somme 121 sera le nombre qu'on cherche, par le moyen duquel on en pourra trouver autant d'autres qu'on voudra, en cette sorte.

Pour donc avoir un second nombre, ajoûtez le premier nombre trouvé 121 au produit 1320 des quatre nombres donnez 2, 3, 5, 11, & la somme 1441 sera le second nombre qu'on cherche, auquel ajoûtant le produit precedent 1320, on aura 2761 pour troisiéme nombre, auquel si l'on ajoûte pareillement le même produit 1320, on aura 4081 pour quatriéme nombre, & ainsi ensuite.

On pourra par un semblable raisonnement trouver un nombre, qui étant divisé séparément par ces trois nombres donnez 3, 5, 7, il reste un autre nombre que l'unité, par exemple 2, & étant divisé par ce quatriéme nombre donné 8, il ne reste rien.

Multipliez ensemble les trois premiers nombres donnez 3, 5, 7, & divisez leur produit 105 par le quatriéme nombre donné 8, & parce qu'il reste 1, multipliez le produit 105 par 6, afin que le produit 630 étant divisé par 8, il reste 6, qui est moindre que 8 de 2, car ainsi ajoûtant 2 au dernier produit 630, la somme 632 sera le nombre qu'on cherche, qui servira pour en trouver autant d'autres qu'on voudra de la même qualité, par une Methode semblable à la precedente, comme vous allez voir.

Pour donc trouver un second nombre plus grand, ajoûtez le nombre trouvé 632 au produit 840 des quatre nombres donnez 3, 5, 7, 8, & la somme 1472 sera le second nombre qu'on cherche, auquel ajoûtant le produit precedent 840, on aura 2312 pour le troifiéme nombre, auquel fi l'on ajoûte pareillement le même produit 840, on aura 3152 pour le quatriéme nombre, & ainfi enfuite.

Pareillement pour trouver un nombre qui étant divifé par ces trois nombres donnez, 3, 5, 7, il refte 2, & étant divifé par ce quatriéme nombre donné 11, il ne refte rien; divifez le produit 105 des trois premiers nombres donnez 3, 5, 7, par le quatriéme 11, & parce qu'il refte 6, dont le double 12 furpaffe le divifeur 11 de 1, multipliez le produit 105 par 2, afin qu'étant divifé par 11, il refte 1, & comme l'on voudroit qu'il reftât 9, qui eft moindre que le divifeur 11 de 2, multipliez par 9 le dernier produit 210, afin que le produit 1890 étant divifé par 11, il refte 9, car ainfi ajoûtant 2 à ce dernier produit 1890, la fomme 1892 étant divifée par 11, il ne reftera rien, & elle fera par conféquent le nombre qu'on cherche, par le moyen duquel on en pourra trouver une infinité d'autres de la même qualité, comme nous avons déja fait voir par plufieurs exemples, fans qu'il foit befoin de le repeter davantage.

De même pour trouver un nombre qui étant divifé par 5, ou par 7, ou par 8, il refte 3, & étant divifé par 11, il ne refte rien, on multipliera par 9 le produit 280 des trois premiers nombres donnez 5, 7, 8, afin que le produit 2520 étant divifé par le quatriéme nombre donné 11, il refte 1 : car ainfi on pourra faire qu'il refte 8, qui eft moindre que 11 du nombre donné 3, en multipliant par 8 le produit precedent 2520, pour avoir ce dernier produit 20160, auquel par conféquent fi l'on ajoûte 3, la fomme 20163 fera le nombre qu'on cherche. C'eft par le moyen de ce Problême que on peut refoudre la Queftion fuivante.

QUESTION.

*Trouver combien il y avoit de loüis d'or dans une
bourse, qu'une personne dit avoir perduë, &
qui assure qu'en les comptant deux à deux, ou
trois à trois, ou cinq à cinq, il en restoit toûjours un, & qu'en les comptant sept à sept, il
n'en restoit point.*

IL s'agit ici de trouver un nombre, qui étant divisé par celuy qu'on voudra des trois nombres
donnez 2, 3, 5, il reste 1, & étant divisé par le
quatriéme nombre donné 7, il ne reste rien, car
ce nombre sera celuy des pistoles qui étoient dans
la bourse : & comme il y a plusieurs nombres qui
peuvent satisfaire à la Question, comme vous avez
vû au Problême precedent, on pourra juger par la
grosseur ou par la pesanteur de la bourse, du nombre des pistoles qu'elle pouvoit contenir.

Mais pour trouver le moindre de tous ces nombres, cherchons premierement un nombre qui soit
exactement divisible par 2, par 3, & par 5, & qui
étant augmenté de 1, la somme soit aussi exactement divisible par 7. Si l'on multiplie ensemble les
trois premiers nombres donnez 2, 3, 5, leur produit 30 sera divisible par chacun de ces trois nombres, mais en luy ajoûtant 1, la somme 31 n'est
pas divisible par le quatriéme nombre donné 7, car
il reste 3 : & comme le produit 30 étant divisé par
7, il reste 2, son double 60 étant divisé par 7, il
restera 4 double de 2, & pareillement son triple 90
étant divisé par 7, il restera 6 triple de 2, &
moindre de 1 que le diviseur 7, ce qui fait que si
à ce triple 90 l'on ajoûte 1, la somme 91 sera

exactement divifible par 7, & reprefentera par confequent le nombre qu'on cherche.

Pour trouver un fecond nombre plus grand qui
fatisfaffe à la Queftion, multipliez enfemble les quatre nombres donnez 2, 3, 5, 7, & ajoûtez à leur
produit 210 le premier & plus petit nombre trouvé 91, & la fomme 301 fera le fecond nombre
qu'on cherche, auquel fi l'on ajoûte le produit
precedent 210, la fomme 511 fera un troifiéme
nombre qui fatisfera, auquel pareillement fi l'on
ajoûte le même produit 210, la fomme 721 fera un quatriéme nombre qui fatisfera, & ainfi à
l'infini.

Ainfi pour la refolution de la Queftion, l'on peut
dire que dans la bourfe perduë il pouvoit y avoir
91 loüis d'or, ou bien 301, ou bien 511, ou
bien encore 721, & c'eft felon, comme nous avons
déja dit, la groffeur de la bourfe.

PROBLEME XXIV.

Divifer plufieurs nombres donnez, chacun en deux
parties, & trouver deux nombres, en forte que
multipliant la premiere partie de chacun des
nombres donnez par le premier nombre trouvé,
& la feconde par le fecond, la fomme des deux
produits foit par tout la même.

SI l'on donne par exemple ces trois nombres 10,
25, 30, & qu'on veüille avoir une folution en
nombres entiers, prenez pour les deux nombres
qu'on cherche deux nombres quelconques, pourvû
que leur difference foit 1, ou telle qu'elle puiffe
divifer exactement le produit fous le plus grand de
ces deux nombres & la difference de deux quel-

conques des trois nombres donnez, & que le plus
grand de ces deux nombres, multiplié par le plus
petit nombre donné 10, ſurpaſſe le plus petit des
deux mêmes nombres, multiplié par le plus grand
nombre donné 30, comme 2, & 7.

Ayant ainſi trouvé les deux nombres qu'on cherche, 2, 7, la premiere partie du premier nombre
donné 10, ſe pourra prendre à volonté, pourvû
qu'elle ſoit moindre que ce nombre donné 10, &
que le nombre qui vient en ôtant le plus petit nombre trouvé 2 multiplié par le plus grand donné 30,
du plus grand nombre trouvé 7 multiplié par le
plus petit nombre donné 10, & en diviſant le reſte
10 par la difference 5 des deux nombres trouvez 2,
7, c'eſt-à-dire, moindre que 2, comme 1, qui
étant ôté du premier nombre donné 10, le reſte 9
ſera l'autre partie, laquelle étant multipliée par le
ſecond nombre trouvé 7, & la premiere 1 étant
multipliée par le premier nombre trouvé 2, la
ſomme des deux produits 63, 2, eſt 65.

Pour trouver la premiere partie du ſecond nombre donné 25, multipliez la difference 15 des deux
premiers nombres donnez 10, 25, par le plus
grand nombre trouvé 7, & ayant diviſé le produit
105 par la difference 5 des deux nombres trouvez
2, 5, ajoûtez le quotient 21 à la premiere partie
trouvée 1 du premier nombre donné 10, & la ſomme 22 ſera la premiere partie du ſecond nombre
donné 25, c'eſt pourquoy l'autre partie ſera 3, laquelle étant multipliée par le ſecond nombre trouvé 7, & la premiere 22 par le premier 2, la ſomme des deux produits, 21, 44, fait auſſi 65.

Enfin pour trouver la premiere partie du troiſiéme nombre donné 30, multipliez la difference
5 des deux derniers nombres donnez 25, 30, par

le plus grand nombre trouvé 7, & ayant divisé le produit 35 par la difference, 5 des deux nombres trouvez 2, 7, ajoûtez le quotient 7 à la premiere partie 22 du second nombre donné 30, & la somme 29 sera la premiere partie du troisiéme nombre donné 30, c'est pourquoy l'autre partie sera 1, laquelle étant multipliée par le second nombre trouvé 7, & la premiere 29 par le premier 2, la somme des deux produits 7, 58, fait aussi 65.

Ou bien multipliez la difference 20 du premier & du troisiéme nombre donné, par le plus grand nombre trouvé 7, & ayant divisé le produit 140 par la difference 5 des deux nombres trouvez 2, 7, ajoûtez le quotient 28 à la premiere partie 1 du premier nombre donné 10, & vous aurez 29, comme auparavant, pour la premiere partie du troisiéme nombre donné 30.

Si l'on prend 1, 6, pour les deux nombres qu'on cherche, & 4 pour la premiere partie du premier nombre donné 10, auquel cas l'autre partie sera 6, qui étant multipliée par le second nombre trouvé 6, & la premiere 4 par le premier 1, la somme des deux produits 36, 4, est 40, la premiere partie du second nombre donné 25 sera 22, & l'autre partie par consequent sera 3, qui étant multipliée par le second nombre trouvé 6, & la premiere 22 par le premier 1, la somme des deux produits 18, 22, est aussi 40; & enfin la premiere partie du troisiéme nombre donné 30 sera 28, ce qui fait que l'autre partie sera 2, qui étant multipliée par le second nombre trouvé 6, & la premiere 28 par le premier 1, la somme des deux produits 12, 28, est aussi 40. Ce Problême sert pour resoudre la Question suivante.

QUESTION.

Une femme a vendu 15 pommes au Marché à un certain prix, une autre femme en a vendu 25 au même prix, & une troisiéme femme en a vendu 30 aussi au même prix, & chacune a rapporté une même somme d'argent. On demande comment cela se peut & se doit faire.

IL est évident qu'afin que la Question soit possible, il faut que les femmes vendent leurs pommes à deux diverses fois, & à divers prix, bien qu'à chaque fois elles vendent chacune à un même prix. Si ces deux prix differens sont 2, 7, qui sont

	Pom.		Den.		Pom.		Den.	
10.	1	à	2		9	à	7	
25.	22	à	2.		3	à	7	65
30.	29	à	2		1	à	7	

les deux nombres que nous avons trouvez au Problême precedent, & si l'on suppose que la premiere fois elles vendent 2 deniers la pomme, & qu'à ce prix la premiere vende 1 pomme, la seconde 22, & la troisiéme 29, les trois nombres 1, 22, 29, étant les premieres parties des trois nombres donnez 10, 25, 30, qui ont été trouvées au Problêmes precedent, dans ce cas la premiere femme aura 2 deniers, la seconde en aura 44, & la troisiéme en aura 58. En aprés si l'on suppose qu'elles vendent le reste de leurs pommes 7 deniers la pomme, alors la premiere femme aura 63 deniers pour 9 pommes qui luy restent, la seconde aura 21 deniers pour 3 pommes qui luy restent, &

la troisiéme aura 7 deniers pour 1 pomme qui luy
reste, de sorte que chacune aura en tout 65 deniers.

Ou bien si les deux prix differens sont 1, 6, qui
sont les deux nombres que nous avons trouvez au
Problême precedent, & si l’on suppose que la premiere fois elles vendent 1 denier la pomme, &

	Pom.	Den.	Pom.	Den.	
10.	4	à 1	6	à 6	
25.	22	à 1	3	à 6	40
30.	28	à 1	2	à 6	

qu’à ce prix la premiere vende 4 pommes, la seconde 22, & la troisiéme 28, ces trois nombres
4, 22, 28, étant les premieres parties des trois
nombres donnez 10, 25, 30, qui ont été trouvées au Problême precedent, dans ce cas la premiere femme aura 4 deniers, la seconde en aura
22, & la troisiéme en aura 28. En aprés si l’on
suppose qu’elles vendent le reste de leurs pommes
6 deniers la pomme, alors la premiere femme aura
36 deniers pour 6 pommes qui luy restent, la seconde aura 18 deniers pour 3 pommes qui luy
restent, & la troisiéme aura 12 deniers pour 2
pommes qui luy restent, de sorte que chacune aura
en tout 40 deniers.

PROBLEME XXV.

De plusieurs nombres en Progression Arithmetique,
& disposez en rond, dont le premier soit l’uni-
té, trouver celuy que quelqu’un aura pensé.

POur deviner celuy que quelqu’un aura pensé
par exemple des dix nombres naturels 1, 2, Planche v. Fig.

3 , 4 , 5 , 6 , 7 , 8 , 9 , 10 , difpofez en rond, comme vous voyez dans la Figure, qui peuvent reprefenter dix Cartes differentes, dont la premiere marquée par la lettre A feroit l'As, & la derniere re-
prefentée par la lettre K feroit le Dix.

Ayant fait toucher un nombre, ou une carte telle
que voudra celuy qui en aura déja penfé une, a-
joûtez au nombre de cette carte touchée le nombre
qui exprime la multitude des cartes, comme 10
dans cet exemple, & faites compter la fomme que
vous aurez à celuy qui a penfé la carte, par un ordre contraire à celuy des nombres, en commençant
par la carte qu'il aura touchée, & en attribuant à
cette Carte le nombre de celle qu'il aura penfée,
car en comptant de la forte, il finira à compter
cette fomme fur le nombre ou fur la Carte qu'il
aura penfée, & vous fera par conféquent connoître cette Carte.

Comme fi l'on a penfé 3 marqué par la lettre
C, & qu'on ait touché 6 marqué par la lettre F,
fi l'on ajoûte 10 à ce nombre 6, on a la fomme
16, & comptant cette fomme 16 depuis le nombre touché F vers E, D, C, B, A, & ainfi enfuite
par un ordre retrograde, en forte que l'on commence à compter le nombre penfé 3 fur F, 4 fur
E, 5 fur D, 6 fur C, & ainfi enfuite jufqu'à 16,
ce nombre 16 fe terminera en C, & fera connoître qu'on a penfé 3 , qui répond à C.

PROBLEME XXVI.

Deviner de trois perfonnes, combien chacune aura pris de Cartes ou de Jettons.

FAites prendre au troifiéme un nombre de Jet-tons, ou de Cartes, tel qu'il voudra, pourvû qu'il foit pairement pair, c'eft-à-dire, divifible par 4, & faites prendre au fecond autant de fois 7 que le premier aura pris de fois 4, & au premier autant de fois 13. Aprés cela dites au premier qu'il donne de fes Jettons aux deux autres autant qu'ils en auront chacun, & au fecond qu'il donne de fes Jettons auffi aux deux autres autant qu'ils en au-ront chacun, & enfin au troifiéme qu'il donne de fes Jettons pareillement aux deux autres autant qu'ils en auront chacun : & alors il arrivera que chacun aura autant de Jettons l'un que l'autre, & le nom-bre de chacun fera double de celuy que le troifié-me a pris au commencement. C'eft pourquoy fi vous demandez à l'une de ces trois perfonnes le nombre de fes Jettons, la moitié de ce nombre fera le nom-bre des Cartes ou des Jettons que le troifiéme avoit au commencement : & fi vous prenez autant de fois 7, & autant de fois 13, que dans le nombre du troifiéme il y aura de fois 4, vous aurez le nom-bre des Cartes ou des Jettons que le fecond & le premier avoient pris.

Comme fi le troifiéme prend 8 Cartes, le fecond en doit prendre 14, fçavoir deux fois 7, parce que dans 8 il y a deux fois 4, & le premier en doit prendre 26, fçavoir deux fois 13, par la mê-me raifon. Si le premier qui a 26 Cartes, donne des fiennes 14 au fecond qui en a autant, & 8 au

premier qui en a aussi autant, il luy en restera seulement 4, & le second en aura 28, & le troisiéme
16. Mais si le second qui a
28 Cartes, donne des sien-
nes 4 au premier qui en a
autant, & 16 au troisiéme
qui en a aussi autant, il luy
en restera 8, & le premier
en aura 8, & le troisiéme

	1re.	2e.	3e.
	26	14	8
	4	28	16
	8	8	32
	16	16	16

32. Enfin si le troisiéme qui a 32 Cartes, en donne 8 à chacun des deux autres qui en ont autant,
tous trois en auront 16, qui est le double du nombre 8 des Cartes que le premier a pris au commencement, &c.

PROBLEME XXVII.

*De trois Cartes inconnuës, deviner celle que chacune
de trois personnes aura prise.*

IL ne faut pas que le nombre des points de chacune des trois Cartes qui aura été prise, surpasse
9 : & alors pour trouver ce nombre, dites à la premiere personne qu'elle ôte 1 du double du nombre
des points de sa Carte, & qu'aprés avoir multiplié
le reste par 5, qu'elle ajoûte au produit le nombre
des points de la Carte que la seconde personne
aura prise. Aprés cela faites ajoûter 5 à cette somme, pour avoir une seconde somme, & ayant fait
ôter 1 du double de cette seconde somme, faites
multiplier le reste par 5, & ajoûter au produit le
nombre des points de la Carte que la troisiéme personne aura prise. Enfin demandez la somme qui
vient par cette derniere addition, car si vous luy
ajoûtez 5, vous aurez une autre somme composée

de trois figures, dont la premiere vers la gauche fera le nombre des points de la Carte que la premiere perfonne aura prife, celle du milieu fera le nombre des points de la Carte de la feconde perfonne, & la derniere vers la droite fera connoître la Carte de la troifiéme perfonne.

Comme fi le premier a pris un 3, le fecond un 4, & le troifiéme un 7, en ôtant 1 du double 6 du nombre 3 des points de la Carte du premier, & en multipliant le refte 5 par 5, on a 25, auquel ajoûtant le nombre 4 des points de la Carte du fecond, on a cette fomme 29, à laquelle fi l'on ajoûte 5, on a cette feconde fomme 34, dont le double eft 68, d'où ôtant 1, il refte 67, qui étant multiplié par 5, on a 335, auquel ajoûtant le nombre 7 des points de la Carte du troifiéme, & 5 de plus, on a cette derniere fomme 347, dont les trois figures reprefentent feparément les nombres des points de chaque Carte.

Autrement.

A ant dit au premier qu'il ajoûte 1 au double du nombre des points de fa Carte, faites multiplier la fomme par 5, & ajoûter au produit le nombre des points de la Carte du fecond : & ayant fait pareillement ajoûter 1 au double de la fomme precedente, faites multiplier le tout par 5, & ajoûter au produit le nombre des points de la Carte du troifiéme. Aprés cela demandez la fomme qui viendra par cette derniere addition, & en ôtez 55, pour avoir au refte un nombre qui fera compofé de trois figures, dont chacune reprefentera comme auparavant, le nombre des points de chaque Carte.

Comme dans cet exemple, en ajoûtant 1 au

double 6 du nombre 3 des points de la Carte du premier ; & en multipliant la somme 7 par 5 , on a 35 , auquel ajoûtant le nombre 4 des points de la Carte du second , on a 39 , dont le double est 78 , auquel ajoûtant 1 , & multipliant la somme 79 par 5 , on a 395 , auquel ajoûtant le nombre 7 des points de la Carte du troisiéme , on a 402 , d'où ôtant 55 , il reste 347 , dont les trois figures representent en particulier le nombre des points de chaque Carte.

PROBLEME XXVIII.

De trois Cartes connuës deviner celle que chacune de trois personnes aura prise.

DÉs trois Cartes connuës , nous en appellerons une A , l'autre B , & la derniere C , & ayant laissé choisir une de ces trois Cartes à chacune de trois personnes , ce qui se peut faire en six manieres differentes , comme vous voyez ici , donnez à la premiere personne ce nombre 12 , à la seconde ce nombre 24 , & à la troisiéme ce nombre 36.

1e.	2e.	3e.	Sommes.
12.	24.	36.	
A	B	C	23
A	C	B	24
B	A	C	25
C	A	B	27
B	C	A	28
C	B	A	29

Aprés cela dites à la premiere personne qu'elle a joûte ensemble la moitié du nombre de celle qui a prise

prise la Carte A, le tiers du nombre de celle qui
a prise la Carte B, & le quart du nombre de celle
qui a prise la Carte C, & luy demandez la somme
qui sera ou 23, ou 24, ou 25, ou 27, ou 28,
ou 29, comme vous voyez dans cette Table, qui
montre que si cette somme est par exemple 25, la
premiere personne aura prise la Carte B, la seconde la Carte A, & la troisiéme la Carte C : & que
si cette somme est 28, la premiere personne aura
prise la Carte B, la deuxiéme la Carte C, & la troisiéme la Carte A. Ainsi des autres.

PROBLEME XXIX.

Deviner entre plusieurs Cartes, celle que quelqu'un
aura pensé.

AYant pris à volonté dans un Jeu de Cartes,
un certain nombre de Cartes, & les ayant
montrées par ordre sur une Table à celuy qui
en veut penser une, en commençant par celle
de dessous, & en les mettant proprement l'u-
ne sur l'autre, en sorte que leurs points & leurs
figures regardent en haut, & en les comptant adroitement, pour en sçavoir le nombre, qui soit par
exemple 12 ; dites-luy qu'il se souvienne du nombre qui exprime la quantiéme qu'il aura pensée,
sçavoir de 1, s'il a pensé la premiere ; de 2, s'il a
pensé la seconde ; de 3, s'il a pensé la troisiéme,
&c. Aprés cela posez vos Cartes l'une aprés l'autre
sur le reste du Jeu, dans une situation contraire,
en commençant à mettre sur le reste du Jeu la Carte
qui aura été mise la premiere sur la Table, & en
finissant par celle qui aura été montrée la derniere :
& ayant demandé le nombre de la Carte pensée,

que nous suppoſerons 4, en ſorte que la quatriéme Carte ait été penſée, remettez à découvert vos
Cartes ſur la Table l'une aprés l'autre, en commençant par celle de deſſus, à laquelle vous attribuerez le nombre 4 de la Carte penſée, en comptant 5 ſur la ſeconde Carte ſuivante, & pareillement 6 ſur la troiſiéme Carte plus baſſe, & ainſi
enſuite juſqu'à ce que vous ſoyez parvenu à vôtre
nombre 12 des Cartes que vous aviez priſes au
commencement, car la Carte ſur laquelle tombera
ce nombre 12, ſera celle qui aura été penſée.

PROBLEME XXX.

*Pluſieurs Cartes differentes étant propoſées ſucceſſi-
vement à autant de perſonnes, pour en retenir
une dans ſa memoire, deviner celle que chacun
aura penſé.*

S'Il y a par exemple trois perſonnes, qu'on montre trois Cartes à la premiere perſonne, pour
en retenir une dans ſa penſée, & que l'on mette à
part ces trois Cartes. Qu'on preſente auſſi trois autres Cartes à la ſeconde perſonne, pour en penſer
une à ſa volonté, & mettez auſſi à part ces trois
Cartes. Enfin preſentez à la troiſieme perſonne trois
autres Cartes, pour luy faire penſer celle qu'il voudra, & mettez pareillement à part ces trois dernieres Cartes. Cela étant fait, diſpoſez à découvert
les trois premieres Cartes en trois rangs, & y mettez deſſus les trois autres Cartes, & deſſus celles-
cy les trois dernieres, pour avoir ainſi toutes les
Cartes diſpoſées en trois rangs, dont chacun ſera
compoſé de trois Cartes. Aprés quoy il faut demander à chaque perſonne dans quel rang eſt la Carte

qu'il a pensée, & alors il sera facile de connoître cette Carte, parce que la Carte de la premiere personne sera la premiere de son rang, & pareillement la Carte de la seconde personne sera la seconde de son rang, & de même la Carte de la troisiéme personne sera la troisiéme de son rang.

PROBLEME XXXI.

De plusieurs Cartes disposées également en trois rangs, deviner celle que quelqu'un aura pensé.

IL est évident que le nombre des Cartes doit être divisible par 3, afin qu'on en puisse faire trois rangs égaux. Supposant donc qu'il y ait par exemple 36 Cartes, dont chaque rang en comprendra par conséquent 12, demandez en quel rang est la Carte qu'on aura pensé, & ayant ramassé toutes les Cartes, en sorte que le rang où sera la Carte pensée, soit entre les deux autres rangs, disposez de nouveau ces 36 Cartes en trois rangs égaux, en mettant la premiere au premier rang, la seconde au second, la troisiéme au troisiéme, puis la quatriéme au premier rang, & pareillement la suivante au second rang, & en continuant ainsi jusqu'à ce que toutes les Cartes soient rangées, aprés quoy vous demanderez encore dans quel rang est la Carte pensée, & ayant ramassé de nouveau toutes les Cartes, en sorte que le rang où sera la Carte pensée, soit aussi entre les deux autres, vous ferez comme auparavant, trois rangs égaux des mêmes Cartes, & ayant enfin demandé dans quel rang est la Carte pensée, vous connoîtrez aisément cette Carte, parce qu'elle se trouvera au milieu de son rang, sçavoir dans cet exemple la

6°. Ou bien pour mieux cacher l'artifice, elle se trouvera au milieu de toutes les Cartes, ou la 18e, lorsqu'on les aura ramassées comme auparavant, en forte que le rang où sera la Carte pensée, soit toûjours entre les deux autres.

PROBLEME XXXII.

Deviner combien il y a de points dans une Carte que quelqu'un a tirée d'un Jeu de Cartes complet.

AYant fait tirer à quelqu'un une Carte telle qu'il voudra, d'un Jeu de Cartes, où il y en ait par exemple 52, tel qu'est celuy dont on se sert pour joüer à l'Ombre, vous sçaurez combien il y a de points dans la Carte tirée, en faisant valoir 10 chaque Carte figurée, & les autres autant qu'elles contiendront de points, & en regardant le reste des Cartes les unes aprés les autres, vous ajoûterez les points de la premiere Carte aux points de la seconde, & à la somme les points de la troisiéme, & ainsi ensuite jusqu'à la derniere Carte, en rejettant neanmoins toûjours 10 de cette somme quand elle sera plus grande, où l'on voit qu'il est inutile de compter les Dix & les Cartes figurées, puisque valant 10 on les doit rejetter : & alors si l'on ôte la derniere somme de 10, le reste sera le nombre des points de la Carte qu'on aura tirée.

Il est aisé de connoître que quand il ne restera rien, la Carte qu'on aura tirée sera ou un Dix, ou une Carte figurée, & que dans ce cas si c'est une Carte figurée, on ne pourra pas assûrer qu'elle est plûtôt un Roy qu'une Dame, ou qu'un Valet : & pour le pouvoir connoître, il vaudra mieux se servir d'un Jeu composé seulement de 36 Cartes, tel qu'étoit celuy dont on se servoit autrefois pour joüer au Piquet, & faire valoir 2 chaque Valet, 3 chaque Dame, & 4 chaque Roy.

Si l'on veut se servir d'un Jeu composé seulement de 32 Cartes, dont on se sert à present pour joüer au Piquet, on fera, comme il vient d'être dit, excepté qu'il faut ajoûter toûjours 4 à la derniere somme, pour avoir une autre somme, laquelle étant ôtée de 10, si elle est moindre, ou de 20, si elle surpasse 10, le reste sera le nombre de la Carte qu'on aura tirée, de sorte que s'il reste 2, ce sera un Valet, s'il reste 3, la Carte qu'on aura tirée sera une Dame, & si le reste est 4, on aura tiré un Roy, &c.

Si le Jeu de Cartes est imparfait, on doit prendre garde aux Cartes qui y manquent, & ajoûter à la derniere somme le nombre des points de toutes ces Cartes qui y manquent, aprés que de ce nombre on aura ôté autant de fois 10 qu'il sera possible, ensuite de quoy la somme qui viendra par cette addition, doit être comme auparavant, ôtée de 10, ou de 20, selon qu'elle sera au dessous, ou au dessus de 20. Il est évident que si l'on regarde encore une fois les Cartes, on pourra nommer la Carte qui aura été tirée.

PROBLEME XXXIII.

Deviner le nombre de tous les points qui sont en deux Cartes qu'on aura tirées d'un Jeu de Cartes complet.

DItes à celuy qui aura tiré à l'avanture deux Cartes d'un Jeu composé de 52 Cartes, qu'il

ajoûte à chacune de ses Cartes autant d'autres Cartes que le nombre de ses points sera au dessous de
25, qui est la moitié de toutes les Cartes, diminué d'un, en donnant à chaque Carte figurée tel
nombre qu'on voudra, comme si la premiere Carte est un Dix, on luy ajoûtera 15 Cartes, & si la
seconde Carte est un Sept, on luy ajoûtera 18 Cartes, ce qui fera en tout 35 Cartes, de sorte que
dans cet exemple il restera de tout le Jeu 17 Cartes. Prenant donc les Cartes qui restent du Jeu, &
trouvant qu'il en reste 17, ce nombre 17 sera le
nombre de tous les points pris ensemble des deux
Cartes qu'on aura tirées.

Pour mieux cacher l'artifice, il ne faut point
toucher aux Cartes, mais il faut faire ôter le nombre des points de chacune des deux Cartes qui ont
été prises de 26, qui est la moitié du nombre de
toutes les Cartes, & faire ajoûter ensemble les
deux restes, pour avoir leur somme, que vous
devez demander, afin de l'ôter du nombre de toutes les Cartes, c'est-à-dire de 52, car le nombre
qui restera, sera celuy qu'on cherche.

Comme dans cet exemple, où l'on suppose qu'on
a pris un Dix, & un Sept, en ôtant 10 de 26, il
reste 16, & en ôtant 7 de 26, il reste 19, & en
ajoûtant ensemble les deux restes 16, 19, on a
35 pour leur somme, laquelle étant ôtée de 52,
il reste 17 pour le nombre des points des deux Cartes qu'on a tirées.

On travaillera de la même façon pour un Jeu de
Piquet composé de 36 Cartes, ou seulement de 32
Cartes : mais pour cacher encore mieux l'artifice,
au lieu de la moitié 26 de toutes les Cartes, quand
il y en a 52, prenez un autre nombre moindre,
mais plus grand que 10, comme 24, duquel ôtant

10 & 7, il reste 14, & 17, dont la somme 31 étant ôtée de la somme 52 de toutes les Cartes, il reste 21, d'où vous ôterez encore 4, qui est le double de l'excés de 26. sur 24, pour avoir au reste 17 le nombre des points des deux Cartes qu'on a tirées, sçavoir du Dix & du Sept.

Quand on se servira d'un Jeu de Piquet composé de 36 Cartes, au lieu de la moitié 18 du nombre 36 de toutes les Cartes, on prendra pareillement un nombre moindre, comme 16, duquel ôtant 10 & 7, il reste 6 & 9, dont la somme 15 étant ôtée du nombre 36 de toutes les Cartes, il reste 21, d'où vous ôterez encore 4, qui est le double de l'excés de 18 sur 16, pour avoir au reste 17 le nombre des points des deux Cartes qui ont été tirées.

Pareillement si le Jeu de Piquet n'est que de 32 Cartes, au lieu de la moitié 16. du nombre 32 de toutes les Cartes, on prendra un nombre moindre tel que l'on voudra, pourvû qu'il soit plus grand que 10, comme 14, duquel ôtant 10 & 7, il reste 4 & 7, dont la somme 11 étant ôtée de 32, il reste 21, d'où il faut encore ôter 4, qui est le double de l'excés de 16 sur 14, pour avoir au reste 17 le nombre des points du Dix & du Sept qu'on a tiré.

PROBLEME XXXIV.

Deviner le nombre de tous les points qui sont en trois Cartes qu'on aura tirées à volonté d'un Jeu de Cartes complet.

POur resoudre ce Problême comme le precedent, en suivant la voye la plus courte, il faut que le nombre des Cartes, dont le Jeu est composé, soit divisible par 3, ainsi le Jeu de 52 Cartes, ni celuy de 32 Cartes ne sont pas propres, mais bien celuy de 36 Cartes, parce que le nombre 36 de toutes les Cartes a sa troisiéme partie 12, qui nous servira pour resoudre la Question en cette sorte.

Dites à celuy qui aura tiré à sa volonté trois Cartes d'un Jeu de Piquet composé de 36 Cartes, qu'il ajoûte à chacune de ses Cartes autant d'autres Cartes que le nombre de ses points sera au dessous de 11, qui est le tiers du nombre de toutes les Cartes diminué d'un, en donnant, comme dans le Problême precedent, à chaque Carte figurée tel nombre qu'on voudra, comme si la premiere Carte est un Neuf, on luy ajoûtera 2 Cartes, si la seconde Carte est un Sept, on luy ajoûtera 4 Cartes, & si la troisiéme Carte est un Six, on luy ajoûtera 5 Cartes, ce qui fait en tout 14 Cartes, de sorte que dans cet exemple il restera de tout le Jeu 22 Cartes. Prenant donc les Cartes qui restent du Jeu, & trouvant qu'il en reste 22, ce nombre 22 fera connoître le nombre de tous les points des trois Cartes qu'on aura tirées.

Ou bien sans toucher aux Cartes, & pour mieux cacher l'artifice, faites ôter 12 qui est le tiers du nombre 36 de toutes les Cartes, le nombre des points de chacune des trois Cartes qu'on a prises, & faites ajoûter ensemble les trois restes, pour avoir leur somme, que vous devez demander, afin de l'ôter du nombre de toutes les Cartes, c'est-à-dire de 36, car le nombre qui restera, sera celuy qu'on cherche.

Comme dans cet exemple, où l'on a supposé qu'on a pris un Neuf, un Sept, & un Six, en ôtant 9 de 12 il reste 3, & en ôtant 7 de 12, il reste 5

& enfin en ôtant 6 de 12, il reste 6, & ajoûtant ensemble les trois restes 3, 5, 6, on a 14 pour leur somme, laquelle étant ôtée de 36, il reste 22, pour le nombre des points des trois Cartes qui ont été tirées.

Pour mieux encore cacher l'artifice, & pour appliquer la Regle à un Jeu de plus ou de moins de 36 Cartes, comme de 52 Cartes, servez-vous d'un nombre plus grand que 10, & moindre que le tiers, 17 de 52, par exemple de 15 : & dites à celuy qui aura tiré les trois Cartes, qu'il ajoûte à chacune de ses Cartes autant d'autres Cartes que le nombre de ses points sera au dessous de 15, comme si la premiere Carte est un Neuf, on luy ajoûtera 6 Cartes, si la seconde Carte est un Sept, on luy ajoûtera 8 Cartes, & si la troisiéme Carte est un Six, on luy ajoûtera 9 Cartes, ce qui fera en tout 26 Cartes, de sorte que dans cet exemple il restera de tout le Jeu 26 Cartes. Prenant donc les Cartes qui restent du Jeu, & trouvant qu'il en reste 26, ôtez de ce nombre 26 toûjours 4, qui est l'excés du nombre 52 de toutes les Cartes sur le triple de 15, augmenté de 3, c'est-à-dire, sur 48, & le reste 22 sera le nombre de tous les points des trois Cartes qui auront été tirées du Jeu.

Ou bien sans toucher aux Cartes, faites ôter le nombre des points de chacune des trois Cartes qui auront été prises, de 16, qui surpasse d'un le premier nombre 15, & faites ajoûter ensemble tous les restes, pour avoir leur somme, que vous devez demander, afin de l'ôter du nombre precedent 48, car le reste sera le nombre de tous les points des trois Cartes qu'on aura prises.

Comme dans cet exemple, où l'on suppose qu'on a pris un Neuf, un Sept, & un Six, en ôtant

9 de 16, il reste 7, & en ôtant 7 de 16, il reste 9, & enfin en ôtant 6 de 16, il reste 10, & en ajoûtant ensemble les trois restes 7, 9, 10, on a 26 pour leur somme, laquelle étant ôtée de 48, il reste 22 pour le nombre des points des trois Cartes qui ont été prises.

Pareillement pour un Jeu composé de 36 Cartes, servez-vous d'un nombre plus grand que 10, comme de 15 : & si vous vous servez des Cartes ajoûtées, qui seront au nombre de 26, comme vous avez vû, ayant ôté ce nombre 26 du nombre 36 de toutes les Cartes, ajoûtez au reste 10 ce nombre 12, qui est l'excés du triple de 15, augmenté de 3, c'est-à-dire, de 48 sur le nombre 36 de toutes les Cartes, & la somme 22 sera le nombre des points qu'on cherche. Au lieu de 12, il faut ajoûter 16, pour un Jeu de Piquet de 32 Cartes, parce qu'ôtant 32 de 48, il reste 16.

A l'imitation de ce Problême & du precedent, il sera aisé de resoudre la Question pour quatre Cartes qu'on aura tirées, & pour davantage.

PROBLEME XXXV.

Du Jeu de l'Anneau.

CE Jeu se peut pratiquer agreablement dans une Compagnie composée de plusieurs personnes, dont le nombre ne doit pas être plus grand que 9, si l'on ne veut, afin que l'on y puisse plus facilement appliquer le *Probl.* 18. sçavoir en faisant valoir 1 la premiere personne, 2 la seconde, 3 la troisiéme, & ainsi ensuite : & en faisant pareillement valoir 1 la main droite, & 2 la main gauche, & en donnant pareillement 1 au premier doigt d'u-

ne main, 2 au fecond, 3 au troifiéme, 4 au quatriéme, & 5 au cinquiéme : & enfin 1 à la premiere jointure, 2 à la feconde, & 3 à la troifiéme;
car fi l'on fait mettre à l'une de ces perfonnes, par
exemple à la cinquiéme, un Anneau à la premiere
jointure du quatriéme doigt de fa main gauche, il
eft évident que pour deviner la perfonne qui aura
pris cet Anneau ou Bague, & dire en quelle main,
en quel doigt, & en quelle jointure il eft, il n'y a
qu'à deviner ces quatre nombres 5, 1, 4, 2, le
premier 5 reprefentant la cinquiéme perfonne, le
fecond 1 la premiere jointure, le troifiéme 4 le
quatriéme doigt, & le quatriéme 2 la main gauche ; ce qui fe fera en fuivant la derniere Methode du *Probl.* 18. comme vous allez voir.

En ôtant toûjours 1 du double 10 du premier
nombre 5, & en multipliant le refte 9 toûjours
par 5, on a 45, auquel ajoûtant le fecond nombre 1, on a cette fomme 46, à laquelle fi l'on a-
joûte toûjours 5, on a cette feconde fomme 51,
dont le double eft 102, d'où ôtant toûjours 1, il
refte 101, qui étant multiplié toûjours par 5, on
a 505, auquel ajoûtant le troifiéme nombre 4,
on a cette fomme 509, à laquelle ajoûtant toûjours 5, on a cette feconde fomme 514, dont le
double 1028 étant diminué toûjours de 1, & le
refte 1027 étant multiplié toûjours par 5, on a
5135, auquel ajoûtant le quatriéme nombre 2,
on a cette fomme 5137, à laquelle ajoûtant toûjours 5, on a cette feconde fomme 5142, dont les
quatre figures reprefentent les quatres nombres
qu'on cherche, & font connoître par confequent,
que l'Anneau eft dans la premiere jointure du quatriéme doigt de la main gauche de la cinquiéme
perfonne.

PROBLEME XXXVI.

Ayant un Vase rempli de huit pintes de quelque liqueur, en mettre justement la moitié dans un autre Vase de cinq pintes, par le moyen d'un troisiéme Vase contenant trois pintes.

ON propose ordinairement cette question de la sorte ; Quelqu'un ayant une Bouteille pleine de 8 pintes d'excellent Vin, en veut faire present de la moitié, ou de quatre pintes à un de ses amis : mais pour la mesurer il n'a que deux autres bouteilles, dont l'une contient 5 pintes, & l'autre 3. On demande comment il doit faire pour mettre quatre pintes dans la bouteille qui en contient cinq.

Pour le sçavoir, appellons A la bouteille de 8 pintes, B celle de 5, & C celle de 3, en supposant qu'il y a 8 pintes de Vin dans la Bouteille A, & que les deux autres B, C, soient vuides, comme vous voyez en D; & ayant rempli la Bouteille B du Vin de la Bouteille A, où il ne restera plus que 3 pintes, comme vous voyez en E, remplissez la Bouteille C du Vin de la Bouteille B, où par consequent il ne restera plus que 2 pintes, comme vous voyez en F. Après cela versez le vin de la Bouteille C dans la Bouteille A, où par consequent il y aura 6 pintes, comme vous voyez en G, & versez les 2 pintes de la Bouteille B dans la Bouteille C, où il y aura 2 pintes,

	8.	5.	3.
	A.	B.	C.
D.	8.	0.	0.
E.	3.	5.	0.
F.	3.	2.	3.
G.	6.	2.	0.
H.	6.	0.	2.
I.	1.	5.	2.
K.	1.	4.	3.

comme vous voyez en H, & ayant rempli la Bouteille B du Vin de la Bouteille A, où il restera seulement 1 pinte, comme vous voyez en I, achevez de remplir la Bouteille C du Vin de la Bouteille B, où il restera 4 pintes, comme vous voyez en K, & ainsi la Question se trouvera resoluë.

Remarque.

SI au lieu de la Bouteille B, vous voulez qu'il reste quatre pintes de Vin dans la Bouteille A, que nous avons supposée remplie de huit pintes, ayant rempli la Bouteille C du Vin qui est en la Bouteille A, où alors il ne restera plus que 5 pintes, comme vous voyez en D, versez les trois pintes de la Bouteille C, dans la Bouteille B, où il y aura par consequent 3 pintes de Vin, comme vous voyez en E : & ayant encore rempli la Bouteille C du Vin de la Bouteille A, où il ne restera plus que 2 pintes, comme vous voyez en F, achevez de remplir la Bouteille B du Vin qui est dans la Bouteille C, où il ne restera plus qu'une pinte, comme vous voyez en G. Enfin ayant versé le

	8.	5.	3.
	A.	B.	C.
	8.	0.	0.
D.	5.	0.	3.
E.	5.	3.	0.
F.	2.	3.	3.
G.	2.	5.	1.
H.	7.	0.	1.
I.	7.	1.	0.
K.	4.	1.	3.

Vin de la Bouteille B dans la Bouteille A, où il se trouvera 7 pintes, comme vous voyez en H, versez la pinte de Vin, qui est en C, dans la Bouteille B, où il y aura par consequent 1 pinte, comme vous voyez en I, remplissez la Bouteille C du Vin de la Bouteille A, où il ne restera que 4 pintes, comme il étoit proposé, & comme vous voyez en K.

PROBLEMES
DE GEOMETRIE.

LA Geometrie n'est pas moins feconde que l'Arithmetique, mais elle n'est pas si facile, ni par consequent si agreable, parce que sans démonstration elle ne montre pas aussi exactement que l'Arithmetique la preuve de ses operations. C'est pourquoy je mettray seulement ici les Problêmes qui me sembleront les plus faciles & les plus agreables.

PROBLEME I.

Tirer à une ligne donnée une perpendiculaire par l'une de ses extremitez.

Plan-
che 1.
3. Fig.

POur tirer une perpendiculaire à la ligne donnée AB, par son extremité A, parcourez à volonté sur cette ligne AB, prolongée vers B autant qu'il en sera besoin, depuis l'extremité donnée A, trois parties égales AC, CD, DB, dont la derniere DB se termine ici par hazard à l'autre extremité B de la ligne donnée AB. Décrivez à l'intervalle CB, des deux dernieres parties, depuis leurs extremitez B, C, deux arcs de Cercle, qui se coupent ici au point E, & des deux points E, C, décrivez avec la même ouverture du Compas deux autres arcs de Cercle, qui se coupent ici au point

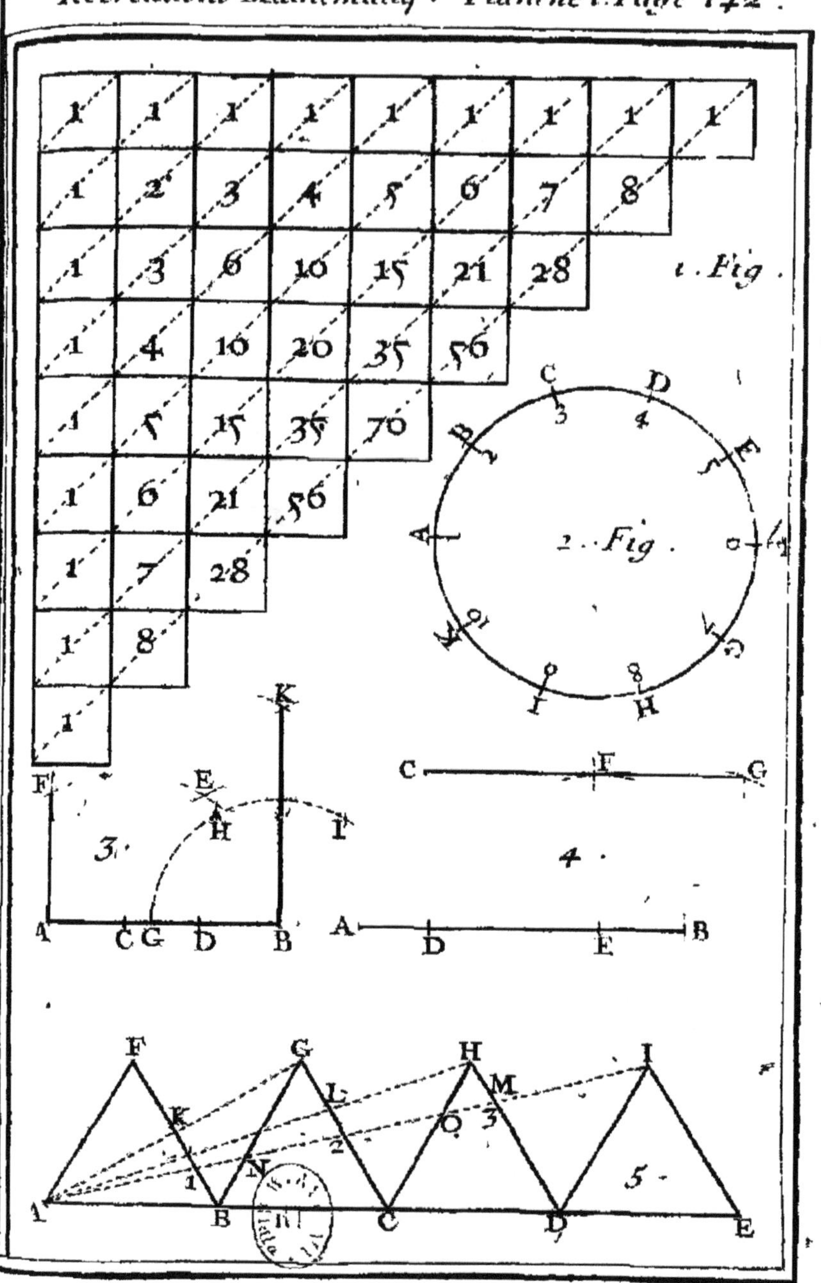
1. Fig.
2. Fig.
3.
4.
5.

F, par lequel & par l'extremité donnée A, vous tirerez la droite AF, qui sera perpendiculaire à la ligne proposée AB. Planche 1. 3. Fig.

Si vous voulez tirer par l'autre extremité B de la même ligne donnée AB, une ligne qui luy soit en même temps égale & perpendiculaire, divisez la ligne AB en trois parties égales aux points C, D : & ayant trouvé le point F, comme il vient d'être enseigné, décrivez de l'extremité donnée B, avec l'ouverture AF, l'arc de Cercle GHI, & portez sur cet arc la même ouverture du Compas deux fois depuis G en H, & depuis H en I. Enfin décrivez avec la même ouverture du Compas, des deux points H, I, deux arcs de Cercle qui se coupent ici au point K, & menez la droite AK, qui sera égale & perpendiculaire à la ligne proposée AB.

PROBLEME II.

Tirer par un point donné une ligne parallele à une ligne donnée.

POur tirer par le point donné C, une ligne parallele à la ligne donnée AB, prenez à volonté 4. Fig. sur cette ligne AB, deux points proches des deux extremitez A, B, comme D, E, & ayant avec l'ouverture DE décrit un arc de Cercle du point donné C, décrivez du point E, avec l'ouverture CD un autre arc de Cercle, qui rencontre ici le premier au point F, par lequel & par le point donné C, vous menerez la droite CF, qui sera parallele à la proposée AB.

Si vous voulez que la ligne parallele soit aussi égale à la ligne AB, au lieu de vous servir des deux points D, E, servez-vous des deux extremitez A,

B, c'eſt-à-dire, décrivez du point donné C, avec
l'ouverture de la ligne donnée AB, un arc de Cercle, & un autre de l'extremité B avec l'ouverture
AC, & par le point G, où ces deux arcs s'entrecoupent, tirez au point donné C, la droite CG,
qui ſera égale & parallele à la propoſée AB.

PROBLEME III.

Diviſer avec une même ouverture du Compas une
ligne donnée en autant de parties égales
qu'on voudra.

SI vous voulez diviſer la ligne donnée AB en
quatre parties égales, par exemple, parcourez
ſur cette ligne AB prolongée les quatre parties égales AB, BC, CD, DE, & faites ſur ces parties les
quatre Triangles équilateraux ABF, BCG, CDH,
DEI, ce qui ſe peut faire avec la même ouverture
du Compas. Enfin menez les droites AG, AH,
AI, & alors de quatre parties de la ligne AB, la
ligne HM en repreſentera une, & la ligne DM en
repreſentera par conſequent trois : & la ligne FK,
ou BK en repreſentera deux.

Mais la ſeule ligne A1 ſuffit, car elle retranche
la ligne B1, égale à la quatriéme partie de la ligne AB, la ligne C2 égale à la moitié de la même
ligne AB, & la ligne D3 égale aux trois quarts de
la même ligne AB. La ligne AH ſert pour diviſer la
ligne propoſée AB en trois parties égales, car la ligne GL en repreſente une, & la ligne CL en repreſente par conſequent deux, mais la même ligne A1 ſuffit auſſi pour la diviſion de la ligne donnée AB en trois parties égales, parce que la ligne
BN en repreſente une, & la ligne CO en repreſente

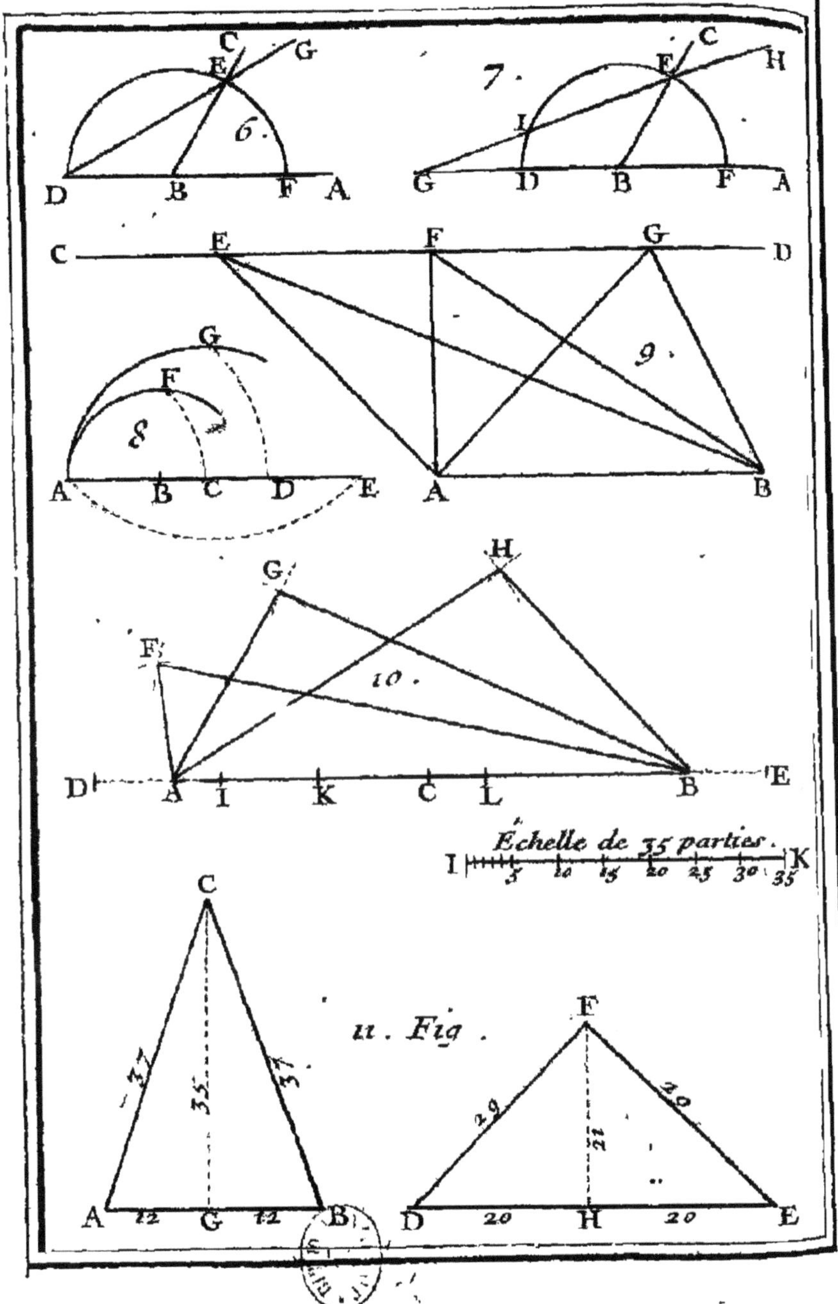
C
G
E
6.
D
B
F
A
7.
C
H
F
I
G
D
B
F
A
C
E
F
G
D
G
F
8.
9.
A
B
C
D
E
A
B
G
H
F
10.
D
A
I
K
C
L
B
E
Échelle de 35 parties.
I
5
10
15
20
25
30
35
K
C
11. Fig.
F
A
12
G
12
B
D
20
H
20
E

fente deux, d'où il fuit que la ligne HO en repre=
fente auffi une.

PROBLEME IV.

*Faire un Angle égal à la moitié, ou bien au double
d'un angle donné.*

POur faire premierement un angle égal à la moi- Plan-
tié de l'angle donné ABC, décrivez à volonté che 2.
de fa pointe B, le demi-cercle DEF, & joignez la 6. Fig.
droite DE, qui fera au point D, l'angle ADG égal
à la moitié du donné ABC.

Secondement pour faire un angle égal au double
de l'angle donné ADG, décrivez du point B pris à
difcretion fur la ligne AB, par la pointe D de l'angle donné ADG, le demi-cercle DEF, & joignez
la droite BE, qui fera en B l'angle ABC égal au
double du donné ADG.

PROBLEME V.

*Faire un angle égal au tiers, ou bien au triple
d'un angle donné.*

POur faire premierement un angle égal à la 7. Fig.
troifiéme partie de l'angle donné ABC, décrivez à volonté de fa pointe B, le demi-cercle DEF,
& appliquez une Regle bien droite au point E, en
forte que fa partie GI, terminée par la circonference du demi-cercle DEF, & par la ligne AD prolongée, foit égale au demi-diametre BD, ou BE.
Aprés cela menez la droite GE, qui fera au point
G, l'angle AGH égal à la troifiéme partie de l'angle
ABC, ce qui fait que l'arc ID fera auffi égal à la

troisiéme partie de l'arc EF, qui mesure l'Angle donné ABC.

Secondement, pour faire un angle égal au triple de l'angle donné AGH, ayant pris à discretion sur la ligne GH, le point I, portez la longueur IG sur la ligne AG, depuis I en B, pour décrire du point B, avec la même ouverture du Compas le demi-cercle DEF, qui passera par le point I, & donnera sur la ligne GH le point E, par lequel & par le point B, vous tirerez la droite BE, qui fera l'angle ABC triple du donné AGH.

PROBLEME VI.

Trouver à deux lignes données une troisiéme, & autant d'autres proportionnelles qu'on voudra.

POur trouver premierement aux deux lignes données AB, AC, une troisiéme proportion-nelle, décrivez de l'extremité B de la premiere AB, par l'autre extremité A, l'arc de Cercle AF, sur laquelle ayant mis la longueur de la seconde AC, depuis A en F, portez la même longueur sur la ligne AC, prolongée autant qu'il en sera besoin, depuis F en D, & la ligne AD sera troisiéme pro-portionnelle aux deux lignes données AB, AC.

Pareillement pour trouver aux trois lignes AB, AC, AD, une quatriéme proportionnelle, ou bien ce qui est la même chose, aux deux AC, AD, une troi-siéme proportionnelle, décrivez de l'extremité C de la premiere AC, par l'autre extremité A, l'arc de Cercle AG, sur lequel ayant mis la longueur de l'autre ligne AD, depuis A en G, portez la même longueur AD sur la ligne AD prolongée, depuis G en E, & la ligne AE sera celle qu'on cherche : & ainsi ensuite.

PROBLEME VII.

Décrire fur une ligne donnée autant de Triangles differens qu'on voudra , dont les aires foient égales.

SI la ligne donnée eft AB , tirez-luy à volonté la parallele CD, fur laquelle ayant pris à volonté autant de points differens que vous voudrez de Triangles égaux , comme E, F, G, pour trois Triangles, tirez de ces trois points E, F, G, aux extremitez A, B, de la bafe donnée AB, des lignes droites , & vous aurez les trois Triangles égaux AEB, AFB, AGB, fur la même bafe AB.

Planche 2.
9, Fig.

PROBLEME VIII.

Décrire fur une ligne donnée autant de Triangles differens qu'on voudra , dont les contours foient égaux.

SI la bafe donnée eft AB , divifez-la en deux également au point C, & la prolongez de part & d'autre à volonté en D, & en E, en forte que les deux lignes CD, CE, foient égales entre elles , & toute la ligne DE fera prife pour la fomme des deux côtez de chaque Triangle , qu'on décrira fur la bafe donnée AB en cette forte.

Décrivez du point A, avec une ouverture du Compas un peu plus grande que AD, un arc de Cercle, & ayant porté cette ouverture fur la ligne DE, depuis D en I, décrivez du point B , avec l'ouverture IE, un autre arc de Cercle, qui coupe ici le premier au point F, qui fera le fommet du premier Triangle ABF.

10. Fig.

K ij

Décrivez pareillement du point A , avec une ouverture un peu plus grande que AF , un arc de
Cercle, & ayant porté cette ouverture fur la ligne
DE, depuis D en K , décrivez du point B , avec
l'ouverture KE , un autre arc de Cercle, qui coupe
ici le premier au point G , qui fera le fommet du
fecond Triangle AGB , dont le contour fera égal
à celuy du premier AFB.

Si vous voulez un troifiéme Triangle , décrivez
pareillement du point A un arc de Cercle avec une
ouverture du Compas un peu plus grande que AG,
& ayant porté comme auparavant cette ouverture
fur la ligne DE , depuis D en L , décrivez du point
B , avec l'ouverture LE un autre arc de Cercle,
qui coupe ici le premier au point H , qui fera le
fommet du troifiéme Triangle AHB, dont le contour fera le même que celuy des deux precedens.
Ainfi des autres.

Vous remarquerez que les fommets F , G , H ,
de tous ces Triangles fe trouvent fur la circonference d'une Ellipfe, dont le grand Axe eft DE , &
les deux Foyers font A , B.

PROBLEME IX.

*Décrire deux Triangles ifofcéles differens, de même
aire , & de même contour.*

PReparez une Echelle divifée en parties égales
d'une grandeur volontaire , comme IK , &
ayant pris fur la bafe AB, les deux parties , ou Segmens GA, GB , chacun de 12 parties prifes fur
l'Echelle, élevez du point G fur la même bafe AB
la perpendiculaire GC de 35 des mêmes parties,
& joignez les deux lignes égales AC, BC, & vous

aurez le premier Triangle isoscéle ABC, dont cha-
cun des deux côtez égaux AC, BC, se trouvera de
37 parties, comme l'on connoîtra en ajoûtant le
quarré 144 du Segment AG, avec le quarré 1225
de la perpendiculaire CG, & en prenant la Racine
quarrée de la somme 1369.

Pour avoir un Triangle de même aire & de même contour que le precedent, prenez sur la base
DE, les deux Segmens HD, HE, chacun de 20
parties, & ayant élevé du point H sur la base DE
la perpendiculaire HF de 21 parties, joignez les
lignes égales EF, DF, dont chacune se trouvera de
29 parties, comme l'on connoîtra en ajoûtant le
quarré 400 du Segment DH, avec le quarré 441
de la perpendiculaire HF, & en prenant la Racine
quarrée de la somme 841.

Ainsi vous aurez le Triangle isoscéle DEF, dont
le contour 98 est égal au contour, c'est-à-dire à la
somme des trois côtez du premier Triangle isoscéle ABC : & dont l'aire, ou le contenu 420 est égal
au contenu du premier Triangle isoscéle ABC,
comme l'on connoît en multipliant DH par FH,
ou 20 par 21, parce que le produit 420 qui en
provient pour l'aire du Triangle DEF, est le même que celuy qui provient en multipliant AG par
CG, ou 12 par 35, pour l'aire du Triangle ABC.

On peut décrire autant de couples qu'on voudra
de Triangles isoscéles, en chacun desquels l'aire
des deux Triangles sera la même, & le contour aussi
le même, en trouvant en nombres ces couples, ce
qui se peut faire en cherchant les deux nombres generateurs des moitiez AGC, DHF, qui font deux
Triangles rectangles égaux, que l'on pourra ensuite exprimer en nombres par le moyen de leurs
nombres generateurs, comme il a été enseigné au

K iij

Probl. 6. *Arithm.* ces deux nombres generateurs se trouveront par ce Canon general qui a sa démon_stration.

Si l'on divise la difference de deux Cubes par la difference de leurs côtez, & si l'on multiplie cette difference des côtez par la somme des mêmes côtez, on aura les deux nombres generateurs du premier Triangle rectangle AGC : & si l'on divise la dif_ference des deux mêmes Cubes par la difference de leurs côtez, comme auparavant, & si l'on multiplie par le plus petit côté la somme de ce petit côté & du double du plus grand, on aura les deux nom_bres generateurs du second Triangle rectangle D H F.

On peut trouver infiniment les deux mêmes Triangles rectangles par cet autre Canon ; *Si de deux nombres, dont le plus grand soit moindre que le quintuple du plus petit, on multiplie la somme par la difference, & qu'on multiplie par le double du plus petit la somme du plus grand & du septu_ple du plus petit, on aura les deux nombres gene_rateurs du premier Triangle rectangle AGC: & si du quarré de la somme du plus grand & du dou_ble du plus petit, on ôte le quarré du plus petit, & qu'on multiplie par le double du plus petit l'excés du quintuple du plus petit sur le plus grand, on aura les deux nombres generateurs du second Trian_gle rectangle DHF.*

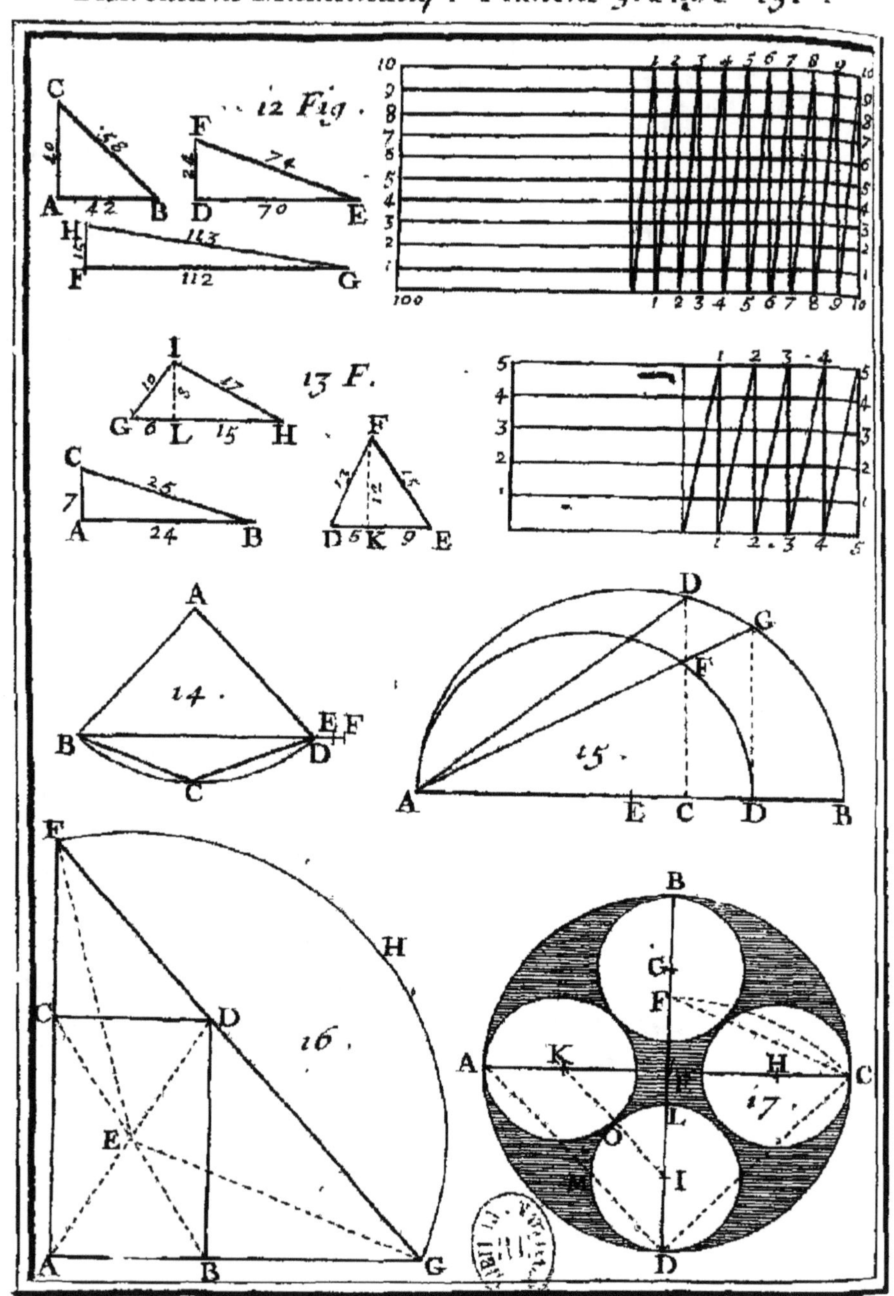
12 Fig.
13 F.
14.
15.
16.
17.

PROBLEME X.

Décrire trois Triangles rectangles differens, dont les aires soient égales.

AYant preparé une Echelle de parties égales, prenez la base AB de 42 parties, & la hauteur ou perpendiculaire AC de 40, & alors l'hypotenuse BC du premier Triangle rectangle ABC se trouvera de 58 parties, comme l'on connoîtra en ajoûtant le quarré 1764 de la base AB, avec le quarré 1600 de la hauteur AC, & en prenant la Racine quarrée de la somme 3364.

Planche 3. 12. Fig.

Prenez ensuite la base DE du second Triangle rectangle DEF de 70 parties, & la hauteur DF de 24, & alors l'hypotenuse EF se trouvera de 74 parties, comme l'on connoîtra en ajoûtant ensemble le quarré 4900 de la base DE, & le quarré 576 de la hauteur DF, & en prenant la Racine quarrée de la somme 5476 : & l'aire de ce second Triangle rectangle DEF sera égale à celle du premier ABC, chacune étant 840, comme l'on connoît en multipliant la base par la hauteur, & en prenant la moitié du produit.

Enfin prenez la base FG du troisiéme Triangle rectangle FGH, de 112 parties, & la hauteur FH de 15, & alors l'hypotenuse BC se trouvera de 113 parties, comme l'on connoîtra en ajoûtant ensemble le quarré 12544 de la base FG, & le quarré 225 de la hauteur FH, & en prenant la Racine quarrée de la somme 12769, & l'aire de ce troisiéme Triangle rectangle FGH sera aussi 840.

Ces trois Triangles rectangles ont été trouvez en nombres entiers, par ce Canon que nous avons tiré de l'Algebre, qui nous apprend que pour

trouver en nombres entiers, trois Triangles rectangles égaux , on doit auparavant trouver trois
nombres qui ſerviront de nombres generateurs, en
cette ſorte.

Si de deux nombres quelconques on ajoûte le pro-
duit à la ſomme de leurs quarrez, on aura le pre-
mier nombre. La difference de leurs quarrez ſera
le ſecond : & la ſomme de leur produit & du
quarré du plus petit ſera le troiſiéme nombre gene-
rateur.

Si de ces trois nombres ainſi trouvez, on forme
trois Triangles rectangles, ſçavoir l'un des deux
premiers, l'autre des deux extrémes, & le troi-
ſiéme du premier & de la ſomme des deux au-
tres, ces trois Triangles rectangles ſeront égaux
entre eux.

On peut trouver en nombres rompus autant
d'autres Triangles rectangles qu'on voudra, dont
les aires ſeront égales entre elles & à l'un des trois
precedens, en trouvant par le moyen de ce Triangle rectangle un autre Triangle rectangle égal , en
cette ſorte.

Formez de l'hypotenuſe du Triangle rectangle
propoſé , & du quadruple de ſon aire , un autre
Triangle rectangle, que vous diviſerez par le double
du produit, qui viendra en multipliant l'hypote-
nuſe du Triangle rectangle propoſé par la differen-
ce des quarrez des deux autres côtez du mêms
Triangle rectangle, & vous aurez un Triangle rec-
tangle égal au propoſé.

PROBLEME XI.

Décrire trois Triangles égaux, dont le premier soit rectangle, le second soit oxygone, & le troisième soit amblygone.

Yant préparé comme auparavant, une Echelle de parties égales, qui peuvent representer des Pieds, des Toises, & tout ce qu'il vous plaira, prenez la bafe AB du Triangle rectangle ABC de 24 parties, & la hauteur AC de 7, & alors l'hypotenufe BC fe trouvera de 25 parties, comme l'on connoîtra en ajoûtant enfemble le quarré 576 de la bafe AB, & le quarré 49 de la hauteur AC, & en prenant la Racine quarrée de la fomme 625.

Prenez enfuite fur la bafe DE du Triangle oxygone DEF, le Segment KD de 5 parties, & le Segment KE de 9, & élevez du point K fur la bafe DE, la perpendiculaire KF de 12 parties, & alors le côté DF fe trouvera de 13 parties, comme l'on connoîtra en ajoûtant enfemble le quarré 25 du Segment DK, & le quarré 144 de la hauteur FK, & en prenant la Racine quarrée de la fomme 169: & l'autre côté fe trouvera de 15 parties, comme l'on connoîtra en ajoûtant enfemble le quarré 81 du Segment KE, & le quarré 144 de la perpendiculaire KF, & en prenant la Racine quarrée de la fomme 225.

Enfin prenez fur la bafe GH du Triangle amblygone GHI, le Segment LG de 6 parties, & le Segment LH de 15, & élevez du point L, fur la bafe GH, la perpendiculaire LI de 8 parties, & alors le côté GI fe trouvera de 10 parties, comme l'on

Planche 3.
13. Fig.

connoîtra en ajoûtant enfemble le quarré 36 du Segment GL, & le quarré 64 de la hauteur IL, & en prenant la Racine quarrée de la fomme 100: & le côté HI fe trouvera de 17 parties, comme l'on connoîtra en ajoûtant au quarré 225 du Segment LH, le quarré 64 de la perpendiculaire LI, & en prenant la Racine quarrée de la fomme 289.

On connoît que le Triangle ABC eft rectangle en A, parce que la fomme 625 des quarrez 49, 576, des deux côtez AC, AB, eft égale au quarré du troifiéme côté BC : que le Triangle DEF eft oxygone, parce que la fomme des quarrez de deux côtez quelconques eft plus grande que le quarré du troifiéme côté : & enfin que le Triangle GHI, eft amblygone, & que l'angle I eft obtus, parce que le quarré 441 de fon côté oppofé GH, qui eft de 21 parties, eft plus grand que la fomme 389 des quarrez 100, 289, des deux autres côtez GI, HI.

Enfin, l'on connoît que ces trois Triangles ABC, DEF, GHI, font égaux, c'eft-à-dire, que leurs aires font égales entre elles, parce qu'en multipliant la bafe AB par la hauteur AC, il vient la même chofe qu'en multipliant la bafe DE par la hauteur FK, & auffi la même chofe qu'en multipliant la bafe GH par la hauteur LI, fçavoir 168, qui eft le double de l'aire de chaque Triangle, laquelle par conféquent fera 84. Les trois côtez du Triangle oxygone DEF, & la perpendiculaire FK, font dans une continuelle Proportion Arithmetique

PROBLEME XII.

Trouver une ligne droite égale à un arc de Cercle donné.

POur trouver une ligne droite égale à l'arc de Cercle BCD, dont le centre est A, & dont le Rayon ou Demi-diametre est AB, ou AD, divisez cet arc en deux également au point C, & tirez les cordes BC, CD, BD. Prolongez la corde BD en E, en sorte que la ligne BE soit double de l'une des deux cordes égales BC, CD, c'est-à-dire, égale à la somme de ces deux cordes. Prolongez encore la ligne BE en F, en sorte que la ligne EF soit égale à la troisiéme partie de la ligne DE, & la ligne droite BF sera à peu prés égale à la courbe BCD; J'ay dit à peu prés, parce que la ligne BF est tant soit peu moindre que l'arc BCD, mais la difference est si petite lorsque l'arc BCD ne passe pas 30 degrez, qu'il n'y a pas seulement une partie à redire de cent mille qu'on peut donner au Rayon AB, ou AD.

Planche 3. 14. Fig.

Remarque.

Ceux qui sçavent la Trigonometrie, trouveront que si l'arc BCD est precisément de 30 degrez, ou la douziéme partie de la circonference de tout le Cercle, & que le Rayon AB, ou AC soit de 50000 parties, en sorte que le Diametre soit de 100000 parties, chacune des deux cordes BC, CD, sera de 13053 parties, & que par conséquent leur somme, ou la ligne BE sera de 26106 parties, de laquelle ôtant la corde BD, qui se trouvera de 25882 parties, il en restera 224 pour la

ligne DE, dont la troifiéme partie eft 74 pour la ligne EF, laquelle étant ajoûtée à la ligne BE, ou à
26106, la fomme fera 26180 pour la ligne BF,
ou pour l'arc BCD, lequel enfin étant multiplié
par 12, on aura 314160 pour la circonference
du Cercle. Ainfi nous fçavons que quand le Diametre d'un Cercle eft de 100000 parties, la circonference eft d'environ 314160 femblables parties,
& que par conféquent le Diametre d'un Cercle eft
à fa circonference, environ comme 100000 eft à
314160, ou comme 10000 à 31416.

Ce qui fert pour *trouver la circonference d'un
Cercle, dont on connoît le Diametre*, fçavoir en
multipliant ce Diametre toûjours par 31416, &
en divifant le produit par 10000, ce qui fe fera
en retranchant de ce produit quatre figures à la
droite, car les figures qui refteront à la gauche,
feront connoître la circonference du Cercle, & les
figures retranchées feront le Numerateur d'une
fraction, dont le Dénominateur fera 10000.

Comme pour connoître la circonference d'un
Baffin rond d'une fontaine, dont le Diametre eft
par exemple de 64 pieds, en multipliant 64 par
31416, & en retranchant quatre figures à la droite
du produit 2010624, on aura 201 pieds, &
$\frac{624}{10000}$, pour la circonference qu'on cherche.

Il faudroit faire tout le contraire, fi l'on vouloit
*connoître le Diametre d'un Cercle, ou d'une boule
par fa circonference connuë*, c'eft-à-dire, qu'il faudroit multiplier cette circonference par 10000,
ce qui fe fera en luy ajoûtant vers la droite quatre
zeros, & en divifant le produit par 31416.

Ainfi pour connoitre le Diametre d'une Tour
ronde, dont on a mefuré le contour ou la circonfe-

rence en dehors par le moyen d'une longue corde, qui soit par exemple de 154 pieds, en ajoûtant quatre zeros à la droite de ce nombre 154, & en divisant 1540000 par 31416, on aura 49 pieds pour le Diametre qu'on cherche.

PROBLEME XIII.

Trouver entre deux lignes données une, ou deux, ou trois moyennes proportionnelles.

PRemierement, pour trouver entre les deux lignes données AB, AC, une moyenne proportionnelle, ayant décrit autour de la plus grande AB, le Demi-cercle ADB, élevez de l'extremité C de la plus petite AC, la perpendiculaire CD, & menez la droite AD, qui sera moyenne proportionnelle entre les deux AB, AC.

Pour trouver entre les deux lignes données AB, AC, deux moyennes continuellement proportionnelles, ayant fait de ces deux lignes données AB, AC, le Parallelogramme rectangle ABDC, décrivez de son centre E, le quart de Cercle GHF de telle grandeur que la droite FG, qui sera tirée par les deux points F, G, où il coupe les deux lignes données AC, AB, prolongées, passe par l'angle droit D, & alors les deux lignes CF, BG, seront les deux moyennes proportionnelles qu'on cherche, de sorte que les quatre lignes AB, CF, BG, AC, seront continuellement proportionnelles.

Enfin, pour trouver entre les deux lignes données AB, AC, trois moyennes continuellement proportionnelles, ayant trouvé entre ces deux lignes données AB, AC, une moyenne proportionnelle AD, comme il a été enseigné, cherchez de

Plan
che 3.
15. Fig.

16. Fig.

15. Fig.

la même façon entre cette moyenne AD, & la premiere AC, une autre moyenne proportionnelle AF, & entre la même moyenne AD & la derniere AB, une autre moyenne proportionnelle AG, & les trois lignes AF, AD, AG, feront les moyennes proportionnelles qu'on cherche, de forte que les cinq lignes AC, AF, AD, AG, AB, feront dans une proportion continuë.

Remarque.

Si les deux lignes AB, AC, font données en nombres, comme fi AB étoit de 32 pieds, & AC de 2, on pourra exprimer en nombres les trois moyennes AF, AD, AG, en multipliant enfemble les deux nombres 32, & 2, des deux lignes données AB, AC, & en prenant la Racine quarrée du produit 64, qui donnera 8 pour la moyenne AD, laquelle étant multipliée feparément par la premiere AC, & par la derniere AB, les Racines quarrées des deux produits 16, 256, donneront 4 pour AF, & 16 pour AG.

Mais pour trouver en nombres feulement deux moyennes proportionnelles entre les deux propofées AB, AC, telles que font les deux CF, BG, en fuppofant que la plus petite AB foit de 2 pieds, & la plus grande AC de 16; multipliez le quarré 4 de la premiere AB, par la derniere AC, & prenez la Racine cubique du produit 64, qui donnera 4 pour la premiere moyenne proportionnelle CF, qui fuit en proportion la premiere des deux données AB : & pareillement multipliez le quarré 256 de la derniere AC, par la premiere AB, & prenez la Racine cubique du produit 512, qui donnera 8 pour l'autre moyenne proportionnelle BG.

PROBLEME XIV.

Décrire dans un Cercle donné quatre Cercles égaux qui se touchent mutuellement, & aussi la circonference du Cercle donné.

AYant divisé le Cercle donné ABCD, dont le centre est E, en quatre parties égales, par les deux Diametres perpendiculaires AC, BD, prenez sur le Diametre BD, la ligne DF, égale à la ligne CD, qui est la soûtendante ou la corde du quart de Cercle, & la ligne EF donnera la longueur du Rayon de chacun des quatre Cercles égaux qu'on cherche. Si donc on porte la longueur de cette ligne EF sur les Diametres perpendiculaires AC, BD, en AK, BG, CH, DI, & que des centres K, G, H, I, l'on décrive par les points A, B, C, D, quatre circonferences de Cercle, elles se toucheront mutuellement, & aussi celle du Cercle donné ABCD.

Planche 3.
17. Fig.

Remarque.

Si l'on joint deux centres quelconques, comme I, K, par la ligne droite IK, cette ligne droite IK sera parallele à sa corde correspondante DA, & passera par le point d'attouchement O : elle fera par consequent en I un angle demi-droit, ou de 45 degrez avec le Diametre BD ; ce qui fait que l'arc LO sera aussi de 45 degrez, aussi-bien que l'arc MO, parce que tout l'arc LM est un quart de Cercle. D'où il suit que si l'on joint la droite CF, l'angle ECF sera de 22 degrez & 30 minutes, d'où l'on peut tirer une autre construction pour la resolution du Problême.

PROBLEME XV.

Décrire dans un Demi-cercle donné trois Cercles, qui touchent la circonference & le Diametre de ce Demi-cercle donné, & dont celuy du milieu qui est le plus grand, touche les deux autres qui sont égaux.

ELevez du centre D du Demi-cercle donné ABC, sur son Diametre AC, la perpendiculaire DB, & la divisez en deux également au point E, qui sera le centre du plus grand des trois Cercles qu'on cherche, lequel par consequent sera BIDK.

Pour décrire les deux autres Cercles qui sont égaux entre eux, divisez le Demi-diametre DE, en deux également au point H, & décrivez de part & d'autre des deux points E, D, avec l'ouverture BH, deux arcs de Cercle, qui se coupent ici aux deux points F, G, qui seront les centres des deux Cercles égaux, qu'il ne sera pas difficile de décrire, parce que le Rayon de chacun est égal à la ligne DH, ou à la quatriéme partie du Diametre BD, ou bien, ce qui est la même chose, à la huitiéme partie du grand Diametre AC.

Remarque.

Il est évident que le Demi-cercle ABC est double du Cercle BIDK, parce que le Diametre AC est double du Diametre BD : & que pareillement le Demi-cercle BID est double du Cercle ILO, parce que le Rayon DE est double du Rayon FI, ou FL. D'où il est aisé de conclure que le Triangle mixtiligne ABID est égal au Demi-cercle BDI, &

que

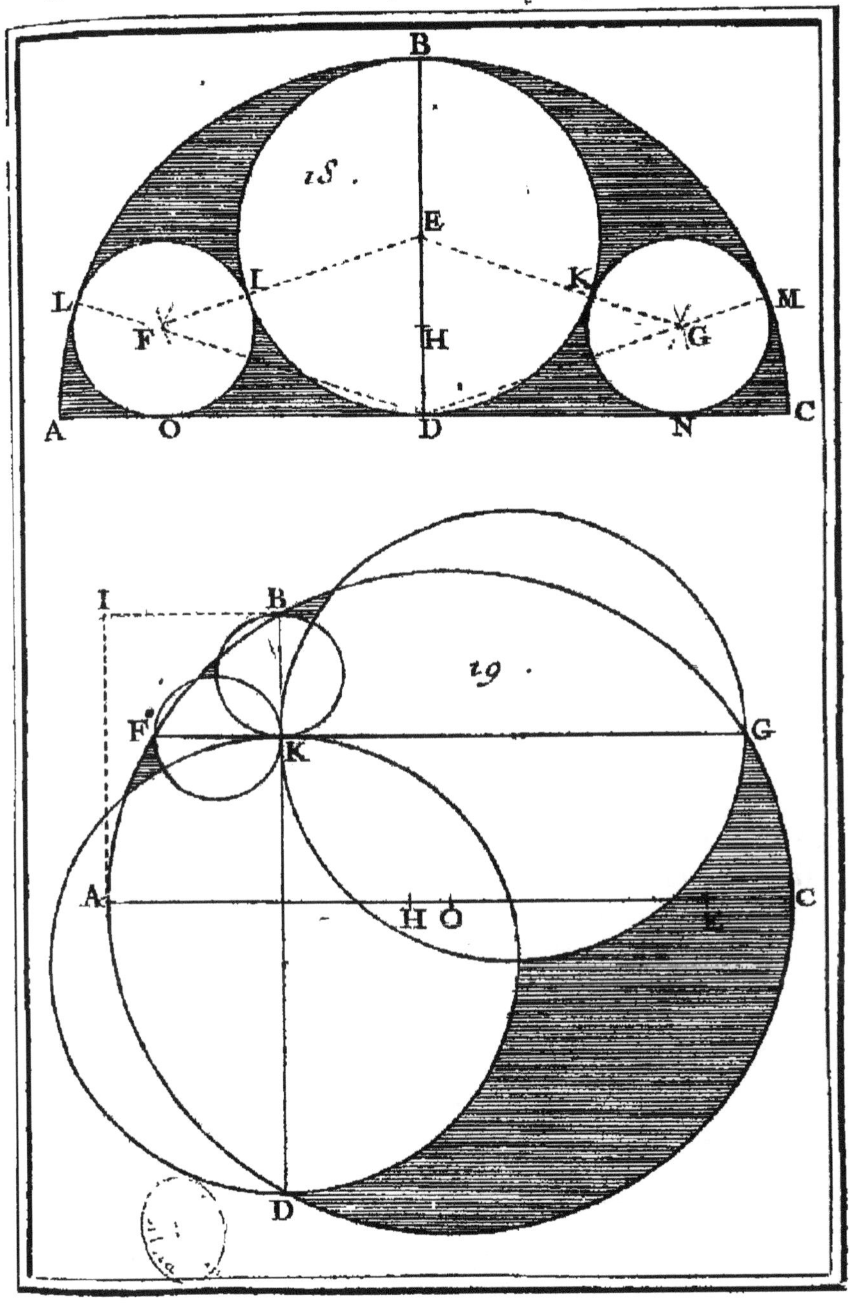

18
B
E
L
L
K
M
F
G
H
A
O
D
N
C
19
I
B
F
G
K
A
H O
L
C
D

que par conſequent le Demi-cercle ABC ſe trouve
diviſé en quatre parties égales par le Diametre BD,
& par la circonference BIDK.

PROBLEME XVI.

*Décrire quatre Cercles proportionnels , en ſorte
que leur ſomme ſoit égale à un Cercle donné, &
que la ſomme de leurs Rayons ſoit égale à une
ligne donnée.*

QUe le Cercle donné ſoit ABCD, dont le centre ſoit O, & un Diametre ſoit AC, & que
la ligne donnée ſoit AE, qui doit être plus grande
que le Rayon AO, & moindre que le Diametre
AC, ſi l'on veut que les quatre Cercles qu'on cherche, ſoient inégaux. Les Diametres de ces quatre
Cercles ſe détermineront en cette ſorte.

Ayant tiré à volonté dans le Cercle donné ABCD,
la ligne FG parallele au Diametre AC, & ayant retranché de la ligne donnée AE , la partie EH égale
à la moitié de la ligne FG, tirez par l'extremité A,
du Diametre AC, la ligne AI égale à la ligne AH,
& perpendiculaire au Diametre AG, & tirez par le
point I, au même Diametre AC, la parallele IB,
qui rencontre ici la circonference du Cercle donné au point B, par lequel on tirera la ligne BD,
perpendiculaire à la ligne FG, & les quatre lignes
KF, KB, KG, KD, ſeront les Diametres des quatre
Cercles qu'on cherche.

Remarque.

Il peut arriver que les deux plus petits Cercles
KF, KB, ſeront égaux entre eux, auſſi-bien que les
deux plus grands KG, KD, ſçavoir lorſque la li-

Plan-
che 4.
19. Fig.

gne FG fera égale à la ligne donnée AE. Ainfi quand on voudra que tous ces quatre Cercles foient inégaux, on doit tirer la ligne FG, avec cette circonfpection, qu'elle foit plus grande ou plus petite que la ligne donnée AE, & dans ce cas, le Cercle KF fera le plus petit de tous, & le Cercle KD fera le plus grand.

PROBLEME XVII.

Déterminer fur la circonference d'un Cercle donné un arc, dont le Sinus foit égal à la corde du complement de cet arc.

Planche 5.
20. Fig.

POur déterminer fur la circonference du quart de Cercle ABC, dont le centre eft A, l'arc CD, dont le Sinus ED foit égal à la corde BD du complement de cet arc ; ayant élevé de l'extremité B, du Rayon AB, la perpendiculaire BG égale à la corde BC du quart de Cercle, tirez du centre A par le point G, la droite AG, & ayant pris fur le Rayon AB, la partie AF égale à la partie GH, élevez du point F fur AB, la perpendiculaire FD, qui determinera l'arc CD qu'on cherche.

Remarque.

La Secante AG de l'arc BH eft égale à la Tangente d'un arc de 60 degrez, c'eft-à-dire, que le Rayon AH étant de 100000 parties la ligne AG en comprend 173205, de laquelle ôtant AH, ou 100000, le refte 73205 eft la partie GH, ou AF, c'eft-à-dire le Sinus ED de l'arc CD, qui fe trouvera de 47. 3'. 31". & par confequent fon complement BD de 42. 56'. 29". Ainfi nous fçavons

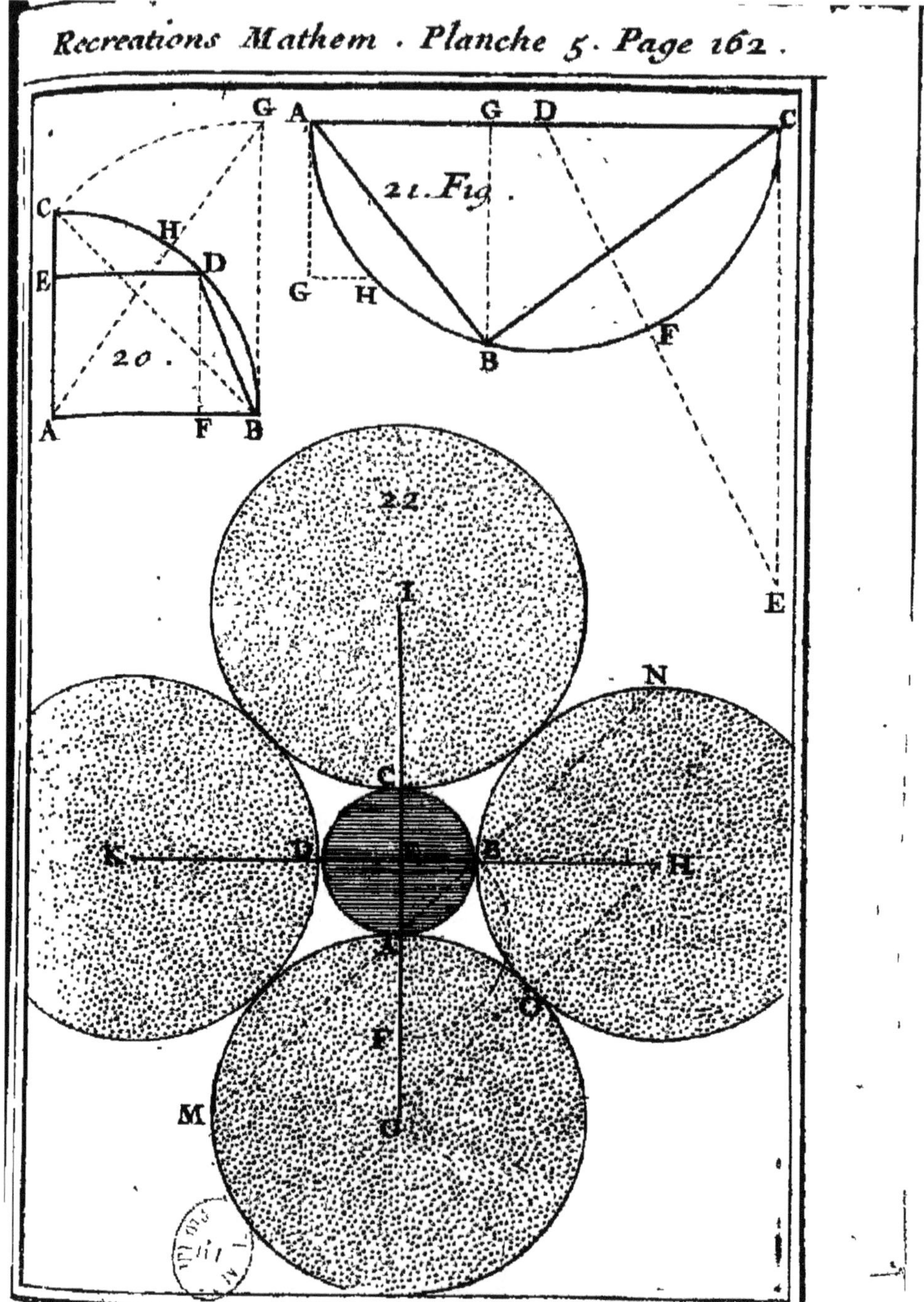
20 .
21. Fig .
22

que le Sinus d'un arc de 47. 3'. 31". eſt égal à la
corde d'un arc de 42. 56'. 29". qui eſt ſon complement.

PROBLEME XVIII.

*Décrire un Triangle rectangle, dont les trois côtez
ſoient en Proportion Geometrique.*

AYant décrit à volonté le Demi-cercle ABC, Plan-
dont le centre eſt D, & dont le Diametre che 5.
AC ſera pris pour l'hypotenuſe du Triangle rec- 21. Fig.
tangle qu'on cherche, tirez par l'extremité C de
ce Diametre AC, la ligne CE égale & perpendiculaire au même Diametre AC, & joignez la droite DE, qui ſe trouve ici coupée par la circonference du Demi-cercle ABC au point F. Portez la
longueur de la partie EF ſur la circonference ABC,
depuis A en B, & joignez les droites AB, BC, qui
feront au point B un angle droit, & le Triangle rectangle ABC, ſera celuy qu'on cherche, de ſorte
qu'il y aura même raiſon du côté AB, au côté BC,
que du même côté BC, à l'hypotenuſe AC.

Si de l'angle droit B, l'on tire la ligne BG perpendiculaire à l'hypotenuſe AC, le plus grand Segment CG ſera égal au plus petit côté oppoſé AB,
ou à la partie EF, d'où l'on peut tirer une autre
conſtruction pour la reſolution du Problême, ſçavoir en prenant ſur le Diametre AC, la partie CG
égale à la partie EF, & en abaiſſant du point G, la
perpendiculaire GB, &c.

On aura une troiſiéme conſtruction, ſi l'on con-

Plan-
che 5.
21. Fig.

fidere que l'hypotenufe AC fe trouve coupée au point G par fa perpendiculaire BG , dans la moyenne & extrême raifon, c'eft-à-dire, que l'hypotenufe AC eft à fon plus grand Segment CG , comme le même plus grand Segment CG eft au plus petit AG.

Si vous voulez une quatriéme conftruction, abaiffez de l'extremité A, la ligne AG perpendiculaire au Diametre AC , & égale à la troifiéme partie du même Diametre AC , & tirez par le point G, au Diametre AC, la parallele GH, qui fera égale à la troifiéme partie du petit Segment AG , &c.

PROBLEME XIX.

Décrire quatre Cercles égaux qui fe touchent mutuellement , & qui touchent par le dehors la circonference d'un Cercle donné.

22. Fig.

AYant divifé le Cercle donné ABCD en quatre parties égales par les deux Diametres AC, BD, qui fe coupent à angles droits au centre E, prenez fur le Diametre AC prolongé la ligne AF égale à la ligne AB, ou à la corde du quart de Cercle , & la ligne EF donnera la longueur du Rayon de chacun des quatre Cercles égaux qu'on cherche. Si donc on porte cette longueur EF fur chacun des deux Diametres prolongez AC, BD, depuis la circonference du Cercle donné ABCD , aux points G , H , I , K, & que de ces points G , H , I, K, comme centres on décrive par les points A, B, C, D, autant de Cercles égaux, ces quatre Cercles fe toucheront mutuellement, & auffi la circonference du Cercle donné ABCD.

Remarque.

Si l'on joint deux centres quelconques, comme
G, H, par la droite GH, cette ligne GH fera parallele à la corde correspondante AB, & elle paffera par le point d'attouchement O : elle fera par
conféquent aux points G, H, des angles demi-
droits, ou de 45 degrez, ce qui fait que chacun
des arcs AO, BO, fera auffi de 45 degrez. D'où
il eft aifé de conclure, qu'en prolongeant de part
& d'autre la corde AB en M & en N, chacun des
arcs AM, BN, fera un quart de Cercle.

PROBLEME XX.

*Décrire un Triangle rectangle, dont les trois côtez
foient en Proportion Arithmetique.*

AYant parcouru fur la ligne indéfinie AB cinq
parties égales d'une grandeur volontai-
res, depuis A jufqu'en B, & ayant pris la ligne terminée AB pour l'hypotenufe du Triangle rectangle
qu'on cherche ; décrivez de fon extremité A, à l'ouverture de trois parties un arc de Cercle, & de
l'autre extremité B, à l'ouverture de quatre parties un autre arc de Cercle, qui coupera le premier en un point, comme C, duquel vous tirerez
aux deux extremitez A, B, de l'hypotenufe AB, les
droites AC, BC, & le Triangle ABC fera rectangle
en C, & fes trois côtez AB, BC, AC, feront en
Proportion Arithmetique, c'eft-à-dire, qu'ils fe
furpafferont également, puifque le côté AB eft de
5 parties, le côté BC de 4, & le côté AC de 3.

Planche 6.
p. 3. Fig.

Remarque.

Ce Triangle rectangle est le seul dans son espece, dont les trois côtez soient Arithmetiquement proportionnels, ils sont tels, que la somme de leurs Cubes en nombres est un Cube parfait : car AB étant 5, son Cube est 125, BC étant 4, son Cube est 64, & AC étant 3, son Cube est 27, & la somme 216 de ces trois Cubes 125, 64, 27, a sa Racine cubique 6, qui dans ce Triangle rectangle se rencontre égale à son aire.

24. Fig.

Si l'on double tous les côtez du Triangle ABC, en sorte que le côté AB soit de 10 parties, le côté BC de 8, & le côté AC de 6, on aura un autre Triangle rectangle semblable au precedent, ce qui fait que ses trois côtez seront toûjours en Proportion Arithmetique, & que la somme de leurs Cubes sera aussi un Cube parfait, sçavoir 1728, dont le côté, ou la Racine cubique est 12. De plus l'aire & le contour de ce second Triangle rectangle ABC seront égaux entre eux, chacun étant 24. Voyez le *Probl.* 23.

PROBLEME XXI.

Décrire six Cercles égaux qui se touchent mutuel-lement, & aussi les trois côtez & les trois angles d'un Triangle donné équilateral.

25. Fig.

QUe le Triangle équilateral donné soit ABC, & que son centre soit D. Tirez de ce centre D, par les trois angles A, B, C, & par les milieux E, F, G, des trois côtez autant de lignes droites, pour y marquer les centres K, L, M, N, O, P,

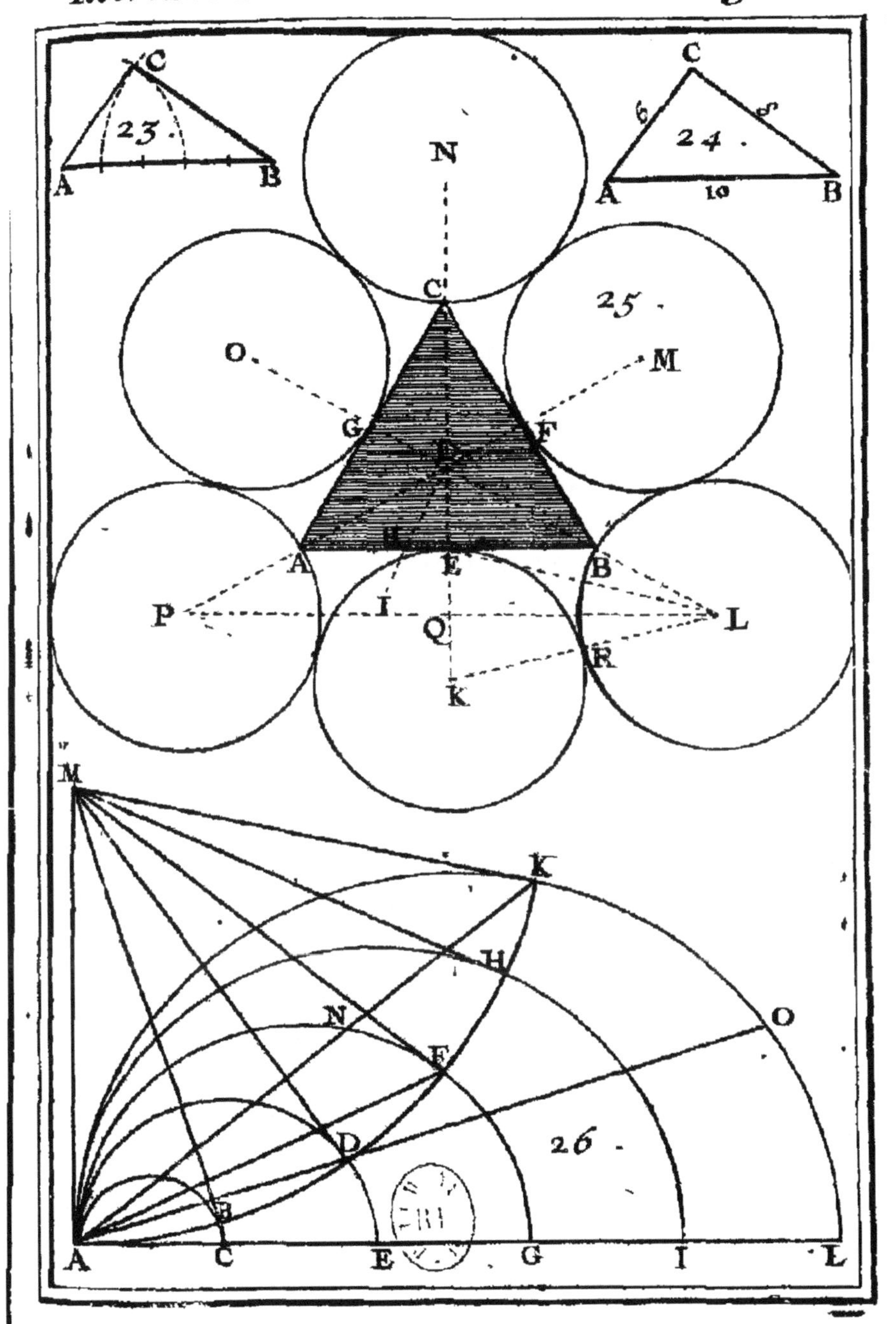
23
24
6
10
25
N
C
O
G
F
M
A
E
B
P
I
Q
L
K
R
M
K
H
N
F
O
D
B
26
A
C
E
G
I
L

des six Cercles qu'on cherche, en cette sorte.

Ayant pris sur le côté AB, la partie EH égale à la moitié de la perpendiculaire DE, & ayant joint la droite DH, prolongez cette ligne DH en I, en sorte que la partie HI soit égale à la partie HE, & toute la ligne DI donnera la longueur du Rayon de chacun des six Cercles égaux qu'on veut décrire, dont les centres se trouveront en portant cette longueur DI, depuis E en K, depuis B en L, &c.

Remarque.

Si l'on joint les deux centres P, L, par la droite PL, cette ligne PL sera parallele au côté AB, & divisera par conséquent à angles droits & en deux également au point Q, le Rayon EK. D'où il suit que si l'on joint la droite EL, & la droite KL, qui passera par le point d'attouchement R, le Triangle ELK sera isoscéle, chacun des deux côtez égaux EL, KL, étant double de la base EK : l'arc ER sera de 75. 31'. 20". & l'arc BR de 44. 28'. 40". ce qui fait que ces deux arcs font ensemble precisément 120 degrez, sçavoir autant que l'angle PDL.

PROBLEME XXII.

Etant donnez plusieurs Demi-cercles qui se touchent à l'angle droit de deux lignes perpendiculaires, & qui ont leurs centres sur l'une de ces deux lignes : trouver les points où ces Demi-cercles peuvent être touchez par des lignes droites tirées de ces points à un point donné sur l'autre ligne perpendiculaire.

QUe les Demi-cercles ABC, ADE, AFG, AHI, AKL, qui ont leurs centres sur la ligne

AL perpendiculaire à la ligne AM, se touchent à l'angle droit A, & qu'il faille trouver les points où tous ces Demi-cercles seront touchez chacun par une ligne droite tirée du point M donné sur la ligne AM.

Décrivez du point donné M, comme centre, par le point d'attouchement A, l'arc de Cercle AK, qui coupera les circonferences des Demi-cercles donnez en des points, comme B, D, F, H, K, qui seront les points d'attouchement qu'on cherche.

Remarque.

Lorsque les divisions de la ligne AL seront égales entre elles, on pourra se servir de ces Demi-cercles pour diviser une ligne donnée en parties égales, sçavoir en appliquant cette ligne, comme feroit AK, ou AO, depuis le point A sur la circonference du cinquiéme Demi-cercle, si on la veut diviser en cinq parties égales, comme elle se trouvera ainsi divisée par les circonferences des autres Demi-cercles. C'est de la même façon que l'on divisera en trois parties égales la ligne proposée, ou bien la ligne AN, &c.

PROBLEME XXIII.

Décrire un Triangle rectangle, dont l'aire soit en nombres égale au contour.

Tirez les deux lignes perpendiculaires AB, AC, d'une telle grandeur, que la premiere AB soit de 5 parties prises sur une Echelle divisée en parties égales, & que la seconde AC soit de 12 parties de la même Echelle, & joignez l'hypotenuse BC, qui se trouvera precisément de 13 parties égales;

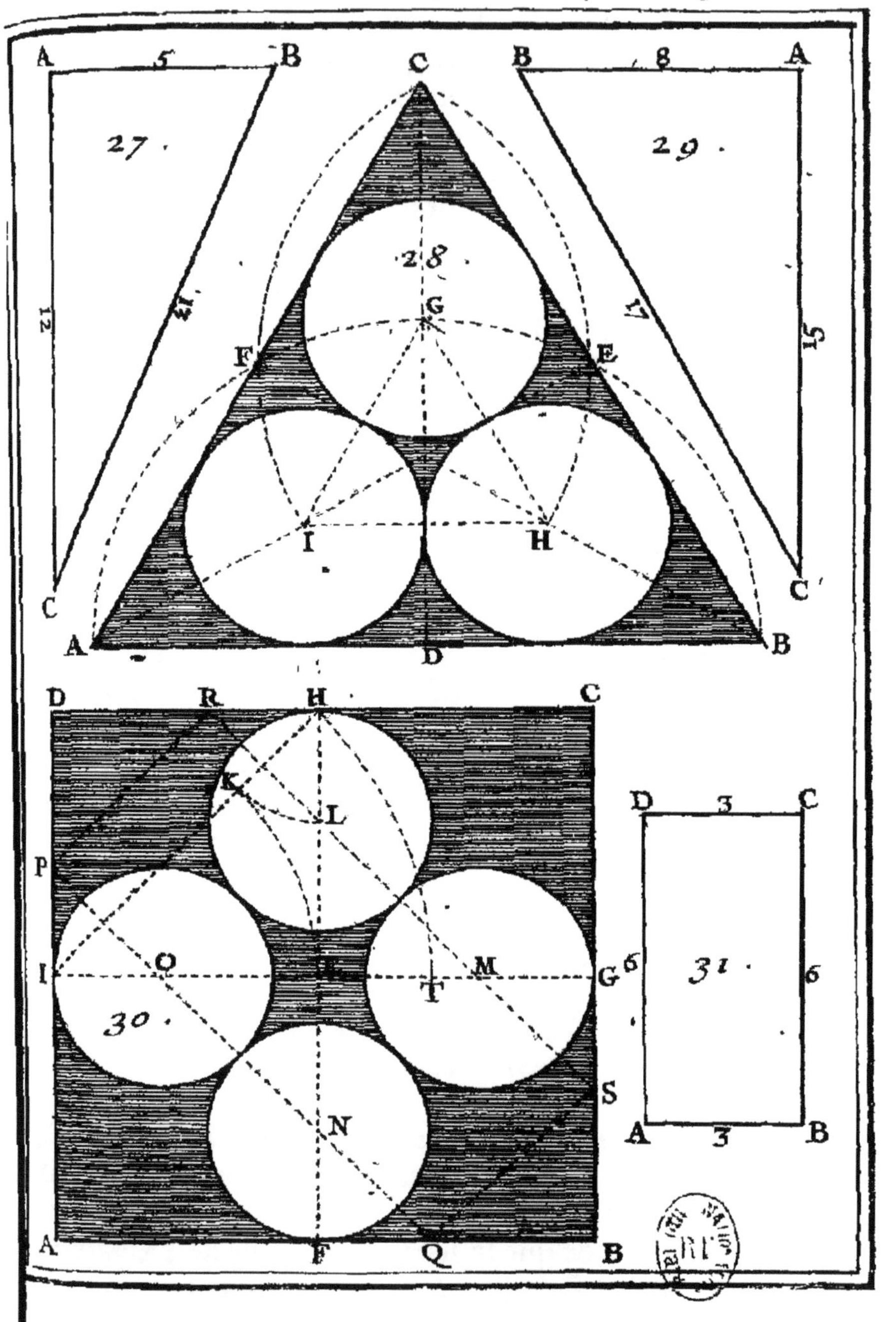
A
5
B
C
B
8
A
27.
29.
28.
G
F
E
12
17
17
51
I
H
C
C
A
D
B
D
R
H
C
K
L
P
I
O
M
G
6
31.
6
T
30.
S
N
D
3
C
A
F
Q
B
A
3
B

comme l'on connoît en ajoûtant enſemble les quarrez 25, 144, des deux côtez AB, AC, & en prenant la Racine quarrée de la ſomme 169 : & l'aire
du Triangle rectangle ABC ſera égale à ſon contour, ou à la ſomme des trois côtez, chacun étant
30. Il arrive la même choſe à cet autre Triangle
rectangle en nombres, 6, 8, 10, dont l'aire &
le contour ſont chacun 24.

Plan-
che 7.
27. Fig.

Remarque.

Il n'y a en nombres entiers que ces deux Triangles rectangles, 6, 8, 10, & 5, 12, 13, dont
l'aire dans chacun ſoit égale à ſon contour : mais en
nombres rompus il y en a une infinité, que l'on
peut trouver par ce Canon general qui a ſa démon-
ſtration. *Formez d'un nombre quarré quelconque,*
& du même nombre quarré augmenté de 2, un
Triangle rectangle, & le diviſez par ce nombre quar-
ré, pour avoir un ſecond Triangle rectangle, dont
l'aire ſera égale à ſon contour.

Comme ſi de 9 & de 11, on forme ce Triangle
rectangle 40, 198, 202, & qu'on le diviſe par 9,
on aura cet autre Triangle rectangle $\frac{40, 198, 202,}{9}$
dont l'aire & le contour ſont égaux, chacun étant
$\frac{440}{9}$. Pareillement ſi de 16 & de 18, on forme
ce Triangle rectangle 68, 576, 580, & qu'on
le diviſe par 16, on aura cet autre Triangle,
$\frac{17, 144, 145,}{4}$ dont le contour & l'aire ſont chacun $\frac{153}{2}$. Ainſi des autres.

PROBLEME XXIV.

Décrire au dedans d'un Triangle équilateral, trois Cercles égaux qui se touchent mutuellement, & aussi les trois côtez du Triangle équilateral.

Plan-
che 7.
28. Fig.

POur inscrire dans le Triangle équilateral ABC, trois Cercles égaux qui se touchant mutuellement, touchent aussi les côtez de ce Triangle, divisez chacun de ces côtez en deux également aux points D, E, F, par lesquels vous tirerez aux angles opposez autant de lignes droites, sur lesquelles on marquera les centres G, H, I, des trois Cercles qu'on cherche, en transportant sur chaque ligne perpendiculaire la moitié du côté du Triangle équilateral depuis son point de milieu, sçavoir la moitié AD, ou BD, depuis D en G, depuis E en I, & depuis F en H, &c.

Remarque.

Si l'on joint les trois centres G, H, I, par des lignes droites qui passeront par les points d'attouchement, on aura le Triangle équilateral GHI, dont les côtez seront paralleles à ceux du Triangle donné ABC, & trois Trapezoïdes égaux AIHB, BHGC, CGIA, dont chacun a trois côtez égaux à ceux du Triangle équilateral GHI, & dont les aires sont égales chacune à la huitiéme partie du quarré du côté AB du Triangle donné ABC.

PROBLEME XXV.

Décrire un Triangle rectangle, dont l'aire en nom-
bre soit sesquialtere du contour.

Tirez les deux lignes perpendiculaires AB, AC,
d'une telle grandeur que la premiere AB soit
de 8 parties prises sur une Echelle divisée en parties
égales, & que la seconde AC soit de 15 parties de
la même Echelle, & joignez l'hypotenuse BC, qui
se trouvera precisément de 17 parties égales, comme l'on connoît en ajoûtant ensemble les quarrez
64, 225, des deux côtez AB, AC, & en prenant
la Racine quarrée de la somme 289 : & l'aire 60
du Triangle rectangle ABC sera au contour 40,
comme 3 est à 2. Il arrive la même chose à cet autre Triangle rectangle en nombres 7, 24, 25,
dont l'aire 84 est aussi sesquialtere du contour 56,
de sorte que ce contour 56 est égal aux deux tiers
de l'aire 84.

Plan-
che 7.
29. Fig.

Remarque.

Il n'y a en nombres entiers que ces deux Triangles
rectangles 8, 15, 27, & 7, 24, 25, dont l'aire dans
chacun soit sesquialtere de son contour : mais en
nombres rompus il y en a une infinité d'autres de la
même qualité, que l'on peut trouver par ce Canon
general, que nous avons tiré de l'Algebre. *For-*
mez d'un nombre quarré quelconque, & du même
nombre quarré augmenté de 3, un Triangle rectan-
gle, & le divisez par ce nombre quarré, pour a-
voir un second Triangle rectangle, dont l'aire sera
sesquialtere du contour.

Comme si de 4 & de 7, on forme ce Triangle

rectangle 33 , 56 , 65 , & qu'on le divise par 4 ; on aura cet autre Triangle rectangle $\frac{33 , 56 , 65}{4}$, dont l'aire $\frac{231}{4}$ est à son contour $\frac{77}{2}$, comme 3 est à 2. Pareillement si de 16 & de 19, on forme ce Triangle rectangle 105 , 608 , 617 , & qu'on le divise par 16, on aura cet autre Triangle rec-tangle $\frac{105 , 608 , 617}{16}$, dont l'aire $\frac{1995}{16}$ est à son contour $\frac{665}{8}$, comme 3 est à 2. Ainsi des autres.

PROBLEME XXVI.

Décrire au dedans d'un Quarré donné quatre Cercles égaux, qui se touchent mutuellement, & aussi les côtez de ce Quarré.

SI le Quarré donné est ABCD , divisez chacun de ses côtez en deux également aux points F , G, H, I, & menez les droites FH , GI , qui se couperont à angles droits & en deux également au centre E du Quarré. On marquera sur ces deux lignes FH , GI , les centres L , M , N , O , des quatre Cercles qu'on cherche, en cette sorte.

Joignez la droite HI , & en retranchez la partie IK égale à la moitié IE , ou GE de la ligne IG , ou du côté du Quarré donné , & le reste HK sera le Rayon de chacun des quatre Cercles qu'on veut dé-crire : c'est pourquoy si l'on porte la longueur HK sur les lignes FH , GI , depuis leurs extremitez F , G , H , I , aux points N , M , L , O , le Problème sera resolu.

Ou bien plus facilement, retranchez de la ligne IG , la partie IT , égale à la ligne IH , & faites les

lignes EL, EM, EN, EO, égales chacune au reste Plan-
TG, pour avoir, comme auparavant, les centres che 7.
L, M, N, O, des quatre Cercles qu'on cherche, 30. Fig.
que l'on trouvera aussi en faisant les lignes FN, GM,
HL, IO, égales chacune à la partie ET.

Ou bien encore, faites les quatre lignes AP, AQ,
CR, CS, égales chacune à la ligne IH, & joignez
les droites PQ, RS, qui donneront sur les deux
lignes FH, GI, les centres L, M, N, O, des
quatres Cercles qu'on cherche.

Remarque.

Il est évident que chacune des deux lignes PQ,
RS, est égale au côté AB du Quarré donné ABCD,
& que chacune des deux lignes PR, QS, est égale
au Diamétre de chacun des Cercles égaux qui se
touchent. Il est évident aussi que chacun des deux
Triangles isoscéles rectangles APQ, CRS, est égal
au Quarré DIEH, ou à la quarriéme partie du Quarré proposé ABCD : & que le Triangle isoscéle rectangle OEN, est égal au Quarré du Rayon OI.

PROBLEME XXVII.

Décrire un Parallelogramme rectangle, dont l'aire
en nombres soit égale au conteur.

Tirez les deux lignes perpendiculaires AB, AD, 31. Fig.
d'une telle grandeur, que la premiere AB soit
de 3 parties prises sur une Echelle divisée en parties
égales, & que la seconde AD soit de 6 parties de la
même Echelle. Décrivez du point D, avec l'ouverture de la ligne AB, un arc de Cercle, & du point
B, avec l'ouverture de la ligne AD, un autre arc de

Cercle, qui rencontre ici le premier au point C, par où vous tirerez les deux lignes BC, CD, qui acheveront le Rectangle ABCD, dont l'aire est égale au contour, chacun étant 18.

Remarque.

Il n'y a en nombres entiers que ce Rectangle, & le Quarré, dont le côté est 4, où dans chacun l'aire soit égale au contour : mais il y en a une infinité en nombres rompus, dont la longueur & la largeur se détermineront en cette sorte.

Ayant donné au côté AD tel nombre qu'on voudra, mais plus grand que 2, comme 8, divisez son double 16 par le même côté diminué de 2, c'est-à-dire, par 6, & le quotient $\frac{8}{3}$ sera l'autre côté AB. Ainsi on aura en nombres un Parallelogramme rectangle, ayant 8 pour longueur, & $\frac{8}{3}$ pour largeur, dont le contour & l'aire seront chacun $\frac{64}{3}$, ou $21\frac{1}{3}$.

PROBLEME XXVIII.

Mesurer avec le Chapeau une ligne accessible sur la terre en l'une de ses deux extremitez.

IL ne faut pas que la ligne à mesurer soit d'une grandeur énorme, autrement il seroit difficile de la mesurer exactement avec le Chapeau, parce que pour peu que l'on manquât à viser juste, ou à se tenir bien droit, on se manqueroit sensiblement dans la mesure d'une ligne si longue, sur tout si le terrain étoit un peu inégal.

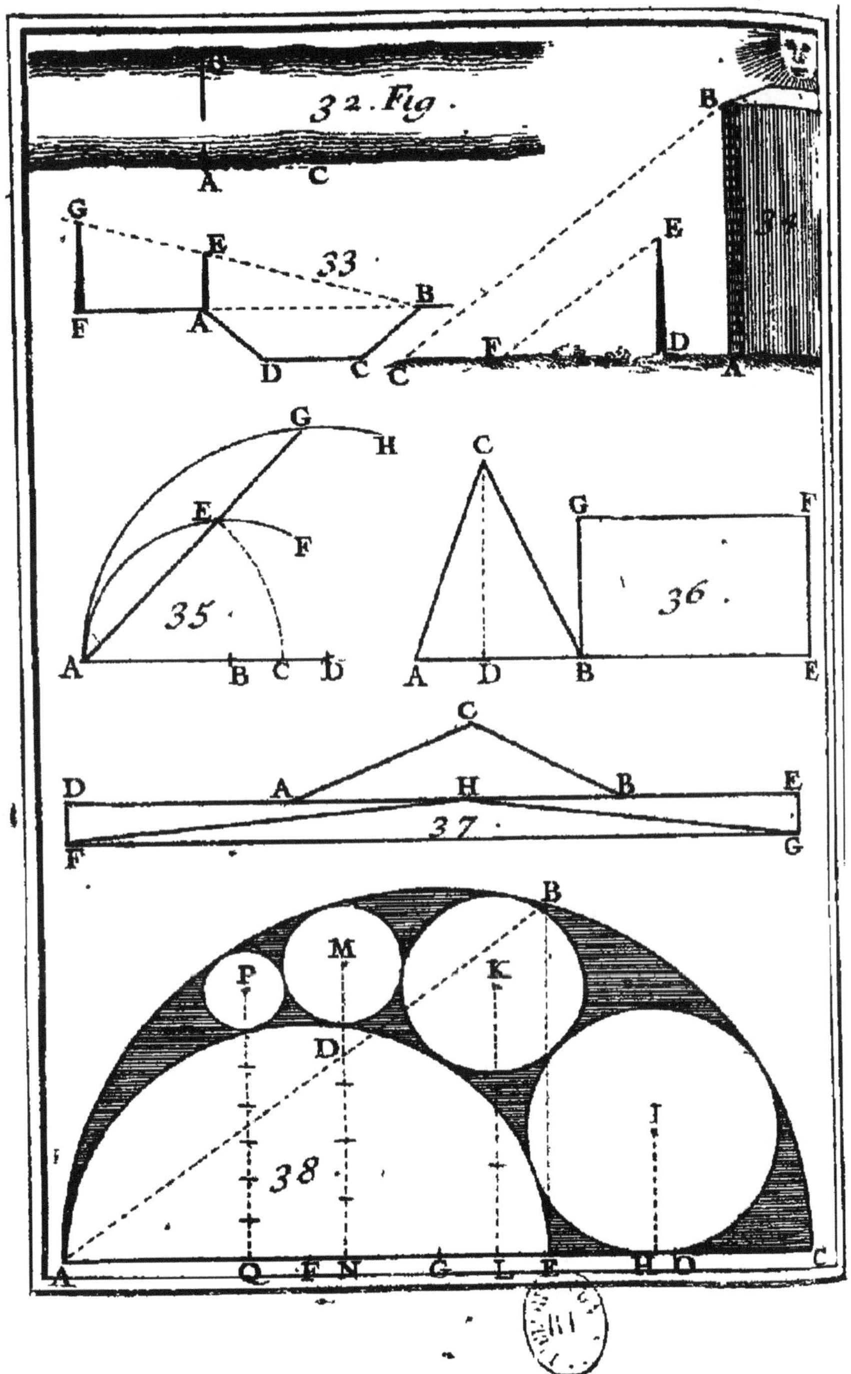
32. Fig.
33
34
35
36
37
38

Pour donc mesurer avec le Chapeau la ligne AB Plan-
accessible en son extremité A, comme seroit la lar- che 8.
geur d'une petite riviere, il faut que celuy qui la 32. Fig.
veut mesurer se tienne bien droit à cette extremité A, & qu'appuyant son menton sur un petit bâton
qui doit être aussi appuyé sur quelque bouton de
son habit, afin que sa tête puisse demeurer en même état, il abaisse son chapeau sur le front, jusqu'à
ce que le bord de son chapeau cache à sa vûë l'extremité inaccessible B de la ligne à mesurer AB ; a-
prés quoy il doit se tourner vers un terrain égal &
uniforme, & remarquer en regardant par le même
bord de son chapeau le point de ce terrain, où sa
vûë se terminera comme C, & alors en mesurant
avec un cordeau, ou avec une chaîne la distance AC
il aura la longueur de la ligne proposée AB.

PROBLEME XXIX.

*Mesurer une ligne horizontale accessible en l'une de
ses deux extremitez par le moyen de deux
Bâtons inégaux.*

POur connoître la longueur de la ligne hori- 33. Fig.
zontale AB, qui represente la largeur du fossé
ABCD, & qui est accessible en son extremité A,
élevez à plomb en cette extremité A, le plus petit
bâton AE des deux, dont vous voulez vous servir
pour mesurer cette ligne AB, & plantez aussi à
plomb l'autre bâton plus grand FG, en ligne droite avec la ligne à mesurer AB, & à telle distance du
premier AE, que par les deux bouts E, G, de ces
deux bâtons ainsi élevez vous apperceviez l'autre
extremité B inaccessible. Aprés cela mesurez exactement la distance AF, que nous supposerons de 12

pieds , & la longueur des deux bâtons AE , FG, dont
le plus petit AE fera fuppofé de 3 pieds , & le plus
grand FG de 5 , de forte que dans cette fuppofition
l'excés du grand bâton FG fur le plus petit AE fera
de 2 pieds , comme l'on connoît en ôtant 3 de 5 ;
cet excés 2 fera le premier terme d'une Regle de
trois directe, dont le fecond fera 12, ou la diftance AF , & le troifiéme fera 3 , ou le plus petit bâton AE , le quatriéme étant la ligne AB qu'on cherche , qui dans cet exemple fe trouvera de 18 pieds:
car fi l'on multiplie le fecond terme 12 , qui eft la
diftance AF , par le troifiéme 3 , qui eft le plus petit bâton AE , & qu'on divife le produit 36 par 2,
qui eft l'excés du grand bâton FG fur le plus petit
AE , on a 18 pieds pour la longueur de la ligne
propofée AB.

PROBLEME XXX.

*Mefurer une Hauteur acceffible par le moyen de
fon ombre.*

POur connoître la Hauteur acceffible AB , par
le moyen de fon ombre AC terminée par le
Rayon BC du Soleil , élevez à plomb le bâton DE
d'une longueur volontaire , comme de 8 pieds , &
mefurez la grandeur de fon ombre DF , que nous
fuppoferons de 12 pieds. Mefurez en même temps
l'ombre AC, qui foit par exemple de 36 pieds ,
j'ay dit en même temps , parce qu'autrement le Soleil changeant par fon mouvement , ou par celuy
de la Terre , les Rayons BC , EF , ne feroient plus
paralleles , ce qui empêcheroit de pouvoir trouver
la hauteur AB par la Regle de Trois directe , en difant , fi 12 pieds de l'ombre DF proviennent d'une
hauteur

hauteur DE de 8 pieds, de quelle hauteur proviendra l'ombre AC de 36 pieds? & l'on trouvera
24 pieds pour la Hauteur AB qu'on cherche : car
en multipliant le troisiéme terme 36 par le second
8, & en divisant le produit 288 par le premier
12, le quotient est 24 pour le quatriéme terme
proportionnel, ou pour la Hauteur proposée AB.

Plan-
che 8.
34. Fig.

PROBLEME XXXI.

*Trouver à trois lignes données une quatriéme
proportionnelle.*

POur trouver aux trois lignes données AB, AC,
AD, une quatriéme proportionnelle, décrivez
des deux extremitez B, D, de la premiere & de la
troisiéme ligne donnée, par l'extremité commune
A, les deux arcs de Cercle AEF, AGH, & ayant appliqué sur le premier AEF la ligne AE égale à la seconde ligne donnée AC, prolongez cette ligne AE
jusqu'à ce qu'elle rencontre le second arc AGH, en
quelque point, comme en G, & toute la ligne AG
sera la quatriéme proportionnelle qu'on cherche.

35. Fig.

PROBLEME XXXII.

*Décrire sur une ligne donnée un Parallelogramme
rectangle, dont l'aire soit double de celle d'un
Triangle donné.*

SI le Triangle donné est ABC, & que la ligne
donnée soit BE, tirez-luy la perpendiculaire
EF, qui soit quatriéme proportionnelle à la Base
donnée BE, à la Base AB du Triangle donné ABC,
& à sa hauteur CD, & achevez le Rectangle

36. Fig.

BEFG, qui fera celuy qu'on cherche. Ce Problême
n'a été ici mis que pour refoudre le fuivant.

PROBLEME XXXIII.

*Changer un Triangle donné en un autre Triangle,
dont chaque côté foit plus grand que chaque
côté du Triangle donné.*

Plan-
che 8.
37. Fig.SI le Triangle donné eft ABC, prolongez fa bafe
AB de part & d'autre en D & en E, en forte que
la ligne AD foit égale au côté AC, & la ligne BE
au côté BC, & par le moyen du Problême precedent, décrivez fur la ligne DE le Parallelogramme
rectangle DEGF, qui foit double du Triangle donné ABC. Cela étant fait, fi l'on prend fur la ligne
DE entre les points A, B, un point à difcretion,
comme H, duquel on tire aux deux extremitez F,
G, les droites FH, GH, le Triangle FGH fera celuy
qu'on cherche, c'eft-à-dire, qu'il fera égal au propofé ABC, chacun étant la moitié du Rectangle
FGED, & que chacun de fes côtez fera plus grand
que chacun des côtez du Triangle donné ABC.

Remarque.

On peut mêmes avoir un Triangle moindre que
le propofé ABC, quoique tous fes côtez foient plus
grands que tous les côtez du Triangle ABC, fçavoir
en prenant le fommet H du Triangle FGH au deffous de la Bafe AB.

PROBLEME XXXIV.

Etant donnez sur une même ligne droite deux Demi-cercles qui se touchent en dedans, décrire un Cercle qui touche la ligne droite & les circonferences des deux Demi-cercles donnez.

JE suppose que les deux Demi-cercles ABC, ADE, sont posez sur la ligne droite AC, & qu'ils se touchent au point A. Pour décrire un Cercle qui touche les deux circonferences ABC, ADE, & la partie EC de la ligne droite AC, portez la longüeur du Demi-diametre AG, du grand Demi-cercle ABC, depuis le centre F du petit Demi-cercle ADE, en O, pour avoir la ligne AO égale à la somme des Demi-diametres AF, AG, des deux Demi-cercles donnez ABC, ADE. Elevez du point E, sur AC, la perpendiculaire EB, & joignez la droite AB. Cherchez aux deux lignes AO, AB, une troisiéme proportionnelle AH, pour avoir en H le point d'attouchement du Cercle qu'on veut décrire, & de la ligne droite EC. Elevez de ce point H sur EC la perpendiculaire HI quatrieme proportionnelle aux trois lignes AO, AH, FG, pour avoir en I le Centre du Cercle qu'on cherche, dont la circonference doit passer par le point H, &c.

Remarque.

Si au dedans de l'espace terminé par les deux circonférences ABC, ADE, l'on décrit un second Cercle qui touche le premier décrit du centre I, & les deux circonferences ABC, ADE, & que du centre K de ce second Cercle l'on abaisse la droite KL

perpendiculaire au Diametre AC, cette perpendiculaire KL sera triple du Rayon du Cercle décrit du
centre K : & si au dedans du même espace l'on décrit un troisiéme Cercle qui touche le second décrit
du centre K, & les circonferences ABC, ADE, la
perpendiculaire tirée du centre M de ce troisiéme
Cercle sur le Diametre AC, sera quintuple du
Rayon du même Cercle : & pareillement si au dedans du même espace l'on décrit un quatriéme
Cercle qui touche le troisiéme décrit du centre K,
& les circonferences des deux Demi-cercles, la
perpendiculaire tirée du centre P de ce quatriéme
Cercle sur le Diametre AC, sera septuple du Rayon
du même Cercle, & ainsi des autres, selon la Progression des nombres impairs 3, 5, 7, 9, &c.

Nous remarquerons ici pour les Sçavans, que
tous les Cercles infinis qui peuvent toucher les
deux circonferences ABC, ADE, ont leurs centres
dans la circonference d'une Ellipse, dont un Axe
est AO, qui a la ligne AH pour Parametre.

PROBLEME XXXV.

*Etant donnez sur une ligne droite trois Demi-cer-
cles qui se touchent en dedans, décrire un Cercle qui touche les circonferences des trois Demi-cercles.*

SI les trois Demi-cercles sont ABC, ADE, EIC,
dont les centres F, G, H, sont sur la ligne droite AC, ayant trouvé à la ligne FG, & au Rayon AF,
une troisiéme proportionnelle AL, cherchez à la
somme des deux lignes AL, AG, au Rayon AG, &
au Rayon AF, une quatriéme proportionnelle qui
sera la longueur du Rayon KI du Cercle qu'on cher-

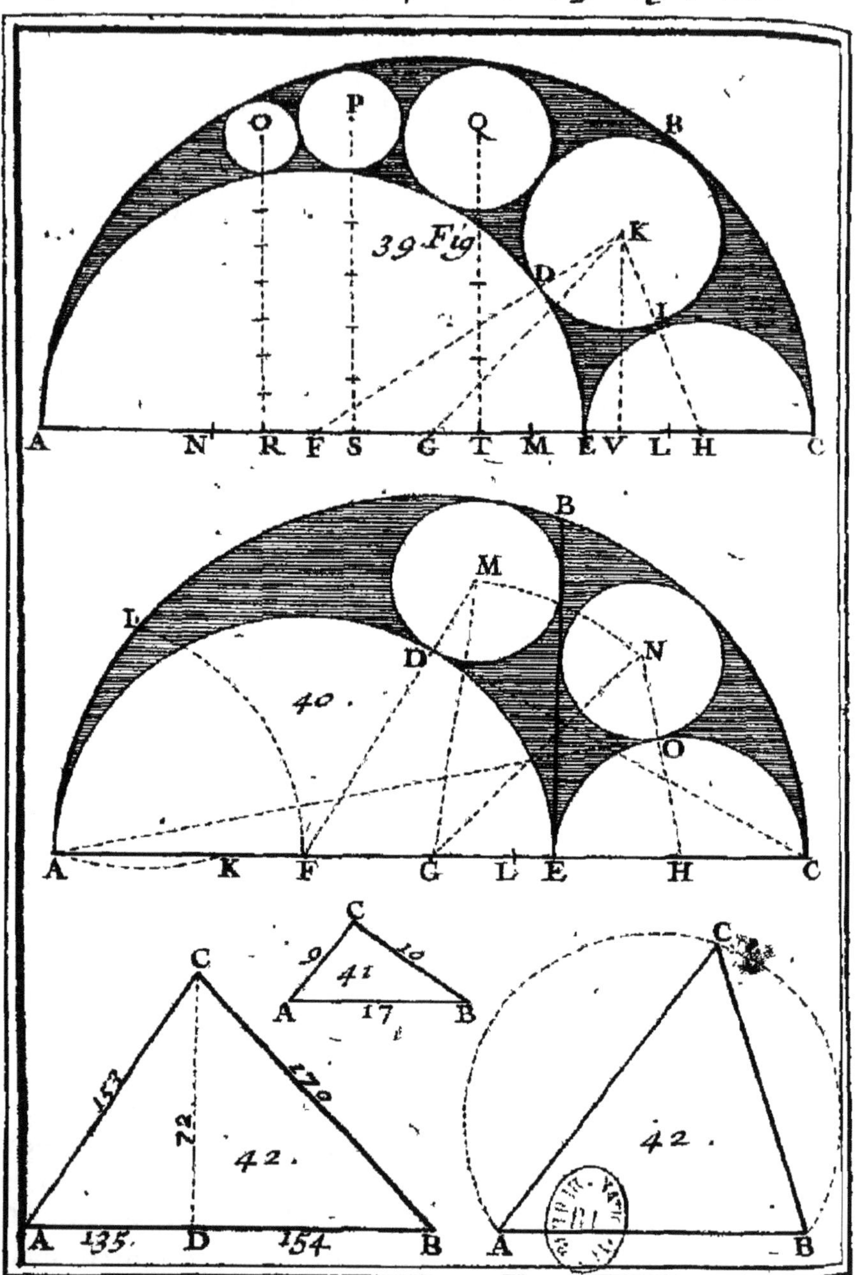
39 Fig
O P Q B
K
D
A N R F S G T M E V L H C
40.
L M B
D N
A K F G L E H C
C
9 10
41
A 17 B
C
153 170
72
42.
A 135 D 154 B
C
42.
A B

che ; dont la longueur doit être portée fur la ligne Plan-
AC, depuis G en M, & depuis F en N, afin que che 9.
décrivant du centre N avec l'ouverture NE un arc 19. Fig.
de Cercle, & du centre H, avec l'ouverture FM un
autre arc de Cercle, que l'on pourroit auffi décrire
du centre G avec l'ouverture MC, on ait en la commune interfection K de ces deux arcs, le centre du
Cercle qu'on cherche, qu'il ne fera pas difficile de
décrire, puifque fon Rayon eft connu, fçavoir GM,
ou FN.

Remarque.

Si l'on joint le centre K avec les centres F, G, H,
des trois Demi-cercles donnez, par les lignes droites FK, GK, HK, on aura les deux Triangles FKG,
GKH, de même contour, le contour de chacun
étant égal au Diametre AC du grand Demi-cercle donné ABC, à caufe des deux lignes égales
AF, GH.

Si entre les deux circonferences ABC, ADE, l'on
décrit, comme dans le Problême precedent, autant de Cercles qu'on voudra, qui fe touchent mutuellement, & auffi les deux circonferences ABC,
ADE, & que de leurs centres O, P, Q, K, l'on tire
fur le Diametre AC, autant de perpendiculaires,
la perpendiculaire KV fera égale au Diametre de
fon Cercle, la perpendiculaire QT fera double du
Diametre de fon Cercle, la perpendiculaire PS fera
triple du Diametre de fon Cercle, la perpendiculaire OR fera quadruple du Diametre de fon Cercle,
& ainfi des autres, felon la fuite des nombres naturels 1, 2, 3, 4, 5, 6, &c.

M iij

PROBLEME XXXVI.

*Etant donnez sur une ligne droite trois Demi-cer-
cles qui se touchent en dedans, avec une autre
ligne droite tirée par le point d'attouchement des
deux Demi-cercles interieurs, & perpendiculaire
à la premiere ligne droite; décrire deux Cercles
égaux qui touchent cette perpendiculaire & les
circonferences de deux Demi-cercles.*

Plan-
che 9.
40. Fig.

SI les trois Demi-cercles donnez sont ABC, ADE,
EOC, dont les centres F, G, H, sont placez sur
la ligne droite AC, qui est coupée à angles droits
au point E par la ligne droite BE, on trouvera le
Rayon commun aux deux Cercles égaux qui doivent
toucher la perpendiculaire BE, & les circonferences de deux Demi-cercles, en décrivant du point
A par le centre F, l'arc de Cercle FI, du point I
par le point A, l'arc de Cercle AK, & la ligne KF
donnera la longueur du Rayon des deux Cercles
égaux qu'on cherche, dont les centres M, N, se
trouveront en cette sorte.

Ayant fait la ligne GL égale à la ligne KF, décrivez du centre G, avec l'ouverture LC, l'arc de Cercle MN, & du centre F, avec l'ouverture KE, un
autre arc de Cercle qui donnera sur le premier MN,
le centre M du Cercle qui doit toucher les circonferences des deux Demi-cercles ABC, ADE, & la
perpendiculaire EB. Décrivez aussi du centre H
avec l'ouverture FL, un autre arc de Cercle qui
coupera le premier MN au centre N du Cercle qui
doit toucher la perpendiculaire BE, & les deux circonferences ABC, EOC.

Remarque.

Si l'on joint les deux centres M , N , avec les trois F , G , H , par des lignes droites , on aura les deux Triangles FMG , GNH , d'un contour égal , ce contour étant dans chaque Triangle égal au Diametre AC du plus grand Demi-cercle donné ABC , à cause des deux côtez égaux GM , GN , de la base GH égale au Rayon AF , & de la base FG égale au Rayon EH. De plus le Rayon MN , ou NO , est quatrième proportionnel aux trois lignes AG , AF , FG. Enfin si l'on joint les droites AO , CD , elles seront perpendiculaires à leurs Rayons , c'est-à-dire , que la ligne AO sera perpendiculaire au Rayon HO , ou NO , & touchera par conséquent les circonferences de ces deux Rayons au point O : & que la ligne CD sera perpendiculaire à chacun des deux Rayons FD , MD , & touchera par conséquent au point D , les circonferences de ces deux Rayons. D'où l'on peut tirer une autre construction pour la resolution du Problême.

PROBLEME XXXVII.

Décrire un Triangle , dont l'aire & le contour soient un même nombre quarré.

AYant fait la Base AB de 17 parties prises sur une Echelle divisée en parties égales , décrivez de l'extremité A , avec l'ouverture de 9 de ces parties un arc de Cercle , & un autre arc de Cercle de l'autre extremité B , avec l'ouverture de 10 des mêmes parties , qui coupera le premier en un point , comme C , & joignez les droites AC , BC ,

41. Fig.

M iiij

& le Triangle ABC sera celuy qu'on cherche, son aire & son contour étant chacun 36, dont la Racine quarrée est 6.

Remarque.

Ce Triangle a été trouvé en nombres par le moyen de ces deux Triangles rectangles en nombres de même hauteur 72, 135, 153, & 72, 154, 170, dont les nombres generateurs sont 12, 3, & 11, 7, sçavoir en joignant ensemble ces deux Triangles rectangles, pour avoir le Triangle obli-

quangle ABC, dont la hauteur CD sera 72 à l'égard de la Base AB, qui est 289, & en divisant chaque côté par la Racine quarrée 17 de cette Base 289, &c.

PROBLEME XXXVIII.

Faire passer une circonference de Cercle par trois points donnez, sans en connoître le centre.

POur décrire un arc de Cercle par trois points donnez, comme par les trois angles du Triangle ABC, sans en avoir le Centre, faites de quelque matiere solide, comme de Carton, un angle égal à l'angle C, & appliquez en diverses manieres un côté de cet angle au point A, en sorte que l'autre côté tombe sur le point B, & alors la pointe du même angle marquera un point de l'arc qu'on cherche, que l'on décrira en joignant tous ses divers points, que l'on peut trouver à l'infini, par une ligne courbe, &c.

PROBLEME XXXIX.

Etant données deux lignes perpendiculaires à une même ligne tirée par leurs extremitez, trouver sur cette ligne un point également éloigné de chacune des deux autres extremitez.

SI l'on donne les deux lignes AB, CD, perpendiculaires à la ligne AC, qui passe par leurs extremitez A, C, on trouvera sur cette ligne AC le point F également éloigné des deux autres extremitez B, D, en joignant ces deux extremitez par la droite BD, & en luy tirant par son point de milieu E, la perpendiculaire EF, qui donnera sur la ligne AC le point F qu'on cherche, de sorte que les deux lignes FB, FD, seront égales entre elles.

Planche 9. 44. Fig.

Remarque.

Ce Problême se propose ordinairement ainsi; *Etant données les hauteurs AB, CD, & leur distance AC, trouver sur le Terrain AC, le point F, en sorte que les cordes qui seront tenduës depuis les sommets B, D, jusqu'au point F, soient égales entre elles.*

Lorsque les hauteurs AB, CD, & leur distance AC seront connuës en nombres, comme si la hauteur AB étoit de 56 pieds, la hauteur CD de 63, & la distance AC de 49, on trouvera la partie AF en ôtant de la somme des deux quarrez AC, BD, le quarré AB, & en divisant le reste par le double de AC : & pareillement on trouvera la partie CF, en ôtant de la somme des quarrez AC, AB, le quarré CD, & en divisant le reste par le double de AC. Ainsi la partie AF se trouvera de 3 3 pieds, & l'autre partie CF de 16 : & chacune des deux cordes égales FC, FD, se trouvera de 6 5 pieds, comme l'on connoîtra en ajoûtant ensemble les deux quarrez AB, AF, ou bien les deux CD, CF, & en prenant la Racine quarrée de la somme 4225, &c.

PROBLEME XL.

Décrire deux Triangles rectangles, dont les lignes soient telles que la difference des deux plus petites du premier soit égale à celle des deux plus grandes du second, & que reciproquement la difference des deux plus petites du second soit égale à celle des deux plus grandes du premier.

Planche 9. 4 5. Fig.

Tirez premierement les deux lignes perpendiculaires AB, AC, d'une telle grandeur que la premiere AB soit de 60 parties prises sur une Echelle divisée en parties égales, & la seconde AC de 1 1 parties, & alors l'hypotenuse BC se trouvera de 6 1 parties, comme l'on connoîtra en ajoûtant ensemble les quarrez AB, AC, & en prenant la Racine quarrée de la somme 3721.

Tirez ensuite les deux lignes perpendiculaires DE, EF, dont la premiere DE soit de 1 1 9 parties, & la seconde EF de 1 2 0, & alors l'hypotenuse DF se trouvera de 1 6 9 parties, comme l'on connoîtra en ajoûtant ensemble les quarrez DE, EF, & en prenant la Racine quarrée de la somme 28561 ; & les deux Triangles rectangles ABC, DEF, satisferont au Problême, car la difference 49 des deux plus petites lignes AB, AC, du premier ABC, est égale à la difference des deux plus grandes DE, EF, du second DEF : & reciproquement la difference 1, des

deux plus petites DE, EF, du second DEF, est éga-
le à la difference des deux plus grandes AB, BC,
du premier ABC.

Remarque.

Ces deux differences 49, 1, se rencontrent ici
des nombres quarrez, & elles seront toûjours telles
dans tous les autres couples de Triangles rectangles qu'on peut trouver par ce Canon general, que
j'ay tiré de l'Algebre ; *Le double du produit sous le*
plus grand de deux nombres quelconques & leur
somme, & la somme des quarrez des deux mêmes
nombres, sont les deux nombres generateurs de l'un
des deux Triangles rectangles qu'on cherche : & le
double du produit sous le plus petit des deux mê-
mes nombres & leur somme, & la même somme des
quarrez, sont les deux nombres generateurs de
l'autre Triangle rectangle qu'on cherche.

De ces trois nombres generateurs, celuy qui est
commun aux deux Triangles rectangles, est l'hypotenuse d'un troisiéme Triangle rectangle, l'un
des deux autres est le contour de ce troisiéme
Triangle rectangle, & le troisiéme est le même contour, en y changeant le plus grand nombre generateur du troisiéme Triangle rectangle au
plus petit.

PROBLEME XLI.

Divifer la circonference d'un Demi-cercle donné en deux arcs inégaux, en forte que le Demi-diametre foit moyen proportionnel entre les Cordes de ces deux arcs.

Planche 10. 46. Fig.

SI le Demi-cercle donné eft ABE, dont le centre foit D, décrivez par ce centre D, de l'extremité B, du Diametre AB, l'arc de Cercle DE, & ayant divifé l'arc BE en deux également au point C, tirez les deux cordes AC, BC, entre lefquelles le Demi-diametre AD, ou CD, fera moyen proportionnel.

Remarque.

Il eft évident que l'arc BE eft de 60 degrez, & que par conféquent fa moitié BC, ou CE, eft de 30 degrez, & l'autre arc AEC de 150 degrez. D'où il eft aifé de conclure, que parce que le Sinus d'un arc eft la moitié de la corde d'un arc double, & que la moitié du Rayon ou Sinus Total eft le Sinus d'un arc de 30 degrez, ce Sinus d'un arc de 30 degrez eft moyen proportionnel entre le Sinus d'un arc de 15 degrez, & le Sinus de fon complement, ou le Sinus d'un arc de 75 degrez.

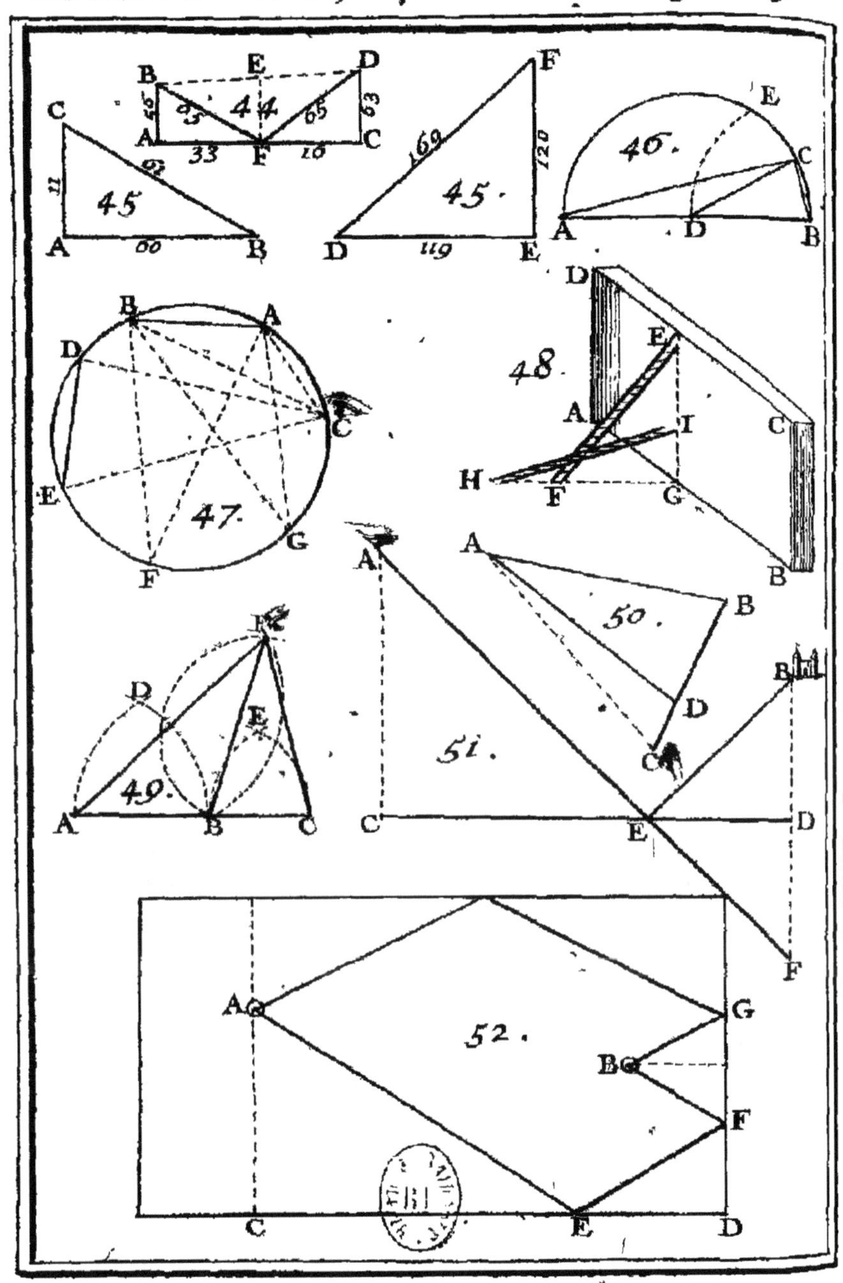
44
45
45
46
47
48
49
50
51
52

PROBLEME XLII.

Une Echelle d'une longueur connuë étant appuyée contre une muraille d'une certaine distance, trouver combien elle décendra, lorsqu'on l'éloignera un peu davantage du pied de la même muraille.

Supposons que l'Echelle EF, qui est appuyée contre la muraille ABCD, soit longue de 25 pieds, & éloignée de la même muraille de 7 pieds, en sorte que la ligne FG, qui est perpendiculaire à la muraille, soit d'autant. Supposons encore qu'on éloigne cette Echelle, depuis F vers H, de 8 pieds, en sorte qu'ayant la situation HI, la partie FH soit de 8 pieds, & toute la ligne GH par conséquent de 15 pieds, auquel cas l'Echelle sera décenduë de la ligne EI, qu'on trouvera en cette sorte.

Planche 10. 48. Fig.

Multipliez la longueur EF de l'Echelle par elle-même, c'est-à-dire, 25 par 25, pour avoir son quarré 625. Multipliez aussi la longueur FG par elle-même, c'est-à-dire, 7 par 7, pour avoir son quarré 49, qu'il faut ôter du quarré precedent 625, & le reste 576 sera le quarré de la hauteur EG, à cause du Triangle EFG rectangle en G, c'est pourquoy si l'on prend la Racine quarrée de ce reste 576, on aura 24 pieds pour la hauteur EG.

Multipliez pareillement la longueur HI par elle-même, ou 25 par 25, pour avoir son quarré 625 : & aussi la longueur HG par elle-même, ou 15 par 15, pour avoir son quarré 225, lequel étant ôté du precedent quarré 625, il restera 400 pour le quarré de la hauteur IG, c'est pourquoy si l'on prend la Racine quarrée de ce reste 400, on aura 20 pour la hauteur IG, laquelle étant ôtée de la hauteur EG, qui a été trouvée de 24 pieds, le reste donnera 4 pieds pour la ligne EI qu'on cherche.

PROBLEME XLIII.

Mesurer une ligne accessible sur la Terre par le moyen de la lumiere & du bruit d'un Canon.

FAites avec une balle de Mousquet un Pendule long de 11 pouces & 4 lignes, en prenant cette longueur depuis le centre de mouvement jusqu'au centre de la balle ; & au moment que vous appercevrez la lumiere du Canon, qui doit être au lieu dont vous cherchez la distance du lieu où vous êtes, mettez le pendule en branle, en sorte que les arcs des Vibrations ne passent pas 30 degrez ; & enfin multipliez toûjours par 100 le nombre des Vibrations qui se feront faites depuis le moment que vous avez apperçû la lumiere jusqu'à celuy où vous avez entendu le bruit du coup de Canon, pour avoir en toises de Paris la distance du lieu où vous êtes au lieu où l'on a tiré ce coup de Canon.

Remarque.

C'est à peu prés de la même maniere qu'on pourra mesurer la hauteur d'une nuée, lorsqu'elle est proche du Zenit, & qu'il y fait des Eclairs & des Tonnerres : mais cette maniere de mesurer une telle distance est fort incertaine ; & j'ay seulement voulu l'indiquer ici par recreation.

Elle sera plus certaine, lorsqu'on voudrra mesurer une mediocre distance sur la terre, dont les

extremitez ne peuvent pas être vûës l'une de l'autre : maïs au lieu du Canon, il sera plus commo-
de de se servir de l'Arquebuse, dont le son se porte à la distance de 230 toises en une seconde de
temps.

Ainsi pour mesurer cette distance, il faut par le
moyen d'une horloge à pendule, compter les secondes de temps, qui se seront écoulées entre la lumiere de l'Arquebuse qui aura été tirée à l'une des
deux extremitez de la ligne proposée, & le son qui
sera parvenu aux oreilles d'une personne, qui doit
être située à l'autre extremité de la même ligne ;
car en multipliant le nombre des secondes par
230, on aura en toises la longueur de la ligne proposée.

Le Pere Schot dit que par plusieurs experiences
on a connu qu'un boulet de gros Canon pointé
horizontalement fait une lieuë d'Allemagne de
4000 Pas Geometriques en deux secondes de
temps : ce qui peut servir aussi pour mesurer une
distance sur la terre, s'il est vray que la vîtesse du
son est égale à celle du boulet ; car ainsi l'on pourra dire que la distance en Pas Geometriques est au
temps en secondes entre la lumiere & le coup entendu, comme 4000 est à 2, ou comme 2000
à 1. &c.

PROBLÈMES
D'OPTIQUE.

L'Optique, selon son étymologie est la science de la Vision, qui se fait en trois manieres differentes, sçavoir par des Rayons directs, ou directement envoyez de l'objet à l'œil, ce qui fait la *Perspective*, qui trompe agreablement l'imagination, en representant dans le Tableau, qu'elle suppose transparent, toutes sortes d'objets au naturel, non comme ils sont en effet, mais comme ils agissent dans l'œil, & paroissent dans le Tableau. Ou bien par des Rayons reflets, c'est à-dire, par des Rayons qui se reflechissent, lorsqu'ils sont envoyez contre quelque corps qu'ils ne peuvent pas penetrer, ce qui fait la *Catoptrique*, qui suppose que l'Angle de reflexion est égal à l'Angle d'incidence. Ou bien encore par des Rayons brisez, ainsi appellez, parce qu'ils se rompent en passant par des corps transparens, ce qui fait la *Dioptrique*, qui suppose que lorsqu'un Rayon passe d'un milieu qu'il penetre facilement, dans un autre plus difficile à penetrer, il se rompt en s'approchant de la perpendiculaire : & qu'au contraire lorsqu'il sort d'un milieu difficile à penetrer, pour entrer dans un facile, il se brise en s'écartant de la perpendiculaire. L'Optique suppose aussi que les Objets qui sont vûs sous de plus petits angles, paroissent plus petits, ce qui

arrive

arrive ordinairement , lorſqu'ils ſont plus éloignez. Sur ces ſuppoſitions nous reſoudrons pluſieurs Problêmes utiles & agreables, comme vous allez voir.

PROBLÊME I.

Faire qu'un objet étant vû de loin, ou de plus proche, paroiſſe toûjours de la même grandeur.

POur faire que la ligne AB paroiſſe à l'œil poſé au point C, par tout d'une même grandeur, on la placera en tel lieu qu'on voudra de la circonference d'un Cercle qui paſſe par l'œil C, de ſorte que ſi on luy donne la ſituation DE, auquel cas elle ſera plus éloignée de l'œil, neanmoins elle paroîtra de la même grandeur, parce que l'œil arrêté en C, voïd ces deux lignes égales AB, DE, ſous les angles égaux ACB, DCE.

Plan-
che 10.
47. Fig.

Remarque.

Il eſt évident que la ligne propoſée AB ſera toûjours vûë ſous un même angle, & que par conſequent elle paroîtra toûjours d'une même grandeur à quelque diſtance que ſoit l'œil de cette ligne, pourvû qu'il ne quitte jamais la circonference du Cercle qui paſſe par les deux extremitez A , B : & qu'ainſi ſans changer la ſituation de la ligne AB, on peut changer celle de l'œil, en le plaçant en tel point qu'on voudra de la circonference d'un Cercle quelconque qui paſſe par les deux extremitez de la ligne, ou grandeur propoſée AB, comme en F, ou en G, les angles viſüels AFB, AGB, ACB, étant toûjours égaux.

Il est aussi évident, que la même ligne AB paroîtra toûjours de la même grandeur en l'approchant de l'œil C, sans la placer dans la circonference d'un Cercle, pourvû que ses deux extremitez demeurent toûjours dans les mêmes Rayons visuels AC, BC, comme il arrive en luy donnant la situation AD, parce que dans cette situation elle est vûë sous le même angle visuel ACB, ce qui ne doit point changer sa grandeur apparente, quoiqu'elle soit plus proche de l'œil C.

C'est par cette égalité des angles visuels, que l'on peut écrire contre une muraille des caractères, qui bien qu'inégaux paroîtront égaux, étant vûs d'un certain point : & que l'on peut placer sur un pinacle, ou sur quelque haut frontispice une statuë d'une télle longueur & d'une télle grosseur, qu'étant vûë d'en bas, elle paroisse d'une grandeur proportionnée à la hauteur du lieu, sans qu'il soit besoin de polir extrémement cette figure, & encore moins de s'arrêter aux muscles du corps, ni aux plis de la Draperie, comme l'on feroit si la figure se voyoit de plus prés.

PROBLEME II.

Trouver un point, duquel deux parties inégales d'une ligne droite paroissent égales.

IL y a une infinité de points différens, d'où les deux parties inégales AB, BC, de la ligne droite AC, étant vûës, peuvent paroître égales, parce qu'ils sont dans la circonférence d'un Cercle : mais sans nous arrêter à la Theorie, nous enseignerons ici une Methode tres-courte pour trouver un de ces points, comme vous allez voir.

Décrivez des deux extremitez A, B, avec l'ou- Plan-
verture AB deux arcs de Cercle, qui se coupent ici che 10.
au point D, duquel il faudra décrire avec la même 49. Fig.
ouverture du Compas un autre arc de Cercle. Décrivez pareillement des deux extremitez B, C,
avec l'ouverture BC, deux arcs de Cercle, qui se
coupent ici au point E, & décrivez de ce point E,
avec la même ouverture du Compas un autre arc
de Cercle, qui coupe ici celuy que nous avons décrit du point D en F, qui sera le point duquel les
deux lignes proposées AB, BC, étant vûës, paroîtront égales, à cause de l'égalité des deux angles visuels AFB, BFC.

Remarque.

On travaillera de la même façon, lorsque les
deux extremitez des deux lignes proposées AB,
BC, ne se joindront pas. Nous avons enseigné dans
nôtre *Dictionnaire Mathematique*, la maniere de
trouver un point, duquel trois parties inégales
d'une ligne droite étant vûës, paroîtront égales.

PROBLEME III.

*Etant donné un point de quelque objet, & le lieu de
l'œil, trouver le point de reflexion sur la
Surface d'un Miroir plat.*

SI le point de l'Objet est B, & que le lieu de 51. Fig.
l'œil soit A, on trouvera sur la Surface d'un
Miroir plat, qui est ici representé par la ligne droite CD, le point E de reflexion, en tirant des deux
points A, B, les deux lignes AC, BD, perpendiculaires au Plan CD, & en cherchant à la somme des

deux perpendiculaires AC, BD, à leur distance CD, & à la perpendiculaire AC, une quatriéme proportionnelle, dont la longueur étant portée sur la ligne CD, depuis C en E, on aura en E le point de reflexion qu'on cherche, de sorte que si l'on tire les deux lignes AE, BE, l'angle d'incidence AEC sera égal à l'angle de reflexion BED, comme il est aisé à démontrer.

Remarque.

Dans nôtre *Dictionnaire Mathematique* on trouve ce Problême appliqué à un Miroir Spherique: mais il se peut aisément appliquer au Jeu de Billard, comme si la ligne CD representoit un bord du Billard, & qu'aux deux points A, B, du tapis ou table du même Billard, il y eut deux billes, dont l'une, comme A, ne pourroit pas être envoyée directement contre l'autre B, à cause du Fer qui seroit entre deux; en trouvant le point E, comme il vient d'être enseigné, on auroit en E le point où le Joüeur pourroit envoyer la bille A, afin que par une bricole elle pût toucher l'autre bille qui seroit en B. Mais dans la pratique cela se peut faire plus facilement en cette sorte.

Soit donc CD le bord d'un Billard, & supposons qu'avec une bille qui est en A, un Joüeur veüille fraper par reflexion la bille de son adversaire, qui est en B. Pour trouver le point E sur le bord du Billard, où il faut envoyer la bille A, pour la faire reflechir en B, il faut prolonger par la pensée la perpendiculaire BD jusqu'en F, en sorte que la ligne DF soit égale à cette perpendiculaire BD, & ayant mis en F une marque visible, le Joüeur poussera sa bille A, selon la ligne AF, & alors cette

billeA rencontrant le bord du Billard en E, se re-
fléchira, & rencontrera neceſſairement la bille B,
ſur tout ſi l'on pouſſe fortement la bille A, pour
s'oppoſer aux défauts du Billard.

Plan-
che 10
51, Fig.

Comme dans ce Jeu il n'eſt pas toûjours facile,
ni même permis de mettre une marque viſible en
F, parce que l'adverſaire a la liberté de l'ôter ; il
faut que le Joüeur viſe du point F, la bille A, &
qu'il remarque par le Rayon viſuel AF, le point E
ſur le bord du Billard, où il doit envoyer ſa bille
pour la faire refléchir en B.

Si vous voulez trouver le point E de reflexion,
pour faire que la bille A rencontre la bille B par
deux bricoles, ayant tiré du point A, la ligne AC
parallele à la ligne DG, & pareillement du point B,
la ligne BG parallele à la ligne CD, cherchez à la
ſomme des deux lignes paralleles AC, DG, à la li-
gne AC, & à la ſomme des deux lignes paralleles
CD, BG, une quatriéme proportionnelle, dont la
longueur étant portée en CE, on aura le point E
qu'on cyerche.

52. Fig.

PROBLEME IV.

*Tirer par derriere l'épaule un Piſtolet auſſi juſte-
ment que ſi on le couchoit en joüe.*

ON ſe ſervira d'un Miroir plan qui eſt ici re-
preſenté par la ligne droite AB, à laquelle eſt
perpendiculaire la ligne CD tirée du point C, qui
repreſente le but où l'on veut tirer, & dont l'image
ou l'apparence dans le Miroir eſt D, autant éloi-
gnée du Miroir que le point C, à l'égard de l'œil
poſé en E, d'où il voit par reflexion le point C,
par le Rayon de Reflexion EFD, le Rayon d'inci-

Plan-
che 11.
53, Fig.

N iij

dence étant la ligne CF, selon laquelle il faudra
placer le Pistolet GH, en le tournant jusqu'à ce que
son apparence IK convienne avec la ligne de reflexion EFD, en cachant l'apparence D du point C,
car ainsi le Pistolet GH regardant directement le
but proposé C, on ne manquera pas de frapper le
point C, si on lâche le coup.

PROBLEME V.

Mesurer une Hauteur par Reflexion.

Plan-
che II.
54. Fig.

PRemierement, si la Hauteur est accessible, comme AB, en sorte qu'on puisse approcher de
son extremité B, & connoître de combien on en
est éloigné, lorsqu'on est dans un Plan horizontal
& au niveau de cette base B, faites sur ce Plan horizontal à une distance connuë du point B, un petit
creux, pour y mettre de l'eau qui le remplisse,
afin que dans cette eauë vous puissiez voir par Reflexion le sommet A de la Hauteur à mesurer AB,
par le Rayon de Reflexion CE, qui passe par l'œil
que je suppose en E, & mesurez exactement la
hauteur de l'œil ED, & sa distance CD du point
C de Reflexion. Nous supposerons la hauteur ED
de 4 pieds, la distance CD de 3, & la distance BC
de 48 ; aprés quoy on dira par la Regle de Trois
directe, si la distance CD de 3 pieds donne 4 pieds
pour la hauteur ED, combien donnera la distance
BC de 48 pieds ? & l'on trouvera 64 pieds pour
la hauteur AB qu'on cherche, car en multipliant
ensemble les deux derniers termes 4, 48, & en
divisant leur produit 192 par le premier 3, il vient
64 pour le quatriéme proportionnel.

Mais si la hauteur AB est inaccessible, en sorte

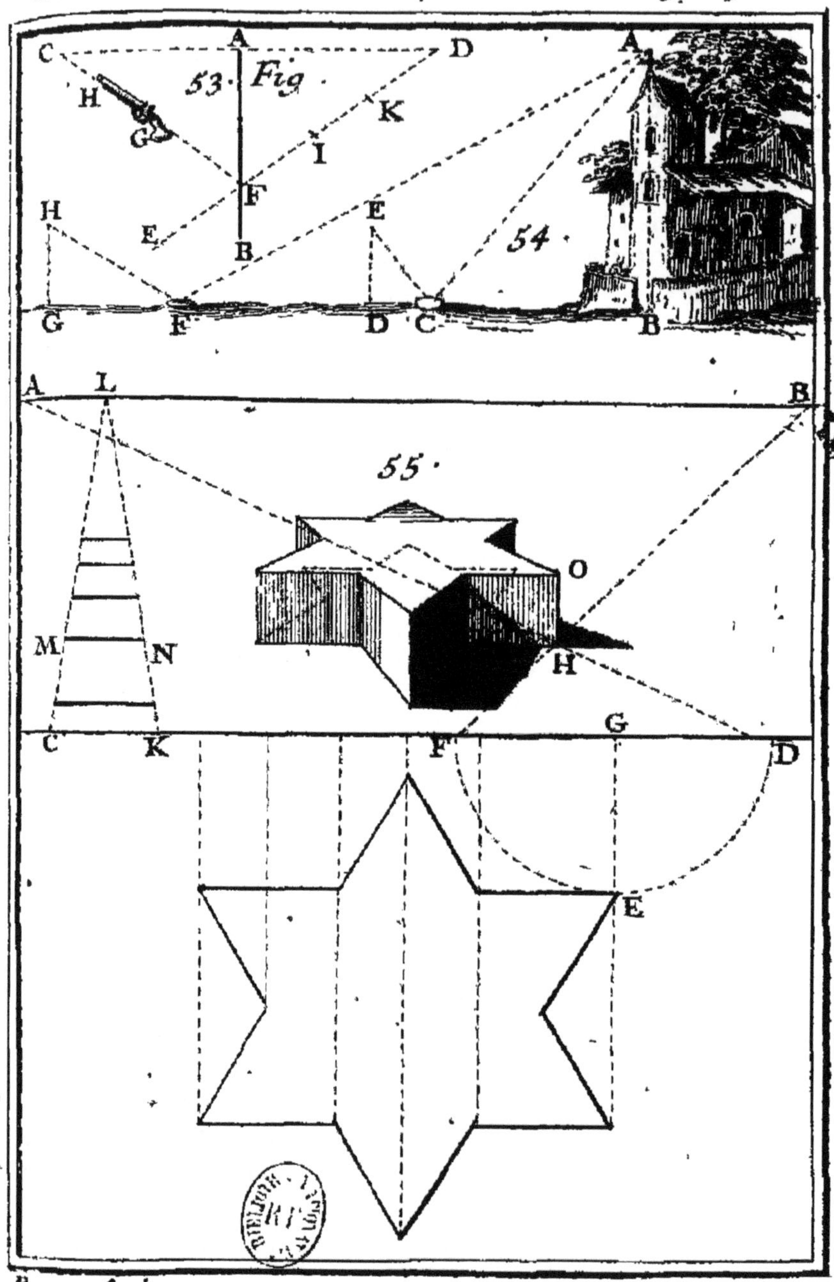
53. Fig.
54.
55.
Berey fecit

qu'on ne puiſſe pas meſurer actuellement la diſtance
BC, il faudra dans la même Plaine faire en ligne
droite un autre creux à une diſtance connuë du premier C, comme F, pour le remplir pareillement
d'eau, afin que la même perſonne y puiſſe voir par
reflexion le même ſommet A, par le Rayon de reflexion FH, qui paſſe par l'œil que je ſuppoſe en H;
j'ay dit la même perſonne, afin que la hauteur de
l'œil GH ſoit la même que la premiere DE, que
nous avons ſuppoſée de 4 pieds : & parce que nous
avons ſuppoſé la diſtance CD de 3, ſi l'on ſuppoſe
la diſtance CF de 32, & la diſtance FG de 5, en
multipliant enſemble les lignes ED, CF, c'eſt-à-dire, 4 & 32, & en diviſant le produit 128 par
l'excés 2 de la diſtance FG ſur la diſtance CD, on
aura 64 pieds pour la Hauteur AB qu'on cherche.

Remarque.

Si vous voulez connoître la diſtance BC, ſans
ſçavoir la Hauteur AB, multipliez enſemble les
deux diſtances CD, CF, c'eſt-à-dire, 3 & 32, &
diviſez leur produit 96 par l'excés 2 de la diſtance FG, ſur la diſtance CD, & le quotient donnera
48 pieds pour la diſtance BC, &c.

PROBLEME VI.

Repreſenter en Perſpective tout ce que l'on voudra,
ſans ſe ſervir du Point de vûë.

PRemierement pour trouver dans le Tableau l'apparence de quelque point du Plan Geometral,
par exemple du point E, tirez de ce point E, la ligne EG perpendiculaire à la ligne de terre CD, &

N iiij

portez la longueur de cette perpendiculaire GE,
de part & d'autre depuis le point G, sur la même
Ligne de terre CD, aux points F, D. Aprés cela
ayant pris à volonté sur la Ligne horizontale AB,
les deux Points de distance A, B, tirez de ces
deux points A, B, par les points D, F, les droites
AD, BF, qui donneront par leur intersection l'apparence H du point proposé E.

C'est de la même façon que l'on trouvera l'apparence de quelqu'autre point du Plan Geometral,
& par conséquent la representation de la base de
quelque corps que ce soit, lequel par conséquent
se pourra aisément representer en Perspective, en
tirant de tous les points de son Assiete, ou Plan
perspectif des lignes perpendiculaires à la Ligne
de terre CD, & égales en apparence à la hauteur
du corps proposé, ce qui se fera en cette sorte.

Ayant porté la hauteur naturelle du corps proposé sur la Ligne de terre CD, par exemple depuis
C en K, tirez de ces deux points C, K, au point
L pris à discretion sur la Ligne horizontale AB, les
droites LC, LK, qui termineront les hauteurs ap-
parentes de tous les points du corps proposé, en
tirant de ces points des lignes paralleles à la Ligne
de terre CD; comme pour trouver la hauteur du
point H, on en élevera la perpendiculaire HO égale à la partie MN, &c.

PROBLEME VII.

Representer en Perspective un Polyëdre équilateral, terminé par six Quarrez égaux, & par huit Exagones reguliers & égaux entre eux.

CEux qui entendent la Perspective represente- Planront facilement ce corps dans le Tableau, che 12. dont le Point de vûë eſt V, & un des deux points 56. Fig. de diſtance eſt D, marqué ſur la Ligne horizontale DV, qui eſt parallele à la Ligne de terre AB, pourvû qu'ils en ſçachent décrire le Plan & le Profil, ce qui ſe fera en cette ſorte.

Premierement, ſi l'on veut que ce Corps s'appuye ſur l'un de ſes huit Exagones, comme 1, 2, 3, 4, 5, 6, on décrira de ſon centre C un Cercle, dont le Rayon ou Demi-diametre C8, ou C9, ſoit tel, que ſon quarré ſoit au quarré de celuy de l'Exagone, comme 7 eſt à 3, de ſorte que ſi le Rayon ou le côté 1, 2, de l'Exagone eſt de 65465 parties égales, le Rayon C8, ou C9 du grand Cercle en contiendra 100000.

Ayant donc ainſi décrit ce grand Cercle, on le diviſera inégalement, comme vous voyez dans la figure, en ſorte que le plus petit côté 8, 9, & les autres cinq, ſoient égaux chacun au côté de l'Exagone, & que le plus grand 7, 10, & les autres cinq ſoient doubles chacun du plus petit, auquel cas, le plus petit ſoûtiendra un arc de 38. 12′. & le plus grand, ou ſon double un arc de 81. 48′. Mais ſans cela il ſera aiſé de décrire ce Plan par la ſeule inſpection de la Figure.

Pour le Profil, décrivez autour du plus petit côté 21, 15, le Demi-cercle 21, 0, 15, & ayant décrit du point 4 par le point 15, l'arc de Cercle 15, 0, joignez la droite 21, 0, qui fera la hauteur des points 9, 8, 14, 13, 20, 17, la hauteur des points 7, 12, 15, 21, 16, 10, étant égale au double de la ligne 21, 0, & la hauteur des points 1, 2, 3, 4, 5, 6, étant égale au triple de la même ligne 21, 0.

Si l'on met en Perspective ce Plan ainsi décrit, & que de tous ses angles on éleve des perpendiculaires à la Ligne de terre, pour y mettre les hauteurs convenables à celles du Profil, il n'y aura plus qu'à joindre les côtez, comme vous voyez dans la Figure, & encore mieux dans la 57. *Fig.* que nous avons représentée en plus grand volume, pour vous mieux faire distinguer les côtez qu'il faut joindre, dont ceux qui sont marquez par des lignes noires, sont ceux qui paroissent à l'œil, & les autres qui sont marquez par des lignes ponctuées, sont ceux qu'on ne void pas.

Secondement, si l'on veut que le Corps s'appuye sur l'une de ses six Surfaces quarrées, comme sur le Quarré *a*, *b*, 15, 21, le Plan, ou l'Assiete de ce Polyëdre changera, & elle sera telle que vous la voyez dans la Figure, qu'il ne faut que regarder pour la comprendre, pour le moins quand on sçaura, que le grand côté de l'Octogone irregulier, comme *d* 12 est égal à la Diagonale *a* 15, ou *b* 21 du Quarré interieur qui sert de base au Polyëdre.

Le Profil change aussi, car la hauteur des points 3, 7, 6, 10, est égale à la moitié *cd* du grand côté *d* 12 de l'Octogone irregulier, la hauteur des points 4, 5, 17, 6, *m*, *d*, est égale au côté entier *d* 12, la hauteur des points 14, 20, *n*, *o*, est égale au même côté *d* 12, & à sa moitié *cd*, & enfin la hauteur des points *a*, *b*, 15, 21, est

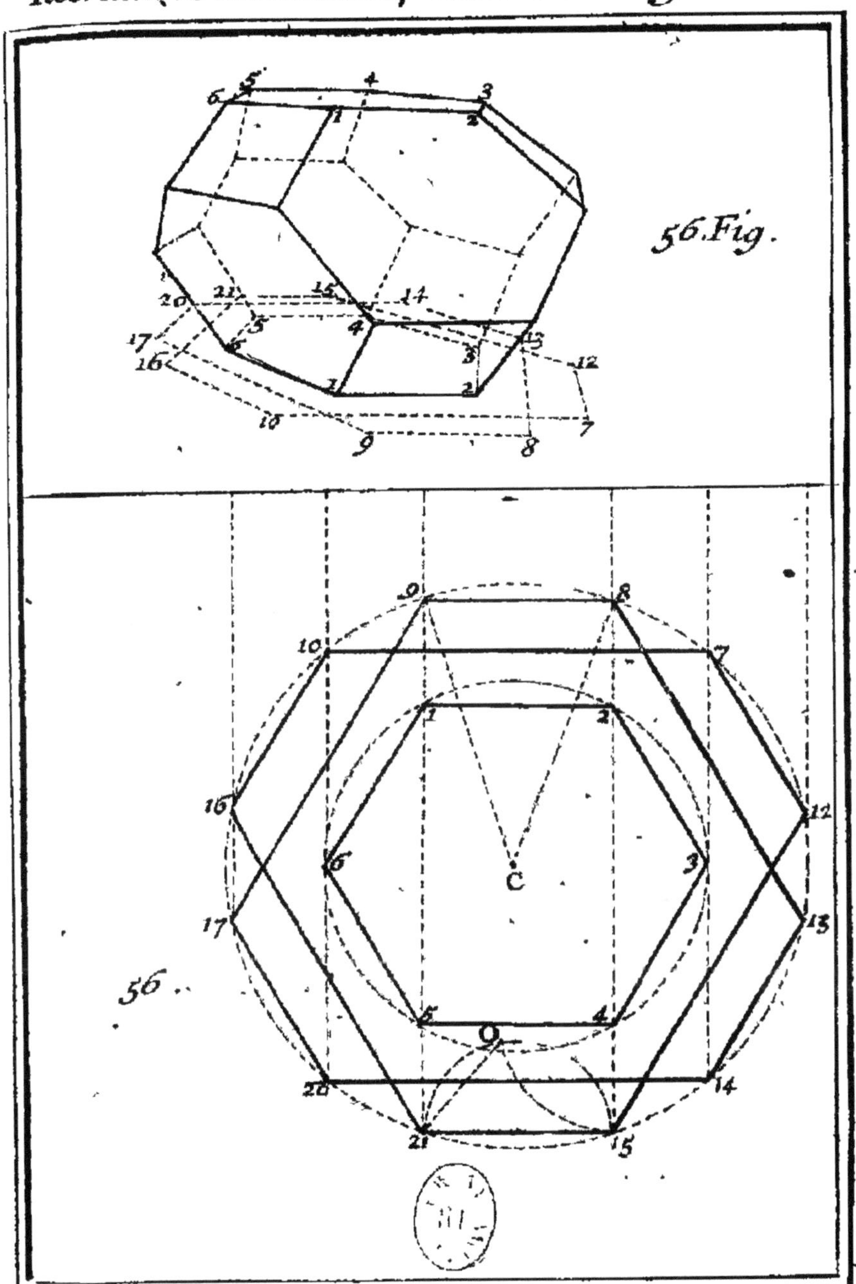
56.Fig.
56.
C

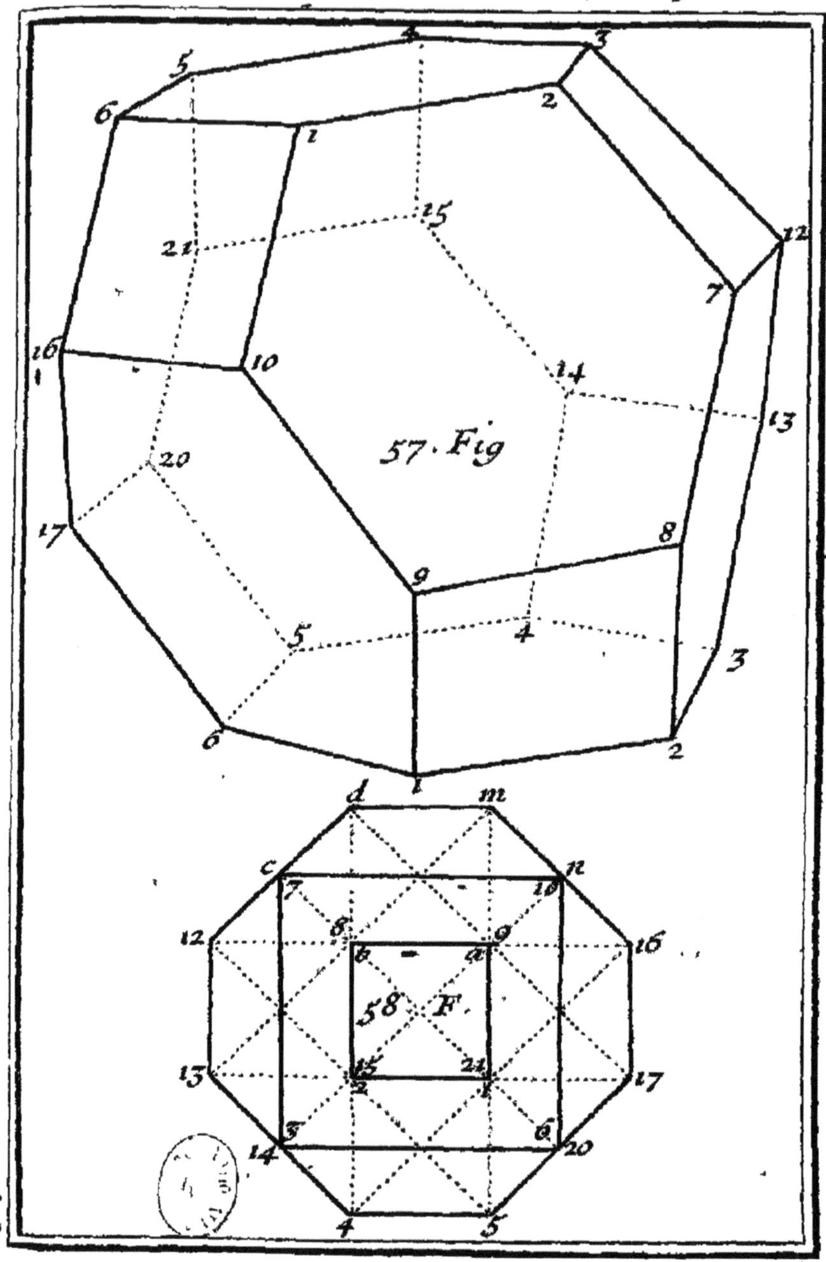

Pl. 4.

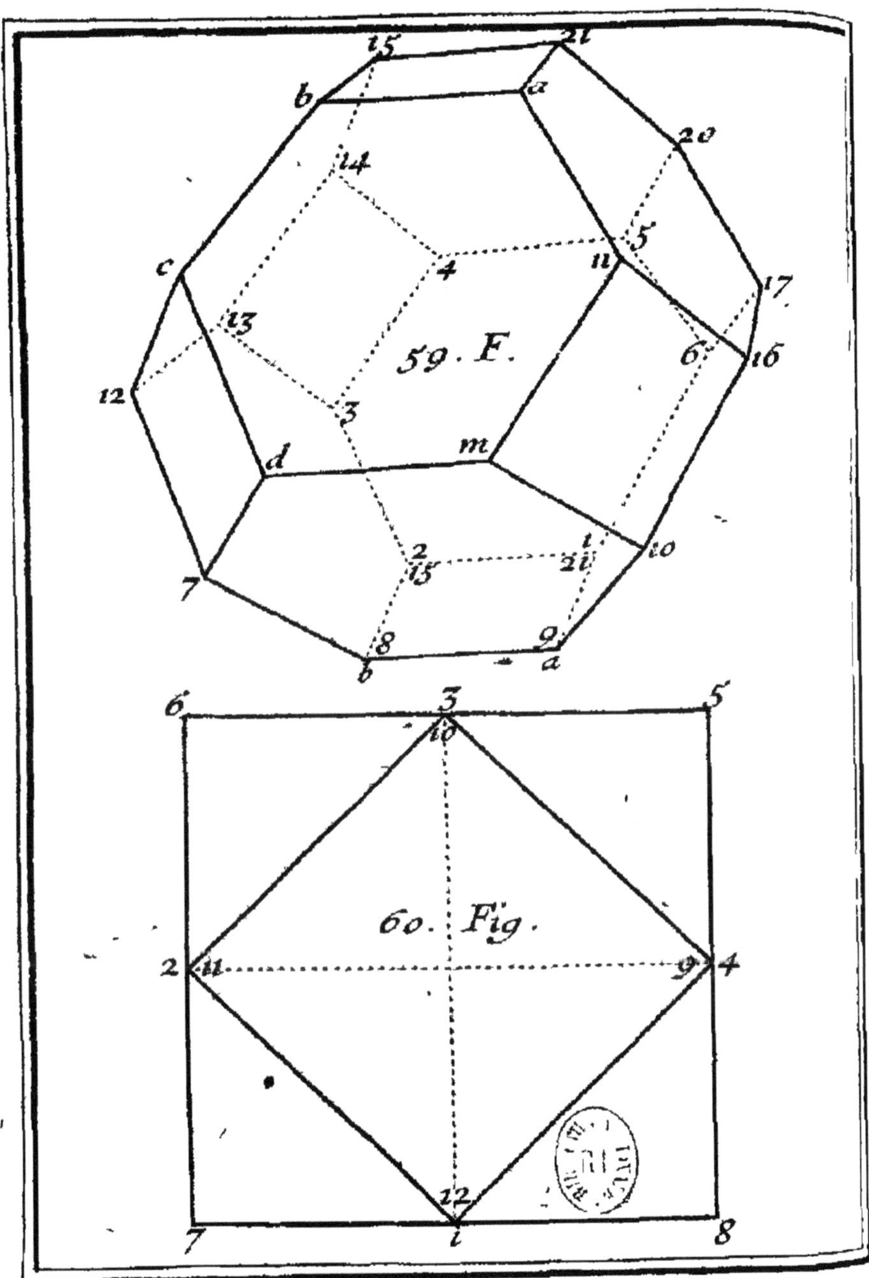
15
21
b
a
14
20
c
5
4
n
13
17
59. F.
6
12
16
3
d
m
2
15
t
21
10
7
9
8
b
a
6
3
5
10
60. Fig.
2 11
9 4
12
7
i
8

double du même côté *d* 1 2, dont le quarré eſt au Quarré du Rayon de l'Octogone irregulier, comme 4 eſt à 5, ce qui fait que ſi ce Rayon eſt de 100000 parties égales, le grand côté *d* 1 2 en contient 89442, & ſoûtient un arc de 53. 8′. & que le petit côté *dm* en comprend 63245, & ſoûtient un arc de 36. 52′ Par le moyen de ce Plan & de ce Profil, nous avons mis le Polyëdre en Perſpective, comme vous voyez dans la 59. *Fig.*

Planche 14.
59. Fig.

PROBLEME VIII.

Repreſenter en Perſpective un Polyëdre équilateral, terminé par ſix Quarrez égaux, & par huit Triangles équilateraux, & égaux entre eux.

SI vous voulez que le Polyëdre s'appuye ſur l'un de ſes ſix Quarrez égaux, comme 9, 10, 11, 12, il n'y aura qu'à luy circonſcrire un autre quarré, & le Plan ſera achevé, dont le Profil eſt tel.

60. Fig.

La hauteur des points 5, 6, 7, 8, eſt égale à la moitié 3, 5, du côté 6, 5, du quarré circonſcrit, & la hauteur des points 1, 2, 3, 4, eſt égale au côté entier 6, 5, ou à la Diagonale 11, 9, ou 10, 12, du quarré inſcrit, qui ſert de baſe au Polyëdre.

Par le moyen de ce Plan & de ce Profil, nous avons mis ce Polyëdre en Perſpective, comme vous voyez dans la 61. *Fig.* qui vous fait voir diſtinctement les côtez qu'il faut joindre, quand on a trouvé dans le Tableau l'apparence des points qui bornent leurs extremitez.

Planche 15.
61. Fig.

PROBLEME IX.

*Repreſenter en Perſpective un Polyëdre équilateral,
terminé par ſix Quarrez égaux, & par douze
Triangles iſoſcéles & égaux entre eux, dont la
hauteur eſt égale à la baſe.*

PRemierement, ſi vous voulez que le Polyëdre
s'appuye ſur l'un de ſes ſix Quarrez égaux,
comme 3 , 6 , 9 , 12 , ſon Aſſiete ſera telle que
vous la voyez dans la Figure , où les Demi-cercles
qui ſont décrits des quatre angles droits de la baſe
3 , 6 , 9 , 12 ; & des milieux A , B , des deux côtez oppoſez 5 , 2 , & 12 , 9 , font aſſez connoître
la deſcription de ce Plan , ſans qu'il ſoit beſoin d'en
parler davantage.

Pour le Profil , nous dirons que la hauteur des
points 4 , 11 , 7 , 8 , 1 , 14 , eſt égale à la touchante 7 , 15 , & que la hauteur des points 5 , 6 ,
13 , 12 , eſt double de la precedente , c'eſt-à-dire ,
double de la même touchante 7 , 15. Aprés quoy
il n'y a plus qu'à regarder la 63. *Fig.* pour comprendre la maniere de repreſenter ce Polyëdre en
Perſpective , que je vous repreſente encore tout
ombré , & vû d'une autre façon dans la 64. *Fig.*

Secondement , ſi vous voulez que le Polyëdre
ſoit élevé droit ſur l'un de ſes angles ſolides ,
comme 1 , auquel cas ſon Aſſiete ſera le ſimple Exagone regulier 2 , 3 , 4 , 5 , 6 , 7 , dont le centre ſera le point 1 , & le Profil ſera tel.

La hauteur des points 8 , 9 , 10 , 11 , 12 , 13 ,
eſt égale à la moitié du côté de l'Exagone : la hauteur des points 2 , 3 , 4 , 5 , 6 , 7 , eſt égale au
triple de la precedente , c'eſt-à-dire à trois moitiez
du côté de l'Exagone : & la hauteur du point 1

Plan-
che 15.
62. Fig.

Plan-
che 16.
63. Fig.
Plan-
che 17.
64. Fig.

65. Fig.

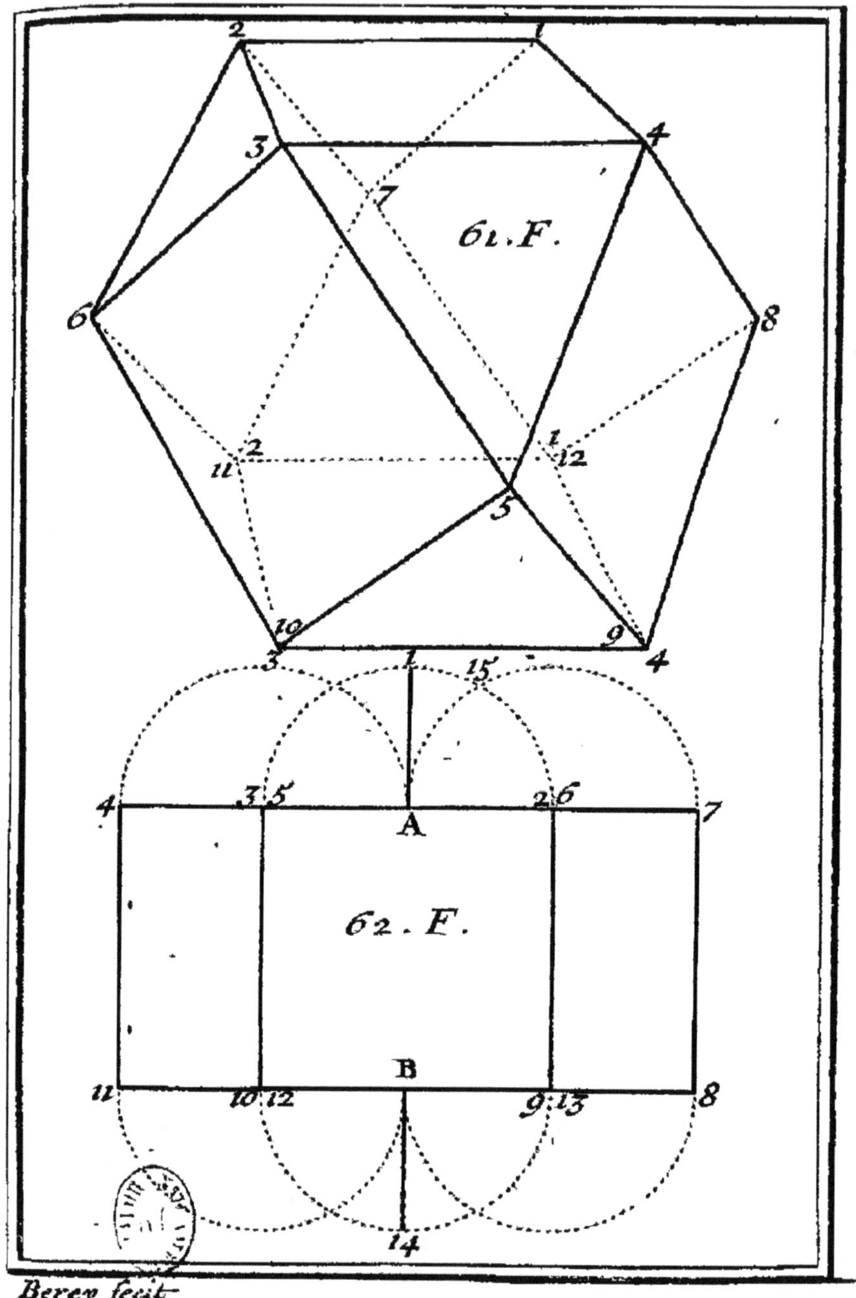
61. F.
62. F.
A
B
Berey fecit

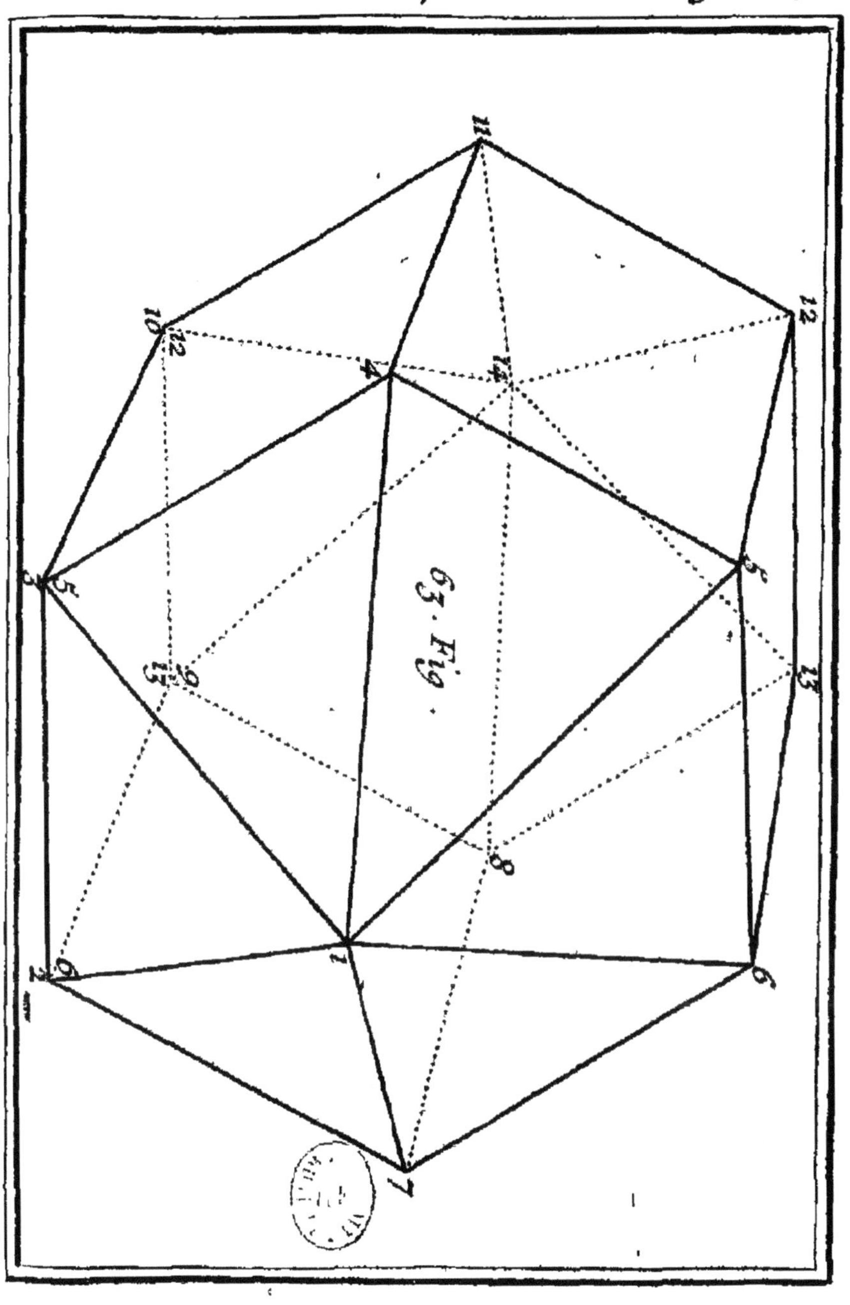
63. Fig.

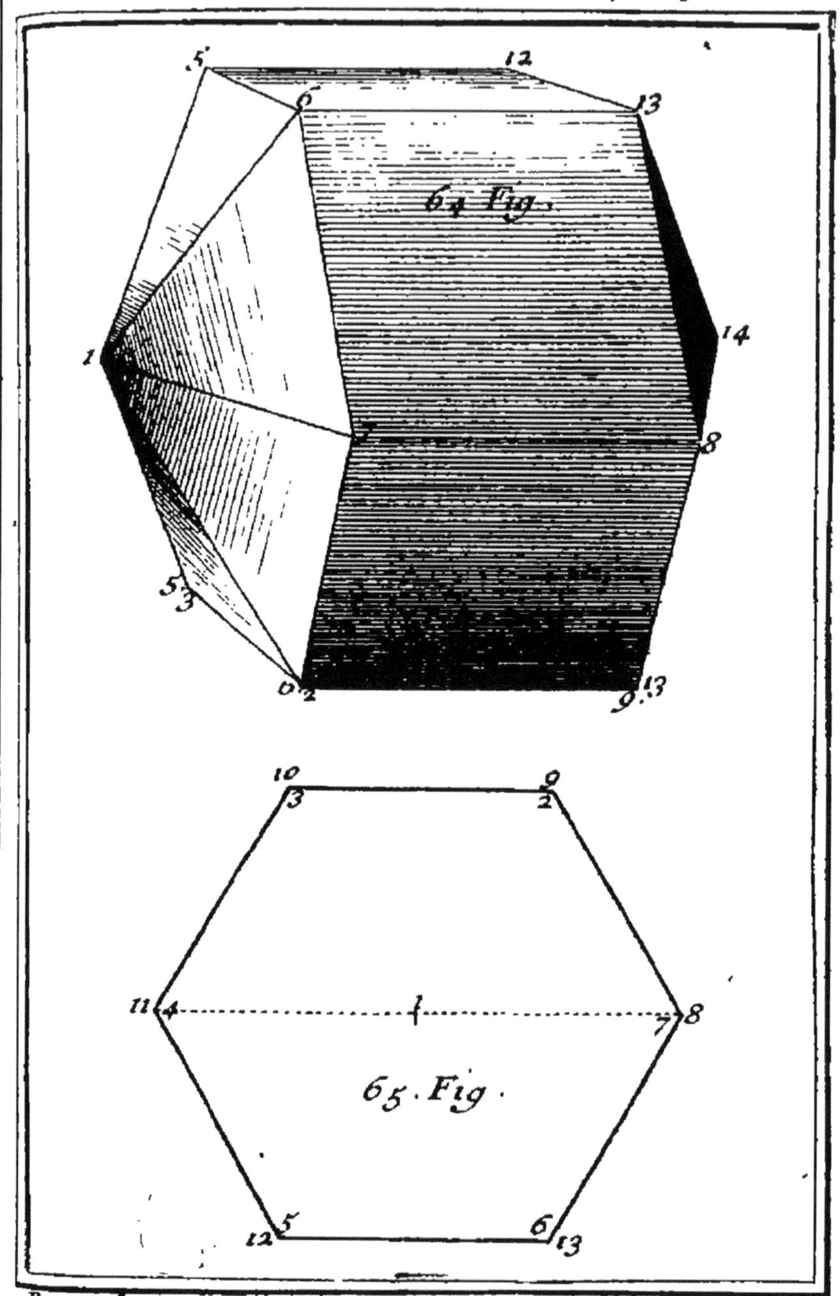

Berey fecit

Pl. 5.

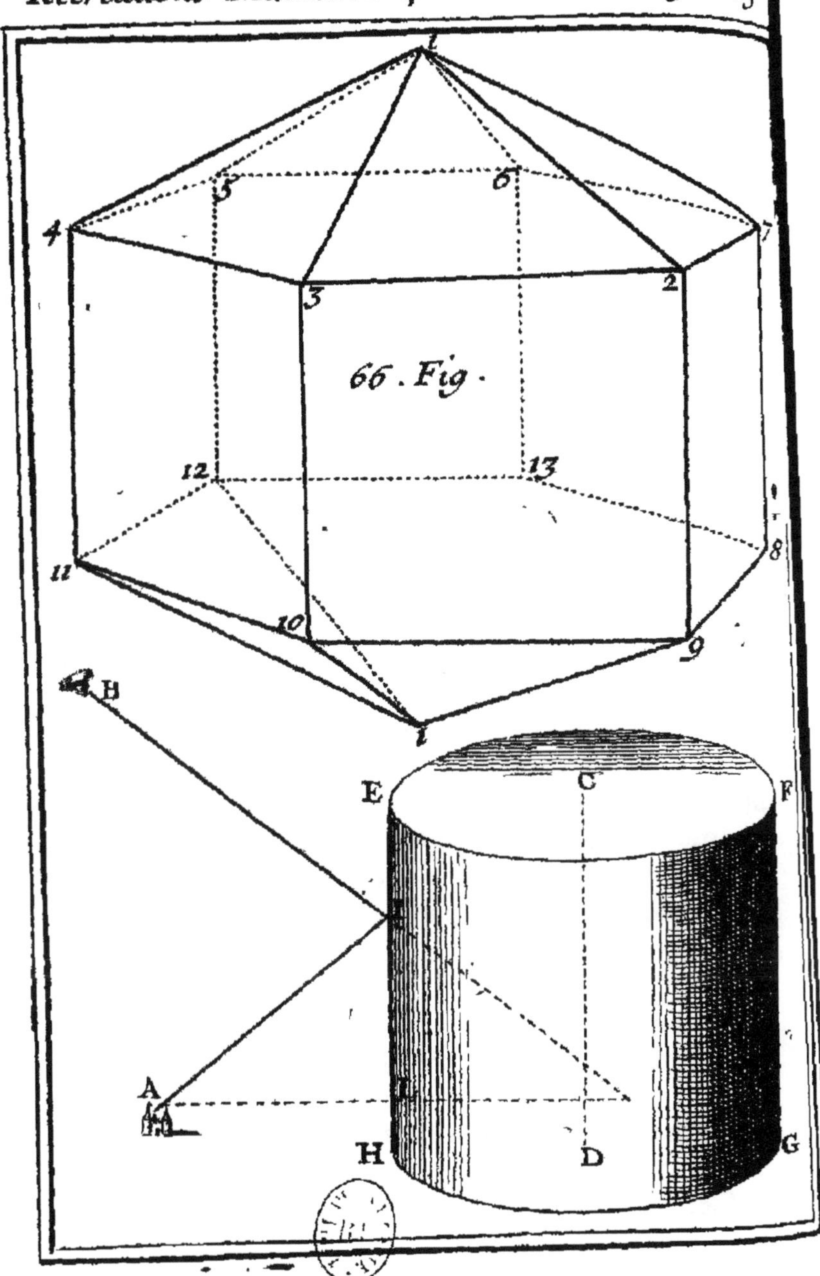
66. Fig.
4
5
6
7
3
2
12
13
11
8
10
9
1
H
E
C
F
A
H
D
G

est double du côté de l'Exagone : ou égale au Dia_
metre 4, 7.

Je n'enseigneray pas ici la maniere de representer en Perspective ce Polyëdre selon son Plan & Plan-
son Profil, parce que nous en avons suffisamment che 18.
parlé dans nôtre *Traité de Perspective*, c'est pour- 66. Fig.
quoy je me contenteray de vous en donner simplement ici la Figure.

PROBLEME X.

Representer en Perspective un Polyëdre équilateral,
terminé par douze Quarrez égaux, par huit
Exagones reguliers & égaux, & par six Octo-
gones reguliers & égaux.

SI vous voulez que la base de ce corps soit l'un Plan-
de ses six Octogones, comme 1, 2, 3, 4, 5, che 19.
6, 7, 8, dont le centre est O, joignez les extre- 68. Fig.
mitez de deux côtez opposez & paralleles par des
lignes droites paralleles entre elles, qui par leurs
mutuelles intersections, formeront un Quarré,
comme ABCD. Prolongez les deux côtez opposez
& paralleles 1, 2, & 5, 6, & pareillement les
deux côtez opposez & paralleles 3, 4, & 7, 8, qui
en rencontrant les deux premiers, formeront un
autre Quarré plus grand EFGH. Aprés quoy il sera
facile d'achever le Plan, sçavoir en faisant la ligne
E20 égale à la partie E7, &c.

Pour une description plus exacte de ce Plan, on
considerera qu'en supposant le Rayon O1, ou O2,
de 1000 parties égales, le Rayon O13, ou O16,
du Cercle moyen comprend 1514 de ces parties,
& que le Rayon O12, ou O15, du plus grand
Cercle en contient 1731. Que le plus petit côté
soûtient dans le plus grand Cercle un arc 11, 12,

ou 14, 15, de 25, 32'. dans le moyen un arc 1 ; 2, de 29. 16'. & dans le plus petit un arc 1, 2, de 45 degrez. Et que le plus grand côté soûtient dans le plus grand Cercle un arc 14, 11, de 64. 28'. & dans le Cercle moyen un arc 10, 13, ou 9, 16, de 60. 44'. dont la corde est double du plus petit côté 9, 10.

Pour le Profil, on donnera toute la ligne 15, 12, à la hauteur des points 1, 2, 3, 4, 5, 6, 7, 8, dont l'Assiete est l'Octogone interieur, ou le plus petit Octogone regulier 1, 2, 3, 4, 5, 6, 7, 8. On donnera la partie 15, G, à la hauteur des points 9, 10, 13, 25, 22, 21, 18, 16, dont l'Assiete est l'Octogone moyen. On donnera la partie 15, 2, à la hauteur des points 14, 11, 12, 24, 23, 20, 19, 15, dont l'Assiete est le plus grand Octogone. On donnera la partie 15, 1, à la hauteur des points 26, 27, 30, 31, 34, 35, 38, 39, dont l'Assiete est le plus grand Octogone. Enfin l'on donnera la partie 15, H, à la hauteur des points 40, 41, 28, 29, 32, 33, 36, 37, dont l'Assiete est l'Octogone moyen.

La hauteur 15, 12, se trouvera de 2930 parties, dont le Rayon O1 du plus petit Octogone en contient 1000, la hauteur 15, G, est de 2389 semblables parties : la hauteur 15, 2, en contient 1848 : la hauteur 15, 1, en comprend 1082 : & enfin la hauteur 15, H, en contient 541.

Quand on aura mis en Perspective le Plan de ce Polyëdre terminé par 26 faces, & qu'on aura déterminé la position de ses angles solides suivant leurs hauteurs differentes, que le Profil precedent vous donne, on joindra ces angles solides par des lignes droites qui feront les côtez égaux du Polyëdre, comme vous voyez dans la Figure, qu'il suffit de regarder pour la comprendre.

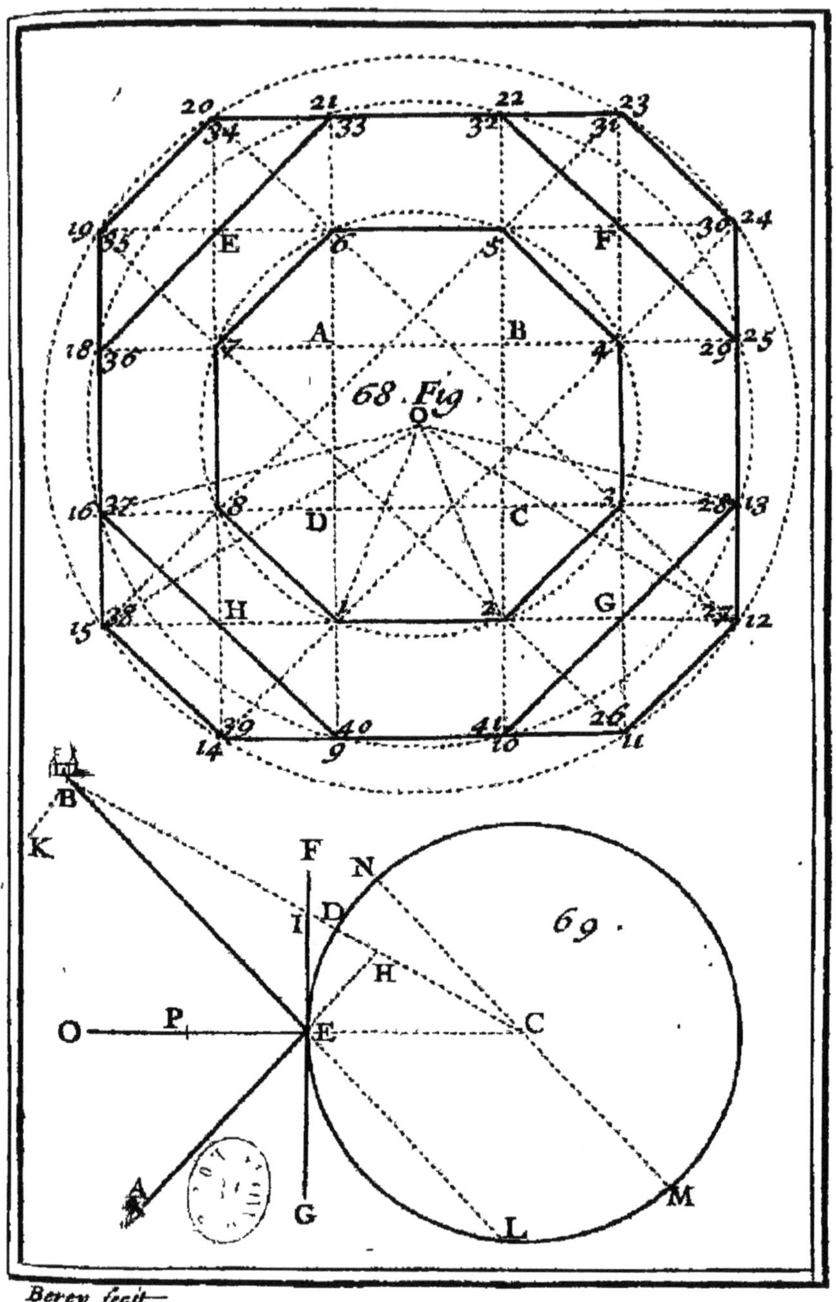

68. Fig
69.
Berey fecit

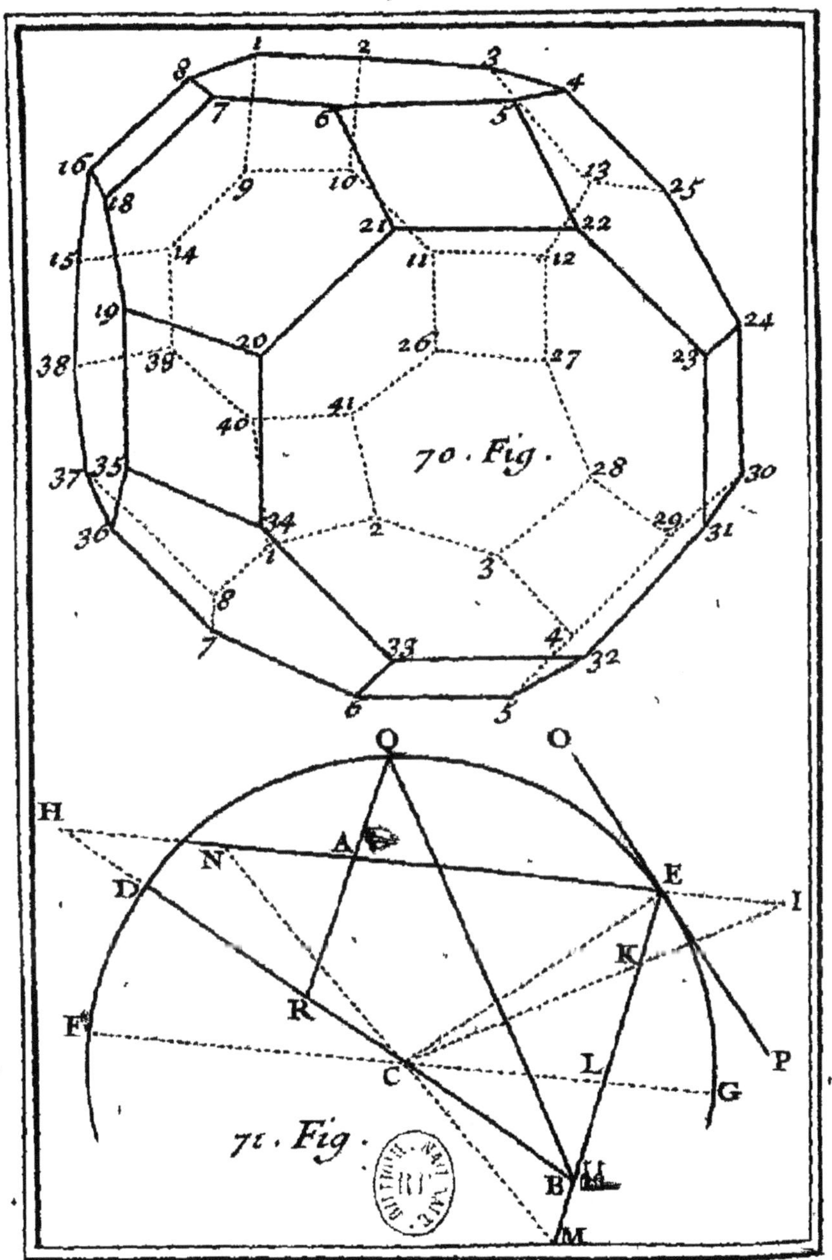
70. Fig.
71. Fig.

PROBLEME XI.

tant donnez les points de l'œil & de quelque objet, avec le point de reflexion sur la Surface d'un Miroir plan, déterminer dans ce Miroir le lieu de l'image de l'objet proposé.

SI l'œil est A, l'Objet B, & que le point de reflexion soit E sur la Surface CD d'un Miroir plan, tirez de l'Objet B, la ligne BF perpendiculaire à cette Surface, & prolongez le Rayon de reflexion AE jusqu'à ce qu'il rencontre cette perpendiculaire en un point, comme F, ou, ce qui est la même chose, faites DF égale à DB, & le point F sera le lieu de l'image de l'Objet B; c'est-à-dire, le point où l'objet B sera vû par l'œil A dans le Miroir plan CD, selon ce principe d'Optique, qui nous apprend que l'image d'un Objet se fait au concours du Rayon de reflexion, & d'une ligne droite tirée de l'Objet perpendiculairement à la Surface du Miroir, soit que cette Surface soit plane, ou Spherique. D'où il est aisé de conclure par l'égalité des Angles de reflexion & d'incidence, que quand le Miroir est plan, comme nous le Suppofons ici, l'Objet doit être vû autant enfoncé dans le Miroir qu'il en est éloigné, & c'est à cause de cela que nous avons fait la ligne DF égale à la perpendiculaire DB.

Il s'enfuit aussi que la distance AF de l'image F de l'Objet B, à l'œil A, est égale au Rayon d'incidence BE; & au Rayon de reflexion AE, parce que le Rayon d'incidence BE est égal à la ligne EF, à cause de l'égalité des deux Triangles rectangles EDB, EDF.

Il s'enfuit encore que si l'œil A s'approche ou

s'éloigne dans le même Rayon de reflexion AE du point de reflexion E, d'une certaine quantité, l'image F de l'Objet B s'approchera ou s'éloignera de l'œil A de la même quantité, parce que la distance EF demeurant toûjours la même, la distance AF croîtra ou décroîtra comme la distance AE.

Il s'enfuit de plus que lorsque le Miroir plan est parallele à l'Horizon, comme CD, une grandeur perpendiculaire à l'Horizon, comme BD, doit paroître renversée : & que lorsque le Miroir plan est perpendiculaire à l'Horizon, la main droite d'une personne luy doit paroître à la gauche de son image, & la gauche à la droite.

Enfin il s'ensuit que la distance de l'œil à l'image de quelque Objet vû dans le dernier Miroir par plusieurs reflexions à l'aide de plusieurs Miroirs plans, est égale à la somme de tous les Rayons d'incidence & de reflexion : & qu'un Objet se peut quelquefois multiplier dans un Miroir plan, lorsqu'il est de verre.

C'est ainsi que l'on void quelquefois qu'un flambeau allumé paroît double dans un Miroir plan de verre un peu épais, à cause de la double reflexion qui s'y fait, sçavoir une qui se fait sur la Surface exterieure du Miroir, & une autre qui se fait dans le fonds du même Miroir ; car la lumiere ne peut pas toute se refléchir sur la Surface exterieure du Miroir, mais elle penetre la glace du Miroir, quand elle est de verre, jusqu'à ce qu'elle rencontre cette feüille d'étain qu'on met derriere, pour empêcher les Rayons de passer outre, où par consequent il se fait une seconde reflexion, & l'œil se rencontrant dans le concours des deux Rayons de reflexion qui ne peuvent pas être paralleles, il ne faut pas s'étonner s'il void l'Objet double, ou en

deu

deux endroits differens du Miroir. Il est évident que la diverse irregularité du verre, & les diverses reflexions, peuvent faire multiplier davantage l'Objet, sur tout lorsqu'il sera vû un peu de côté.

PROBLEME XII.

Etant donnez les points de l'œil & de quelque ob-jet, avec le point de reflexion sur la Surface con-vexe d'un Miroir Spherique, déterminer dedans ou hors de ce Miroir l'image de l'objet proposé.

SI l'œil est A, l'Objet B, & que le point de re-flexion soit E sur la Surface convexe DEL d'un Miroir Spherique, dont le centre est C, tirez de ce centre C, à l'Objet B; la droite BC, qui sera perpendiculaire à la Surface du Miroir Spherique, & dans laquelle par consequent sera l'image de l'Objet B, sçavoir H, qu'on trouvera en prolon-geant le Rayon de reflexion AE, qui rencontre ici au dedans du Miroir la cathete d'incidence BC au point H, car il la peut rencontrer au point D de la Surface du Miroir, & aussi au dehors, sçavoir lors-que l'angle d'incidence BEF, ou l'angle de reflexion AEG sera bien petit, ce qui fait que l'Objet B peut être vû au dedans du Miroir Spherique, comme ici, & quelquefois en sa Surface; ou bien au de-hors.

Plan-che 15. 69. Fig.

SCOLIE.

La touchante FG qui passe par le point E de refle-xion, détermine, comme vous voyez, les angles d'incidence & de reflexion, & coupe la cathete d'incidence BC en I, en telle sorte que les quatre lignes BC, CD, BI, DI, sont proportionnelles, &

que par conſequent la ligne BC ſe trouve coupée
aux points I, D, dans la moyenne & extréme raiſon
proportionnelle, c’eſt-à-dire, que le Rectangle ſous
toute la ligne BC & ſa partie du milieu DI, eſt
égal au Rectangle ſous les deux autres parties extrémes BI, CD; comme l’on démontrera aiſément
en tirant par le point B, la ligne BK parallele au
Rayon de reflexion AE.

Il eſt évident par la proprieté des Foyers d’une
Ellipſe, que les deux points A, B, ſont les Foyers
d’une Ellipſe, qui touche le Miroir Spherique au
point E de reflexion, & qui a pour grand Axe la
ſomme des deux Rayons AE, BE, de reflexion &
d’incidence : & qu’ainſi pour trouver le point de
reflexion E, il n’y a qu’à décrire une Ellipſe qui
touche la circonference DEL, & dont les Foyers
ſoient les deux points A, B, ce qui ſe peut aiſément
faire par l’interſection de la circonference DEL, &
d’une Hyperbole entre ſes Aſymptotes, dont l’op-
poſée paſſe par le centre C de la même circonference DEL, comme nous avons démontré dans
nôtre *Dictionnaire Mathematique.*

Il eſt évident auſſi, que l’apparence H de l’Objet B, eſt plus proche du point E de reflexion, que
du centre C, c’eſt-à-dire, que la ligne CH eſt toûjours plus grande que la ligne EH, parce que l’angle CEH eſt toûjours plus grand que l’angle ECH,
comme l’on connoîtra en prolongeant vers L le
Rayon d’incidence BE, & en luy tirant du centre
C, la parallele MN.

Il eſt encore évident, que la même apparence H
de l’Objet B eſt auſſi plus proche du point de reflexion E, ou du point D de la Surface du Miroir,
que l’Objet B, c’eſt-à-dire, que la ligne EH eſt
moindre que le Rayon d’incidence BE, & que la

ligne DH est moindre que la cathete d'inciden-
ce BD.

Enfin il est évident, que si la grandeur OE est
perpendiculaire à la Surface du Miroir Spherique
DEL, en sorte qu'étant prolongée elle passe par son
centre C, le point P le plus proche du Miroir,
doit paroître moins enfoncé que le point O plus
éloigné : & que cette grandeur OE doit paroître
renversée & plus petite.

D'où il suit qu'une grandeur doit paroître dans
un Miroir Spherique convexe toûjours plus grande
à mesure qu'elle s'approche du Miroir parallelement
à soy-même, parce qu'alors elle paroît moins en-
foncée, & par consequent plus proche de l'œil, &
qu'elle se trouve renfermée dans un plus grand an-
gle. Il arrivera la même chose si l'Objet demeure
immobile, & que l'œil s'approche du Miroir, par-
ce que pour lors il verra aussi cet Objet moins en-
foncé dans le Miroir, & consequemment plus
grand, puisqu'il le verra de plus proche.

PROBLEME XIII.

*Déterminer le lieu de quelque Objet, vû par ré-
flexion sur la Surface d'un Miroir Cylindrique.*

CE Problême est assez difficile, parce qu'un Mi-
roir Cylindrique étant pris selon sa longueur,
peut être consideré comme un Miroir plan, & étant
pris exactement selon sa rondeur, il peut être con-
sideré comme un Miroir Spherique, & enfin étant
pris en tout autre sens, il participe des proprietez
d'un Miroir plan & d'un Spherique.

C'est pourquoy si le point de quelque Objet &
l'œil sont dans un Plan qui passe par l'Axe du Mi-

roir Cylindrique, ce point fera vû par reflexion
dans le Miroir Cylindrique comme dans un Miroir
plan, fçavoir autant enfoncé dans le Miroir qu'il en
fera éloigné.

Comme fi l'on fuppofe un point A de quelque
Objet, & l'œil B, dans un Plan qui paffe par l'Axe
CD du Miroir Cylindrique EFGH, ce point A fera
vû en H par le Rayon de reflexion BIH, fçavoir au
concours de ce Rayon de reflexion, & de la ligne
ALH perpendiculaire à la commune Section EH du
Miroir & du Plan qui paffe par l'œil & par le point
de l'Objet A : & dans ce cas, il eft évident que
l'Objet A paroît autant enfoncé dans le Miroir
qu'il en eft éloigné, c'eft-à-dire, que les lignes AL,
LH, font égales entre elles, à caufe des deux
Triangles rectangles égaux ALI, HLI.

Mais fi l'œil & le point de l'Objet font dans un
Plan parallele à la bafe du Miroir Cylindrique,
comme la Section de ce Plan & du Miroir eft un
Cercle, l'Objet paroîtra dans ce Miroir Cylindrique, comme nous avons vû qu'il devoit paroître
dans un Miroir Spherique. D'où il fuit que les
grandeurs paralleles à la bafe d'un Miroir Cylindrique y paroiffent beaucoup racourcies, & que
celles qui font paralleles à l'Axe du même Miroir,
y paroiffent prefque de la même grandeur, comme
dans un Miroir Plan. Cela eft encore vray dans un
Miroir Conique, comme il eft aifé à démontrer.

PROBLEME XIV.

Etant donnez les points de l'œil, & de quelque objet, avec le point de reflexion sur la Surface concave d'un Miroir Spherique, déterminer dedans ou hors de ce Miroir l'image de l'objet proposé.

SI l'œil est **A**, l'Objet **B**, & que le point de reflexion soit **E** sur la Surface concave **FEG** d'un Miroir Spherique, dont le centre est **C**, tirez de ce centre **C**, à l'Objet **B**, la droite **BC**, qui étant prolongée rencontre ici le Rayon de reflexion **AE**, aussi prolongé au point **H**, qui sera l'image ou la representation de l'Objet proposé **B**, parce que ce point **H** est le concours du Rayon de reflexion **AE**, & de la cathete d'incidence **CD**, tirée du centre **C** par l'Objet **B**.

Plan-
che 20.
71. Fig.

Remarque.

Si l'Objet avoit été plus proche du Miroir, comme en **K**, son apparence **I** se feroit trouvée de l'autre côté, sçavoir au concours du Rayon de reflexion **AE**, & de la cathete d'incidence **CI**, tirée du centre **C** par l'Objet **K** : & si l'Objet étoit en **L**, il ne se verroit point du tout dans le Miroir, parce que dans le cas la cathete d'incidence **FG**, tirée du centre **C** par l'Objet **L**, ne rencontreroit point le Rayon de reflexion **AE**, luy étant parallele : & enfin si l'Objet étoit en **M**, son apparence **N** se trouveroit en dehors, sçavoir au concours du Rayon de reflexion **AE**, & de la cathete d'incidence **CN**, tirée du centre **C** par l'Objet **M**.

O iij

Par là on void la raison de ce que l'experience nous enseigne tous les jours, sçavoir qu'un Objet peut être vû par reflexion dans un Miroir concave, comme dans un convexe, hors de la Surface du Miroir, comme est ici le point N, qui est l'image de l'Objet M : & en dedans, comme H, qui est l'image de l'Objet B, ou I, qui est l'image de l'Objet K, ces deux images H, I, paroissant enfoncées dans le Miroir, mais jamais tant enfoncées, comme si le Miroir étoit plan ; cela venant des differens concours des Rayons de reflexion, & des cathetes d'incidence, qui peuvent faire voir les Objets quelquefois en la Surface du Miroir, quelquefois en dedans, & d'autrefois en dehors & pardevant, plus ou moins loin du Miroir : de sorte qu'on les voit tantôt entre l'Objet & le Miroir : tantôt au lieu même où est l'Objet, ce qui fait que l'on peut manier l'image de sa main, ou de sa face hors du Miroir : tantôt plus loin du Miroir que l'Objet n'en est éloigné : & tantôt au lieu même où l'œil est placé, ce qui fait que ceux qui en ignorent la raison, ont peur, & se retirent, quand ils voyent sortir hors du Miroir l'image d'une Epée, ou d'une Dague, que quelqu'un tient derriere eux.

Il est évident que la touchante OP, qui passe par le point E de reflexion, détermine l'angle d'incidence BEP, & son égal, ou l'angle de reflexion AEO : & que la ligne CE qui est perpendiculaire à la touchante OP, divise en deux également l'angle AEB fait par les Rayons d'incidence & de reflexion. D'où il suit, que si l'on divise en deux également cet angle par une ligne droite, cette ligne droite passera par le centre C du Miroir Spherique, parce qu'elle sera perpendiculaire à la touchante OP.

Il est aisé de juger, que l'Objet B peut être vû

par reflexion en deux endroits differens, lorſque
l'œil eſt placé en un certain point ; car ſi l'on me-
ne un Rayon d'incidence quelconque BE, avec ſon
Rayon de reflexion AE, & un autre Rayon d'incidence BQ, avec ſon Rayon de reflexion QR, qui
rencontrera le premier en un point, comme A, où
l'œil étant mis, il verra l'Objet B par les deux
Rayons de reflexion AE, AQ, & par conſequent
en deux endroits differens, ſçavoir aux points H,
R, au dedans & au dehors du Miroir.

Il eſt auſſi facile de juger que ſi l'Objet eſt placé
au centre C du Miroir, ſon image ſe refléchit contre luy-même, parce que dans ce cas l'Angle d'incidence eſt droit. C'eſt pourquoy celuy qui aura
l'œil au centre C du Miroir, ne pourra voir autre
choſe que ſoy-même.

PROBLEME XV.

Des Miroirs ardans.

Nous avons vû au Problême precèdent, que
deux Rayons de reflexion, qui appartiennent à
un même Objet, comme AE, AQ, qui appartiennent à l'Objet B, s'uniſſent & ſe rencontrent au
point A, au devant du Miroir, ce qui n'arrive pas
aux Miroirs plans, où les Rayons de reflexion s'é-
cartent, & encore moins aux Miroirs convexes,
où les Rayons de reflexion s'écartent encore davantage, & s'uniſſent au derriere du Miroir. D'où il
ſuit que par leur moyen on ne peut pas produire
du feu, comme l'on fait à l'aide d'un Miroir concave, lequel alors on appelle *Miroir ardant*, qui
peut être Parabolique & Spherique. Il eſt facile
d'en faire de Spheriques, parce que le Tour peut

O iiij

aifément fervir à faire un modelle pour cela , &
qu'on les peut aifément polir : mais quand ils font
Paraboliques , ou de quelqu'autre figure , le Tour
ne peut pas être fi facilement mis en ufage , pour
faire un modelle qui puiffe fervir pour les conftrui-
re , ce qui fait qu'on en void tres-rarement de femblables , & que mêmes ils ne fe rencontrent pas fi
bons que les Spheriques , quoique felon la Theorie
ils devroient être meilleurs. C'eft pourquoy nous
parlerons feulement ici des Miroirs Spheriques.

Plan-
che 21.
72. Fig. Soit donc la Surface concave d'un Miroir Spherique bien poli ABC , dont le centre foit D , &
un Demi-diametre BD. Soit un Rayon de lumiere
EF parallele au Demi-diametre BD , qui fe refflé-
chiffant par le Rayon de reflexion FG , coupera le
Demi-diametre BD en un point , comme G , plus
proche de la Surface du Miroir Spherique , que de
fon centre , c'eft-à-dire , que la ligne BG fera toûjours plus petite que la ligne DG , comme l'on connoîtra en tirant le Demi-diametre DF , qui fera le
Triangle ifofcele FGD , &c.

Il eft aifé de juger , que fi , de l'autre côté il y a un
Rayon de lumiere parallele au même Demi-diametre BD , & autant éloigné de ce Demi-diametre BD,
que le Rayon EF , comme HI , en forte que les
arcs BF , BI , foient égaux , ce Rayon HI fe reflé-
chira par le Rayon IG , qui paffera par le même
point G : & que fi ce Rayon de lumiere étoit plus
ou moins éloigné du Demi-diametre BD , fon
Rayon de reflexion ne couperoit pas ce Demi-diametre BD au même point G ; mais en quelque lieu
qu'il le coupe , ce point de rencontre fera toûjours
plus éloigné du centre que de la Surface du Miroir.
Or comme l'on peut concevoir une infinité de
Rayons differens paralleles entre eux & au Demi-

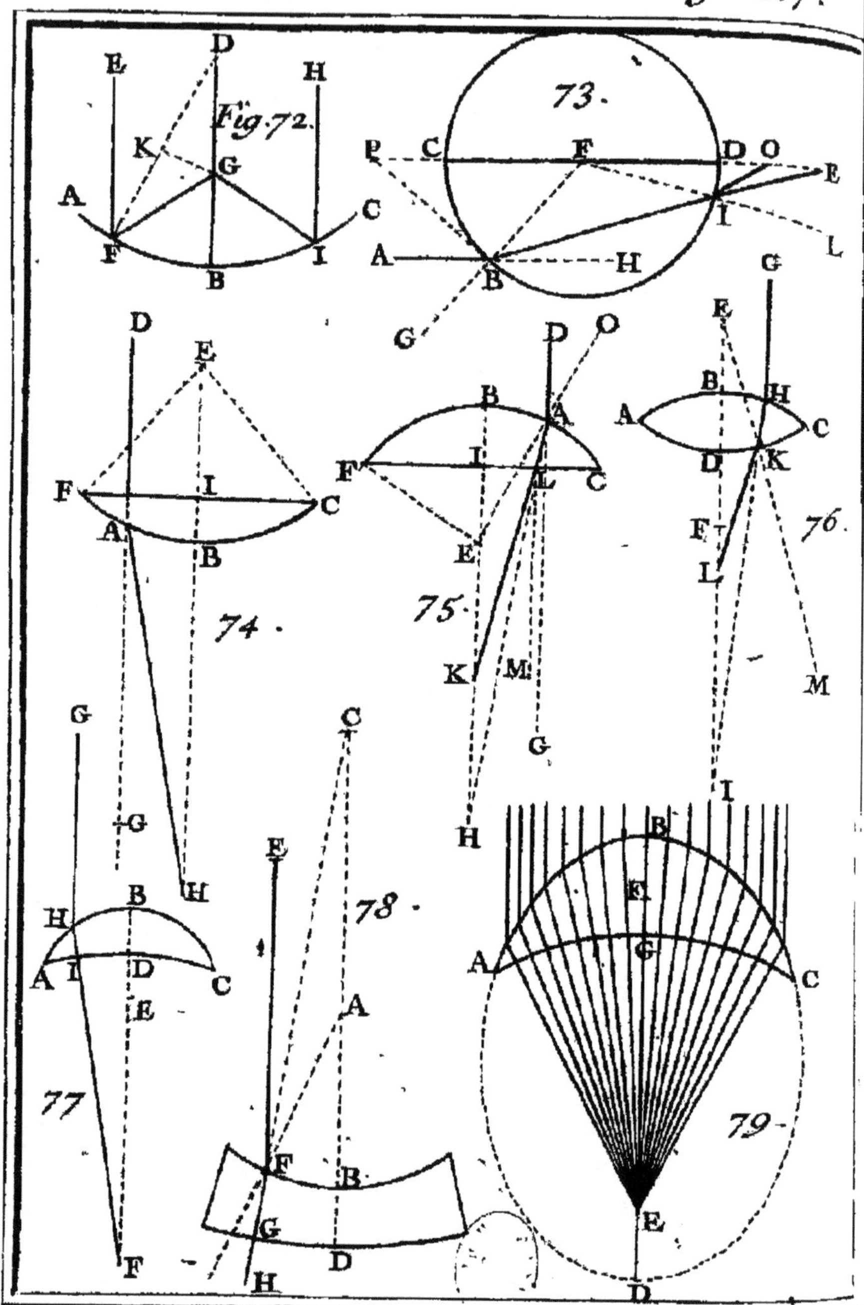

diametre BD , & également éloignez du même De-mi-diametre BD , il est évident que tous ces Rayons doivent se refléchir en un même point, comme G, qu'on appelle *Foyer*, où l'on peut aux Rayons du Soleil allumer une bougie, ou un flambeau, fondre en peu de temps quelque métal que ce soit, & vitrifier la pierre , quand le Miroir est un peu grand.

On peut aisément connoître par la Trigonometrie la distance de ce Foyer G à la Surface du Miroir, la distance du Rayon d'incidence , ou de lumiere étant connuë en degrez, & le Demi-diametre du Miroir en pieds ou en pouces. Comme si le Rayon d'incidence EF est éloigné du Demi-diametre BD, par exemple de 5 degrez, en sorte que l'arc BF, ou l'angle BDF soit de 5 degrez, & si l'on suppose le Demi-diametre DB, ou DF de 100000 parties , on pourra trouver en ces mêmes parties premierement la distance DG, en tirant du Foyer G, la ligne GK perpendiculaire au Demi-diametre DF, qui sera divisé en deux également au point K, ce qui fait que sa moitié DK sera de 50000 parties , & en faisant dans le Triangle DKG cette Analogie,

Comme le Sinus Total	100000
A la Secante de l'angle D	100382
Ainsi la ligne DK	50000
A la ligne DG	50191

laquelle étant ôtée du Demi-diametre DB , ou de 100000 , il restera 49809 pour la ligne GB, ou pour la distance du Foyer à la Surface concave du Miroir.

C'est par cette maniere que nous avons supputé la Table suivante, où l'on void que le Foyer G s'approche toûjours de la Surface concave d'un Miroir

Spherique, à mesure que les Rayons d'incidence s'éloignent du centre du Miroir, de sorte que

1	49992	16	47985	31	41668	46	28022
2	49970	17	47715	32	41041	47	26686
3	49932	18	47427	33	40382	48	25276
4	49878	19	47269	34	39689	49	23787
5	49809	20	46791	35	38961	50	22214
6	49725	21	46443	36	38197	51	20549
7	49625	22	46073	37	37393	52	18787
8	49509	23	45681	38	36549	53	16918
9	49377	24	45268	39	35662	54	14935
10	49229	25	44831	40	34730	55	12828
11	49064	26	44370	41	33749	56	10586
12	48883	27	43884	42	32798	57	8196
13	48685	28	43372	43	31634	58	5646
14	48468	29	42832	44	30492	59	2920
15	48236	30	42265	45	29289	60	0000

quand ils en sont éloignez de 60 degrez, le Foyer G se trouve precisément au point B de la Surface concave du Miroir.

On voit aussi dans cette Table, que les Rayons d'incidence, depuis 1 degré jusqu'environ à 15 degrez de distance, s'unissent par reflexion presque en un même point, parce que la distance du Foyer G ne décroît pas sensiblement. Ce qui fait qu'une telle quantité de Rayons envoyez du Soleil sur la Surface concave d'un Miroir Spherique, qui peuvent passer pour paralleles, à cause de la grande distance du Soleil à la Terre, se refléchit presque en un même point, & que par conséquent tous les Rayons de reflexion, qui se trouvent compris dans une portion concave de Sphere d'environ 30 degrez, peuvent par leur union produire du feu, comme l'experience le montre.

On voit encore dans la Table precedente, que le Foyer G est éloigné de la Surface concave du Miroir d'environ la quatriéme partie du Diametre, ou de la moitié du Demi-diametre DB, & que par consequent un Miroir concave Spherique doit brûler d'autant plus loin que plus son Diametre sera grand. Il ne faut pas croire pourtant qu'il puisse brûler à une distance énorme, parce qu'outre la difficulté qu'il y auroit à en construire un bien grand, ces Rayons de reflexion qui s'unissent insensiblement en un même point dans un petit Miroir, depuis 1 jusqu'à 15 degrez de distance, font que la distance du Foyer G ne change pas sensiblement, & que ces Rayons ne s'uniront pas si parfaitement dans un grand Miroir, ce qui fera changer sensiblement la distance du même Miroir, & diminuera la force des Rayons. Ainsi ce que l'on dit d'Archimede n'est pas croyable, sçavoir qu'aux Rayons du Soleil il avoit par le moyen d'un Miroir concave brûlé l'Armée Navale des Romains à une distance de 375 Pas Geometriques, qui reviennent à 1875 pieds.

COROLLAIRE.

Il suit de ce qui a été dit dans ce Problême, & dans le precedent, que si l'on met un corps lumineux, comme une chandelle au Foyer G, ses Rayons se refléchiront par des lignes environ paralleles entre elles & au Demi-diametre DB : & que si on la met au centre D, ses Rayons se refléchiront contre eux-mêmes, parce qu'alors ils feront perpendiculaires à la Surface du Miroir.

On peut par le moyen d'un semblable Miroir, representer à la faveur des Rayons du Soleil, tels caracteres qu'on voudra sur une muraille obscure, dont le Miroir ne soit pas beaucoup éloigné, sçavoir en écrivant sur la Surface concave du Miroir avec de la cire, ou autrement, les lettres à l'envers d'un caractere un peu gros, & en opposant directement le Miroir au Soleil, car alors les lettres paroîtront par reflexion dans leur situation ordinaire sur la muraille proposée.

On peut aussi par le moyen du même Miroir augmenter la lumiere dans une grande Chambre, en appliquant une chandelle allumée au Foyer de ce Miroir, car alors les Rayons de cette chandelle se réfléchiront par toute la chambre, & y feront une telle clarté, qu'on pourra aisément lire contre les murailles.

Enfin l'on peut se servir de la même façon de ce Miroir pour s'éclairer la nuit, & voir de loin ce qui se passe : & il peut être utile à ceux qui veulent conserver leur vûë, en se servant de la lumiere d'une lampe mise au Foyer du Miroir, qui doit être placé un peu haut, & à côté, afin qu'il puisse envoyer commodément la lumiere de la lampe sur la Table où l'on veut lire, ou écrire.

Remarque.

Les Miroirs ardans se font ordinairement de métal, afin que la reflexion s'y fasse plus facilement, & que l'effet en soit plus prompt & plus vigoureux, quoy qu'on les puisse aussi faire de Verre, où la reflexion se fera presque aussi-bien, pourvû que le Verre soit bien net, & un peu mince, & que l'enduit en soit bon, pour empêcher les Rayons d'incidence de traverser & de se briser.

Pour trouver facilement le Foyer d'un Miroir

concave, quand il eſt expoſé aux Rayons du Soleil
il faut éloigner ou approcher du Miroir une petite
piece de bois, ou de quelqu'autre matiere ſolide,
en telle ſorte que le diſque de lumiére qui paroîtra
par reflexion contre cette piece, paroiſſe le plus petit qu'il ſera poſſible, car alors la piece ſe trouvera
au Foyer. Ou bien l'on mettra de l'eau chaude au-
prés du Miroir du côté de la concavité qui regarde
directement le Soleil, car la fumée qui ſortira de
cette eauë chaude, vous fera voir avec plaiſir le
Cone de reflexion, dont la pointe ſera le Foyer.
Ou bien encore l'on jettera de la pouſſiere au devant de la concavité du Miroir qui regarde directement le Soleil, car on connoîtra dans cette pouſſiere comme dans la fumée, le Cone de la lumiére re-
fléchie, & par conſequent ſa pointe qui ſera le
Foyer qu'on cherche. On peut mêmes en Hyver remarquer ce Foyer & tout le Cone de reflexion ſans
pouſſiere, ni ſans fumée, lorſque l'air ſera groſ-
ſier & condenſé par le froid.

Quoy qu'il ſemble que pour produire du feu par
le moyen d'un Miroir concave, il doive être éclai-
rée des Rayons du Soleil, afin que la reflexion s'y
puiſſe faire, on en peut neanmoins produire dans
un lieu obſcur, ſçavoir en renvoyant les Rayons
du Soleil contre la concavité de ce Miroir par le
moyen d'un Miroir plan qui doit être un peu grand,
afin qu'un plus grand nombre des Rayons s'uniſſant
au Foyer, puiſſe brûler avec plus de force.

PROBLEME XVI.

*Des Spheres de Verre, propres à produire du feu
aux Rayons du Soleil.*

ON peut aussi produire du feu aux Rayons du
Soleil avec une Sphere de Verre ou de Cristal, ou de quelqu'autre matiere qui se puisse facilement penetrer par la lumiere, comme avec de
l'eau renfermée dans une bouteille bien ronde, ou
avec une Sphere de glace : non pas par reflexion,
mais par refraction qui peut aussi assembler en un
point plusieurs Rayons de lumiere paralleles entre
eux, parce qu'en entrant dans la Sphere, ils se brisent en s'approchant de la perpendiculaire, & qu'en
sortant de la Sphere ils se brisent de nouveau en
s'écartant de la perpendiculaire, ce qui les fait approcher du Diametre de la Sphere, auquel les
Rayons d'incidence sont paralleles, & le rencontrer
en dehors en un point qui est le Foyer, dont l'effet n'est pas si prompt, ni si vigoureux que dans
un Miroir ardant.

Soit une Sphere ou Boule de Verre BCD, dont
le centre soit F, & un Diametre soit CD. Soit un
Rayon de lumiere ou d'incidence AB, qui rencontrant la Surface de la boule de Verre en B, la penetre & entre au dedans, mais au lieu de se continuer
selon la ligne droite ABH, comme il feroit s'il ne
rencontroit aucune resistance, il se brise en ce point
B, lequel à cause de cela est appellé *Point de refraction*, & en s'approchant de la perpendiculaire
GBF vers le centre F, se continuë selon la ligne BI,
qui étant prolongée rencontre le Diametre CD aussi
prolongé au point E, qui seroit le Foyer si le Rayon

brifé BI ne fe brifoit de nouveau au point I, par la ligne IO, qui en s'écartant de la perpendiculaire IL, rencontre le Diametre CD au point O, qui eſt le Foyer.

Plan-che 12. 73. Fig.

Auparavant que de vous enſeigner à trouver ce Foyer O, ou ſa diſtance DO à la Surface de la boule de Verre, nous expliquerons ici quelques termes, & quelques proprietez des Angles briſez & des Angles de refraction dans le Verre, qui ne ſont pas les mêmes dans les autres corps Diaphanes, comme l'experience le fait connoître.

Si donc la ligne AB eſt un *Rayon d'incidence*, la droite BI s'appelle *Rayon de refraction*, & l'Angle HBI ſe nomme *Angle de refraction*. La droite BG, qui eſt perpendiculaire à la Surface de la boule, & qui par conſequent paſſe par ſon centre F, s'appelle *Axe d'incidence*, & étant prolongée au dedans de la boule, ſe nomme *Axe de refraction*.

Le Plan qu'on imagine par le Rayon d'incidence AB, & par le Rayon de refraction BF, s'appelle *Plan de refraction*, qui eſt toûjours perpendiculaire à la Surface de la boule, qu'on nomme *Surface rompante*, parce que le Rayon d'incidence ſe briſe là où il rencontre cette Surface. Il eſt évident que le Plan de refraction paſſe par les Axes d'incidence & de refraction, & qu'il contient l'Angle de refraction HBI, & l'Angle IBF, qu'on appelle *Angle briſé*, & encore l'Angle ABG, qui ſe nomme *Angle d'inclinaiſon*, lequel eſt toûjours égal au complement de l'*Angle d'incidence* ABP.

L'Angle briſé croît ou décroît à meſure que l'Angle d'inclinaiſon eſt plus grand, ou plus petit, de ſorte que quand l'un de ces deux angles eſt nul, l'autre Angle eſt auſſi nul. Comme ſi la perpendiculaire BG eſt un Rayon d'incidence, auquel cas

l'angle d'inclinaison sera nul, ce Rayon d'incidence
GB en penetrant le Verre, ne se brisera point, se
continuant en droite ligne vers le centre F, ce qui
fait que l'Angle brisé est aussi nul. Ainsi vous voyez
que lorsque le Rayon d'incidence est perpendiculaire à la Surface rompante, il ne se fait aucune refraction, parce qu'il n'y a aucune raison par laquelle
cette refraction se doive faire plûtôt d'un côté que
d'un autre.

Quoique l'Angle brisé croisse à mesure que l'Angle d'inclinaison, neanmoins il ne croît pas de la
même façon, c'est-à-dire, que si l'Angle d'inclinaison s'augmente par exemple d'un degré, l'Angle brisé ne s'augmentera pas aussi d'un degré, mais
cette augmentation est telle, que les Sinus des Angles d'inclinaison dans un même Milieu sont proportionnels aux Sinus de leurs Angles brisez dans un
autre Milieu plus facile, ou plus difficile à penetrer;
de sorte que le Sinus d'un Angle d'inclinaison est
au Sinus de son Angle brisé, comme le Sinus d'un
autre Angle d'inclinaison est au Sinus de son Angle
brisé. C'est pourquoy si l'on a une fois connu par
experience un Angle brisé pour quelque Angle d'inclinaison que ce soit, il sera facile de connoître par
supputation les Angles brisez pour tous les autres
Angles d'inclinaison.

Parce que les deux lignes AH, CD, sont parallе-
les, l'Angle E est égal à l'Angle de refraction HBE;
& parce que dans tout Triangle rectiligne les Sinus
des Angles sont proportionnels à leurs côtez opposez, on connoît que le Sinus de l'Angle brisé
EBF, est à son côté opposé EF, comme le Sinus
de l'Angle BFC, ou de l'Angle d'inclinaison ABG,
au Rayon de refraction BE; & comme l'on a reconnu par experience, que lorsque la boule BCD

est

'eſt de Verre, le Sinus de l'Angle briſé EBF eſt au Sinus de l'Angle d'inclinaiſon ABG, ou BFC, comme 2 eſt à 3, il s'enſuit que ſi la ligne EF eſt de 200 parties, le Rayon de refraction BE en doit contenir 300, & qu'ainſi l'on peut facilement trouver par la Trigonometrie l'Angle E, ou l'Angle de refraction HBE, l'Angle briſé EBF, & le Demi-diametre BF, lorſque l'on connoît l'Angle d'inclinaiſon ABG, ou ſon égal BFC, dans le Triangle obliquangle BFE, où trois choſes ſont connuës, le côté BE de 300 parties, & le côté EF de 200, avec l'Angle BFE, qui eſt le reſte à 180 degrez de l'Angle BFC; qui eſt égal à l'Angle d'inclinaiſon ABG, que l'on ſuppoſe connu.

Suppoſons que l'Angle d'inclinaiſon ABG ſoit de 10 degrez, auquel cas l'Angle BFE ſera de 170 degrez, & qu'on veüille trouver l'Angle briſé EBF; faites cette Analogie,

Comme le côté BE	300
Au Sinus de l'Angle oppoſé BFE	17365
Ainſi le côté EF	200
Au Sinus de l'Angle briſé EBF	11577

qui ſe trouvera d'environ 6. 39'. & qui étant ôté de l'Angle BFC, ou de l'Angle d'inclinaiſon ABG, que nous avons ſuppoſé de 10 degrez, il reſte 3. 21'. pour l'Angle de refraction HBE, ou pour l'Angle E, qui ſervira pour trouver le Demi-diametre BF; par cette Analogie;

Comme le Sinus de l'Angle BFE	17365
A ſon côté oppoſé BE	300
Ainſi le Sinus de l'Angle E	5843
A ſon côté oppoſé BE	101

Tome I.   P

Mais si le Demi-diametre BF est déja connu, comme de 100 parties, on trouvera dans les mêmes parties la ligne EF, en faisant dans le même Triangle BEF, cette Analogie,

Comme le Demi-diametre BF	101
A la ligne EF	200
Ainsi le même Demi-diametre BF	100
A la même ligne EF	198

à laquelle ajoûtant le Demi-diametre FC, ou 100, on aura 298 pour la ligne CE.

C'est par cette maniere qu'on a supputé la Table suivante, où l'on trouve vis-à-vis de l'Angle

ABG	EBF	HBE	CE	ABG	EBF	HBE	CE
1	0. 40	0. 20	300	11	7.18	3. 42	297
2	1. 20	0. 40	300	12	7.58	4. 2	297
3	2. 0	1. 0	300	13	8.38	4. 22	297
4	2. 40	1. 20	300	14	9.16	4. 44	296
5	3. 20	1. 40	300	15	9.56	5. 4	295
6	4. 0	2. 0	299	16	10.35	5. 25	295
7	4. 40	2. 20	299	17	11 14	5. 46	294
8	5. 19	2. 41	298	18	11.53	6. 7	293
9	5. 59	3. 1	298	19	12.32	6. 28	292
10	6. 39	3. 21	298	20	13.11	6. 49	292

d'inclinaison ABG, la quantité de l'Angle brisé EBF, & de l'Angle de refraction HBE, avec celle de la ligne CE, le Diametre CD de la Sphere de Verre étant supposé de 200 parties.

Nous n'avons pas prolongé cette Table au delà du 20. degré d'inclinaison, parce qu'elle suffit pour vous faire voir à quelle proportion la ligne CE décroît, qui est qu'elle décroît fort lentement,

étant environ égale par tout à trois Demi-dia- Plan-
metres, puisque la plus grande difference n'est che 21.
d'environ que de la 25. partie du Diametre, ce 73. Fig.
qui fait que la ligne DE est presque égale au Demi-diametre de la même Sphere, c'est-à-dire, à la
ligne DF.

Cette ligne DE, qui se trouve de 98 parties pour
un Angle d'inclinaison de 20 degrez, comme l'on
connoît en ôtant CD de CE, ou 200 de 292,
nous servira pour trouver le Foyer O, comme vous
allez voir, aprés avoir remarqué que l'Angle brisé
EBF est environ double de l'Angle de refraction
HBE, & que par consequent cet Angle de refraction HBE est presque égal à la troisiéme partie de
l'Angle d'inclinaison ABG, comme l'on voit sans
peine dans la Table precedente.

Pour donc trouver le Foyer O, on considerera
que puisque les lignes DE, DF, sont presque égales, les Angles IEF, IFE, sont à peu prés égaux,
ce qui fait que l'Angle EIL, qui leur est égal, est environ double de chacun, & par consequent de
l'Angle E. Cela étant supposé, si l'on considere la
ligne OI comme un Rayon d'incidence, en sorte
que l'Angle OIL soit un Angle d'inclinaison, auquel cas, la ligne IB sera un Rayon de refraction,
l'Angle OIE sera un Angle de refraction, & l'An-
gle EIL un Angle brisé, l'on connoîtra que cet An-
gle brisé EIL est aussi double de l'Angle de refraction EIO, comme nous avons remarqué auparavant. D'où il suit que les deux Angles E, EIO,
sont égaux entre eux, & que par consequent les
lignes OE, OI, sont aussi égales entre elles : &
parce que la ligne OI est presque égale à la ligne
OD, la ligne OE sera aussi presque égale à la ligne
OD, & ainsi le Foyer O est environ au milieu de

la ligne DE, & par conséquent la ligne DO est
égale à la moitié de la ligne DE, ou du Demi-diametre DF. Si donc on prend sur le Diametre prolongé la ligne DO égale à la moitié du Demi-diametre DF, ou au quart du Diametre CD, on aura
en O le Foyer qu'on cherche.

Remarque.

L'Angle EBF, qui est un Angle brisé à l'égard
du Rayon d'incidence AB, qui sortant de l'air pour
entrer dans le verre, se brise par la ligne BE, qui
est un Rayon de refraction, devient un Angle d'inclinaison à l'égard du Rayon d'incidence IB, qui
sortant du Verre pour entrer dans l'air, se brise
reciproquement par la ligne AB, qui sera un Rayon
de Refraction : & comme cet Angle EBF est dou-
·ble de l'Angle de refraction HBE, l'on void que
lorsqu'un Rayon d'incidence sort du Verre pour
entrer dans l'air, l'Angle d'inclinaison est double
de l'Angle de refraction, ce qu'il est bon de remarquer, parce que cela nous servira pour le Pro-
bléme suivant.

PROBLEME XVII.

Des Lentilles de Verre, propres à produire du feu aux Rayons du Soleil.

LEs Lentilles de Verre, qui peuvent servir à
produire du feu, étant exposées directement
aux Rayons du Soleil, peuvent être plates d'un côté
& convexes de l'autre, comme un Segment de Sphere : ou bien convexe des deux côtez, comme les
Lunettes des Vieillards, & les Microscopes qui

groſſiſſent extraordinairement les Objets, & ſervent
à découvrir les moindres parties & plus petits corps
de la Nature ; ou bien encore convexes d'un côté
& concaves de l'autre, qui ne ſont pas ſi utiles que
les autres, parce qu'elles ne peuvent ſervir à produire du feu, que quand leur convexité eſt tournée
droit au Soleil, car lorſque leur concavité regarde
le Soleil, les Rayons de refraction au lieu de *con-
vergens* deviennent *divergens*, c'eſt-à-dire, qu'ils
s'écartent les uns des autres, ce qui les empêche de
s'unir & de pouvoir produire du feu, comme nous
ferons voir dans la ſuite.

Des Lentilles de Verre, faites en forme de Segment de Sphere.

EXpoſons premierement au Soleil la Surface
plane FC de la Lentille de Verre FBC, dont la
convexité FBC a ſon centre E dans l'Axe d'incidence
EBH, qui diviſe l'arc FBC en deux également au
point B, & ſa corde FC auſſi en deux également
au point I, & dans lequel eſt le Foyer H de tous
les Rayons d'incidence, qui ſont paralleles à l'Axe
d'incidence EH, & par conſequent perpendiculaires
à la Surface rompante FC. Ce Foyer H, ou ſa diſtance BH depuis la convexité du Miroir, ſe déterminera en cette ſorte.

Soit un Rayon d'incidence DA, lequel étant parallele à l'Axe d'incidence EH coupera la Surface
rompante FC à Angles droits, & la traverſera par
conſequent ſans ſe briſer, juſqu'à ce qu'étant parvenu au point A de la Surface convexe, il ſe briſe-
ra en ſortant du Verre, & au lieu d'aller droit en
G, il ſe détournera par le Rayon de refraction AH,
qui coupera l'Axe d'incidence EH au point H, où

tous les autres Rayons d'incidence paralleles au Rayon DA, s'uniront par refraction, pour le moins quand l'Arc BC, ou BF ne sera pas plus grand que de 20 degrez, parce que, comme vous avez vû au Problême precedent, les Rayons de refraction ne s'uniroient pas au même point H, mais plus proche du point B, si ces arcs étoient de beaucoup plus grands que de 20 degrez. Ainsi le point H sera le Foyer, parce que c'est le lieu où les Rayons du Soleil s'unissans par refraction peuvent produire du feu.

Cela étant supposé, l'on considerera que l'Angle d'inclinaison DAE, ou son égal AEH étant double de l'Angle de refraction GAH, ou AHE son égal, comme nous avons reconnu au Problême precedent, le Sinus de l'Angle AEH sera presque double du Sinus de l'Angle AHE, à cause de la petitesse de ces Angles : & parce que dans un Triangle rectiligne les côtez sont proportionnels aux Sinus de leurs Angles opposez, le côté AH sera aussi presque double du côté AE : & comme le côté AH approche d'être égal à la ligne BH, il s'ensuit que la distance BH du Foyer H à la Surface convexe FBC est presque double du Demi-diametre AE, ou BE, & que par consequent toute la distance EH est environ triple de ce Demi-diametre.

Mais si l'on tourne la partie convexe FBC vers le Soleil, le Rayon DA, & tous les autres paralleles à l'Axe d'incidence EB, se briseront deux fois auparavant que de s'unir au point K, qui sera le Foyer une fois en entrant dans le Verre par la ligne AH, qui s'approche de la perpendiculaire EAO, & une seconde fois en sortant du Verre par la ligne LK, qui s'écarte de la perpendiculaire LM.

Il est évident par ce qui a été dit au Problême

precedent, que dans la premiere refraction l'Angle d'inclinaison DAO, ou AEB, est triple de l'Angle de refraction GAH, ou AHE, & que par consequent la ligne AH est triple du Demi-diametre EA: & parce que la ligne AH est presque égale à la ligne BH, cette ligne BH sera aussi presque triple du même Demi-diametre AE, ou BE, comme auparavant, ce qui fait connoître que le Foyer seroit en H, s'il n'y avoit qu'une refraction, mais comme il y en a deux,

Il est évident aussi par la remarque du Problême precedent, que dans la seconde refraction HLM, ou KHL est double de l'Angle de refraction KLH, & que par consequent la ligne KL est double de la ligne KH : & parce que la ligne KL est presque égale à la ligne KB, lorsque l'épaisseur BI de la Lentille n'est pas beaucoup grande, comme nous le supposons ici, cette ligne KB est aussi presque double de la ligne KH, & que par consequent toute la ligne BH est environ triple de la ligne KH: & comme nous avons reconnu que la même ligne BH est aussi triple du Demi-diametre BE, il s'enfuit que ce Demi-diametre BE est égal à la ligne KH, & que par consequent la ligne KB est double du Demi-diametre BE, ou égale à tout le Diametre. Si donc on porte le Demi-diametre EB, depuis le centre E en K, ce point K sera le Foyer qu'on cherche.

Des Lentilles de Verre, convexes des deux côtez.

POur trouver le Foyer de la Lentille de Verre ABCD, dont l'Axe EI contient le centre E de la convexité ADC, & le centre F de la convexité ABC, tirez un Rayon quelconque d'incidence GH

parallele à l'Axe EI, & ayant pris sur cet Axe la ligne BI triple du Demi-diametre BF, menez la droite HI, qui donnera le point K de la seconde refraction, par où vous tirerez du centre E, la droite
EKM, qui sera perpendiculaire à la Surface rompante ADC, ce qui fait que la ligne IK étant considerée comme un Rayon d'incidence, l'Angle IKM
sera un Angle d'inclinaison, lequel étant double de
l'Angle de refraction, comme il a été remarqué au
Problême precedent, si l'on fait en K, l'Angle IKL
égal à la moitié de l'Angle IKM, on aura en L le
Foyer qu'on cherche, à l'égard de la convexité
ABC exposée au Soleil.

Remarque.

Lorsque les Demi-diametres ED, BF, seront
égaux entre eux, c'est-à-dire, lorsque les convexitez ABC, ADC, seront des portions égales de la
superficie d'une même Sphere, le Foyer se trouvera environ au Centre F de la convexité ABC exposée au Soleil, ou au centre E de la convexité ADC
tournée contre le Soleil. Mais soit que les Demi-
diametres ED, BF, soient égaux, ou inégaux, la
distance du Foyer L sera toûjours la même, en
tournant vers le Soleil celle qu'on voudra des deux
convexitez ABC, ADC.

Des Lentilles de Verre, convexes d'un côté, & concaves de l'autre.

LE Foyer d'une semblable Lentille se trouve
comme dans la precedente, lorsque sa convé-
xité regarde le Soleil, mais il y a un abregé pour
le trouver, quand le Diametre de la concavité est

triple de celuy de la convexité, car pour lors le
Foyer se trouve éloigné d'un Diametre & demi,
ou de trois Demi-diametres de la convexité, que
nous supposons tournée vers le Soleil, c'est-à-dire,
qu'il est au centre de la concavité, en considerant
l'épaisseur de la Lentille comme tres-petite.

Planche XX.
77. Fig.

Proposons la Lentille de Verre ABCD , telle
que le Demi-diametre EB de la convexité ABC,
qui regarde le Soleil, soit la troisiéme partie du
Demi-diametre FD de la concavité ADC. Cela
étant, je dis que tous les Rayons d'incidence paralleles à l'Axe BF, comme GH, s'uniront par refraction au centre F de la concavité, parce que ce
Rayon GH en traversant le Verre se brisera par la
droite HI, qui étant continuée passeroit par le point
F, éloigné de la convexité ABC de trois Demidiametres, comme vous avez vû auparavant, ce
qui fait que le Rayon de refraction HF se trouvant
perpendiculaire à la Surface concave ADC, ne se
brisera point en I, lorsqu'il sortira du Verre, &
qu'il se continuera directement vers le point F, lequel par conséquent sera le Foyer qu'on cherche.

Mais si l'on tourne la concavité vers le Soleil, le
Foyer se trouvera comme auparavant, & il se pourra
aussi trouver par abregé, lorsque le Demi-diametre
AB de la concavité sera la troisiéme partie du Demi-diametre CD de la convexité, parce que dans
ce cas, le Foyer se trouvera au centre C de la convexité, lorsque l'épaisseur BD de la Lentille ne sera
pas considerable, ce qu'il faut toûjours supposer
ainsi, comme l'on connoîtra par un raisonnement
semblable au precedent. Mais on ne peut tirer aucune utilité d'une Lentille ainsi exposée au Soleil,
puisque ses rayons de refraction s'écartent, au lieu
de s'unir. Ainsi le point C n'est appellé Foyer qu'im-

78. Fig.

proprement, parce que les Rayons de refraction ne
peuvent pas s'affembler à ce point qui regarde le
Soleil, mais ils s'écartent par des lignes qui tendent feulement à ce point.

Remarque.

, Ce Foyer C, qui ne peut pas fervir pour produire du feu, eft appellé *Foyer Virtuel*, pour le
diftinguer du *Foyer veritable*; où les Rayons du
Soleil s'uniffant par refraction, peuvent produire
du feu. Ce Foyer veritable fe peut trouver par cette Analogie, qui fuppofe que l'épaiffeur de la Lentille, dont la convexité regarde le Soleil, eft tres-
petite, & comme infenfible;

*Comme la difference des Demi-diametres de la
concavité & de la convexité,
Au Demi-diametre de la convexité;
Ainfi le Diametre de la concavité,
A la diftance du Foyer.*

Dans une Lentille convexe des deux côtez, le
Foyer qui eft toûjours veritable, fe peut trouver
par cette Analogie, qui comme la precedente, fuppofe que l'épaiffeur de la Lentille eft tres-petite.

*Comme la fomme des Demi-diametres des deux
convexitez,
Au Demi-diametre de la convexité qui re-
garde le Soleil;
Ainfi le Diametre de l'autre convexité,
A la diftance du Foyer.*

Cette Analogie fervira auffi pour trouver le

Foyer d'une Lentille concave des deux côtez, mais comme ce Foyer n'est que Virtuel dans cette espece de Lentilles, aussi-bien que dans celles qui sont plates d'un côté & concaves de l'autre, nous n'en parlerons pas davantage.

Plan-
che 21.
79. Fig.

Si l'on fait une Lentille de Verre ABCG, concave d'un côté, & convexe de l'autre, en sorte que la convexité ABC soit la Surface d'une portion de Spheroïde produit par la circonvolution de l'Ellipse ABCD, autour de son grand Axe BD, qui soit à la distance EF des deux Foyers E, F, de l'Ellipse, comme 3 est à 2, & dont la concavité AGC ait pour centre le Foyer E ; en exposant cette Lentille aux Rayons du Soleil, en sorte que sa convexité ABC regarde directement le Soleil, tous les Rayons d'incidence qui seront paralleles au grand Axe BD, s'uniront par refraction au Foyer E, lequel par consequent sera le Foyer veritable de cette Lentille Spherico-Elliptique. Sa convexité se peut aussi faire hyperbolique, mais cela est trop speculatif pour des Recreations Mathematiques. Voyez la Dioptrique du P. Dechales.

PROBLEME XVIII.

Representer dans une Chambre close les Objets de dehors avec leurs couleurs naturelles , par le moyen d'une Lentille de Verre convexe des deux costez.

AYant fermé la porte & les fenêtres de la chambre, en sorte que toutes les avenuës soient bouchées à la lumiere, excepté un petit trou que l'on fera à une fenêtre qui réponde sur quelque Place frequentée, ou sur quelque beau Jardin, si cela fe peut ; appliquez à ce trou une Lentille de Verre convexe des deux côtez , qui ne foit pas beaucoup épaiffe, afin que fon Foyer foit plus é loigné, comme un Verre des Lunettes, dont fe fervent les Vieillards : & alors les images des Objets de dehors, qui pafferont au travers de ce Verre, étant reçûës fur un linge tendu à plomb, ou fur un Carton bien blanc placé environ au Foyer du même Verre, y paroîtront avec leurs couleurs naturelles, & mêmes plus vives que le naturel, fur tout lorfque le Soleil les éclairera, fans neanmoins éclairer le Verre, parce que la trop grande lumiere en frappant contre le Verre empêcheroit de pouvoir difcerner avec plaifir les images des Objets exterieurs, qui fans cela s'y diftingueront d'une telle maniere avec leurs mouvemens, que l'on pourra fans peine difcerner les hommes d'avec les animaux qui pafferont, & mêmes un homme d'avec une femme, remarquer les Oifeaux qui voleront en l'air, & connoître quand il fera un peu de vent, par le tremblement des herbes, ou des feüilles des arbres, qui fe rendra fenfible fur le linge, ou fur le carton, pourvû que le Vent les agite.

Remarque.

On peut bien fans Verre diftinguer auffi fur une muraille de la chambre, ou fur le plancher, les images des Objets exterieurs, & principalement de ceux qui font en mouvement ; mais ces images ne paroiffent pas avec tant d'agréement & de diftinction, parce que leurs couleurs ne font que fombres & mortes. Or de quelque maniere qu'on les voye, elles paroîtront toûjours renverfées, mais on les peut redreffer en plufieurs manieres, ce qui ne fert de rien, parce que cela n'augmente pas le plaifir qu'il y a de les voir avec un Verre dans leurs couleurs naturelles, & ne diminuë en rien l'ufage qu'on en tire, qni eft que l'on peut reprefenter en racourci fur le carton les païfages, & tout ce qui pourra envoyer fon image fur ce carton : fçavoir en paffant un crayon fur tous les traits de cette reprefentation qui paroîtra comme en Perfpective, dont les parties feront d'autant mieux proportionnées que moins la Lentille de Verre fera épaiffe par le milieu, & que le trou par où les efpeces paffent pour entrer dans le Verre, fera bien petit. Ce trou ne doit pas avoir une épaiffeur confiderable, c'eft pourquoy il doit être fait fur une platine de métal bien mince, qu'on appliquera contre le trou de la fenêtre, qu'il eft bon de faire un peu grand, afin de donner un paffage libre aux efpeces ou images des Objets de dehors, qui feront de côté.

On peut auffi voir dans une chambre, dont les fenêtres feront fermées, pourvû que la porte foit ouverte, ce qui fe paffe au dehors par le moyen de plufieurs Miroirs plans, qui pourront fe communiquer par reflexion les efpeces l'un à l'autre, &c.

J'ay oublié de dire, que par cette maniere de reprefenter fur une Surface les images des Objets avec une Lentille de Verre, les Phyficiens expliquent comment fe fait la vûë, en prenant le creux de l'œil pour la chambre clofe, le fond de l'œil, ou la Retine pour la Surface qui reçoit les efpeces, l'humeur criftallin pour la Lentille de Verre, & le trou de la Prunelle pour le trou de la fenêtre, par où paffent les efpeces, ou images des Objets.

PROBLEME XIX.

Décrire sur un Plan une figure difforme qui paroisse au naturel, étant regardée d'un point déterminé.

ON peut déguiser, c'est-à-dire, rendre difforme une figure, par exemple, une Tête, en sorte qu'elle n'aura aucune proportion étant regardée de front sur le Plan où on l'aura tracée, mais étant vûë d'un certain point, elle paroîtra belle, c'est-à-dire, dans ses justes proportions. Cela se pratiquera de la sorte.

Planche 22. 80. Fig. Ayant fait sur du papier la figure que vous voulez déguiser avec ses justes mesures, décrivez un Quarré autour de cette figure, comme ABCD, & le réduisez en plusieurs autres petits quarrez, en divisant les côtez en plusieurs parties égales, par exemple, en sept, & en tirant des lignes droites en long & en travers par les points opposez des divisions, comme font les Peintres, quand ils veulent contretirer un Tableau, & le reduire au petit pied, c'est-à-dire, de grand en petit.

Cette preparation étant faite, décrivez à discretion sur le Plan proposé le Quarré-long EBFG, & divisez l'un des deux plus petits côtez EG, BF, comme EG, en autant de parties égales que les côtez du Quarré ABCD, comme ici en sept, & l'autre côté BF en deux également au point H; duquel vous tirerez par les points de division du côté opposé EG, autant de lignes droites, dont les deux dernieres seront EH, GH.

Aprés cela ayant pris à discretion sur le côté BF, le point I, au dessus du point H, pour la hauteur de l'œil au dessus du Plan du Tableau, tirez de ce point I, au point E, la ligne droite EI, qui coupe ici celles qui partent du point H, aux points 1, 2, 3, 4, 5, 6, 7, par où vous tirerez autant de lignes droites paralleles entre elles & à la base EG du Triangle EHG, qui se trouvera ainsi divisé en autant de Trapezes que le Quarré ABCD est divisé en de Quarrez. C'est pourquoy si l'on rapporte dans ce Triangle EGH, la figure qui est dans le Quarré ABCD, en faisant passer chaque trait par les mêmes Trapezes ou Quarrez perspectifs qui sont representez par les quarrez naturels du grand ABCD, la figure difforme se trouvera décrite, qu'on verra conforme à son prototype, c'est-à-dire, comme dans le Quarré ABCD, en la regardant par un trou qui soit petit du côté de l'œil, & bien évasé du côté de la figure, comme K, que je suppose perpendiculairement élevé sur le point H, en sorte que sa hauteur LK soit égale à la hauteur HI, qui ne doit pas être bien grande, afin que la figure soit plus difforme dans le Tableau. Voyez le *Probl.* 21.

Planche 22. 80. Fig.

PROBLEME XX.

Décrire sur un Plan une figure difforme qui paroisse dans sa perfection, étant vûë par reflexion dans un Miroir plan.

Ayant comme auparavant, compris la figure qu'on veut déguiser dans un Quarré, comme ABCD, divisé en plusieurs autres petits Quarrez, qui sont ici au nombre de seize, & supposant que le Miroir est une glace parfaitement quarrée, toute nuë & sans quadre, comme EFGH, tirez sur le Plan du Tableau la ligne droite IK égale au côté

81. Fig.

Plan-
che 22.
81. Fig.

EF du Miroir, afin que la figure occupe entierement le Miroir EFGH , & ayant divisé en deux également au point P cette ligne IK , tirez-luy par son point de milieu P, la perpendiculaire indéfinie LM, en sorte que les deux parties PL, PM, soient égales entre elles , & d'une longueur volontaire.

Aprés cela élevez du point L , la ligne LQ perpendiculaire à la ligne LM, & égale au double de la ligne IK , ou du côté du Miroir EF, & du point M, la ligne NO perpendiculaire à la même ligne LM, & aussi double de la ligne IK, en sorte que chacune des deux parties MN, MO, soit égale à la ligne IK, & joignez les droites LN, LO, qui passeront par les points I , K, & feront le Triangle LNO, que l'on divisera comme au Problême précedent , en autant de quarrez perspectifs que le Quarré ABCD en contient de naturels, pour y transporter de la même façon la figure du Quarré ABCD , qui se trouvera difforme sur le Plan du Tableau, & qui paroîtra belle & semblable à son prototype, étant vûë du point Q élevé perpendiculairement sur le point L , comme nous avons dit au Problême precedent , ou bien on la verra en son naturel par reflexion dans le Miroir EFGH placé sur la ligne IK, en regardant le Miroir par un petit trou élevé perpendiculairement sur le point M, à la hauteur de LQ, comme vous voyez dans la

82. Fig. 82. *Fig.* ou IRSK represente le Miroir, & Q le point de l'œil , &c.

PROBLEME

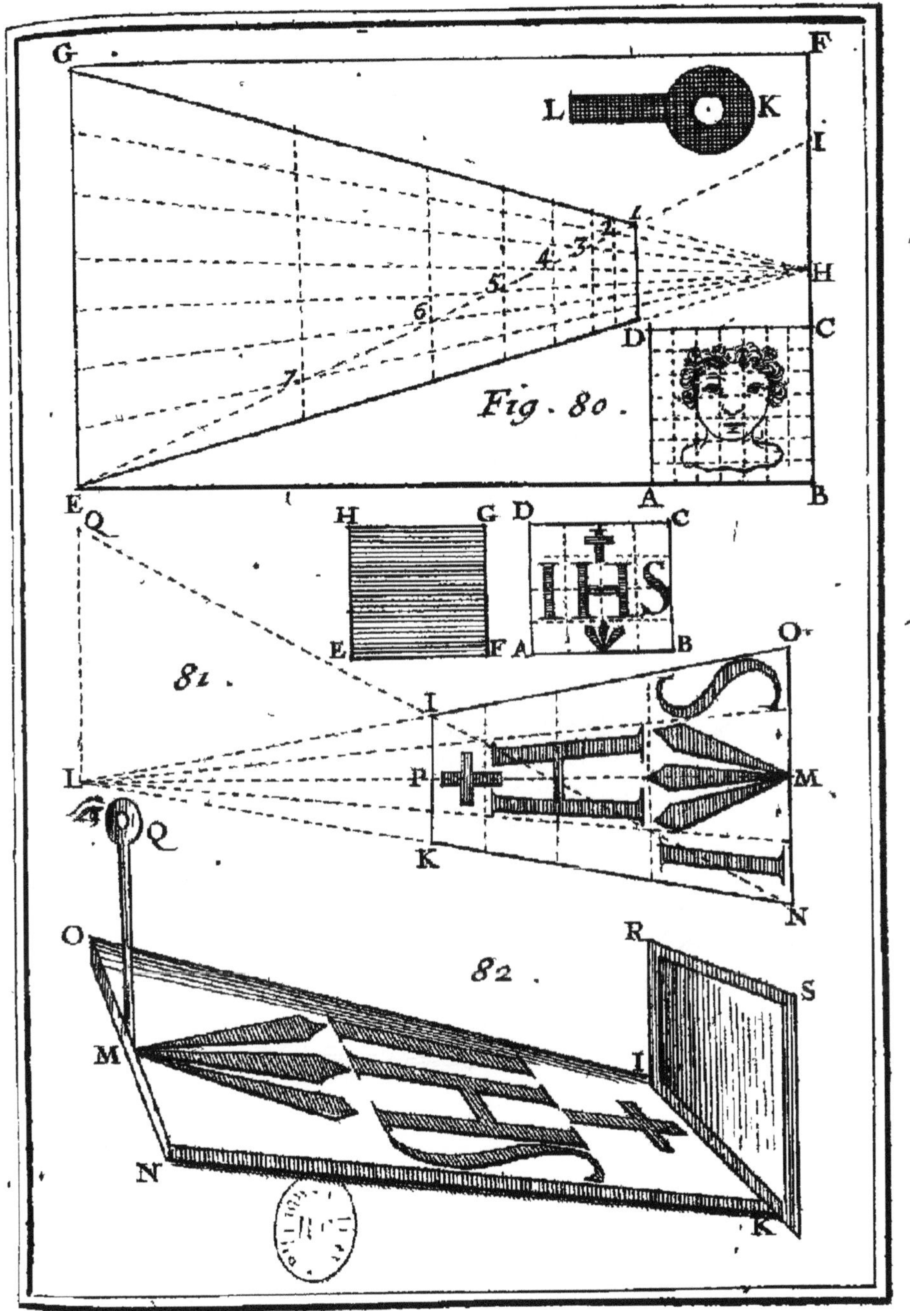
Fig. 80.
81.
82.

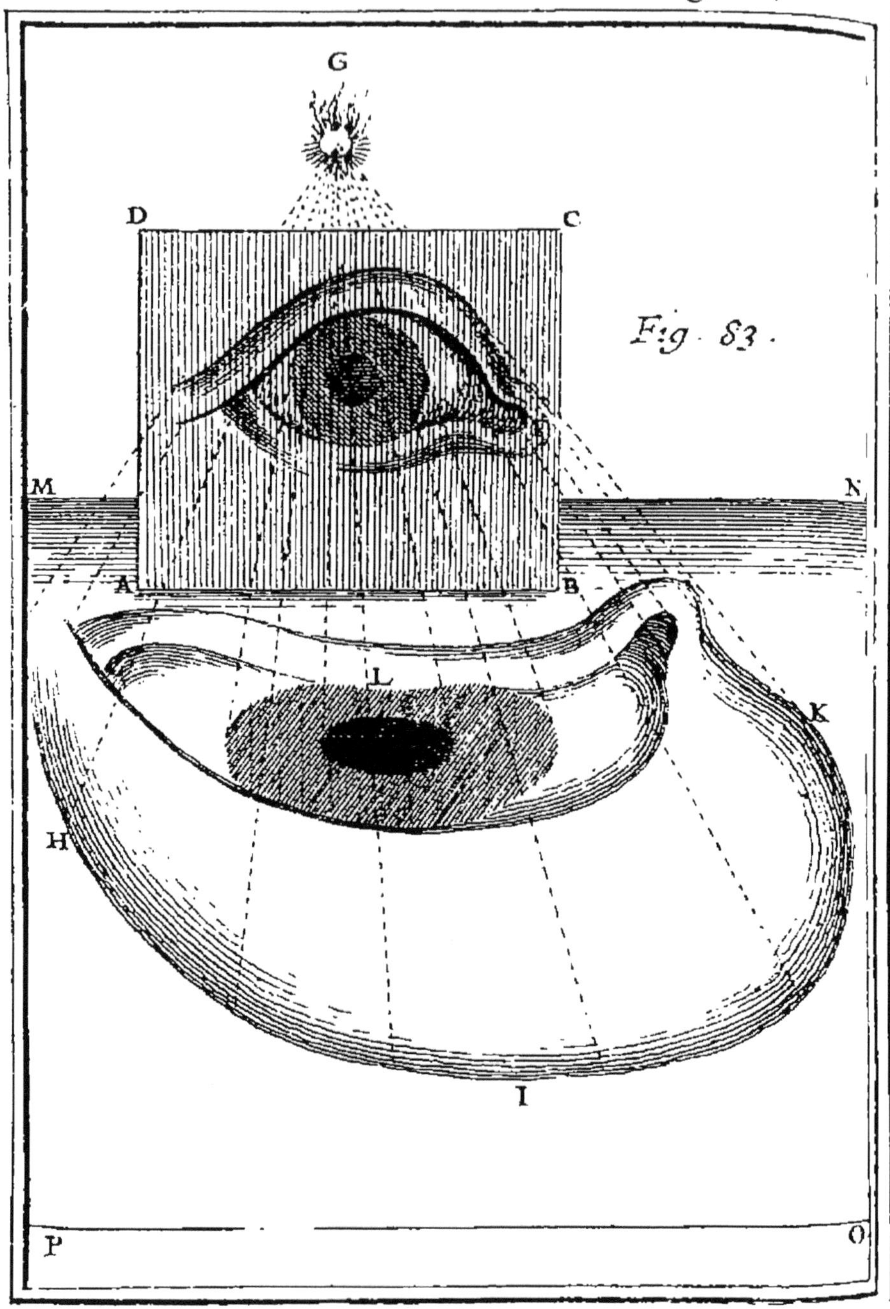
G
D
C
Fig. 83.
M
N
A
B
L
H
K
I
P
O

PROBLEME XXI.

Décrire sur un Plan Horizontal une figure diffor-
me qui paroisse au naturel sur un Plan Verti-
cal transparant, posé entre l'œil & la figure dif-
forme.

IL est évident que si l'on met en Perspective plan-
quelque figure que ce soit sur du papier consi- che 23.
deré comme un Plan horizontal, & que sur la Li- 83. Fig.
gne de terre on éleve à angles droits un Plan transparant, qui soit par exemple de verre ; l'œil étant
placé vis-à-vis du point de vûë , à une hauteur
égale à la distance de la Ligne de terre à la Ligne
horizontale , & éloigné du Plan transparant qui
represente le Tableau d'une distance égale à celle
qu'on a supposée dans la Perspective , verra dans
le Verre la figure difforme dans son naturel. Ceux
qui entendent la Perspective comprennent facilement ce que je viens de dire, & ceux qui ne l'entendent pas pourront resoudre ce Problême mé-
caniquement en cette sorte.

Ayant décrit sur une piece de carton ABCD ,
la figure que vous voulez déguiser , avec ses justes
proportions, par exemple, l'œil EF , picquez cette figure EF , comme si vous vouliez faire un
Poncis : & ayant élevé à angles droits ce Carton
ainsi picqué sur le Plan MNOP , où vous voulez
décrire la figure difforme, mettez derriere le Carton ABCD , une bougie allumée à telle hauteur &
à telle distance qu'il vous plaira , comme en G , &
alors la lumiere en passant par les trous du Carton
ABCD , portera la figure sur le Plan MNOP , &
l'y representera toute defigurée , comme HIKL ;

que l'on marquera avec un crayon, ou autrement, & qui paroîtra en fon naturel fur un Verre mis à la place du Carton ABCD, étant regardée par l'œil placé au point G. Elle paroîtra auffi femblable à fon prototype EF, étant vûë fimplement par un petit trou mis au point G, comme au *Probl.* 19.

PROBLEME XXII.

Décrire fur la Surface convexe d'une Sphere une figure difforme, qui paroiffe au naturel, étant regardée d'un point déterminé.

Plan-
che 24.
84. Fig. AYant fait fur du papier la figure que vous vou-lez déguifer avec fes juftes proportions, en-fermez-la dans un Cercle ABCD, dont le Diame-tre AC, ou BD, foit égal au Diametre de la Sphe-re propofée, & divifez fa circonference en un nombre de parties égales, tel qu'il vous plaira, par exemple, en feize parties égales, pour tirer du centre de ce Cercle par les points de divifion au-tant de lignes droites. Divifez auffi le Diametre AC, ou BD de ce Cercle en un certain nombre de parties égales, comme en huit parties égales, & décrivez du même Centre par les points de divifion des circonférences de Cercle, lefquelles avec les lignes droites tirées du centre, diviferont le Cer-cle ABCD, en 64 petits efpaces.

Décrivez encore un autre Cercle EFGH égal au precedent ABCD, & tirez de fon centre I la ligne droite IK égale à la diftance de l'œil au centre de la Sphere propofée, en forte que la partie GK foit égale à la hauteur de l'œil fur la Surface de la même Sphere : & ayant tiré par le même centre I, le Diametre FH perpendiculaire à la ligne IK, divi-fez ce Diametre FH en autant de parties égales que

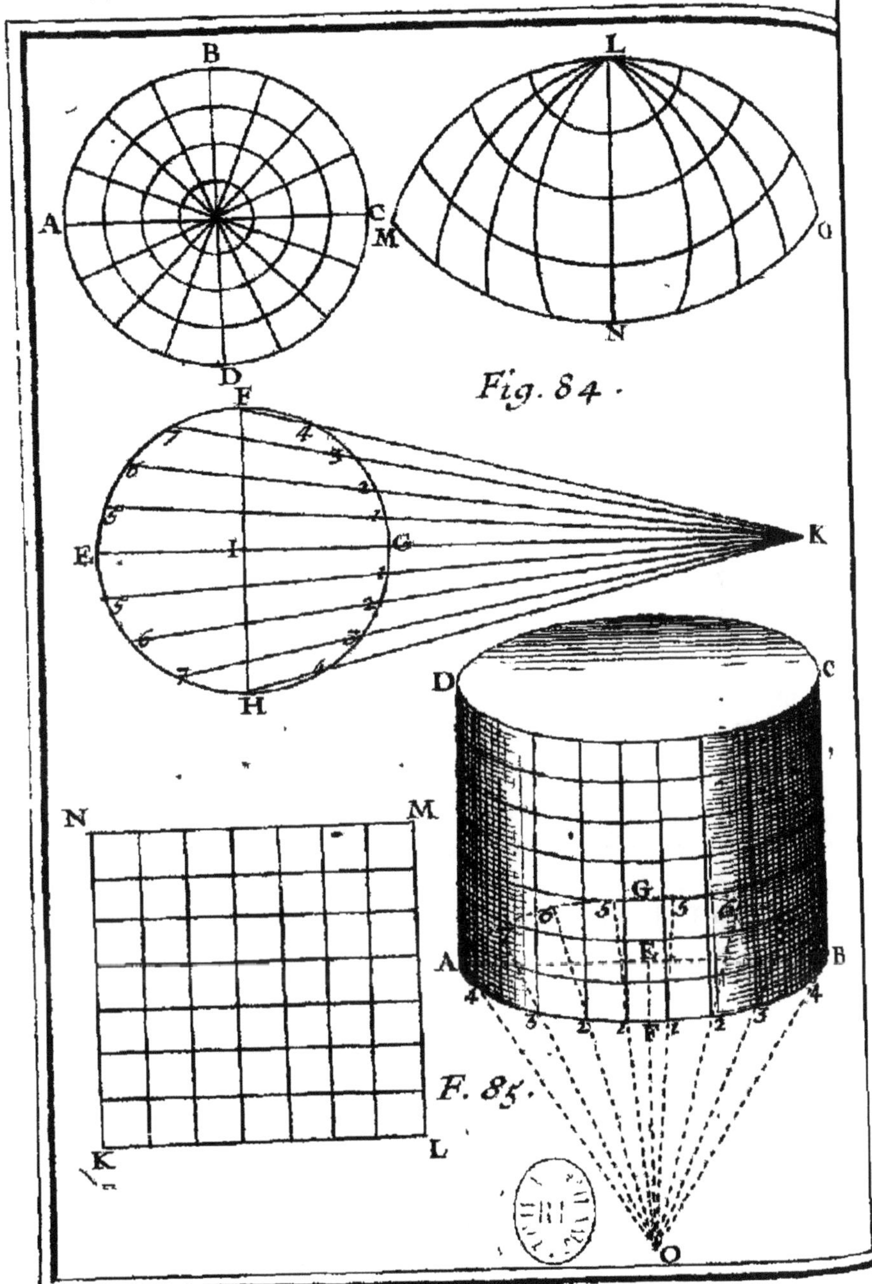
B
A
C
M
L
O
N
Fig. 84 .
D
F
4
3
2
1
G
E
I
1
2
3
K
H
D
C
G
A
E
B
N
M
K
L
F. 85 .
O

le Diametre du premier Cercle ABCD, fçavoir en
huit parties égales, pour tirer du point K, par les
points de division autant de lignes droites, qui
donneront fur le Demi-cercle FGH, les points 1,
2, 3, 4, & fur l'autre Demi-cercle FEH, les
points 5, 6, 7.

Cette preparation étant faite, décrivez du point
L, comme Pole, fur la Surface convexe du Globe
propofé des Cercles paralleles entre eux avec les ouvertures G1, G2, G3, G4, & GF, dont le plus
grand fera MNO, duquel on ne void ici que la moitié qu'il faut divifer en autant de parties égales que
la moitié du Cercle ABCD, comme ici en huit parties égales, pour décrire par les points de divifion
& par le Pole L, autant de grands Cercles, qui
avec les precedens diviferont l'Hemifphere LMNO
en autant de petits efpaces que le Cercle ABCD,
dans lefquels on tranfportera l'image du Cercle
ABCD, & cette image ou figure fe trouvera défigurée dans l'Hemifphere LMNO, & paroîtra neanmoins femblable à fon prototype, qui fe trouve dans
le Cercle ABCD, étant regardée d'un point élevé
perpendiculairement fur le point L, & éloigné de
ce point L d'une diftance égale à la ligne GK.

Remarque.

Ce que nous avons fait fur la Surface convexe
d'une Sphere, fe peut faire de la même façon fur la
Surface concave de la même Sphere, excepté que
les Cercles paralleles qui ont été décrits du Pole L,
avec les ouvertures G1, G2, G3, &c. doivent
être décrits avec les ouvertures E5, E6, E7, &
EF, c'eft-à-dire, qu'au lieu de fe fervir du Demi-
cercle FGH, que l'œil placé au point K void par fa

convexité, on doit se servir de l'autre Demi-cercle FEH , que l'œil placé au même point K void
par sa concavité.

PROBLEME XXIII.

Décrire sur la Surface convexe d'un Cylindre une
figure difforme , qui paroisse belle quand elle
sera vûë d'un point déterminé.

Plan-
che 24.
85. Fig.

AYant comme à l'ordinaire, renfermé la figure
qu'on veut déguiser en un Quarré KLMN
divisé en plusieurs autres petits quarrez, & ayant
déterminé le point de l'œil en O , à une distance
raisonnable du Cylindre proposé ABCD , dont la
base est le Cercle AFBG, tirez du centre E de cer-
te base par le point déterminé O, la ligne droite
EO, pour luy tirer par le même centre E, le Diametre perpendiculaire AB, que vous diviserez en
autant de parties égales que le côté KL du Quarré
KLMN, pour tirer du point O, par les points de
division autant de lignes droites, qui donneront
sur la circonference du Demi-cercle AFB, que l'œil
void, les points 1, 2, 3, 4, & sur la circonference de l'autre Demi-cercle AGB, que l'œil ne void
pas, les points 5, 6, 7.

Aprés cela tirez par les points 1, 2, 3, 4, sur
la Surface du Cylindre des lignes paralleles entre
elles, & à l'axe du même Cylindre, ou au côté AD,
ou BC : & ayant divisé une de ces paralleles en autant de parties égales que le Diametre AB, décrivez sur la Surface du même Cylindre par les points
de division des circonferences de Cercle paralleles à
la circonference AFBG , lesquelles avec les lignes
droites paralleles precedentes formeront de petits

espaces, dans lesquels on transportera la figure du Planche 24. 85. Fig.
Quarré KLMN, laquelle ainsi se trouvera défigu-
rée sur la Surface du Cylindre ABCD, & qui
neanmoins paroîtra conforme à son prototype,
étant regardée par un petit trou placé au point O,
où l'œil a été supposé dans la construction.

Remarque.

Ce que nous venons de faire sur la Surface
convexe du Cylindre ABCD, se peut faire de la
même façon dans sa Surface concave, en se servant
du Demi-cercle AGB, comme nous avons fait du
Demi-cercle AFB, c'est-à-dire, en élevant des perpendiculaires des points 5, 6, 7, dans la Surface
concave, comme nous avons fait des points 1, 2,
3, 4, dans la Surface convexe, &c.

PROBLEME XXIV.

*Décrire sur la Surface convexe d'un Cone une
figure difforme, qui paroisse en son naturel,
étant regardée d'un point déterminé.*

DEcrivez autour de la figure que vous voulez Plan-
déguiser, un Cercle à volonté, comme ABCD, che 25.
& divisez sa circonference en autant de parties 86. Fig.
égales qu'il vous plaira, comme en huit parties
égales, pour tirer par les points de division A, E,
B, F, &c. au centre O, autant de Demi-diametres,
dont l'un, comme AO, étant divisé par exemple,
en trois parties égales aux points 7, 8, vous décrirez du centre O, par ces points de division 7, 8,
autant de circonferences de Cercle, lesquelles avec
les Demi-diametres precedens diviseront l'espace

Plan-
chez 5.
86. Fig.

terminé par la premiere & plus grande circonference ABCD en 24 petits efpaces, qui ferviront à
contretirer l'image qui y fera comprife, & à la
défigurer fur la Surface convexe du Cone, quand
cette Surface aura été divifée en autant de femblables petits efpaces, en cette forte.

Ayant tiré à part la ligne IK égale au Diametre
de la bafe du Cone propofé, & l'ayant divifé en
deux également au point L, tirez-luy par ce point
L, la perpendiculaire LM égale à la hauteur du
Cone, & joignez les droites MI, MK qui reprefenteront les côtez de ce Cone, que je fuppofe
droit, comme fi ce Cone avoit été coupé par un
Plan tiré par fon Axe, de forte que le Triangle
ifofcéle IKM reprefentera le Triangle de l'axe.

Cela étant fait, prolongez la perpendiculaire
LM en N, au deffus du point M, qui reprefente
la pointe du Cone, autant que vous voudrez que
l'œil foit élevé au deffus de cette pointe, en forte
que la ligne MN foit égale à la diftance de l'œil au
fommet du Cone : & ayant divifé la moitié IL de la
bafe IK en autant de parties égales que le Demi-
diametre AO du prototype, tirez du point N, par
les points de divifion 1, 2, les droites N1, N2,
qui donneront fur le côté IM les points 4, 3. Enfin décrivez de la pointe du Cone avec les ouvertures M3, M4, des circonferences de Cercle fur la
convexité du Cone, qui reprefenteront les circonferences du prototype ABCD : & ayant divifé la
circonference de la bafe du Cone en autant de parties égales que la circonference ABCD, tirez de
la pointe du Cone par les points de divifion autant
de lignes droites, qui avec les circonferences precedentes diviferont la Surface convexe du Cone en
24 efpaces difformes qui reprefenteront ceux du

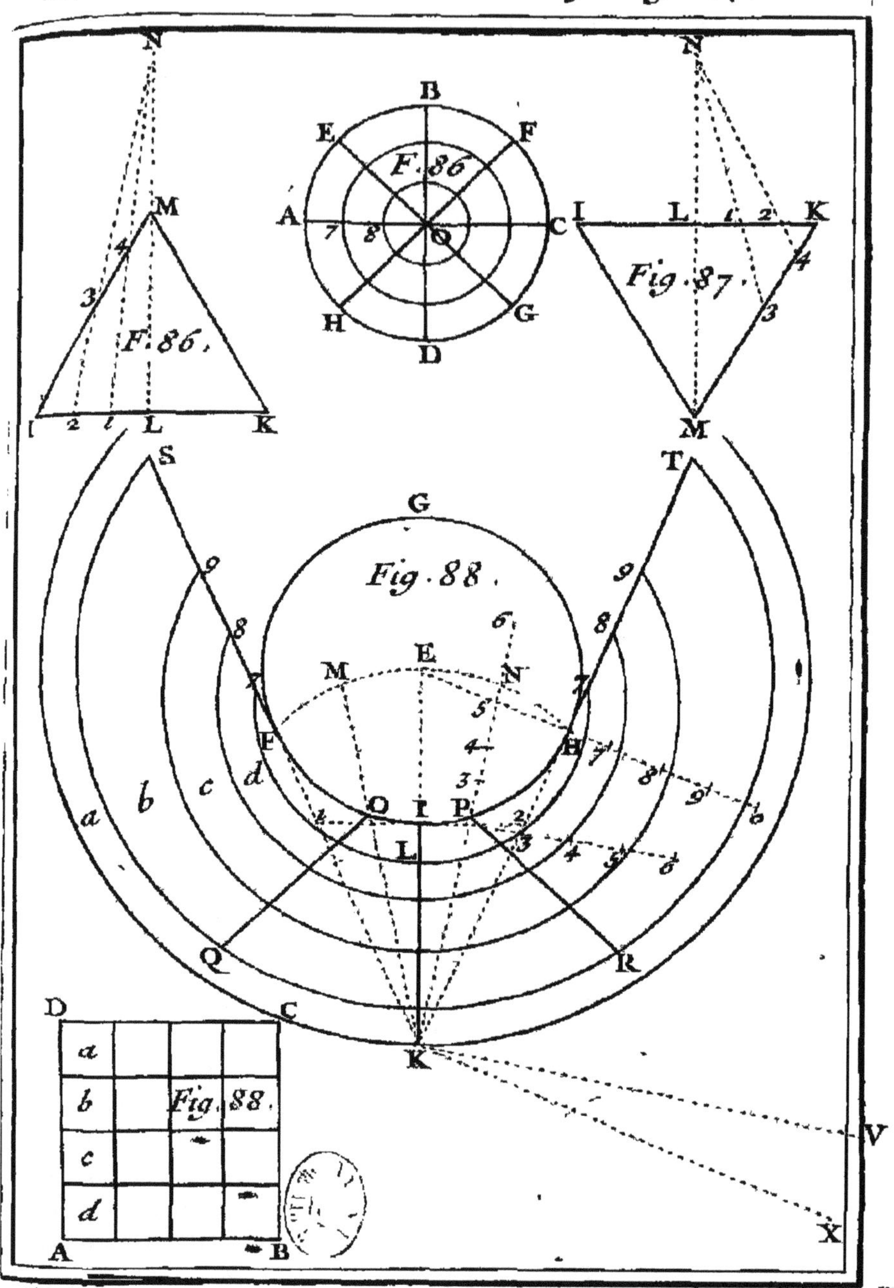
N
M
3
4
F. 86.
I 2 1 L K
B
E F
F. 86
A 7 8 O C
H G
D
N
I L 1 2 K
Fig. 87.
4
3
M
S
T
G
9 9
8 8
Fig. 88.
6
E
M N
5
7
F 4 H 7
3 8 9 6
b c d
a
2 3
O I P 2
L 3
4 3 6
k
Q R
C
K
V
X
D
a
b Fig. 88.
c
d
A B

prototype ABCD, & dans lesquels par conséquent on transportera la figure de ce prototype, qui se trouvera difforme sur la Surface du Cone, & qui étant regardée de l'œil mis directement au dessus de la pointe du Cone à la distance MN, paroîtra comme sur une Surface plane, & conforme à son prototype.

Planche 25. 86. Fig.

Remarque.

Ce que nous venons de faire sur la Surface convexe d'un Cone posé sur sa base, se peut pratiquer de la même façon dans la Surface concave d'un Cone creux posé sur sa pointe, excepté qu'il faut prolonger la perpendiculaire LM au delà du point L en N, en sorte que la ligne MN soit égale à la distance de l'œil à la pointe du Cone, qui dans ce cas luy doit servir de base, afin que l'œil placé en N, le puisse voir par le dedans, &c.

87. Fig.

PROBLEME XXV.

Décrire sur un Plan horizontal une figure difforme qui paroisse belle sur la Surface convexe d'un Miroir Cylindrique droit, étant vûë par reflexion d'un point donné.

IL faut premierement enfermer dans un Quarré, comme ABCD, la figure qu'on veut déguiser, & diviser ce Quarré ABCD en seize autres petits quarrez, qui serviront pour transporter la figure du prototype sur les quarrez semblables difformes qu'on aura décrits sur la Surface convexe du Miroir Cylindrique, dont la base est le Cercle FGHI, qui a le point E pour centre. Ce qui se fera en cette sorte.

88. Fig.

Plan-
che 25.
28. Fig.

Si K eſt l'aſſiete de l'œil, c'eſt-à-dire, le point qui répond ſur le Plan horizontal perpendiculairement à l'œil, qui peut être éloigné du Cylindre d'un ou de deux pieds, & un peu plus haut que le Cylindre, afin qu'il y puiſſe voir par reflexion plus de parties du Plan horizontal; tirez par ce point K & par le centre E, la droite KE, & de ſon point du milieu L, décrivez par le même centre E, l'arc de Cercle FEH, qui donnera ſur la circonference FGHI, les deux points F, H, par où vous tirerez du point K, les droites KFS, KHT, qui toucheront cette circonference aux mêmes points F, H.

Après cela diviſez chacun des deux arcs égaux EF, EH, en deux également aux points M, N, & tirez du point K par les points M, N, les droites KM, KN, qui donneront ſur la circonference FIH, les deux points O, P, par où vous tirerez les deux lignes OQ, PR, en ſorte que l'Angle de reflexion FOQ ſoit égal à l'Angle d'incidence POK, en prenant la ligne KO pour un Rayon d'incidence, & que pareillement l'Angle de reflexion HPR ſoit égal à l'Angle d'incidence OPK, en prenant la ligne KP pour un Rayon d'incidence; & alors les cinq lignes IK, OQ, PR, FS, HT, repreſenteront les lignes du prototype, qui ſont paralleles aux deux côtez AD, BC, que les deux touchantes FS, HT, repreſentent. Il ne reſte plus qu'à diviſer ces lignes en quatre parties égales en repreſentation, ce que je feray ainſi pour avoir plûtôt fait, ſans que l'erreur puiſſe être conſiderable.

Ayant tiré par le point I, où la ligne KE coupe la circonference FIH, la ligne 1, 2, perpendiculaire à la même ligne KE, qui ſera terminée aux points 1, 2, par les deux touchantes KF, KH, tirez du centre E par le point H la droite Ho égale

à la ligne 1, 2, & la divisez en quatre parties éga-Plan-che 25.
88. Fig.
les aux points 7, 8, 9. Tirez ensuite par le point
K, la droite KX égale à la hauteur de l'œil, &
parallele à la ligne Ho, ou perpendiculaire à la
touchante KH, & ayant appliqué une regle bien
droite au point X & aux points de division 7, 8,
9, 0, marquez des points sur la ligne HT, là où
elle se trouvera coupée successivement par la regle :
& la ligne HT se trouvera divisée aux points 7, 8,
9, T, en parties égales en apparence à celles de la
ligne 1, 2, qui est divisée par les lignes tirées du
point K, en quatre parties qui sont presque égales
entre elles : Enfin portez les divisions de la touchante HT sur l'autre touchante FS.

Pour diviser la ligne PR en quatre parties égales
en représentation à celles de la ligne 1, 2, tirez
par le point P la ligne P6 perpendiculaire à la ligne KP, & égale à la ligne 1, 2, & divisez cette perpendiculaire P6 en quatre parties égales aux points
3, 4, 5. Tirez pareillement par le point K, la ligne KV égale à la hauteur de l'œil, & parallele à
la ligne P6, ou perpendiculaire à KP, & ayant
comme auparavant appliqué une regle au point V,
& aux points de division 3, 4, 5, 6, marquez sur
la ligne KP prolongée les points 3, 4, 5, 6, là où
elle sera coupée par la regle. Enfin portez les divisions de la ligne PN sur chacune des deux lignes PR,
OQ, & faites passer par les points également éloignez de la circonference FGHI, qui ont été marquez sur les quatre lignes FS, OQ, PR, HT, quatre circonferences de Cercle, qui avec les lignes
droites FS, OQ, IK, PR, HT, formeront seize
quarrez difformes, dans lesquels on transportera
la figure du prototype ABCD, qui se trouvera défigurée sur le Plan horizontal, & qui paroîtra dans

fa perfection fur la Surface convexe du Miroir Cylindrique pofé droit fur la bafe FGHI, quand elle
fera vûë par reflexion de l'œil élevé perpendiculairement fur le point K à une hauteur égale à la
ligne KV, ou KX.

PROBLEME XXVI.

*Décrire fur un Plan horizontal une figure difforme
qui paroiffe belle fur la Surface convexe d'un
Miroir Conique élevé à angles droits fur ce
Plan, étant vûë par reflexion d'un point donné
dans l'Axe prolongé de ce Cone fpeculaire.*

DEcrivez premierement autour de la figure que
vous voulez déguifer, le Cercle ABCD d'une
grandeur volontaire, & divifez fa circonference en
tel nombre de parties égales qu'il vous plaira, pour
tirer du centre E par les points de divifion autant
de Demi-diametres, dont l'un, comme AE, ou
DE, doit auffi être divifé en un certain nombre de
parties égales, pour décrire du centre E, par les
points de divifion autant de circonferences de Cercle, qui avec les Demi-diametres precedens diviferont l'efpace terminé par la premiere & plus grande circonference ABCD, en plufieurs petits efpaces, qui ferviront pour contretirer la figure qui y
fera comprife, & à la défigurer fur le Plan horizontal autour de la Bafe FGHI du Miroir Conique
en cette forte.

Ayant donc pris le Cercle FGHI, dont le centre eft O, pour la bafe du Cone, décrivez à part
le Triangle rectangle KLM, dont la bafe KL foit
égale au Demi-diametre OG de la bafe du Cone,
& la hauteur KM, égale à la hauteur du même Co-

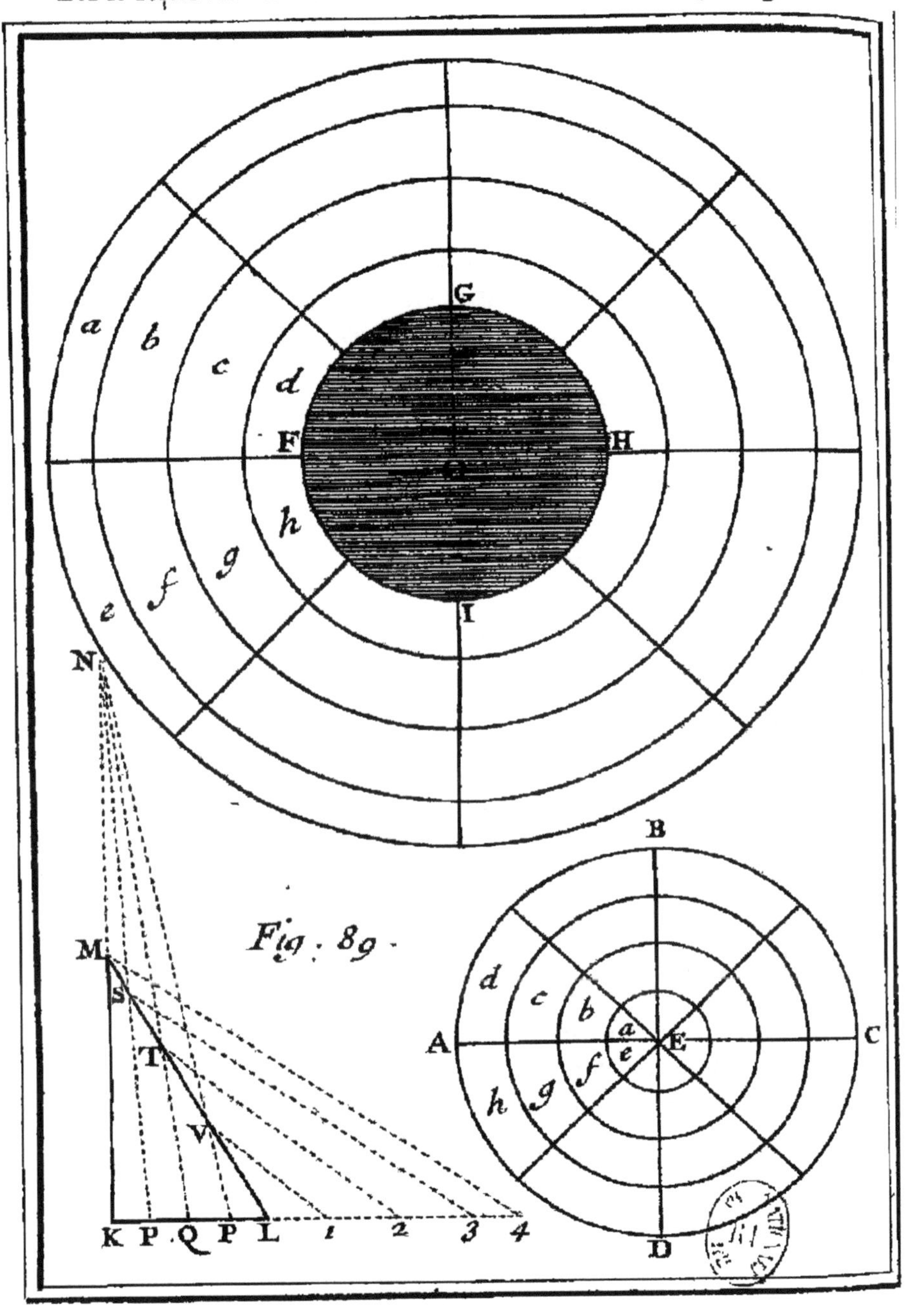
G
F
H
I
a
b
c
d
h
g
f
e
N
M
S
T
V
K P Q P L 1 2 3 4
Fig. 89.
B
A
d
c
b
a
e
f
g
h
E
C
D

ne. Prolongez cette hauteur KM en N, en sorte Plan-
que la partie MN soit égale à la distance de l'œil à che 26.
la pointe du Cone, ou toute la ligne KN égale à 89. Fig.
la hauteur de l'œil au dessus de la base du Cone : &
ayant divisé la base KL en autant de parties égales
que le Demi-diametre AE, ou DE, du prototype,
tirez du point N, par les points de division P, Q,
R, autant de lignes droites, qui donneront sur
l'hypotenuse LM, qui represente le côté du Cone,
les points S, T, V. Faites au point V l'angle LV1
égal à l'angle LVR, au point T l'angle LT2 égal à
l'angle LTQ, au point S l'angle LS3 égal à l'angle
LSP, & au point M, qui represente le sommet du
Cone, l'angle LM4 égal à l'angle LMK, pour avoir
sur la base KL prolongée les points 1, 2, 3, 4.

Enfin décrivez du centre O de la base FGHI du
Miroir Conique, avec les ouvertures K1, K2, K3,
K4, des circonferences de Cercle, qui representeront
celles du prototype ABCD, & dont la plus grande
doit être divisée de la même façon en autant de
parties égales que la circonference ABCD, pour
tirer du centre O, par les points de division des
Demi-diametres, qui donneront sur le Plan horizontal autant de petits espaces difformes que dans
le prototype ABCD, dans lesquels par consequent
on pourra transporter la figure du prototype, qui
se trouvera ainsi extrémement défigurée sur le Plan
horizontal, & qui neanmoins paroîtra par reflexion
dans ses justes proportions sur la Surface du Miroir
Conique posée sur le Cercle FGHI, quand l'œil
sera mis perpendiculairement au dessus du centre
O, & éloigné de ce centre O d'une distance égale
à la ligne KN.

Pour ne pas vous tromper en transportant ce qui
est dans le prototype ABCD, sur le Plan horizontal,

on prendra garde que ce qui eſt le plus éloigné du centre E , doit être le plus proche de la baſe FGHI du Miroir Conique , comme vous voyez par les mê- mes lettres *a* , *b* , *c* , *d* , *e* , *f* , *g* , *h* , du Plan horizon- tal & du prototype. On obſervera la même choſe à l'égard d'un Miroir Cylindrique , comme vous voyez auſſi par les quatre lettres ſemblables *a* , *b* , *c* , *d* , du Plan horizontal & du prototype.

Plan-
che 25.
88. Fig.

PROBLEME XXVII.

Décrire une Lanterne artificielle , par le moyen de laquelle on puiſſe lire la nuit de fort loin.

FAites une Lanterne qui ait la forme d'un Cy- lindre , ou d'un petit tonneau ſitué ſelon ſa longueur , comme un tonneau de Vin poſé dans une Cave , en ſorte que la fumée paſſe par le bon- don : & mettez à l'un de ſes deux fonds un Miroir concave Parabolique , pour appliquer à ſon Foyer la flamme d'une bougie , dont la lumiere ſe reflé- chira fort loin en paſſant par l'autre fond qui doit être ouvert , & elle paroîtra ſi éclatante , que de nuit on pourra lire de fort loin des lettres tres-pe- tites , lorſqu'on les regardera avec des Lunettes à Longue-vûë ; & ceux qui verront de loin la lu- miere de cette bougie , croiront voir un grand feu qui paroîtra encore plus éclatant , ſi la Lanterne eſt étamée par le dedans , & qu'on luy donne la fi- gure d'une Ellipſe.

Remarque.

On ſe ſert auſſi d'un ſemblable Miroir pour la *Lanterne magique* , ainſi appellée , parce que par

fon moyen l'on fait voir fur une muraille blanche
de quelque chambre obfcure tout ce que l'on veut;
de forte que l'on y peut faire paroître des monftres
& des fpeƈtres fi affreux, que celuy qui les void
fans en connoître le fecret, croit que cela fe fait
par Magie. La lumiere qui fe refléchit par le moyen
de ce Miroir, paffe par un trou de la Lanterne,
où il y a un verre de Lunette, & entre deux on y
fait paffer une piece de bois plate & déliée, contenant plufieurs petits verres peints de diverfes figures extraordinaires & affreufes, que l'on fait cou-
ler fucceffivement par une fente qui eft dans le corps
de la Lanterne, & qui fe reprefentent fur la muraille oppofée avec leurs mêmes couleurs & proportions en plus grand volume, ce qui donne de la
terreur, & caufe de l'admiration aux fpeƈtateurs
qui n'en connoiffent pas l'artifice.

PROBLEME XXVIII.

*Par le moyen de deux Miroirs plans faire paroître
un vifage fous des formes differentes.*

AYant placé horizontalement l'un des deux
Miroirs plans, élevez l'autre environ à angles droits au deffus du premier, & les deux Miroirs demeurant en cette fituation, fi vous vous
approchez du Miroir perpendiculaire, vous y verrez vôtre vifage tout-à-fait difforme & imparfait,
car il paroîtra fans front, fans yeux, fans nez, &
fans oreilles, ne voyant que la bouche & le menton fort élevez. Si vous inclinez tant foit peu le
Miroir perpendiculaire, vôtre vifage y paroîtra
avec toutes fes parties, excepté les yeux & le front
qui ne paroîtront point. Que fi vous l'inclinez un

peu davantage, vous y verrez deux nez & quatre yeux, & en l'inclinant encore un peu davantage, vous y verrez trois nez & fix yeux. Si vous continuez à l'incliner un peu davantage, vous ne verrez plus que deux nez, deux bouches, & deux mentons, & en l'inclinant encore un peu plus, vous verrez feulement un nez, & une bouche : & vôtre vifage ceffera de paroître entierement dans ce Miroir, fi vous l'inclinez encore un peu plus, ce qui arrivera lorfque l'angle d'inclinaifon fera d'environ 45 degrez.

Si vous inclinez les deux Miroirs l'un à l'autre, vous y pourrez voir vôtre vifage tout entier, & par les differentes inclinaifons, vous verrez dans le même Miroir l'image de vôtre vifage alternativement droite & renverfée, &c.

PROBLEME XXIX.

Par le moyen de l'eau faire voir un Jetton qui feroit caché à l'œil dans le fond d'un vafe vuide.

SI dans un Vafe vuide il y a un Jetton, que l'œil ne puiffe appercevoir à caufe de la hauteur de fon bord, on luy pourra faire voir ce Jetton fans que l'œil, ni le Jetton changent de place, lorfqu'il s'en manquera peu qu'il ne voye le Jetton, fçavoir en verfant de l'eau dans ce vafe : car comme la vûë qui fe fait par une ligne droite, qui partant de l'œil rencontre un milieu plus denfe, fait dans ce milieu une Refraction vers la perpendiculaire, l'eau qui fera jettée dans le Vafe, fera brifer au dedans de ce Vafe les rayons qui partent de l'œil, & les fera approcher de la perpendiculaire, c'eft-à-dire, de la ligne qui eft perpendiculaire à la Surface de l'eau qui est plus épaisse que l'air, ce qui fera que l'œil verra au fond du Vase ainsi rempli d'eau claire, le Jetton qu'il ne pouvoit pas voir auparavant.

PROBLEME XXX.

Representer en perfection une Iris sur le plancher d'une Chambre obscure.

IL faut se servir d'un Prisme triangulaire, que les Artisans appellent simplement *Triangle*, qui comme presque tout le monde sçait, fait voir diverses couleurs, étant appliqué sur le nez, & fait paroître les Objets renversez avec des couleurs semblables à celles de l'Iris, ou Arc-en-Ciel. Si donc on met un semblable Prisme à une fenêtre de la Chambre où le Soleil donne, les Rayons du Soleil en passant au travers de ce Verre triangulaire, formeront sur le plancher de la Chambre une Iris, qui sera tres-agreable à voir, principalement si le plancher est fait en voûte, parce que cela donnera à l'Iris une figure ronde & semblable à celle de l'Iris naturelle, que nous voyons dans les nuées.

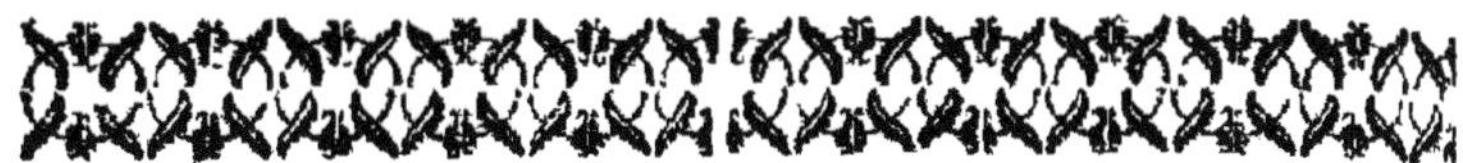

PROBLEMES

DE GNOMONIQUE.

LA Gnomonique est la partie la plus agreable des Mathematiques, & comme j'en ay assez amplement traité dans mon Cours de Mathematique, & qu'elle dépend d'une Théorie profonde, quand on la veut posseder à fonds, ce qui ne convient pas à des Recreations Mathematiques, je me suis proposé de mettre seulement ici les Problêmes qui me sembleront les plus divertissans & les plus faciles à pratiquer & à comprendre.

PROBLÈME I.

Décrire dans un Parterre un Cadran Horizontal avec des herbes.

ON peut décrire par les methodes ordinaires un Cadran Horizontal dans un Parterre, en y marquant les lignes des heures avec du buis, ou autrement, & en faisant servir de stile quelque Arbre planté bien droit sur la Ligne Meridienne, qui par l'extremité de son ombre marquera les heures au Soleil, comme dans les Cadrans ordinaires qui se font sur les Murailles. Mais au lieu d'un Arbre, une personne pourra se servir de sa propre hauteur pour stile, en se plaçant bien droit au pied du stile, qui doit avoir été marqué sur la Meridienne con-

venablement

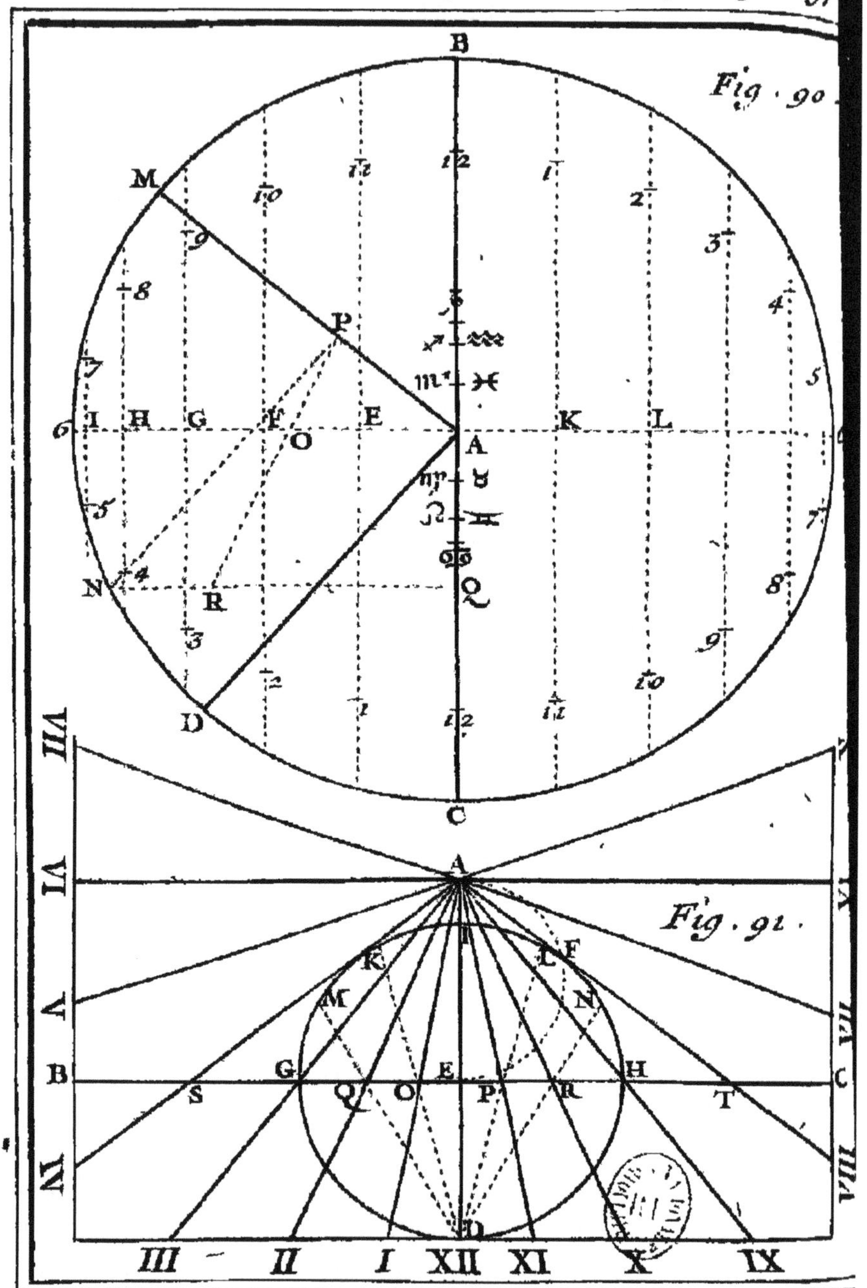
Fig. 90
Fig. 91
Berey fecit

venablement à cette hauteur, ce qui sera facile à celuy qui entendra la Gnomonique.

On peut aussi tracer un semblable Cadran par le moyen d'une Table des hauteurs du Soleil, ou bien par le moyen d'une Table dés Verticaux du Soleil, comme nous avons enseigné dans nôtre Gnomonique : ou bien encore en cette sorte.

Ayant tiré par le point A pris à discretion sur le Plan horizontal, la Ligne Meridienne BC, & ayant décrit à volonté du même point A, le Cercle 6B6C, divisez sa circonference en 24 parties égales, ou de 15 degrez en 15 degrez, pour les 24 heures du jour naturel, en commençant depuis la Meridienne BC, & joignez les deux points opposez & également éloignez de la Meridienne BC, par des lignes droites qui seront paralleles entre elles & à la Meridienne BC, ou perpendiculaires au Diametre 6, 6, qui détermine sur le Cercle les points de 6 heures du matin, & de 6 heures du soir.

On marquera sur chacune de ces lignes paralleles les points des heures, qui se trouveront sur la circonference d'une Ellipse en cette sorte. Ayant fait au centre A, avec la ligne A6, l'angle 6AD de l'Elevation du Pole, comme de 49 degrez pour Paris, portez la distance perpendiculaire du point 6 à la ligne AD, sur la Meridienne BC, de part & d'autre depuis le centre A, aux points 12, 12 : & aussi la distance perpendiculaire du point I, à la même ligne AD, sur chacune des deux paralleles & plus proches de la ligne BC, depuis E, & K, de part & d'autre aux points 1, 11 : & pareille-ment la distance perpendiculaire du point H, à la même ligne AD, sur chacune des deux paralleles suivantes & également éloignées & plus proches des deux precedentes, depuis F, & L, de part &

d'autre aux points 2, & 10, & ainſi des autres.

Il faut enſuite marquer le commencement de chaque Signe du Zodiaque, qui répond environ au 20. jour de chaque mois, deçà & delà depuis le centre A, qui repreſente le commencement de ♈, & de ♎, ſur la Ligne Meridienne BC, en cette ſorte.

Ayant fait au centre A, avec la Meridienne AB, l'angle BAM de l'Elevation du Pole, par la ligne AM perpendiculaire à la ligne AD, & ayant pris l'arc DN égal à la Déclinaiſon du Signe que vous voulez marquer, comme de 23 degrez & demy pour ♋, & ♑, de 20 degrez & un quart pour ♊, ♌, & pour ♒, ♐, & de 11 degrez & demi pour ♉, ♍, & pour ♓, ♏, tirez par le point N, la ligne NP, parallele à la ligne AD, & la ligne NQ parallele à la ligne A6, & portez la partie A12, depuis P ſur la ligne ND en R, en ſorte que la ligne PR ſoit égale à la partie A12, ou à la diſtance perpendiculaire du point 6, à la ligne AD, & la partie OP terminée par les deux lignes A6, AM, ſera la diſtance du Signe propoſé depuis le centre A, qui repreſente les deux points Equinoxiaux.

Ce Cadran étant ainſi décrit avec ſes ornemens, on y pourra connoître les heures aux rayons du Soleil, comme dans les precedens, pourvû qu'on ſe place environ au degré du Signe courant du Soleil, avec cette difference, qu'au lieu que dans l'Horizontal le ſtile ne peut être que d'une certaine grandeur, ici il peut être de telle grandeur que l'on voudra : & mêmes il eſt bon de le faire un peu long, parce que s'il étoit bien petit, ſon ombre pourroit en Eté devenir auſſi ſi petite, qu'elle ne parviendroit pas aux points horaires mar-

quez fur les paralleles , & ne pourroit pas ainfi
faire connoître les heures. Ainfi quand on voudra
fe fervir de fa propre hauteur pour connoître les
heures dans un femblable Cadran , il ne faudra
pas décrire du centre A un Cercle d'une grandeur
énorme , de peur que les points des heures ne s'é-
loignent trop de ce centre.

PROBLEME II.

*Décrire un Cadran Horizontal , dont on a le Centre
& la Ligne Equinoxiale.*

SI le Centre donné eft A , & la Ligne Equinoxia- Plan-
le BC , tirez à cette ligne BC , par le Centre A che 27.
la perpendiculaire AD , qui fera la Ligne Meridien- 91. Fig.
ne. Ayant décrit autour de la ligne AE le demi-
cercle AEF , pour y prendre l'arc EF , égal au double de l'Elevation du Pole , comme de 98 degrez à
Paris , où le Pole eft élevé fur l'Horizon à peu prés
de 49 degrez , décrivez du point E par le point F ,
une circonference de Cercle , qui donnera fur l'E-
quinoxiale BC , les points G , H , de 3 & de 9
heures , & fur la Meridienne AD , les deux points
I , D , dont chacun peut être pris pour le Centre
divifeur de l'Equinoxiale BC , fur laquelle on marquera les points des autres heures en cette forte.

Portez la même ouverture du Compas EF fur la
circonference du Cercle décrit du centre E , depuis
G , & H , aux points K , L , & depuis I , de part &
d'autre aux points M , N , & tirez du point D , par
les points K , L , M , N , des lignes droites qui
donneront fur l'Equinoxiale BC , les points O , P ,
Q , R , de 1 , 11 , 2 , & 10 heures. Si vous portez la même ouverture du Compas EF , depuis M ,

& N, fur l'Equinoxiale BC, aux points S, T, vous aurez en S le point de 4 heures, & en T le point de 8 heures. Enfin, fi vous portez la même ouverture du Compas EF, deux fois à droit & à gauche, depuis les points S, T, fur la même Ligne Equinoxiale BC, vous aurez les points de 5 & de 7 heures, qui fe rencontrent ici au dehors du Plan du Cadran, &c.

PROBLEME III.

Décrire un Cadran Horizontal par le moyen d'un Quart de Cercle.

Planche 28. 92. Fig.

JE fuppofe que le Quart de Cercle eft divifé en fes 90 degrez, comme ABC, au dedans duquel il faudra tirer la ligne DE perpendiculaire au Demi-diametre AB, ou parallele à l'autre Demi-diametre AC; plus ou moins éloignée du centre A du Quart de Cercle, felon que l'on voudra faire un Cadran plus grand, ou plus petit. Cette ligne DE fera divifée inégalement par les lignes droites tirées du centre A de 15 en 15 degrez, en des points qui repréfenteront les points horaires de la Ligne Equinoxiale du Cadran Horizontal, que l'on décrira en cette forte.

Ayant tiré fur le Plan horizontal la Ligne Meridienne FG, & y ayant pris à volonté le point F pour le centre du Cadran, prenez depuis ce centre fur la Meridienne FG, la partie FH égale à la partie AI terminée par la ligne DE fur la ligne de l'Elevation du Pole, que nous avons ici fuppofée de 30 degrez, en la comptant depuis C, & tirez par le point H la ligne KL perpendiculaire à la Meridienne FG, & cette ligne KL fera prife pour la Ligne Equinoxiale,

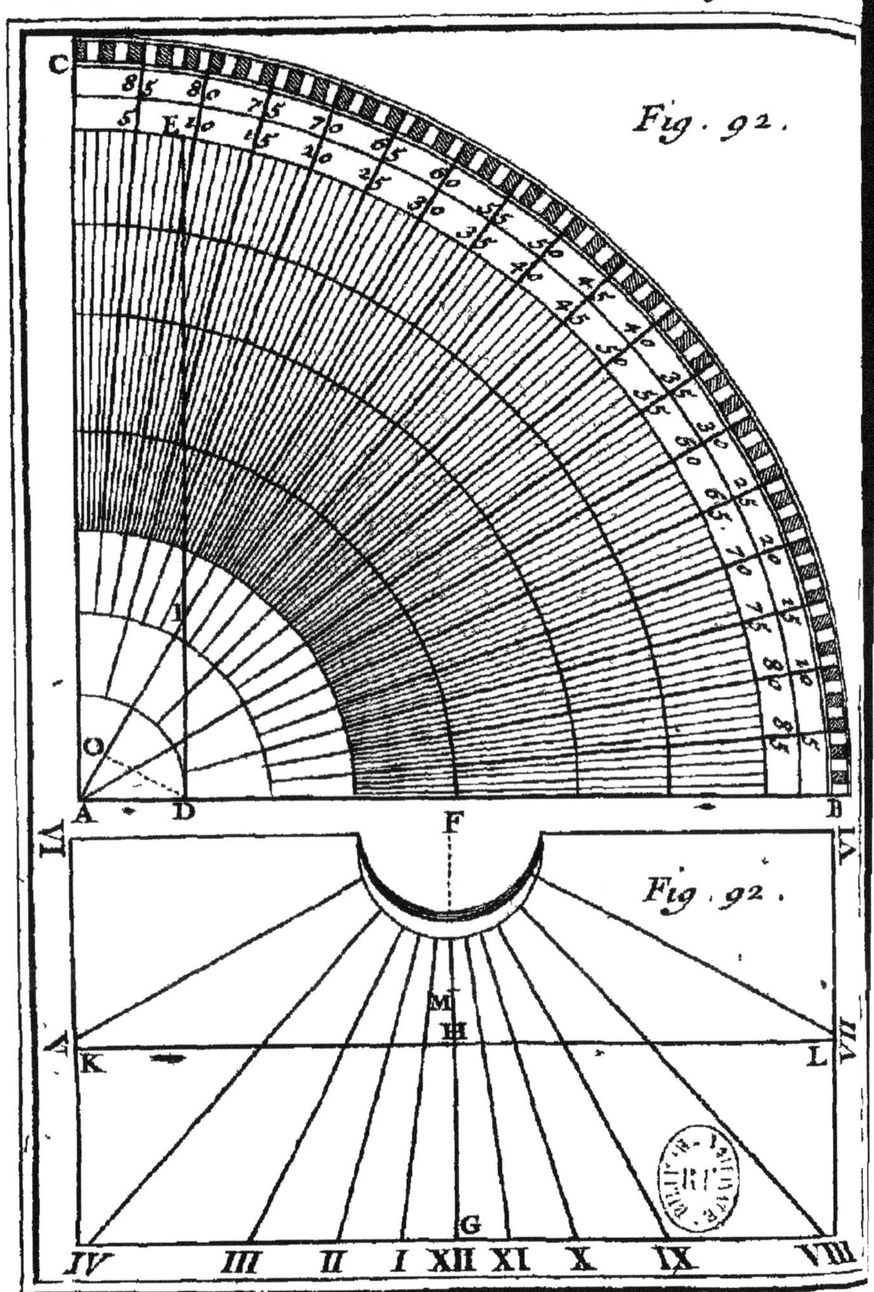

C
Fig . 92 .
O
A D F B
Fig . 92 .
VI VI
F
M
K L VII
G
IV III II I XII XI X IX VIII

sur laquelle on transportera depuis H de part & Plan-
d'autre les divisions de la ligne DE, en les prenant che 28.
depuis D, pour avoir les points des heures, par les- 92. Fig.
quels on tirera du centre F les Lignes horaires, &c.

Si vous voulez trouver le pied & la longueur
du stile, tirez dans le Quart de Cercle du point
D, qui represente le bout du stile, la ligne DO
perpendiculaire à la ligne AI de l'élevation du Pole, qui represente la Ligne Meridienne du Cadran
Horizontal, & faites HM égale à AO, ou FM
égale à IO, pour avoir en M le pied du stile, dont
la longueur est égale à la perpendiculaire DO, parce que le point I represente le Centre du Cadran,
comme il est évident à ceux qui entendent la Gnomonique.

PROBLEME IV.

Décrire un Cadran Horizontal, & un Cadran
Vertical Meridional, par le moyen d'un
Cadran Polaire.

SI le Cadran Polaire est supposé dans un Plan pa- Plan-
rallele au Cercle de six heures, en sorte que la che 29.
Ligne Equinoxiale AB soit perpendiculaire à la Li- 93. Fig.
gne Meridienne CD, & à toutes les autres Lignes
horaires qui sont paralleles entre elles, & à la Meridienne; faites au point E de 9 heures sur l'Equinoxiale, avec la même Equinoxiale AE, l'Angle AEF
du complement de l'Elevation du Pole, & par le
point F, où la ligne EF coupe la Meridienne CD,
tirez à cette Meridienne CD, la perpendiculaire
GH, qui se trouvera coupée par les Lignes horaires
du Cadran Polaire en des points, par où vous tirerez au centre C les Lignes horaires du Cadran Ho-

rizontal : mais on trouvera ce centre C fur la Meridienne CD , en prenant la ligne FC égale à la ligne EF.

Si par le même point E vous tirez la ligne EI,
perpendiculaire à la ligne EF, ou ce qui eft la même chofe , fi au point E l'on fait l'angle AEI de la
hauteur du Pole fur l'Horizon , & que par le point
I, où la ligne EI coupe la Meridienne CD, l'on
tire la ligne KL perpendiculaire à la Meridienne,
ou parallele à l'Equinoxiale, cette ligne KL, qui
reprefente le Premier Vertical, fera coupée par les
lignes horaires du Cadran Polaire en des points,
par où l'on tirera au centre D les Lignes horaires
du Cadran Vertical Meridional, ce centre D fe
trouvant pareillement fur la Meridienue CD, en
faifant la ligne ID égale à la ligne IE.

Vous remarquerez que l'Axe CM du Cadran
Horizontal eft parallele à la ligne EF, & que pareillement l'Axe DN du Cadran Vertical eft parallele à la ligne EI.

PROBLEME V.

*Décrire un Cadran Horizontal , & un Cadran
Vertical Meridional, par le moyen d'un
Cadran Equinoxial.*

SI le Cadran Equinoxial eft fuppofé décrit fur un
Plan parallele à l'Equateur , en forte que la Ligne
de fix heures AB foit perpendiculaire à la Ligne
Meridienne CD , faites au point E pris à difcretion
fur la Ligne de fix heures AB ; l'Angle AEF de l'Elevation du Pole, & par le point F , où la ligne EF
coupe la Meridienne CD , tirez à cette Meridienne CD , la perpendiculaire GH , qui fe trouvera

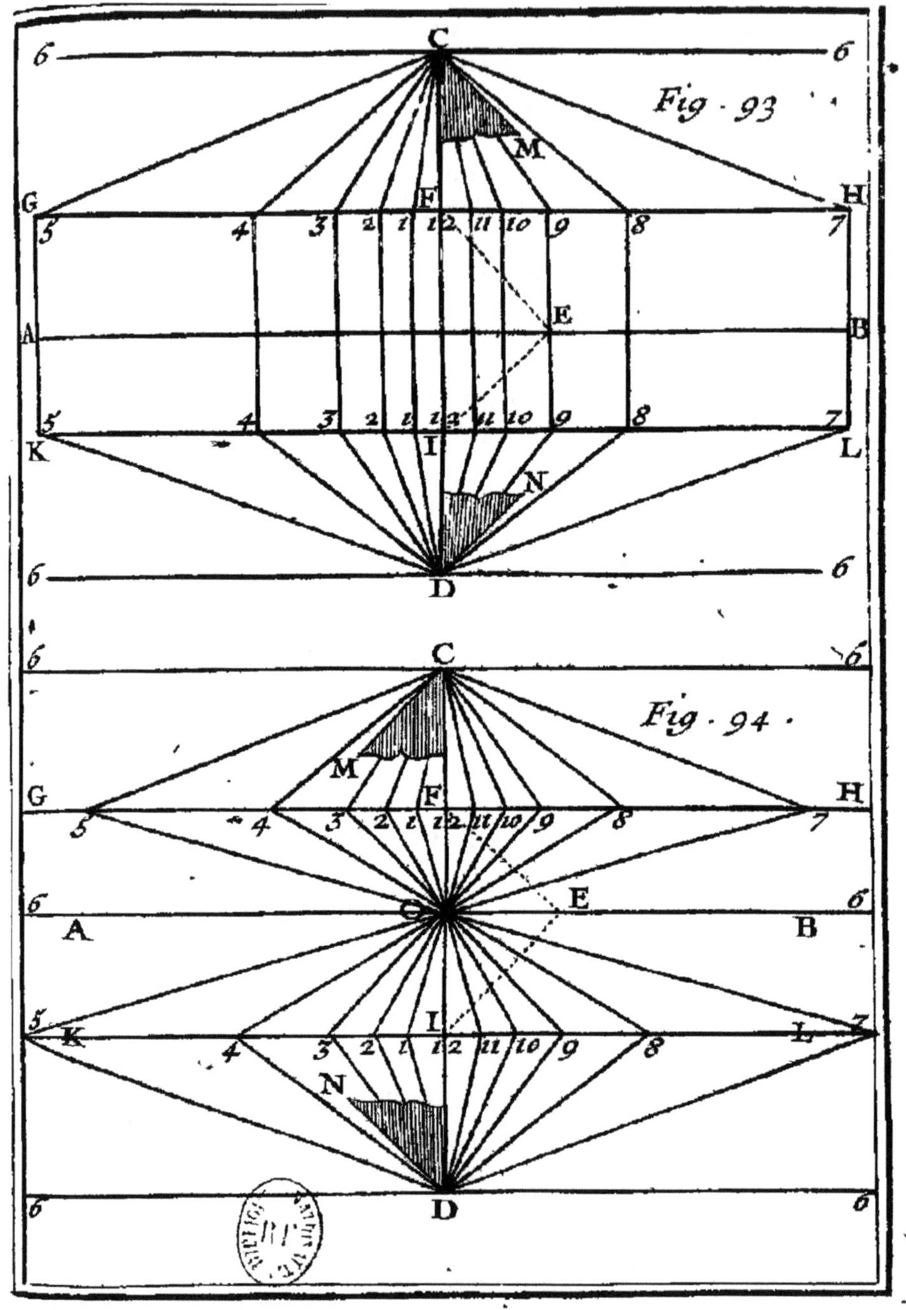
Fig. 93
Fig. 94
C
M
F
E
G
H
A
B
I
N
D
K
L
5 4 3 2 1 12 11 10 9 8 7
6 6
O

coupée par les Lignes horaires du Cadran Equino-
xial, en des points, par où vous tirerez les Lignes horaires du Cadran Horizontal de son centre
C, que vous trouverez en portant la ligne EF sur la
Meridienne CD, depuis F en C.

Pour le Cadran Vertical il faut tirer par le même
point E, la ligne EI perpendiculaire à la ligne EF,
ou bien, ce qui est la même chose, il faut faire au
point E l'Angle AEI du complement de la hauteur
du Pole sur l'Horizon, & par le point I, où la ligne EI coupe la Meridienne CD, tirer à la ligne
de six heures AB, la parallele KL, qui se trouvera
coupée par les Lignes horaires du Cadran Equinoxial, qui partent de son centre O, en des points,
par où l'on tirera les Lignes horaires du Cadran
Vertical de son centre D, qu'on trouvera en portant sur la Meridienne CD, la longueur de la ligne EI, depuis I en D.

Vous remarquerez que l'Axe CM du Cadran Horizontal est parallele à la ligne EI, & que l'Axe
DN du Cadran Vertical est parallele à la ligne EF.

PROBLEME VI.

Décrire un Cadran Vertical sur un quarreau de
Vitre, où l'on puisse connoître les heures aux
Rayons du Soleil, sans aucun stile.

J'ay autrefois fait à un de mes amis un Cadran
Vertical déclinant sur un quarreau de Vitre d'une
des fenêtres de sa Chambre, où il pouvoit sans
aucun stile connoître facilement les heures au Soleil, en cette sorte.

Je fis premierement arracher un quarreau de Vitre qui étoit colé en dehors contre le chassis de la

fenêtre, pour y faire un Cadran Vertical selon la déclinaison de la fenêtre, & la hauteur du Pole sur l'Horizon, ayant pris pour longueur du stile l'épaisseur du chassis de la même fenêtre. Je fis ensuite recoler ce quarreau de Vitre en dedans contre le chassis, ayant donné à la Ligne Meridienne une situation perpendiculaire à l'Horizon, telle qu'elle doit être dans les Cadrans Verticaux, & en dehors je fis coler contre le même chassis, vis-à-vis du Cadran, un papier fort, qui n'étoit point huilé, afin que les rayons du Soleil le pussent moins penetrer, & tenir en cette façon la Surface du Cadran plus obscure; & pour y pouvoir connoître les heures au Soleil sans l'ombre d'un Stile, je fis un petit trou avec une épingle dans le papier, vis-à-vis le pied du stile, que j'avois marqué dans le Cadran : car ainsi le trou representant le bout du stile, & les rayons du Soleil passant au travers, faisoient sur la Vitre une petite lumiere qui y montroit agreablement les heures dans l'obscurité du Cadran.

PROBLEME VII.

Décrire trois Cadrans sur trois Plans differens, où l'on pourra connoître les heures au Soleil par l'ombre d'un seul Axe.

Planche 30. Fig. 5. PReparez deux Plans rectangulaires ABCD, BEFC, d'une largeur égale BC, & les joignez ensemble selon cette ligne BC, qui en representera la commune section, en sorte qu'ils fassent un angle droit, ce qui fera que l'un, comme ABCD, étant pris pour un Plan Horizontal, l'autre BEFC se pourra prendre pour un Plan Vertical.

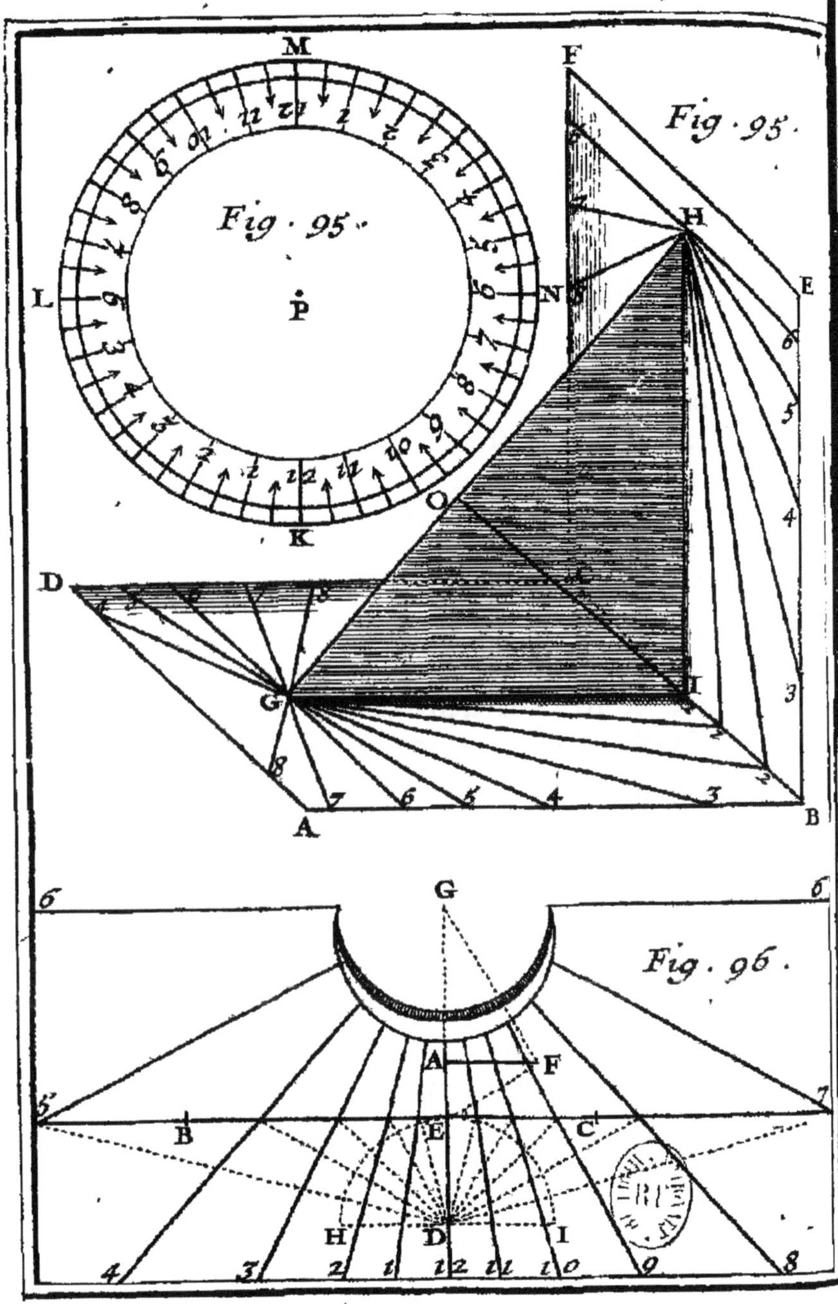
Fig . 95 .
M
L
K
P
Fig . 95 .
F
H
N
O
E
D
G
A
B
I
6
5
4
3
2
Fig . 96 .
6
6
G
A
F
5
7
B
E
C
H
D
I
4
3
2
1
12
11
10
9
8

Cette preparation étant faite, ou plûtôt aupara-
vant que de joindre ensemble ces deux Plans, divisez leur commune largeur BC en deux également
au point I, & tirez par ce point I, dans le Plan
ABCD, la ligne GI perpendiculaire à la ligne BC,
& dans le Plan BEFC, la ligne HI perpendiculaire
à la même ligne BC, & chacune des deux lignes
HI, GI, sera prise pour la Meridienne de son Plan.

Si donc on prend le Plan ABCD pour horizontal,
on y fera un Cadran Horizontal, dont le centre G
sera pris à volonté sur la Meridienne GI : & sur
l'autre Plan BEFC, l'on fera un Cadran Vertical
Meridional, dont le centre H se trouvera sur la
Meridienne HI, par le moyen du Triangle rectangle GIH, dont l'Angle IGH doit être égal à l'E-
levation du Pole. Ce Triangle GIH rectangle en I,
doit être d'une matiere forte, pour pouvoir être
appliquée contre ces deux Plans, & les maintenir
dans l'Angle droit, comme vous voyez dans la Figure, & alors l'hypotenuse GH pourra servir d'Axe
pour le Cadran Horizontal du Plan ABCD, & pour
le Vertical du Plan BEFC.

Ces deux Plans ABCD, BEFC, étant ainsi attachez & arrêtez par le troisiéme Plan triangulaire
GIH, tirez dans ce troisieme Plan GIH, de son
Angle droit I, la ligne IO perpendiculaire à l'Axe
GH, & vous servant de cette ligne IO comme de
Rayon, faites un quatriéme Plan coupé en rond
KLMN, dont le Demi-diametre soit égal à la ligne IO, & dont la circonference KLMN doit être
divisée en 24 parties égales, pour y faire un Cadran Equinoxial, tant le superieur que l'inferieur,
en sorte que les Lignes horaires de l'un répondent
aux Lignes horaires de l'autre.

Ce Plan KLMN doit être coupé en dedans com-

me un Cercle de Sphere, & il doit être fendu le
long de la Meridienne, afin qu'il se puisse ajuster
par cette fente au Plan triangulaire GIH, selon la
ligne IO, en sorte que le point K de Midy touche
le point I, auquel cas l'Axe GH passera par le centre P du Cadran Equinoxial, & sera perpendiculaire
à son Plan, ce qui fait qu'il sera aussi l'Axe de ce Cadran, dont le Plan étant tourné droit au Midy, en
sorte que le centre G regarde directement le Midy,
sera parallele à l'Equateur, & alors l'ombre de cet
Axe commun GH montrera les heures aux Rayons
du Soleil sur chacun de ces trois Cadrans, excepté
au temps des Equinoxes, auquel il ne montrera les
heures que dans le Cadran Horizontal, & dans le
Vertical.

Pour tourner le centre G du Cadran Horizontal directement au Midy, en sorte que la Ligne
Meridienne de chacun de ces trois Cadrans soit
dans le Plan du Meridien, & que l'Axe GH convienne avec l'Axe du Monde, on pourra se servir
d'une Boussole, où la Déclinaison de l'Aimant y soit
marquée, laquelle est presentement à Paris d'environ 6 degrez Nord-Oüest. Ou bien l'on marquera
les points du commencement de chaque Signe du
Zodiaque, qui répond environ au 20. de chaque
mois, sur l'Axe GH de part & d'autre depuis le
point O, qui represente les Points Equinoxiaux,
ou les commencemens de ♈ & de ♎, selon la
Déclinaison des Signes, en faisant au point I, avec
la ligne IO, de côté & d'autre des Angles égaux à
cette Déclinaison ; car ainsi en donnant au Plan
ABCD une situation horizontale, & en le tournant
jusqu'à ce que l'ombre de la circonference KLMN
tombe sur le degré du Signe courant du Soleil, le
centre G se trouvera tourné directement au Midy,

& chaque Ligne Meridienne fe trouvera dans le
Plan du Cercle Meridien. Je ne dis pas que les
Signes Septentrionaux fe doivent marquer depuis O
vers G, parce que ceux qui entendent la Sphere,
fçavent bien que dans cette Zone que nous habi-
tons, le point G reprefente le Pole Septentrional.

PROBLEME VIII.

*Tracer un Cadran fur un Plan Horizontal par le
moyen de deux points d'ombre marquez fur ce
Plan au temps des Equinoxes.*

SI les deux points d'ombre font B, C, on les
joindra par la ligne droite BC, qui reprefentera la Ligne Equinoxiale : & afin que l'erreur foit
moins fenfible, il ne faudra pas que les deux points
d'ombre B, C, foient beaucoup éloignez entre eux,
parce qu'autour des Equinoxes la Déclinaifon du
Soleil change fenfiblement ; mais ils ne doivent
pas auffi être trop proches, parce qu'il eft difficile
de tirer exactement une ligne droite par deux points
extrémement proches.

Plan-
che 30.
96. Fig.

Ayant donc ainfi tiré la Ligne Equinoxiale BC,
tirez-luy par le pied du ftile A, la perpendiculaire
GD, qui fera la Ligne Meridienne, fur laquelle
on marquera le centre D de l'Equateur, & le centre G du Cadran, en cette forte. Ayant tiré par le
même pied du ftile A, la ligne AF perpendiculaire à la Ligne Meridienne, ou parallele à la Ligne Equinoxiale, & égale au ftile, joignez le Rayon
de l'Equateur EF; & en portez la longueur depuis
E fur la Meridienne au point D, qui fera le centre
de l'Equateur. Si vous tirez au même Rayon de
l'Equateur EF, par le point F, la perpendiculaire

FG, vous aurez en G fur la Meridienne le centre
du Cadran.

Il ne refte plus qu'à marquer les Points horaires fur l'Equinoxiale BC, ce qui fe pourra faire *par
Probl. 2.* ou bien en cette forte. Ayant décrit du
centre de l'Equateur D, avec une ouverture volontaire du Compas, le Demi-cercle HEI, & ayant
divifé fa circonference en 12 parties égales, ou de
15 degrez en 15 degrez, tirez du même centre D,
par les points de divifion, autant de lignes droites qui étant prolongées donneront fur la Ligne
Equinoxiale BC, les points des heures qu'on
cherche.

Ou bien plus facilement portez la longueur du
Rayon de l'Equateur EF, depuis E, de part &
d'autre fur la Ligne Equinoxiale BC, aux points de
3 & de 9 heures, & la diftance de ces deux points
depuis D, de côté & d'autre aux points de 4 & de
8 heures, & depuis ces points deça & délà aux
points de 5, de 11, de 1, & de 7 heures : car
ainfi vous aurez tous les Points horaires fur l'E-
quinoxiale, excepté ceux de 2 & de 10 heures,
que vous trouverez en divifant en trois parties
égales la diftance des points de 4 & de 8 heures,
ou bien encore ainfi.

Remarque.

Vous remarquerez que la diftance du point E
de Midy au point de 4 ou de 8 heures fur la Ligne
Equinoxiale, eft la moitié de la diftance des points
de 1 à 5 heures, ou des points 11 à 7 heures : &
que la diftance des points de 2 à 9 heures, ou de
10 à trois heures, eft égale à la moitié de la diftance du point de 2 à 5 heures, ou du point 10 à

7 heures, & que par conſequent la diſtance des
points de 2 & de 9 heures, ou de 10 & de 3 heures eſt égale au tiers de la diſtance des points de
5 & de 9 heures, ou de 3 & de 7 heures. D'où il
ſuit qu'on peut trouver autrement qu'auparavant,
les points de 2 & de 10 heures, ſçavoir en diviſant
en trois parties égales la diſtance des points de 5 &
de 9 heures, & la diſtance des points de 3 & de 7
heures.

Si outre les Points horaires de la Ligne Equinoxiale BC, vous voulez avoir les points des de-
mies, il faut diviſer le Demi-cercle HEI en deux
fois plus de parties égales, c'eſt-à-dire, en 24 parties égales, & en 48 parties égales ſi vous voulez
avoir les quarts d'heure, & ainſi enſuite. Ou bien
pour avoir les points des demie-heures, on mettra
une des pointes du Compas ſur les Points horaires de la Ligne Equinoxiale BC, qui ſont en nombre impair, ſçavoir ſur les points de 1, 11, 3,
9, 5 & 7 heures, & on étendra l'autre pointe juſqu'au centre de l'Equateur D, pour avoir des ouvertures qui étant portées depuis les mêmes Points
horaires de part & d'autre ſur l'Equinoxiale, donneront les points des demies-heures, par le moyen
deſquels on trouvera de la même façon les points
des quarts-d'heures, & ainſi enſuite.

Plan-
che 30.
96. Fig.

PROBLEME IX.

Tracer un Cadran ſur un Plan horizontal, où les
points de cinq & de ſept heures ſont donnez
ſur la Ligne Equinoxiale.

COmme il arrive ſouvent que les points de
5 & de 7 heures de la Ligne Equinoxiale ſe

Plan-
che 31.
97. Fig.

trouvent hors du Plan, pour avoir pris un ſtile trop long par rapport à la largeur du Plan, ce qui empêche de pouvoir marquer ces deux points de 5 & de 7 heures ſur la Ligne Equinoxiale, & de pouvoir achever le Cadran; il ſera bon de déterminer ces deux points ſur l'Equinoxiale, comme A, B, dont le milieu O ſera le point de Midy, pour achever le Cadran en cette ſorte.

Ayant tiré par le point de Midy O, la Ligne Meridienne DE perpendiculaire à l'Equinoxiale BC, on trouvera en premier lieu ſur cette Meridienne DE, le centre de l'Equateur D, & par ſon moyen le centre du Cadran I, pour en tirer les Lignes horaires par les points des heures, qu'on marquera ſur la Ligne Equinoxiale AB, comme il a été enſeigné au Problême precedent, par le moyen du centre de l'Equateur D, que nous trouverons ici en trois manieres differentes, comme vous allez voir.

Premiere Methode.

Ayant décrit du point de Midy O, par les points A, B, de 5 & de 7 heures, le Demi-cercle AFB, & ayant décrit du point A, par le même point O, l'arc de Cercle OF, diviſez en deux également l'arc AF au point G, & menez la droite BG, qui donnera ſur la Ligne Meridienne DE, le centre de l'Equateur D.

Seconde Methode.

Ayant décrit comme auparavant, le Demi-cercle AFB, & l'arc de Cercle OF, décrivez du point B, par le point F, l'arc de Cercle FH, & faites la ligne OD égale à la partie AH, pour avoir en D le centre de l'Equateur qu'on cherche.

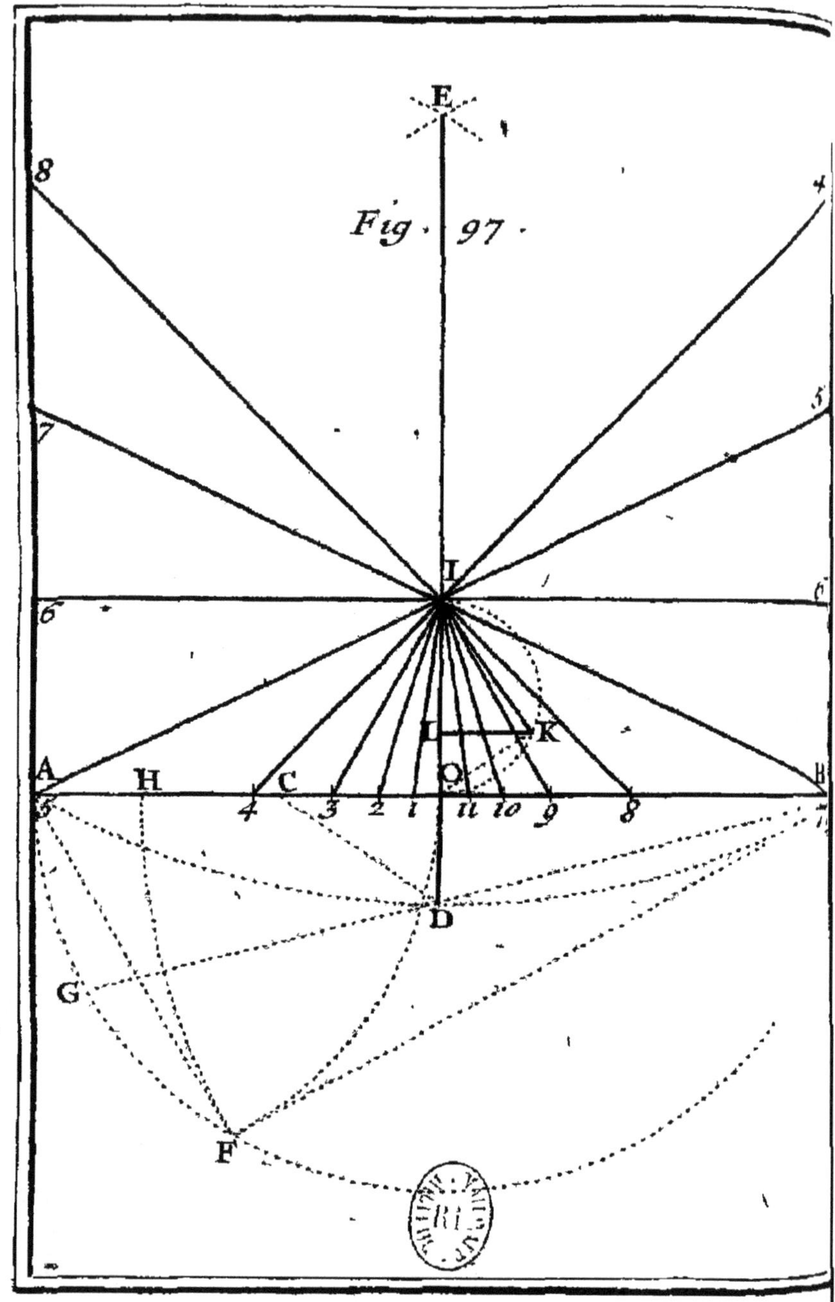
E
Fig. 97.
8
4
7
5
I
6
C
L
K
A
H
C
O
B
4 3 2 1 11 10 9 8
D
G
F

Troisiéme Methode.

Décrivez des deux points A, B, de 5 & de 7 heures avec une ouverture du Compas égale à le distance AB, deux arcs de Cercle, qui se coupent ici sur la Meridienne au point E, & décrivez de ce point E, avec la même ouverture du Compas l'arc de Cercle ADB, qui donnera sur la Meridienne DE le centre de l'Equateur D.

Pour trouver le centre du Cadran, faites au centre de l'Equateur l'Angle ODC du complement de la Hauteur du Pole sur l'Horizon, & portez la longueur de la ligne CD sur la Meridienne DE, depuis O en I, & le point I sera le centre du Cadran, où toutes les Lignes horaires doivent aboutir.

Si vous voulez trouver le pied & la longueur du stile, ayant décrit autour de la ligne OI le Demi-cercle OKI, portez sur sa circonference la longueur de la ligne OD, depuis O en K, & tirez du point K, la ligne KL perpendiculaire au Diametre OI, pour avoir en L le pied du stile, dont la longueur sera la perpendiculaire LK.

Il est évident que la ligne OK est le Rayon de l'Equateur, & que la Ligne IK represente l'Axe du Cadran, de sorte que l'Angle LIK est égal à l'Elevation du Pole.

PROBLEME X.

Etant donné un Cadran, soit Horizontal, ou Ver-
tical, trouver pour quelle Latitude il a été
fait, lorsque l'on connoît la longueur & le pied
du stile.

PRemierement, si le Cadran est Horizontal, on
tirera par le pied du stile A, la ligne AF égale au
stile, & perpendiculaire à la Meridienne, & l'on tirera du centre G du Cadran par le point F, la droite FG, qui representera l'Axe du Cadran, & qui
fera avec la Meridienne l'Angle FGA égal à la Latitude qu'on cherche.

On travaillera de la même façon pour un Cadran
Vertical Meridional, ou Septentrional, qui ne dé-
clinera point, comme l'on connoîtra lorsque la Ligne Meridienne passera par le pied du stile, & alors
l'Angle que fera l'Axe du Cadran avec la Meridienne sera le complement, ou le reste à 90 degrez
de l'Elevation du Pole, pour laquelle le Cadran
aura été fait.

Si le Cadran Vertical regarde directement l'O-
rient, ou l'Occident; en sorte qu'il soit Meridien,
comme l'on connoîtra, lorsque les Lignes horaires
seront paralleles entre elles, on mesurera l'Angle
que fait l'une de ces Lignes horaires avec la Ligne
Horizontale, ou avec quelqu'autre ligne parallele
à l'Horizontale, & cet Angle sera l'Elevation du
Pole qu'on cherche.

Si le Cadran Vertical est déclinant, comme l'on
connoîtra, lorsque la Ligne Meridienne ne passera
pas par le pied du stile, comme AH, qui ne passe
pas par le pied du stile C; tirez par ce point C, la
Ligne

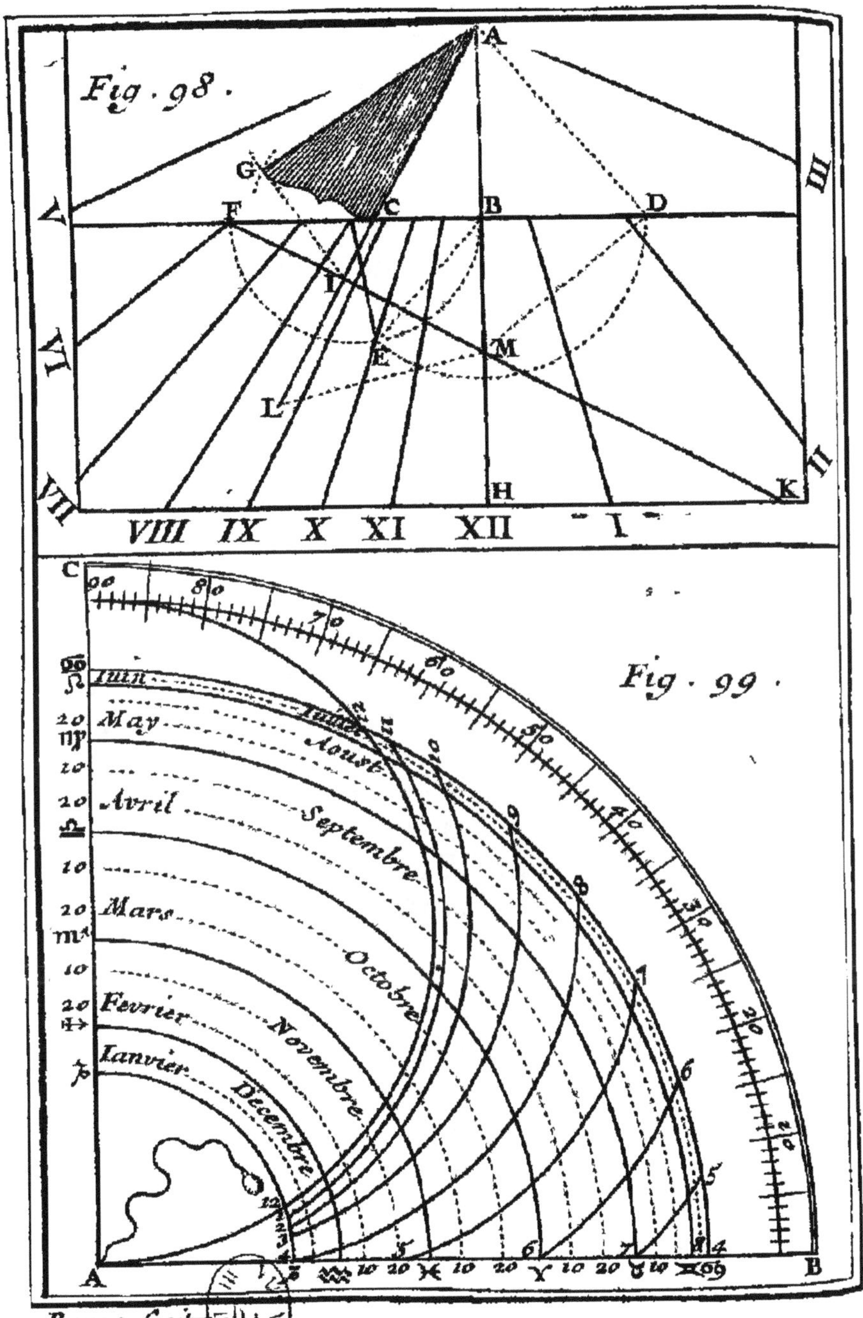
Fig. 98.
A
V III
F G C B D
I
E M
L
VI
H K II
VII
VIII IX X XI XII I
C
90 80 70 60 50
Iuin
May
Iuillet
Aoust
Avril
Septembre
Mars
Octobre
Fevrier
Novembre
Ianvier
Decembre
40
30
20
Fig. 99.
A B

Ligne Horizontale FD perpendiculaire à la Meridienne AH, qui se tire à plomb dans tous les Cadrans Verticaux, & la ligne CE parallele à la Meridienne AH, ou perpendiculaire à l'Horizontale
FD, & égale au stile. Enfin, portez la longueur de
l'hypotenuse EB, qu'on peut appeller *Ligne de
Déclinaison*, parce que l'Angle CEB est la Déclinaison du Plan, sur l'Horizontale depuis B au point
D, par lequel & par le centre du Cadran A, vous
tirerez la droite DA, qui fera au point D, avec
l'Horizontale FD, l'Angle BDA, dont la quantité
fera connoître la Latitude qu'on cherche, c'est-à-
dire, l'Elevation du Pole sur l'Horizon, pour laquelle le Cadran a été fait.

Plan-
che 32.
98. Fig.

Remarque.

Si vous voulez sçavoir l'Elevation du Pole sur
le Plan du Cadran, c'est-à-dire, de combien de
degrez est élevé le Pole sur l'Horizon, auquel le
Plan du Cadran est parallele ; tirez la Soustilaire
AC, & décrivez du pied du stile C, un arc de
Cercle avec l'ouverture CE, & un autre arc du centre du Cadran A, avec l'ouverture AD, pour avoir
le point G dans la commune section de ces deux
arcs, par lequel on tirera au centre A l'Axe du Cadran AG, qui fera avec la Soustilaire AC, l'Angle
CAG de la Hauteur du Pole sur le Plan.

Si vous voulez aussi sçavoir la difference des Meridiens de l'Horizon du Lieu & de l'Horizon du
Plan, c'est-à-dire, la difference des Longitudes entre celle de l'Horizon, pour lequel le Cadran a été
fait, & celle de l'Horizon parallele au Plan du Cadran ; ayant prolongé la Ligne Soustilaire AC vers
L, tirez-luy du point F, section de la Ligne de six

heures & de l'Horizontale , la perpendiculaire FK, qui fera la Ligne Equinoxiale, & portez la lon-gueur du Rayon de l'Equateur IG , fur la Souftilaire, depuis I en L , où fera le centre de l'Equa-teur , par lequel & par le point M , fection de la Meridienne & de l'Equinoxiale , vous tirerez la droite LM , qui fera avec la Souftilaire AL , l'An-gle CLM , dont la quantité fera connoître la dif-ference des Longitudes qu'on cherche.

Parce que le centre du Cadran A fe trouve ici au deffus de la Ligne Horizontale , on connoît que le Plan du Cadran décline du Midy , & qu'il dé-cline à l'Orient , parce que le pied du ftile C fe trouve entre la Ligne Meridienne & les Lignes des heures du matin , ou avant Midy. On connoît auffi qu'au temps des Equinoxes le Cadran ne fera pas éclairé du Soleil à trois heures aprés Midy , parce que la Ligne de trois heures étant prolongée ne coupe point la Ligne Equinoxiale du côté des heu-res aprés Midy. Enfin l'on connoît en tout temps, que le Plan du Cadran n'eft point éclairé des Rayons du Soleil , aux heures dont les Lignes dans le Ca-dran ne coupent point du côté des mêmes heures la Ligne Horizontale.

PROBLEME XI.

Trouver le Pied & la longueur du ftile dans un Cadran Vertical déclinant.

S'Il arrive qu'un Cadran Vertical déclinant fe trouve décrit fur une muraille fans aucun ftile, ni fans aucune marque du lieu où il avoit été plan-té , ou du point où l'on a fuppofé fon pied , quand on a tracé le Cadran , on pourra trouver ce pied,

& déterminer la longueur du ſtile, en cette ſorte. Plan-

Si l'on prolonge la Ligne Meridienne BH, & che 11.
quelqu'autre Ligne horaire, on aura ſur cette Meri- 98. Fig.
dienne le centre du Cadran, comme A, où l'on fera
avec la Meridienne AH, l'Angle BAD du complement de l'Elevation du Pole, par la ligne AD, qui
ſe trouvera terminée en D, par la Ligne Horizontale FD, qu'on tirera par le point B pris à diſcre-
tion ſur la Meridienne AH, perpendiculairement
à la même Meridienne.

Cela étant fait, tirez par le point D, à la ligne
AD la perpendiculaire DM, qui donnera ſur la
Meridienne AH, le point M, par lequel & par le
point F de ſix heures ſur l'Horizontale, vous tirerez la Ligne Equinoxiale FK, à laquelle on tirera
du centre A, la perpendiculaire AL, qui repreſentera la Ligne Souſtilaire, & donnera par conſequent ſur l'Horizontale FD, le pied du ſtile au
point C.

Pour trouver la longueur du ſtile, tirez de ſon
pied trouvé C, la ligne indéfinie CE perpendiculaire à l'Horizontale FD, & décrivez du point B
par le point D, un arc de Cercle, qui déterminera
ſur la perpendiculaire CE la longueur du ſtile qu'on
cherche, par le moyen de laquelle on pourra connoître la déclinaiſon du Plan, qui eſt repreſentée
par l'Angle CEB; l'Elevation du Pole ſur le Plan,
que l'Angle CAG repreſente; & la difference des
Longitudes, qui eſt repreſentée par l'Angle ILM,
comme il a été enſeigné au Problême precedent.

Remarque.

Lorſqu'on n'aura pas le point F de ſix heures ſur
l'Horizontale, pour être trop éloigné, ce qui ar-

rivera quand la Déclinaison du Plan sera fort petite, ce qui empêchera de pouvoir tirer la Ligne
Equinoxiale FK, on tirera cette ligne par le point
M, en luy faisant faire avec la Meridienne AH,
l'Angle BMF, qu'on trouvera par le moyen de la
Déclinaison du Plan, & de l'Elevation du Pole, en
faisant cette Analogie,

Comme le Sinus Total,
 Au Sinus de la Déclinaison du Plan;
Ainsi la Tangente du complement de l'Eleva-
 tion du Pole,
  A la Tangente du complement de l'Angle
  qu'on cherche.

Je parle à ceux qui entendent la Trigonometrie,
& qui par le moyen de la même Déclinaison du
Plan & de l'Elevation du Pole, pourront trouver
l'angle de la Ligne de six heures avec la Meridienne, la difference des Longitudes, & l'Elevation
du Pole sur le Plan, par ces trois Analogies;

Comme le Sinus Total,
 Au Sinus de la Déclinaison du Plan;
Ainsi la Tangente de l'Elevation du Pole sur
 l'Horizon,
  A la Tangente du complement de l'Angle de
  la Ligne de six heures avec la Meri-
  dienne.

Comme le Sinus Total,
 Au Sinus de la hauteur du Pole sur l'Horizon;
Ainsi la Tangente du complement de la Décli-
 naison du Plan,
  A la Tangente du complement de la diffe-
  rence des Longitudes.

Comme le Sinus Total,
   *Au Sinus du complement de la Déclinaison
     du Plan ;*
  *Ainsi le Sinus du complement de l'Elevation du
     Pole sur l'Horizon,*
   Au Sinus de la hauteur du Pole sur le Plan.

Si l'on ne peut pas avoir le centre du Cadran,
ce qui peut arriver, lorsque l'Elevation du Pole est
fort grande, ou quand le Plan décline beaucoup,
ce qui empêchera de pouvoir connoître la Déclinaison du Plan, & déterminer le pied & la longueur du stile par la Methode precedente; on mesurera l'Angle de la Ligne de six heures avec l'Horizontale, & par le moyen de cet Angle, & de l'E-
levation du Pole, on pourra connoître la Déclinaison du Plan, en faisant cette Analogie,

Comme le Sinus Total,
   *A la Tangente du complement de l'Elevation
     du Pole ;*
  *Ainsi la Tangente de l'Angle de la Ligne de
     six heures avec l'Horizontale,*
   Au Sinus de la Déclinaison du Plan.

La Déclinaison du Plan ayant été ainsi connuë,
on décrira autour de la partie FB terminée par la
Ligne de six heures & la Meridienne, le Demi-cercle FEB, pour y prendre depuis F, l'Arc EF égal au
double du complement de la Déclinaison du Plan,
& l'on tirera du point E, à l'Horizontale FD, la
perpendiculaire EC, qui donnera la longueur du
stile, & déterminera son pied au point C.

Si vous voulez tirer par le pied du stile trouvé

C, la Ligne Souftilaire, tirez auparavant la Ligne
Equinoxiale FK, par le point de fix heures F, en
luy faifant faire à ce point F, avec l'Horizontale
FD, un Angle qu'on trouvera par cette Analogie,

Comme le Sinus Total;
Au Sinus de la Déclinaifon du Plan;
Ainfi la Tangente du complement de l'Elevation
du Pole;
A la Tangente de l'Angle qu'on cherche.

Si à là Ligne Equinoxiale FK, on tire par le
pied du ftile C, là perpendiculaire CL, elle reprefentera la Ligne Souftilaire, qu'on pourra auffi tirer en luy faifant faire au point C, avec l'Horizontale FD, un Angle, qu'on trouvera par cette
Analogie;

Comme le Sinus Total,
Au Sinus de la Déclinaifon du Plan;
Ainfi la Tangente du complement de l'Elevation
du Pole,
A la Tangente du complement de l'Angle
qu'on cherche.

Ou bien portez la diftance BE fur l'Horizontale
FD, depuis B en D, & faites au point D, l'Angle
BDM du complement de la Hauteur du Pole fur
l'Horizon, pour avoir le point M, fur la Meridienne, par lequel & par le point F de fix heures,
on tirera la Ligne Equinoxiale FM, à laquelle on
tirera par le point C la ligne perpendiculaire CL,
qui fera la Ligne Souftilaire qu'on cherche.

PROBLEME XII.

Décrire un Cadran portatif dans un Quart de Cercle.

POur décrire un Cadran portatif dans le Quart de Cercle ABC, dont le centre est A, & dont la circonference BC est divisée en ses 90 degrez; *Planche 32. 99. Fig.*

Heu / Sign.	XII D.M.	XI D.M	X D.M	IX D.M	VIII D.M	VII D.M	VI D.M	V D.M.	du M / Sign
♋	64.32	61.56	55.19	46.36	37. 1	27 12	17.32	8.22	♋
10	64. 9	61.53	55. 1	46.18	36.44	26.36	7.12	8. 4	20
20	63. 2	60.31	54. 4	45.28	35.39	26. 8	16 22	7.12	10
♌	61.13	58.49	52.54	44. 7	34.40	24.51	15. 7	5.50	♊
10	58.48	56.30	50.29	42.14	32.54	23. 7	13.21	3.57	20
20	55.52	53 42	47.57	39.55	30.42	20.58	11.12	1.40	10
♍	52.31	5.30	45. 1	37.14	28.10	18.29	8.40		♉
10	48.51	46.58	41.44	34 13	25.19	15.43	5.54		20
20	44.58	43.11	38.15	31. 0	22.18	12.48	2.59		10
♎	41. 0	39 20	34.37	27 28	19. 9	9 47			♈
10	37. 2	35.26	30.58	24 12	15 58	6.42			20
20	33. 9	31 40	27.24	20.55	12.51	3 44			10
♏	29 29	28. 4	23.58	17 41	9 10	0 54			♓
10	26. 8	24.46	20.51	14.45	7. 5				20
20	23.12	21.52	18. 5	12.12	4.42				10
♐	20.47	19.30	15.48	10. 3	2 42				♒
10	18.58	17.42	14. 6	8.27	1 12				20
20	17.51	16.30	13. 3	7.27	0 18				10
♑	17.29	16.59	12.44	7. 8	0. 2				♑
Heu.	XII	I	II	III	IV	V	VI	VII	du S

décrivez autour du Demi-diametre AC, une demi-circonference de Cercle, qui sera prise pour la

Ligne Meridienne, par le moyen de laquelle &
de la Table precedente, qui montre la hauteur du
Soleil à chaque heure du jour, de 10 degrez en
10 degrez des Signes du Zodiaque, pour la Latitude de 49 degrez, telle qu'est à peu prés celle
de Paris, vous décrirez premierement les Paralleles des Signes, & par leur moyen les autres Lignes
horaires par des Cercles, en cette forte.

Pour décrire par exemple le Tropique de ♋,
connoiffant par la Table precedente, que le Soleil
étant en ♋ est à Midy élevé fur l'Horizon de 64
degrez & demi, vous appliquerez une Regle fur
le centre A, & fur le 64. degré & demi du Quart
de Cercle BC, en comptant depuis B, vers C, &
par le point où la Regle coupera la Ligne Meridienne, vous décrirez du centre A un Quart de
Cercle, qui reprefentera le Tropique de ♋. Ainfi
des autres.

Pour décrire les autres Lignes horaires, on en
trouvera trois points, en marquant un point de
chacune fur trois Paralleles de Signes differens tels
que l'on voudra, pour faire paffer par ces trois
points une circonference de Cercle, qui reprefentera la Ligne horaire qu'on cherche. Ces points
horaires fe trouveront dans l'interfection du Parallele du Signe propofé & d'une ligne droite tirée du
centre A par le degré de la hauteur que le Soleil
doit avoir fur l'Horizon à l'heure propofée, lorfqu'il eft dans ce Signe, telle qu'on la trouve dans
la Table precedente.

Pour connoître l'heure aux Rayons du Soleil par
le moyen de ce Cadran, ajoûtez au centre A un
petit ftile bien droit, avec un filet pendant librement par la pefanteur d'un plomb qu'il doit avoir à
fon extremité, & tournez ce centre A vers le So-

leil, en sorte que la ligne AC regarde directement
le Soleil, ce que vous connoîtrez lorsque l'ombre
du stile élevé au point A couvrira cette ligne AC,
car alors le filet en pendant librement du centre A,
marquera sur le Parallele du Signe courant du Soleil l'heure qu'on cherche, & de plus sur le Quart
de Cercle BC, les degrez de la hauteur du Soleil.

Planche 32. 99. Fig.

Remarque.

Cette maniere de representer les Lignes horaires
par des circonferences de Cercle, n'est pas bonne
dans la rigueur geometrique, mais comme l'erreur
est petite, on s'en peut servir tres-utilement. Mais
au lieu de Cercles, on peut avoir des lignes droites, sans que l'erreur soit aussi beaucoup confiderable, sçavoir en décrivant premierement du centre
A, avec une ouverture volontaire du Compas, les
deux Quarts de Cercle ♋♑, ♈♎, dont le premier sera pris pour l'un des Tropiques, & l'autre
pour l'Equateur, aprés quoy l'on trouvera sur chacun de ces deux Quarts de Cercle un point de chaque heure, pour joindre deux points d'une même
heure par une ligne droite, en cette sorte.

Planche 33. 100.Fig.

Pour trouver par exemple le point de Midy sur
l'Equateur ♈♎, où le Soleil étant, il a Midy élevé sur l'Horizon de 41 degrez, appliquez au centre A & au 41. degré du Quart de Cercle BC, une
Regle bien droite, qui donnera sur l'Equateur ♈♎,
le point 12 de Midy. De même parce que le Soleil
étant dans ♋ est à Midy élevé sur l'Horizon de 64
degrez & demi, vous appliquerez sur le centre A &
sur le 64. degré & demi du Quart de Cercle BC,
la même Regle qui donnera sur le Quart de Cercle
♋♑, consideré comme le Tropique de ♋, un se-

cond point de Midy, lequel étant joint avec le premier, on aura la Ligne Meridienne, qui servira
pour les six Signes Septentrionaux, sçavoir depuis
l'Equinoxe du Printemps jusqu'à l'Equinoxe d'Automne.

Si l'on considere le même Quart de Cercle ♋♑,
comme le Tropique du ♑, on y trouvera de la
même façon le point de Midy, par lequel & par
le premier point de Midy, qui a été trouvé sur l'E-
quateur ♈♎, tirant une ligne droite, on aura
une seconde Ligne Meridienne, qui servira pour
les six Signes Meridionaux, sçavoir depuis l'Equinoxe d'Automne jusqu'à l'Equinoxe du Printemps.

C'est de la même maniere qu'on marquera les autres Lignes horaires, tant pour les six Signes Septentrionaux, que pour les six Meridionaux, & il ne
faut que regarder la figure pour le comprendre.
Pour les Paralleles des autres Signes, ils se décri-
ront par le moyen de la Ligne Meridienne, comme
il a été enseigné auparavant, sans qu'il soit besoin
de le repeter ici. On connoît aussi les heures sur
ce Cadran, comme sur le precedent, c'est pourquoy nous n'en parlerons pas davantage.

Nous dirons seulement que la maniere la plus
exacte de faire ce Cadran, est la suivante. Décrivez

à volonté du centre A sept Quarts de Cercle, qui
soient si vous voulez également éloignez entre eux,
que vous prendrez pour les commencemens des
douze Signes du Zodiaque, le premier & le dernier étant pris pour les deux Tropiques, & celuy
du milieu par consequent pour l'Equateur. Vous
marquerez sur chacun de ces Paralleles des Signes
les points des heures selon la hauteur que le Soleil
doit avoir à ces heures au commencement de chaque Signe, ce que vous connoîtrez par la Table

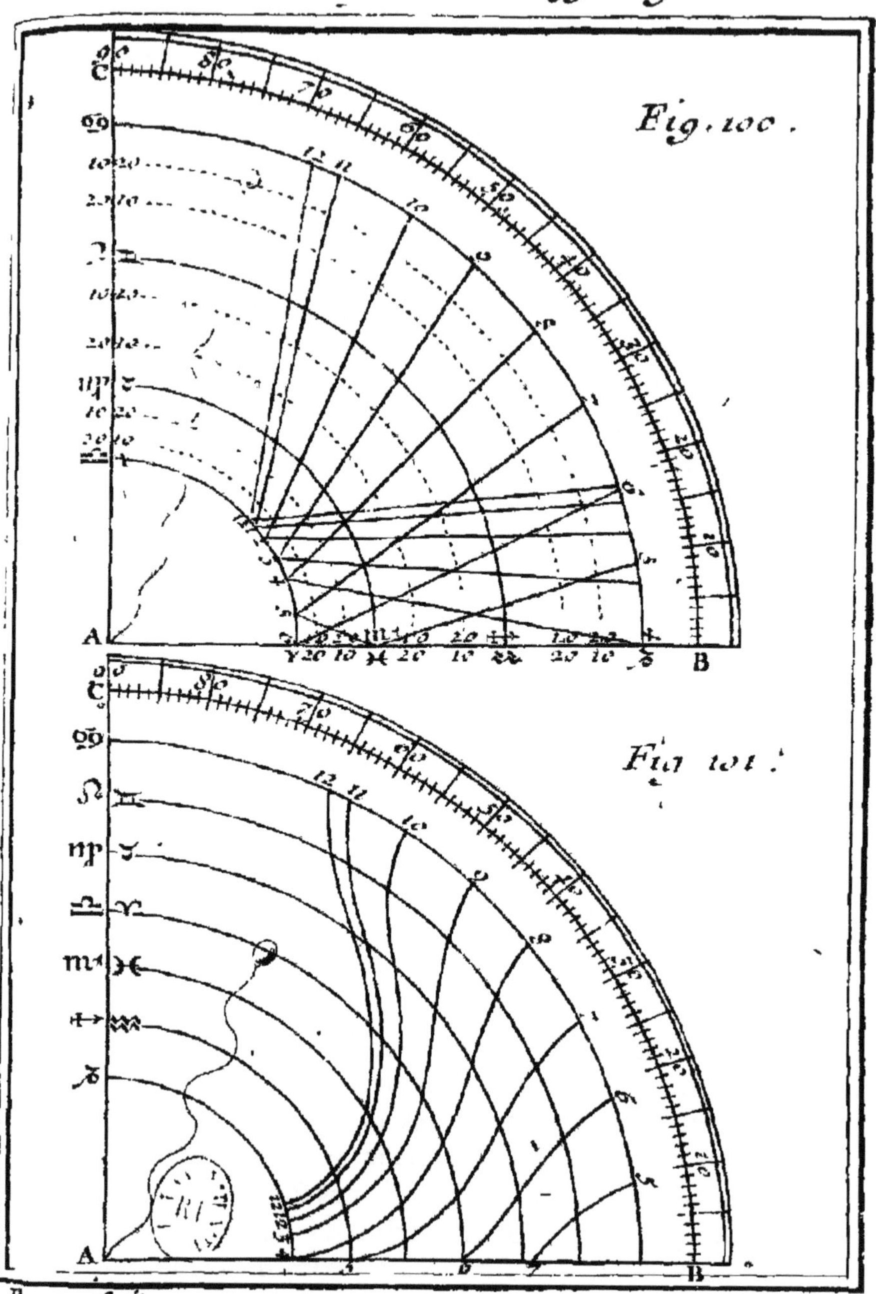
Fig. 100.
Fig. 101.
C
B
A
Berey fecit

precedente, comme il a été enseigné auparavant ; Planche 31. 101. fig.
aprés quoy il n'y aura plus qu'à joindre par des lignes courbes tous les points d'une même heure, pour avoir ainsi le Cadran achevé, où l'on connoîtra les heures, comme il a été dit auparavant, où nous avons dit, qu'il falloit se servir d'un petit stile élevé droit au centre A : mais au lieu de stile, on pourra se servir de deux pinnules, dont les trous répondent perpendiculairement & à une hauteur égale sur la ligne AC, sur une autre qui luy soit parallele, car ainsi au lieu de l'ombre du stile, qui doit couvrir la ligne AC, on fera passer les Rayons du Soleil par les trous de chaque pinnule : & pour connoître l'heure plus facilement, on pourra ajoûter au filet qui pend du centre A, une petite perle enfilée, qu'on avancera sur le Signe & dégré du Soleil marqué sur la ligne AC, lorsqu'on voudra connoître l'heure ; car alors cette perle montrera l'heure qu'on cherche, lorsque les Rayons du Soleil passeront par les trous des deux pinnules, & que le filet avec son plomb pendra librement du centre A, sans qu'il soit besoin de remarquer où le filet coupe le degré du Signe courant du Soleil.

On void aisément que par le moyen d'un semblable Cadran, l'on peut connoître l'heure sans Soleil, pourvû que l'on sçache le lieu du Soleil dans le Zodiaque, & sa hauteur au dessus de l'Horizon. Comme si le Soleil étant au commencement de ♈ ou de ♎, est élevé sur l'Horizon de 27 degrez & demi, en appliquant une Regle bien droite sur le centre A, & sur le 27. degré & demi du Quart de Cercle BC, elle coupera le Parallele de ♈ & de ♎, au point de 9 heures du matin, ou de 3 heures du soir, ce qui fera connoître qu'il est 9 heures du matin, si la hauteur du Soleil a été observée avant Midy, ou 3 heures du soir, si la hauteur du Soleil a été prise aprés Midy.

On peut *connoître l'heure sans Cadran par le moyen de la hauteur du Soleil, & de la Table precedente*, en cherchant dans cette Table la hauteur trouvée du Soleil, ou sa plus proche dans la colonne du *Signe* courant du Soleil, ou du 10. degré le plus proche, car ainsi on trouvera vis-à-vis de cette hauteur l'heure en haut si l'observation a été faite le matin, ou en bas si la hauteur du Soleil a été observée aprés Midy.

On peut aussi connoître l'heure sans Cadran par la Geometrie, & par la Trigonometrie, comme nous enseignerons aprés avoir dit que la hauteur du Soleil se peut prendre par le moyen d'un simple Quart de Cercle, comme vous avez vû : ou bien par le moyen de l'ombre d'un stile élevé à angles droits sur un Plan Horizontal, ou Vertical, en cette sorte.

Premierement, si l'ombre du stile AB élevé à plomb sur un Plan Horizontal est AC, tirez à cette ombre AC, par le pied du stile A, la perpendiculaire AD égale au stile AB, & tirez du point D, par l'extremité C de l'ombre AC, la droite CD, & l'Angle ACD sera l'Elevation du Soleil qu'on cherche.

Mais si vous travaillez sur un Plan Vertical, tirez par l'extremité C, de l'ombre AC, la ligne à plomb CD, & par le pied du stile A, la ligne horizontale EF perpendiculaire à cette ligne CD. Tirez encore par le pied du stile A, la ligne à plomb AG égale au stile AB, & ayant porté la longueur de la ligne DG sur l'Horizontale EF, depuis D en F, joignez la ligne CF, & l'Angle DFC donnera la hauteur du Soleil sur l'Horizon.

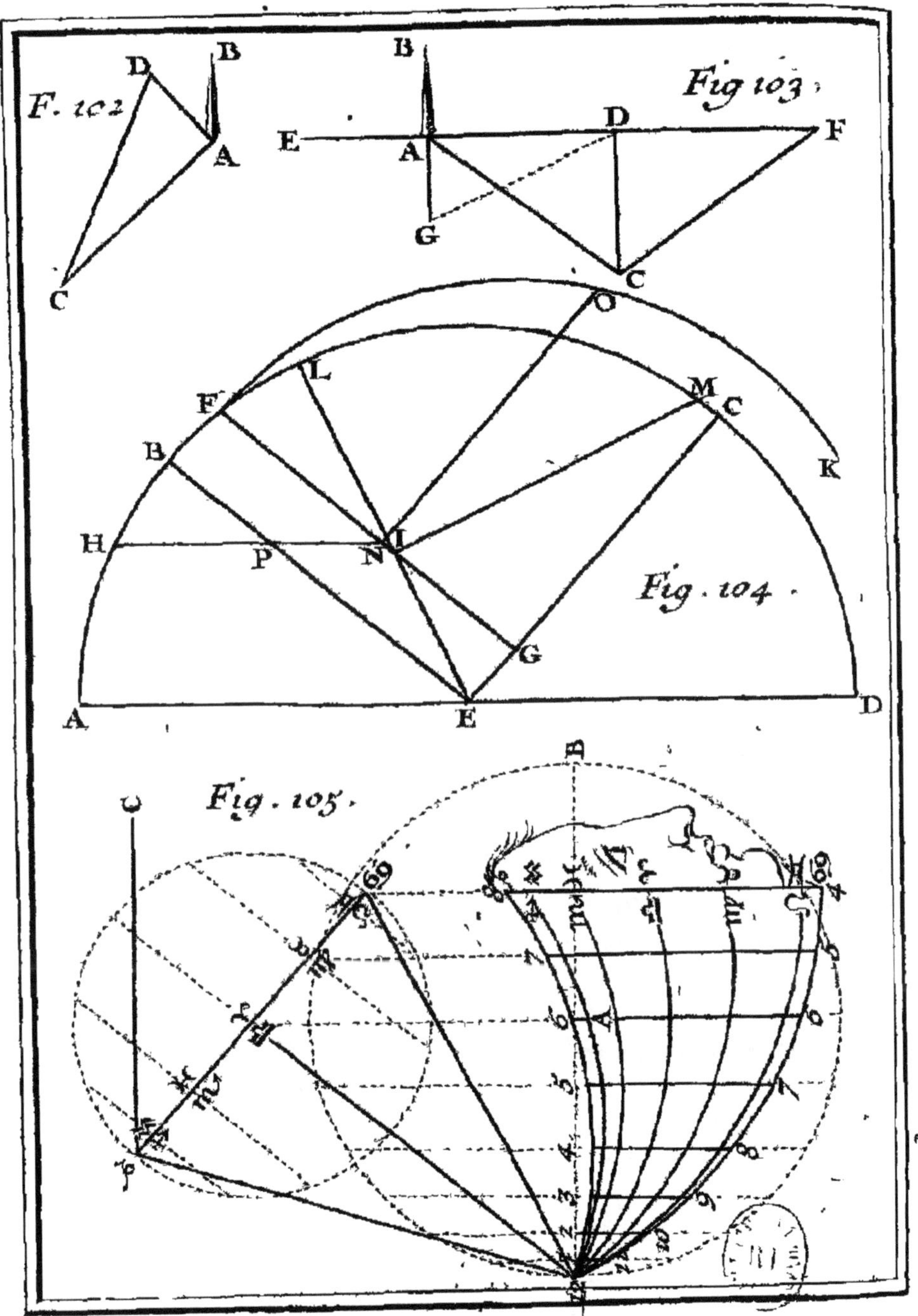
F. 102
Fig 103
Fig. 104
Fig. 105

La Hauteur du Soleil étant ainsi connuë, ou autrement, on *connoîtra l'heure du Jour premiere-*
ment par la Geometrie, en cette sorte. Décrivez à
discretion le Demi-cercle ABCD, dont le centre est
E, & le Diametre est AD, & y prenez d'un côté
l'arc DC de l'Elevation du Pole, & de l'autre côté
l'arc AB du complement de la même Elevation du
Pole, pour joindre les droites EB, EC, qui seront
perpendiculaires entre elles, & dont la premiere
EB representera l'Equateur, & la seconde EC l'Axe
du Monde, parce que le point E represente le centre du Monde, le point C le Pole élevé sur l'Horizon, que le Diametre AD represente, & le Cercle ABCD represente le Meridien tout ensemble &
le Colure des Solstices, en supposant que ce Colure
convient avec le Meridien.

Dans cette supposition, l'on prendra l'arc BL de
la plus grande Déclinaison du Soleil, ou de 23
degrez & demi, depuis B vers C, si le Soleil est
dans les Signes Septentrionaux, ou de l'autre côté
vers A, si le Soleil est dans les Signes Meridionaux, & l'on tirera du centre E par le point L, la
droite EL, qui representera l'Ecliptique, selon les
loix de la Projection Ortographique de la Sphere.
Aprés cela faites l'arc LM égal à la distance du Soleil au Solstice le plus proche, & tirez du point
M la ligne MI perpendiculaire à l'Ecliptique EL,
qui se trouve ici coupée par cette perpendiculaire
MI au point I, par où vous tirerez à l'Equateur
EB la parallele FG: qui representera le Parallele du
Soleil, & qui coupe ici l'Axe EC au point G, duquel comme centre, on décrira par le point F,
l'arc de Cercle FOK.

Enfin ayant pris l'arc AH égal à la Hauteur du
Soleil, tirez par le point H, à l'Horizon AD, la

Plan-
che 34.
104. Fig.

parallele HN , qui representera l'Almicantarat du
Soleil, & donnera sur le Parallele FG , son lieu en
N, d'où l'on tirera la ligne NO perpendiculaire à
la ligne FG , & l'arc FO étant converti en temps,
en prenant 15 degrez pour une heure , donnera
l'heure qu'on cherche , avant ou après Midy.

L'Arc BF fait connoître la Déclinaison du Soleil,
que l'on peut avoir plus exactement par le moyen
de sa plus grande Déclinaison qui est de 23 degrez & demi, & de sa distance au plus proche
Equinoxe, en faisant cette Analogie;

    Comme le Sinus Total ,
      Au Sinus de la plus grande Déclinaison du
        Soleil ;
    Ainsi le Sinus de sa distance au plus proche
        Equinoxe ,
    A la Déclinaison qu'on cherche.

Il est évident que quand le Soleil n'aura point
de Déclinaison , ce qui arrivera au temps des Equinoxes, au lieu de tirer la perpendiculaire NO du
point N , il la faudra tirer du point P , où l'E-
quateur EB se trouve coupé par l'Almicantarat HI,
pour avoir en ce jour des Equinoxes l'heure qu'on
cherche : mais on la pourra trouver dans ce cas
plus exactement par cette Analogie ;

    Comme le Sinus du complement de l'Elevation
        du Pole ,
    Au Sinus de la Hauteur du Soleil ;
    Ainsi le Sinus Total ,
      Au Sinus de la distance du Soleil, à six heures.

Lorsque le Soleil aura une Déclinaison, on l'ô-

tera de 90 degrez , fi elle eft Septentrionale , ou on
l'ajoûtera à 90 degrez, fi elle eft Meridionale,
pour avoir la diftance du Soleil au Pole, par le
moyen de laquelle , & de l'Elevation du Pole,
avec la Hauteur du Soleil, on pourra trouver par
la Trigonometrie l'heure du Jour, en cette forte.

Ajoûtez enfemble ces trois chofes, le complement de la Hauteur du Soleil, le complement de
l'Elevation du Pole, & la diftance du Soleil au Pole, & ôtez feparément de la moitié de leur fomme le complement de l'Elevation du Pole, & la
diftance du Soleil au Pole, pour avoir deux differences qui nous ferviront avec le complement de
l'Elevation du Pole, & la diftance du Soleil au Pole, pour faire ces deux Analogies ;

*Comme le Sinus de la diftance du Soleil au
    Pole,*
    Au Sinus de l'une des deux differences ;
Ainfi le Sinus de l'autre difference,
    A un quatriéme Sinus.

*Comme le Sinus du complement de l'Elevation
    du Pole,*
    Au quatriéme Sinus trouvé ;
Ainfi le Sinus Total,
    A un feptiéme Sinus.

lequel étant multiplié par le Sinus Total , la Racine
quarrée du produit fera le Sinus de la moitié de
la diftance du Soleil au Meridien.

PROBLEME XIII.

Décrire un Cadran portatif fur une Carte.

LE Cadran que nous allons décrire, eft ordinairement appellé *le Capucin*, parce qu'il reffemble à la tête d'un Capucin, qui a fon Capuchon renverfé. Il fe peut décrire fur une petite piece de Carton, ou bien fur une Carte, en cette forte.

Planche 34. 105. Fig.

Ayant décrit à volonté une circonference de Cercle, dont le centre eft A, & le Diametre eft B 1 2, divifez cette circonference en 24 parties égales, ou de 1 5 degrez en 1 5 degrez, en commençant depuis le Diametre B 1 2, & joignez les deux points de divifion également éloignez du Diametre B 1 2, par des lignes droites paralleles entre elles, & perpendiculaires à ce Diametre B 1 2, qui feront les Lignes horaires, dont celle qui paffe par le centre A, fera la Ligne de fix heures.

Aprés cela faites au point 1 2, avec le Diametre B 1 2, l'Angle B 1 2 ♈ de l'Elevation du Pole, & ayant tiré par le point ♈, où la ligne 1 2 ♈ coupe la Ligne de fix heures, la ligne indéfinie ♋♑, perpendiculaire à la Ligne 1 2 ♈, vous terminerez cette ligne ♋♑ aux points ♋, ♑, par les lignes 1 2 ♋, 1 2 ♑, qui doivent faire avec la ligne 1 2 ♈, chacune un Angle de 2 3 degrez & demi, telle qu'eft la plus grande Déclinaifon du Soleil.

On trouvera fur cette perpendiculaire ♋♑, les points des autres Signes, en décrivant du point ♈, comme centre, par les points ♋, ♑, une circonference de Cercle, & en la divifant en douze parties égales, ou de 3 0 degrez en 3 0 degrez, pour les commencemens de douze Signes du Zodiaque,

diaque, pour joindre deux points de division opposez & également éloignez des points ♋, ♑, par
des lignes droites paralleles entre elles & perpendiculaires au Diametre ♋♑, qui donneront sur
ce Diametre les commencemens des Signes, d'où
comme centres, on décrira par le point 12 des
arcs de Cercle, qui representeront les Paralleles
des Signes, ausquels par conséquent on ajoûtera
les mêmes caracteres, comme vous voyez dans la
figure.

 Ces Arcs des Signes serviront pour connoître
les heures aux Rayons du Soleil, en cette sorte.
Ayant tiré à volonté la ligne C♑, parallele au Diametre B12, élevez à son extremité C, un petit
stile bien droit, & tournez le Plan du Cadran, en
sorte que le point C regardant obliquement le Soleil, l'ombre du stile couvre la ligne C♑, & alors
un filet pendant librement avec son plomb du point
du degré du Signe courant du Soleil, marqué sur
la ligne ♋♑, montrera en bas sur l'Arc du même
Signe l'heure qu'on cherche.

Remarque.

 Afin que le filet se puisse mettre facilement sur
le degré du Signe courant du Soleil, il faut que
le Plan du Cadran soit fendu le long de la ligne
♋♑, car ainsi on pourra facilement avancer le filet
à tel point que l'on voudra de cette ligne, & l'arrêter à ce point : & si l'on enfile à ce filet une petite perle, on pourra se passer des Arcs des Signes
pour connoître l'heure du jour, en avançant la perle
au point 12, lorsque le filet aura été arrêté au degré du Signe courant du Soleil, car alors cette perle
montrera l'heure qu'on cherche, lorsquelle point C

Plan-
che 34.
105. Fig.

aura été tourné droit vers le Soleil, en sorte que, comme nous avons dit, l'ombre du ſtile couvre la ligne C♑.

On auroit pû marquer les Signes plus exactement ſur la ligne ♋♑, en faiſant au point 12 avec la ligne 12♈ de part & d'autre des angles égaux à la Déclinaiſon de ces Signes : mais comme l'erreur n'eſt pas conſiderable, lorſque le Cadran eſt petit, comme il arrive ordinairement, on aura plûtôt fait de ſuivre la Methode precedente.

Ce Cadran tire ſon origine d'un certain Cadran rectiligne univerſel, qui a été autrefois publié par le P. de Saint Rigaud Jeſuite, ſous ce titre *Analemma novum*. Voici la maniere qu'il nous a enſeignée pour ſa conſtruction & pour ſon uſage.

Ayant décrit, comme auparavant, les Lignes horaires par le moyen d'un Cercle diviſé en 24 parties égales, qui a le point A pour ſon centre, & la ligne ♈♎ pour Diametre, à laquelle toutes les Lignes horaires ſont perpendiculaires, dont celle qui paſſe par l'extremité ♈, repreſente la Ligne de Midy, & celle qui paſſe par l'autre extremité ♎, repreſente la Ligne de Minuit ; prenez le Diametre ♈♎ pour l'Equateur, & décrivez les Paralleles des autres Signes par des lignes droites, en cette ſorte.

Prenant donc le Diametre ♈♎ pour l'Equateur, faites avec cette ligne au centre A, un Angle égal à la plus grande Déclinaiſon du Soleil, ou de 23 degrez & demi, par la ligne droite ♋♑, qui ſera priſe pour l'Ecliptique, & qui ſe trouvera coupée par les Lignes horaires de 15 degrez en 15 degrez, en des points, par leſquels on tirera des lignes droites paralleles entre elles & à l'Equateur ♈♎, qui repreſenteront les commencemens des Signes & de leurs moitiez.

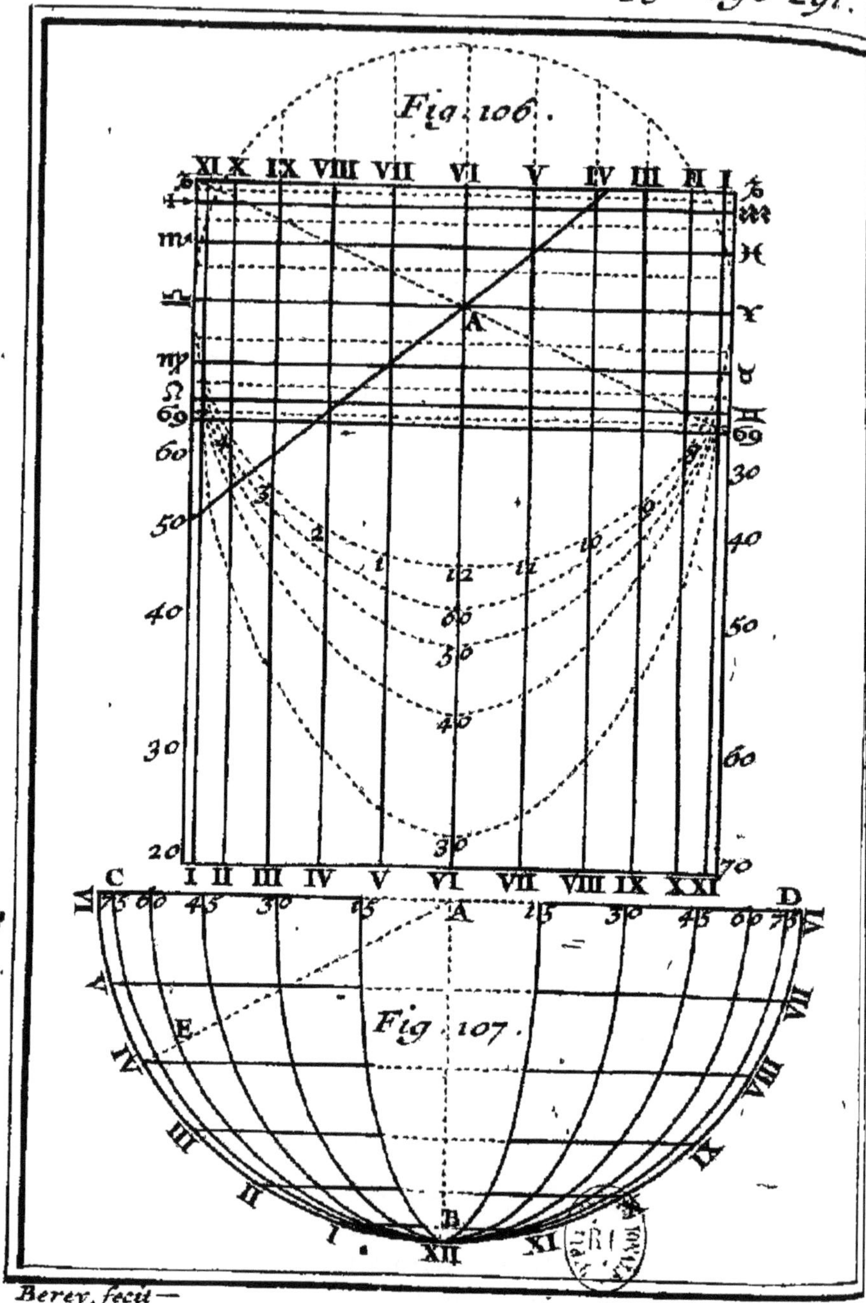
Fig. 106.
A
Fig. 107.
C
D
E
A
B
XII
Berey fecit

Enfin tirez du centre A , par les degrez du Demi-cercle d'en bas des lignes droites de cinq en
cinq , ou de dix en dix degrez , & les prolongez
jusqu'à ce qu'elles rencontrent chacune des deux
Lignes Meridiennes ♋70, ♋20, où vous ajoûterez des chifres , en forte que les chifres d'une
Ligne Meridienne faffent avec les chifres corref-
pondans de l'autre 90 degrez , pour avoir ainfi
les degrez de Latitude , marquez fur chaque Ligne
Meridienne , qui nous ferviront pour connoître
l'heure en cette forte.

Tirez du centre A au degré de la Latitude du
Lieu où vous étes , qui eft marqué fur la Ligne de
Minuit ♋20, comme au degré 50, fi le Pole eft
élevé fur vôtre Horizon de 50 degrez , la droite
A50, qui reprefentant cet Horizon , fera connoître l'heure du Lever & du Coucher du Soleil au
point , où elle coupera le Parallele du degré du
Signe , où le Soleil fera pour lors : & attachez à
ce point un filet pendant avec fon plomb , ayant
une petite perle enfilée , afin que le filet étant éten-
du depuis le même point fur le degré de la même Latitude , marqué fur la Ligne de Midy ♋70 ,
cette perle fe puiffe avancer fur ce degré de Latitude ; aprés quoy la perle demeurant immobile à
l'endroit du filet où elle fe trouvera, on laiffera
pendre ce filet librement avec fon plomb & fa perle
immobile , pour pouvoir connoître l'heure du
jour aux Rayons du Soleil, par une Methode femblable à la precedente , comme vous allez voir.

Elevez un petit ftile bien droit à l'extremité ♎
de la ligne ♈♎ , ou de quelqu'autre qui luy foit
parallele , & le point ♎ étant tourné obliquement
vers le Soleil, en forte que le filet pende librement
avec fon plomb , & que l'ombre du ftile couvre fa

ligne, la perle fera connoitre l'heure qu'on cherche.

Voilà ce que nous avons appris du P. de S. Rigaud, & voici ce que nous avons ajoûté à son Ana-
lemme, qu'on peut faire servir de Cadran Horizontal Universel, en prenant la Ligne de six heures pour la Meridienne, & le centre A pour le centre du Cadran, auquel cas la ligne ♈♎ sera la Ligne de six heures, & en portant sur les Lignes Horaires depuis la Ligne de six heures ♈♎, les parties des Horizons terminées par les Lignes horaires, en les prenant depuis le centre A. Car ainsi on
aura des points sur les Lignes horaires, qui étant
joints par des lignes courbes, on aura des Ellipses,
qui representeront les Cercles de Latitude, sur
lesquelles on connoîtra les heures aux Rayons du
Soleil par l'ombre de l'Axe qui doit faire avec la
Meridienne au centre A, un Angle égal à l'Elevation du Pole.

Mais on peut décrire autrement & tres-facilement un Cadran Horizontal Elliptique Universel,
comme nous enseignerons aprés vous avoir enseigné dans le Problême suivant deux manieres differentes, pour décrire un Cadran Horizontal Rectiligne Universel.

PROBLEME XIV.

Décrire un Cadran Horizontal Rectiligne
Universel.

AYant tiré par le centre du Cadran A, pris à volonté sur un Plan Horizontal, les deux lignes
perpendiculaires AB, CD, & ayant pris la premiere AB pour la Meridienne, & la deuxiéme CD
pour la Ligne de six heures, décrivez à discretion

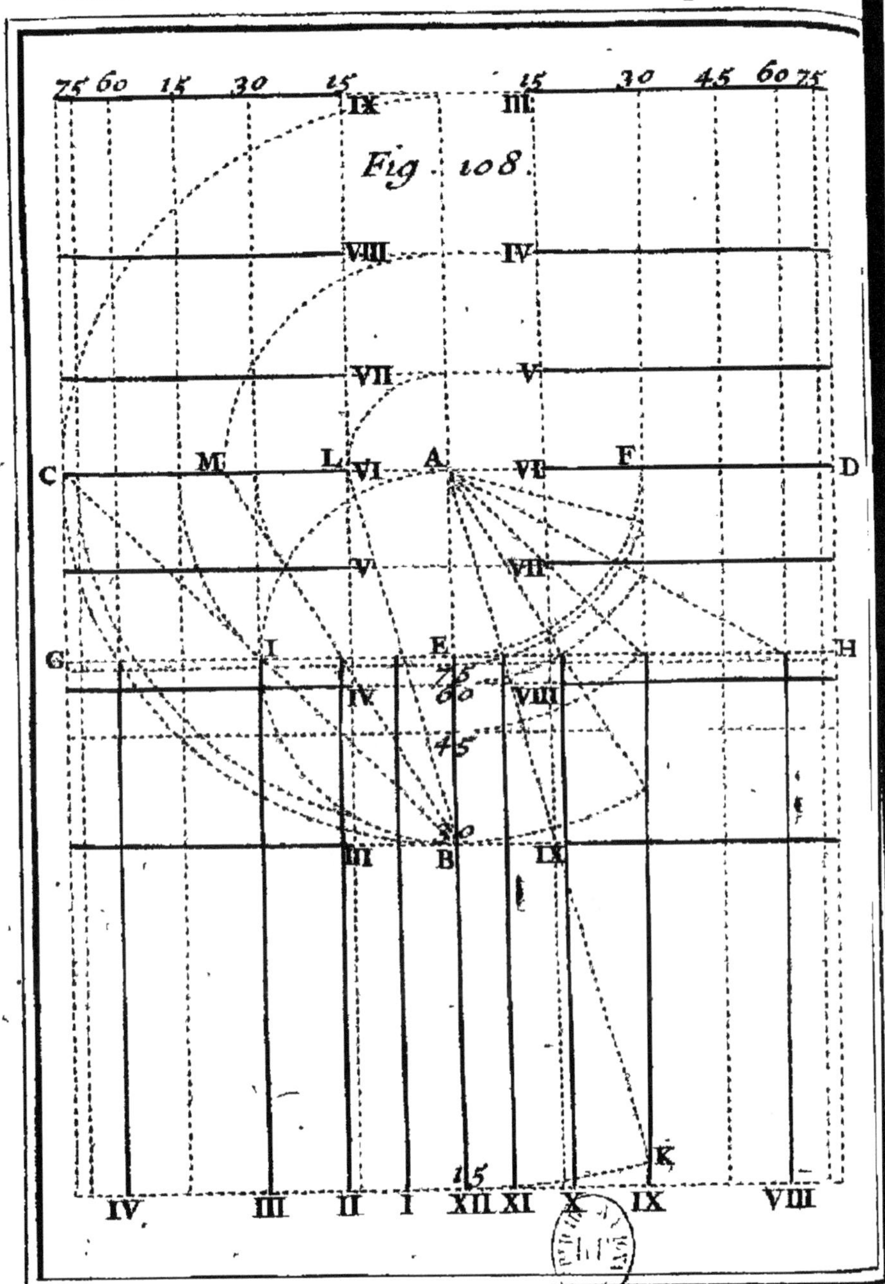
75 60 15 30 15 15 30 45 60 75
IX III
Fig. 108.
VIII IV
VII V
C M L VI A VI F D
V VII
G I E H
IV 75 VIII
60
45
30
III B IX
15
K
IV III II I XII XI X IX VIII
To. 1. Berey fecit.

du centre A, le Quart de Cercle EF; & aprés avoir tiré Plan-che 36. 108 Fig. par le point E, la ligne GH perpendiculaire à la Meridienne, qui representera le 90. degré de Latitude, & par le point F, la ligne FK parallele à la même Meridienne, qui representera la Ligne de 9 heures, & aussi le 30. Cercle de Latitude à l'égard des Lignes horaires qui luy sont perpendiculaires, divisez le Quart de Cercle EF, en six parties égales, ou de 15 degrez en 15 degrez, afin que tirant du centre A par les points de division des lignes droites, vous ayez sur la ligne GH, les points des autres heures, par où l'on tirera les autres Lignes horaires paralleles à la Meridienne, omettant expressément les Lignes de 5 & de 7 heures, pour ne pas donner une trop grande largeur au Cadran : & pour le faire encore moins large, on pourroit aussi omettre les Lignes de 4 & de 8 heures, qui representent le 60. degré de Latitude, à l'égard des Lignes horaires qui leurs font perpendiculaires, & qui suppléeront au défaut des Lignes horaires qui auront été negligées, je parle de celles qui font paralleles à la Meridienne AB.

Ces mêmes lignes droites qui partent du centre A, étant prolongées, donneront sur la ligne FK de 9 heures des points, par où l'on décrira du centre A, des arcs de Cercle, qui donneront sur la Meridienne AB, les points 15, 30, 45, 60, 75, par où l'on tirera autant de lignes droites paralleles entre elles & à la ligne GH, ou perpendiculaires à la Meridienne AB, qui representeront les Cercles de Latitude de 15 degrez en 15 degrez, à l'égard des Lignes horaires paralleles à la Meridienne AB.

Pour avoir d'autres Cercles de Latitude, & d'autres Lignes horaires, pour les faire servir au défaut de celles qui ont été negligées, décrivez du point

T iij

E par le centre A , le Demi-cercle AIB , & divifez fa
circonference en fix parties égales , ou de 30 degrez en 30 degrez , pour décrire du centre A par
les points de divifion des arcs de Cercle , qui donneront fur la Ligne de fix heures des points, par
où l'on tirera des lignes paralleles à la Meridienne
AB , qui reprefenteront des Cercles de Latitude de
15 degrez en 15 degrez.

Pour décrire les Lignes horaires qui conviennent à ces Cercles de Latitude, & qui doivent être
paralleles à la Ligne de fix heures,telle qu'eft laLigne
de 3 & de 9 heures , qui paffe par le point B, & qui
reprefente le 30. Cercle de Latitude à l'égard des
premieres Lignes horaires , tirez du point B , par
les points de divifion du Demi-cercle AIB , des lignes droites , qui étant prolongées , donneront fur
la Ligne de fix heures les points L , M , C , dont
les diftances AL , AM , AC , étant portées de
part & d'autre depuis le centre A , fur la Ligne Meridienne AB , on aura des points , par où l'on tirera
des lignes paralleles à la ligne de fix heures.

On connoîtra les heures dans ce Cadran Univerfel , comme dans le precedent , fçavoir en tournant le centre A droit du Midy , comme aux Cadrans Horizontaux ordinaires , & en mettant au
même centre A , un Axe élevé fur la Meridienne à
un Angle de la Latitude du Lieu où l'on eft , car
ainfi l'ombre de cet Axe donnera fur la ligne de la
même Latitude , l'heure qu'on cherche.

On peut autrement & plus facilement décrire un
Cadran Rectiligne Univerfel fur un Plan Horizontal, en cette forte. Ayant tiré, comme auparavant,
par le centre du Cadran A, les deux perpendiculaires AB , CD , & ayant tiré par le point 90 pris
à difcretion fur la Meridienne AB , la ligne EF per-

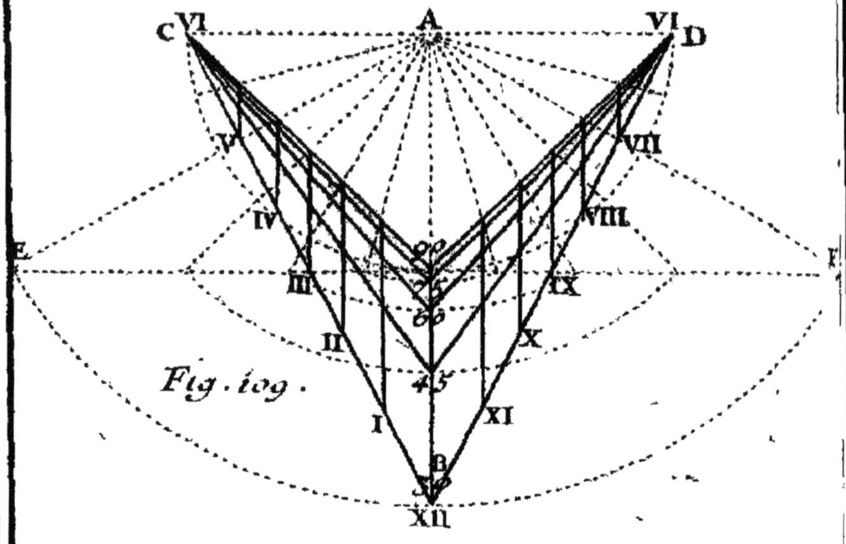
A
C
VI
VI
D
V
VII
IV
VIII
E
F
III
IX
90
75
60
II
X
45
I
XI
B
30
XII

Fig. 109.

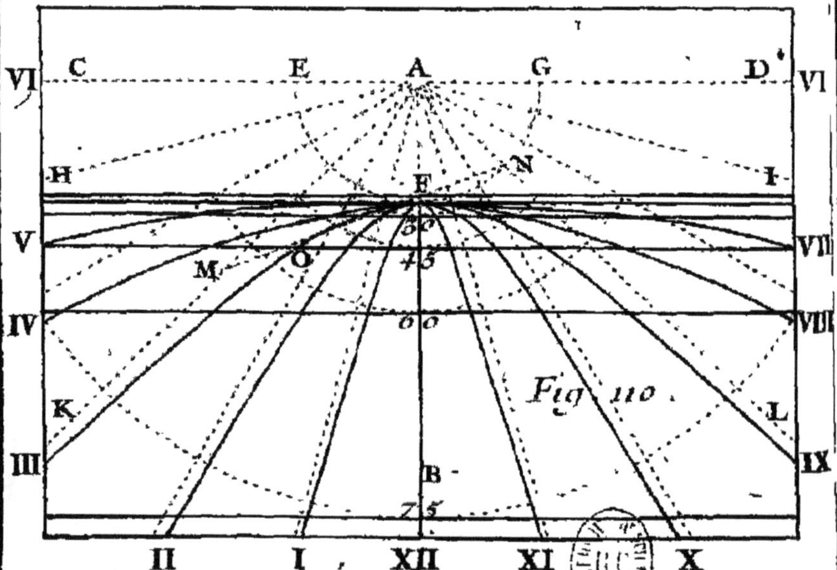
VI
C
E
A
G
D
VI
H
N
I
F
30
V
VII
M
O
45
IV
60
VIII
K
L
III
IX
B
75
II
I
XII
XI
X

Fig. 110.

pendiculaire à la même Meridienne, décrivez du
centre A, par le point 90, le Demi-cercle C90D,
qui coupe ici la Ligne de six heures CD, aux deux
points C, D, par lesquels & par le point 90, vous
tirerez les droites C90, D90. Divisez la circonference de ce Demi-cercle en douze parties égales,
ou de 15 degrez en 15 degrez, & tirez du centre
A par les points de division des lignes droites qui
donneront sur chacune des deux lignes C90, D90,
des points, par où l'on tirera les Lignes horaires paralleles à la Meridienne. Ces mêmes lignes qui partent du centre A, étant prolongées, rencontreront
la ligne EF en des points, par où l'on décrira du
centre A, des arcs de Cercle, qui donneront sur
la Meridienne les points 30, 45, 60, 75, par où
l'on tirera aux deux points C, D, autant de lignes
droites, qui representeront les Cercles de Latitude de 15 degrez en 15 degrez; & le Cadran sera
achevé, où l'on connoîtra les heures aux Rayons
du Soleil, comme dans le precedent.

Plan-
che 37.
109. Fig.

Remarque.

On peut *rendre Universel un Cadran Horizontal
décrit pour quelque Latitude particuliere que ce soit,*
en deux manieres, l'une par le moyen des Lignes
horaires, & l'autre seulement par le moyen de la
Ligne Equinoxiale divisée en heures, comme
vous allez voir.

La premiere maniere se pratique en élevant le
Plan du Cadran Horizontal au dessus de l'Horizon
du Lieu où l'on est, vers le Septentrion si la Latitude de ce Lieu est plus grande que celle pour laquelle le Cadran a été fait, ou vers le Midy si elle
est plus petite, des degrez de la difference de ces

Plan-
che 31.
97. Fig.

T iiij

deux Latitudes, & alors l'Axe de l'ombre IK montrera les heures aux Rayons du Soleil, lorsque le
centre I sera tourné droit au Midy.

La seconde maniere se pratique en mettant au
point O, section de la Meridienne DI, & de l'E-
quinoxiale AB, un petit Plan perpendiculaire semblable au Triangle rectangle OKI, qui soit mobile autour de ce point O, en telle sorte que le
côté OK fasse avec la Meridienne OL, qui doit
être fenduë en cet endroit, un Angle égal au com-
plément de l'Elevation du Pole sur l'Horizon du
Lieu où l'on est, & alors l'ombre de l'Axe KI montrera sur l'Equinoxiale AB, l'heure qu'on cherche,
lorsque le centre I sera tourné directement vers
le Midy.

PROBLEME XV.

Décrire un Cadran Horizontal Elliptique Universel.

AYant tiré comme dans le Problême precedent
par le centre du Cadran A pris à discretion
sur un Plan Horizontal les deux perpendiculaires
AB, CD, & ayant décrit du même centre A le Demi-cercle CBD d'une grandeur volontaire, divisez sa circonference en douze parties égales, ou de
15 degrez en 15 degrez, & joignez deux points
de division opposez & également éloignez de la
Ligne de six heures CD, par des lignes droites perpendiculaires à la Meridienne AB, ou paralleles à
la Ligne de six heures CD, qui representeront les
autres Lignes horaires, sur lesquelles on marquera
les points de Latitude, en cette sorte.

Pour marquer sur chaque Ligne horaire le point
par exemple du 60. degré de Latitude, faites au

centre A, avec la Meridienne AB, un Angle de 60 Plan-
degrez par la ligne AE, & portez les distances per- che 15.
pendiculaires des points où la Meridienne se trou- 107. Fig.
ve coupée par les Lignes horaires à la ligne AE, sur
les Lignes horaires opposées, depuis la Meridienne
AB de part & d'autre en des points, que vous join-
drez par une ligne courbe qui sera la circonférence
d'une Demi-Ellipse, & qui representera le 60. Cercle de Latitude. C'est ainsi que nous avons representez les autres Cercles de Latitude de 15 degrez
en 15 degrez, par le moyen desquels on connoîtra les heures aux Rayons du Soleil, comme il a
été enseigné au Problème precedent.

PROBLEME XVI.

*Décrire un Cadran Horizontal Hyperbolique
Universel.*

AYant tiré comme auparavant, par le centre du Plan-
Cadran A, les deux lignes perpendiculaires che 37.
AB, CD, & ayant aussi décrit comme auparavant, 110. Fig.
du même centre A, le Demi-cercle EFG divisé en
douze parties égales, ou de 15 degrez en 15 degrez, tirez de ce centre A, par les points de division des lignes indéfinies, au dedans desquelles,
comme entre des Asymptotes, vous décrirez par
le point F pris à discretion sur la Meridienne AB,
des Hyperboles qui representeront les Lignes horaires.

Aprés cela, tirez par le même point F, à la Meridienne AB, la perpendiculaire HI, qui representera le 90. Cercle de Latitude, & qui se trouvera
coupée par les Asymptotes tirées du centre A, en
des points, par où vous décrirez du même centre

A, des Arcs de Cercle, qui donneront fur la Meridienne AB, les points 75, 60, 45, 30, 15, par
où l'on tirera à la même Meridienne AB, autant de
perpendiculaires, qui reprefenteront les Cercles de
Latitude de 15 degrez en 15 degrez, par le moyen
defquels on connoîtra les heures au Soleil comme
dans le Cadran precedent.

Remarque.

Ceux qui entendent les Sections Coniques, fçavent que pour décrire une Hyperbole par le point
F, entre les Afymptotes AK, AL, par exemple, il
n'y a qu'à tirer à difcretion par le point F, la ligne MN, terminée en M & en N, par les deux
Afymptotes AK, AL, & porter la longueur de la
partie FN fur la ligne MN, depuis M en O, qui
fera un point de l'Hyperbole qu'on veut décrire,&c.

Ceux qui n'entendent pas les Sections Coniques,
pourront marquer les points des Lignes horaires
fur chaque Cercle de Latitude, comme nous enfei-
gnerons dans le Problème fuivant, pour joindre les
points qui appartiendront à une même heure, par
des lignes courbes, qui feront necceffairement des
Hyperboles.

PROBLEME XVII.

Décrire un Cadran Horizontal Parabolique Univerfel.

AYant tiré comme auparavant, par le centre du
Cadran A, les deux perpendiculaires AB, CD,
tirez par le point B pris à difcretion fur la Meridienne AB, la ligne EF, perpendiculaire à la même Meridienne AB, qui reprefentera le 90. degré de

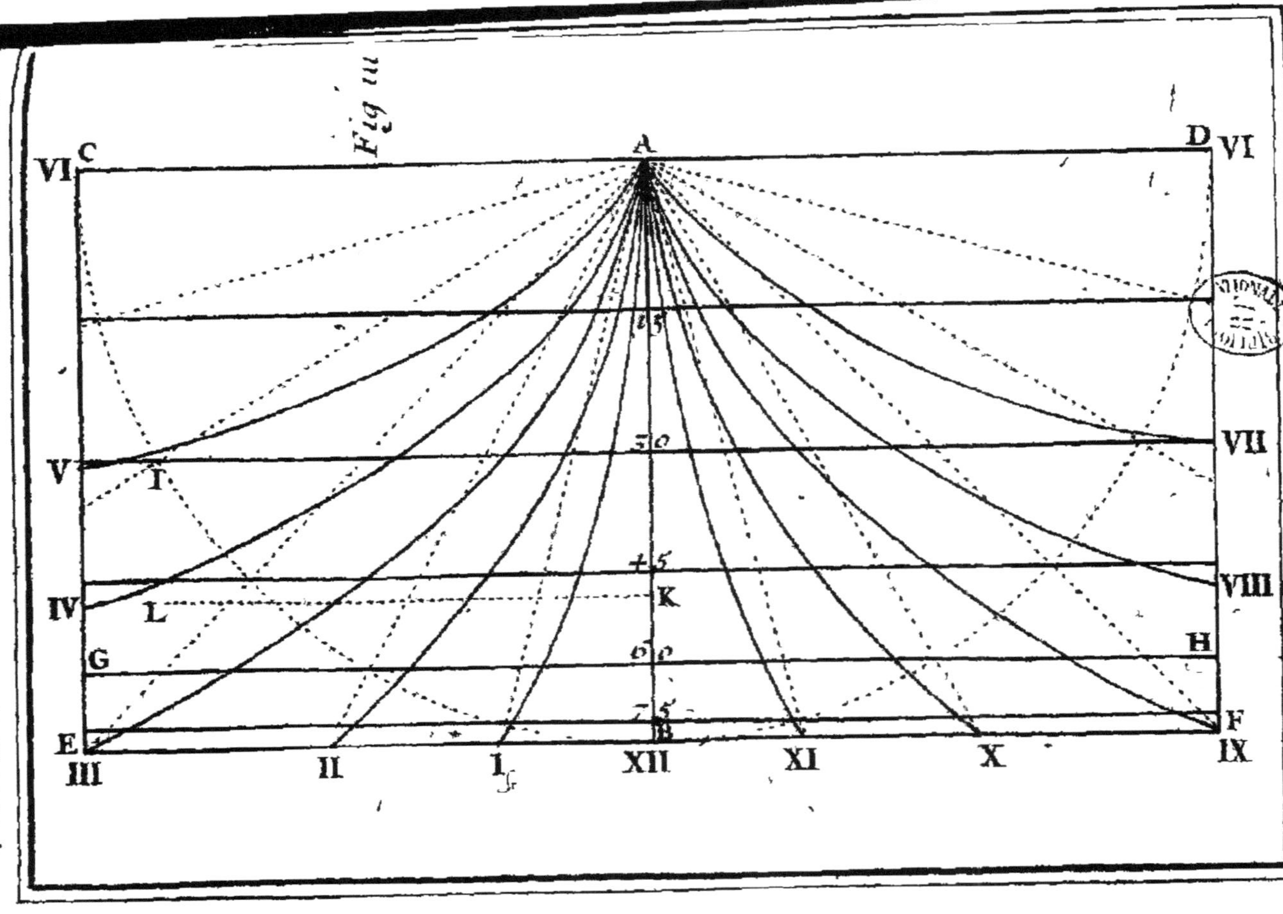
Fig III
A
C VI
D VI
V
VII
IV
VIII
G
H
E
F
III II I XII XI X IX
T
L
K
B

Latitude, & décrivez comme dans le Problême precedent, du centre A, par le même point B, le Demi-cercle CBD, qui doit être divisé en douze parties égales, pour joindre les points de division opposez & également éloignez de la Ligne de six heures CD, des lignes droites qui representeront les Cercles de Latitude de 15 degrez en 15 degrez.

On marquera sur chacun de ces Cercles de Latitude, par exemple, sur la ligne GH, qui represente le 60. Cercle de Latitude, les Points horaires, en cette sorte. Décrivez du point 60, Section de la Meridienne AB, & de la ligne GH, un Arc de Cercle, qui touche la ligne AI, qui fait au Centre A, avec la Meridienne AB, un Angle de 60 degrez, & portez l'ouverture du Compas sur la Meridienne AB, depuis le centre A, au point K, par où vous tirerez la ligne KL perpendiculaire à la Meridienne AB. Cette perpendiculaire KL se trouvera coupée par les lignes droites qui sont tirées du centre A par les douze divisions du Demi-cercle CBD en des points, dont les distances étant prises depuis K, & étant portées sur la ligne GH, de part & d'autre depuis le point 60, on aura sur cette ligne GH, qui dans ce cas est considerée comme une Ligne Equinoxiale, à l'égard de l'Axe AI, les Points horaires qu'on cherche.

C'est de la même façon que l'on marquera sur les autres Lignes de Latitude, considerées comme antant de Lignes Equinoxiales, les Points Horaires, dont ceux qui appartiendront à la même heure, seront joints par des lignes courbes, qui representeront les Lignes horaires, & qui seront des Paraboles, ayant le centre A pour sommet commun, & la Ligne de six heures CD pour Axe com-

Planche 3 &. III. Fig.

mun. On connoîtra les heures dans ce Cadran comme dans le precedent.

PROBLEME XVIII.

Décrire un Cadran sur un Plan Horizontal, où l'on puisse connoître les heures au Soleil sans l'ombre d'aucun stile.

CE Cadran se fait ordinairement en deux manieres, par la Table des Verticaux du Soleil, telle qu'est la suivante qui montre le Vertical du Soleil depuis le Meridien à chaque heure du Jour au commencement de chaque Signe du Zodiaque, pour la Latitude de 49 degrez, ou bien sans aucune Table, sçavoir par la Projection Stereógraphique de la Sphere, comme vous allez voir.

Table des Verticaux du Soleil depuis le Meridien, à chaque heure du Jour, pour la Latitude de 49 degrez.

H.	XI	X	IX	VIII	VII	VI	V	IV
S.	D.M.	D.M	D.M.	D.M.	D.M.	D.M.	D.M.	D.M.
♋	30.17	55.40	70.30	83.57	95.20	105.56	116.28	127.26
♌ ♊	27.58	50.33	67.34	81. 6	92.45	103.35	114.56	
♍ ♉	23 30	43.52	60.29	74.17	86.21	97.36		
♎ ♈	19.33	37.25	52.58	66.57	78.34			
♏ ♓	16.42	32.25	46.30	59.28	71.12			
♐ ♒	14.56	29.11	42.23	54.26				
♑	14.19	28. 2	40.48					
H.	I	II	III	IV	V	VI	VII	VIII

Pour décrire premierement ce Cadran par le moyen de la Table precedente, qui l'a fait appel-

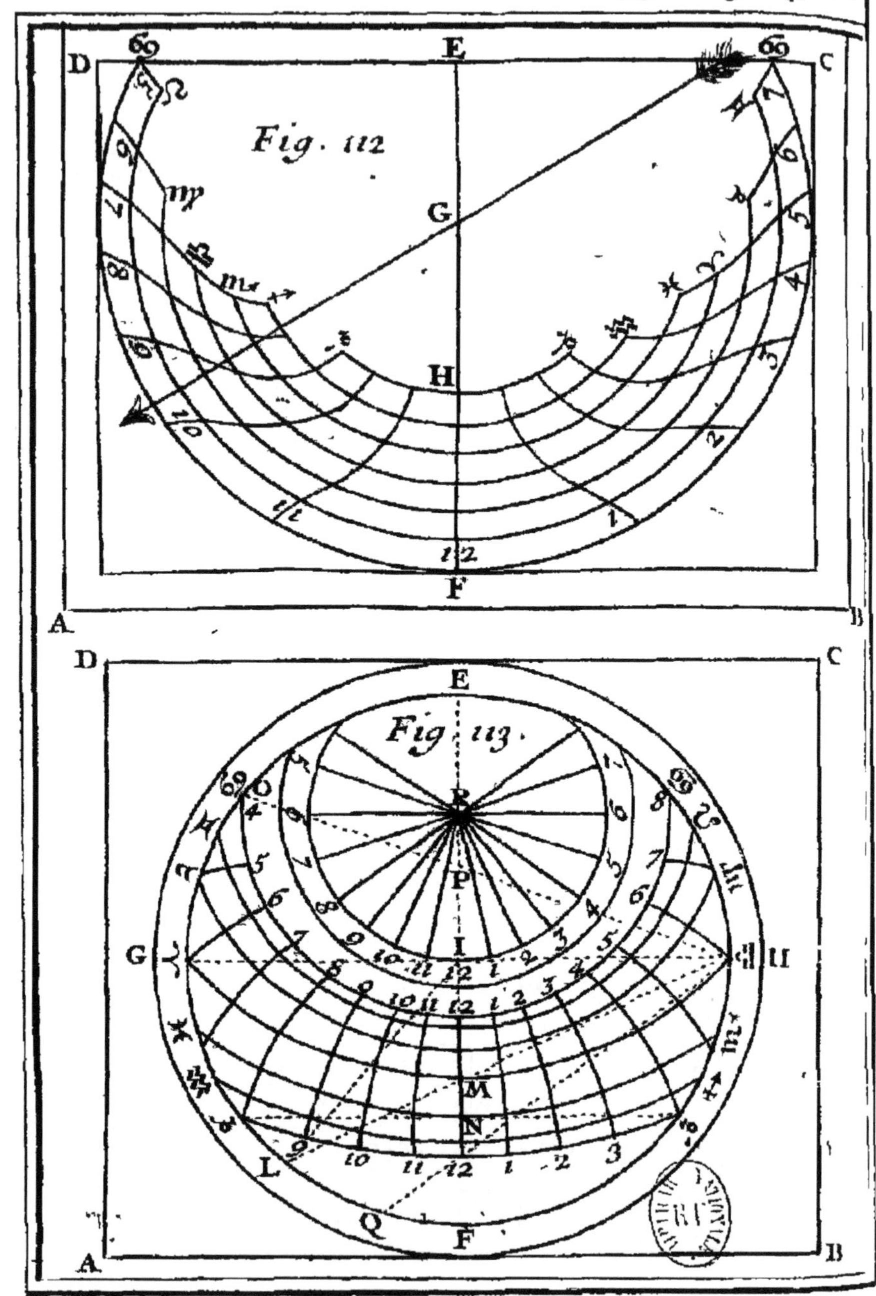
Fig. 112
D E C
G
H
F
A B
Fig. 113
D E C
G H
R
P
I
M
N
L Q F
A B
Berey fecit

le *Cadran Azimutal*, décrivez sur le Plan Horizontal, que je suppose mobile, le Parallogramme
rectangle ABCD, & divisez chacun des deux côtez
opposez AB, CD, en deux également aux points E,
F, qui doivent être joints par la droite EF, que
vous prendrez pour la Meridienne, sur laquelle
vous prendrez à discretion le point G pour le
pied du stile, & les deux points F, H, pour les
Points Solsticiaux de ♋ & de ♑, par lesquels vous
décrirez du point G, comme centre, deux circonferences de Cercle, qui representeront les Tropiques ou les commencemens du ♋ & du ♑.

Pour representer les Paralleles du commencement des autres Signes, divisez l'espace FH en six
parties égales, & décrivez du même point G, par
les points de division, d'autres Arcs de Cercle,
qui representeront les commencemens des Signes,
sur lesquels on marquera les points des heures, en
prenant sur ces Arcs les degrez du Vertical du Soleil, tels qu'on les trouve dans la Table precedente à chaque heure du Jour, pour le commencement de chaque Signe, de part & d'autre depuis
la Ligne Meridienne EF, & en joignant les points
qui appartiendront à une même heure, par des lignes courbes, qui seront les Lignes horaires, & le
Cadran sera achevé, où l'on pourra connoître l'heure sans stile, en cette sorte.

Pour connoître l'heure dans ce Cadran aux Rayons
du Soleil, appliquez au centre G des Arcs des Signes
une Aiguille aimantée élevée sur un petit pivot, autour duquel elle puisse tourner librement, comme
dans les Boussoles ordinaires, & tournez le point E
directement vers le Soleil, en sorte que chacun des
deux côtez AD, BC, qui sont paralleles à la Ligne
Meridienne EF, cesse d'être éclairé du Soleil sans faire

ancune ombre : & alors l’Aiguille aimantée montrera fur le Signe courant du Soleil l’heure qu’on
cherche.

Pour décrire ce Cadran par le moyen de la Projection Stereographique de la Sphere, lequel dans
ce cas, prend le nom d’*Aftrolabe Horizontal*, tirez par le centre I du Quarré ABCD, les deux lignes perpendiculaires EF, GH, dont l’une, comme EF, qui eft parallele au côté AD, étant prife
pour la Meridienne, l’autre GH, qui eft parallele
au côté AB, reprefentera le premier Vertical, parce que le point I reprefente le Zenit, duquel comme centre, l’on décrira à difcretion le Cercle
E♈F♎, qui reprefentera l’Horizon.

Prenez fur la circonference de ce Cercle, d’un
côté l’arc EO de l’Elevation du Pole fur l’Horizon, & de l’autre côté l’arc FL du complement de
la même Elevation du Pole, & tirez du point ♎,
par les points O, L, la droite ♎O, qui donnera
fur la Meridienne le Pole en P, par lequel & par
les deux points ♈♎, on fera paffer une circonference de Cercle, qui reprefentera le Cercle de fix
heures : & le point M, par lequel & par les deux
mêmes points ♈, ♎, on décrira une autre circonference de Cercle ♈M♎, qui fera l’Equateur.

On pourroit divifer ce Cerde, ou Equateur
♈M♎, en heures, ou de 15 degrez en 15 degrez,
par les regles de la Projection Stereographique,
pour décrire par chaque deux points diametralement oppofez, & par le Pole P, des circonferences de Cercle, qui feroient les Lignes horaires :
mais on aura plûtôt fait de prendre fur l’Horizon
E♈F♎, de part & d’autre, depuis les deux points
E, F, les Arcs de l’Horizon, compris entre le Cercle Meridien & les Cercles Horaires, qui font égaux

aux Angles que font les Lignes horaires avec la Planche 39. 113. Fig. Meridienne au centre d'un Cadran Horizontal, & qui dans la Latitude de 49 degrez, doivent être de 11. 26′. pour 1. & 11 heures, de 23. 33′. pour 2. & 10. heures, de 37. 3′. pour 3. & 9. heures, de 52. 35′. pour 4. & 8 heures, & de 70. 27′. pour 5. & 7. heures, pour décrire les Lignes ou Cercles horaires, comme auparavant, qu'il suffira de tirer entre les deux Tropiques, que l'on décrira avec les Paralleles des autres Signes du Zodiaque, en cette sorte.

Pour décrire les Paralleles des Signes, on se servira de leur Déclinaison, qui est de 23. 30′. pour ♋, ♑, de 20. 12′. pour ♊, ♌, ♒, ♐, & de 11. 30′. pour ♉, ♍, ♓, ♏, par le moyen de laquelle on trouvera trois points de chaque Signe, un sur la Meridienne EF, & deux sur l'Horizon E♈F♎, pour décrire par ces trois points une circonference de Cercle, qui sera le Parallele du Signe qu'on cherche.

Mais pour trouver ces trois points, par exemple pour le Tropique du ♑, prenez depuis L, qui répond au point Equinoxial M, vers F, parce que ce Signe est Meridional, car s'il étoit Septentrional, il faudroit prendre depuis L, vers ♈, l'arc LQ, de 23. 30′. telle qu'est la Déclinaison du ♑, & tirez du point ♎, par le point Q, la droite ♎Q, qui donnera sur la Meridienne EF, le point 12 du ♑. Si par le point Q, l'on tire à la ligne LI, la parallele QN, & par le point N, où cette ligne QN coupe la Meridienne, la ligne ♑N♑ perpendiculaire à la même Meridienne, on aura sur l'Horizon E♈F♎. les deux points ♑, ♑, par lesquels & par le point 12, on décrira l'arc de Cercle ♑12♑, qui representera le Tropique du ♑.

Plan-
che 39.
113.Fig.

C'eſt de la même façon que l'on repreſentera les Paralleles des autres Signes, & le Cadran ſera achevé, où l'on connoîtra les heures comme dans le precedent, ou bien en élevant au point I un ſtile bien droit d'une longueur volontaire, & en tournant le point E directement vers le Soleil, & alors l'ombre de ce ſtile montrera ſur le Signe courant du Soleil l'heure qu'on cherche, ou bien encore en cette ſorte.

Décrivez ſur la même Meridienne EF, un Cadran Horizontal ordinaire, dont le centre ſoit par exemple R, où vous ajoûterez un Axe qui s'appuye ſur le ſtile droit élevé en I, & tournez le Plan du Cadran, en ſorte que l'ombre de l'Axe montre dans ſon Cadran la même heure que l'ombre du ſtile dans le ſien, & alors cette heure ſera celle qu'on cherche.

PROBLEME XIX.

Décrire un Cadran à la Lune.

QUoique nous ayons déja parlé de ce Cadran, & du ſuivant, & encore des precedens dans nôtre Traité de Gnomonique, qui fait la ſeconde partie du cinquiéme & dernier Volume de nôtre Cours de Mathematique; neanmoins comme ces Cadrans m'ont ſemblé curieux & agreables, j'ay crû que je devois les ajoûter ici, pour ceux qui ſe contenteront d'avoir ce Traité de Recreations Mathematiques & Phyſiques.

Plan-
che 40.
114.Fig.

Pour décrire un Cadran à la Lune ſur quelque Plan que ce ſoit, par exemple ſur un Plan Horizontal, tracez ſur ce Plan un Cadran Horizontal au Soleil pour la Latitude du Lieu où vous ſerez,

comme

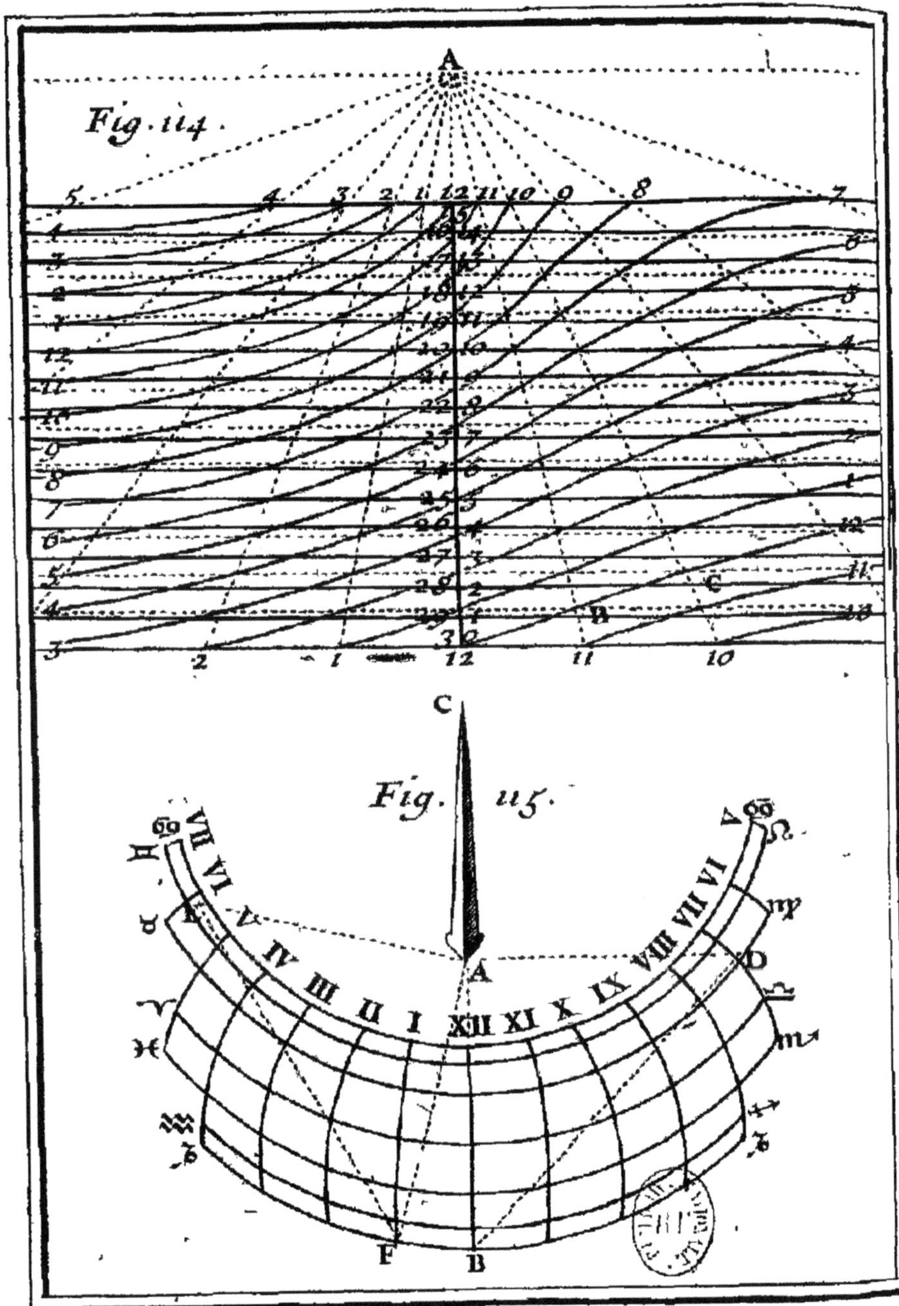
Fig. 114
A
Fig. 115
C
Berey fecit

comme nous avons enseigné au *Probl.* 2. & tirez à Plan-
volonté les deux lignes 57, 39, paralleles entre che 40.
elles, & perpendiculaires à la Meridienne A12, 114. Fig.
dont la premiere 57 étant pr. se pour le jour de la
Pleine-Lune, la deuxiéme 39 representera le jour
de la Nouvelle-lune, où les heures Lunaires conviennent avec les Solaires, ce qui fait que les points
horaires marquez sur ces deux paralleles par les Lignes horaires qui partent du centre du Cadran A,
sont communs au Soleil, & à la Lune.

Cette preparation étant faite, divis z l'espace
terminé par les deux lignes paralleles 39, 57, en
douze parties égales, & tirez à ces deux mêmes lignes par les points de division autant de lignes paralleles, qui representeront les jours de la Lune,
ausquels elle s'éloigne successivement par son mouvement propre vers Orient d'une heure, ausquels par consequent elle se leve plus tard d'une heure chaque jour; de sorte que la premiere parallele
4, 10, sera le jour auquel la Lune se leve d'une
heure plus tard que le Soleil, auquel cas le point B
par exemple de 11 heures à la Lune sera le point
de Midy au Soleil : & la suivante 5, 11, representera le jour auquel la Lune se leve deux heures plus
tard que le Soleil, auquel cas le point C par exemple de 10 heures à la Lune, sera le point de Midy au
Soleil, & ainsi des autres.

Il est évident que si l'on joint les points 12, B,
C, & tous les autres qui appartiendront à Midy,
& que l'on peut trouver par un raisonnement sem-
blable au precedent, par une Ligne courbe, cette
Ligne courbe sera la Ligne Meridienne Lunaire.
C'est de la même façon que l'on tracera les autres
Lignes horaires à la Lune, & il ne faut que regar-
der la Figure pour le comprendre.

Tome I.   V

Parce que la Lune employé environ quinze jours depuis sa conjonction avec le Soleil jusqu'à son opposition, c'est-à-dire depuis qu'elle est nouvelle jusqu'à ce qu'elle soit pleine, ou diametralement opposée au Soleil, en sorte qu'elle se leve quand le Soleil se couche, on effacera toutes les paralleles precedentes, excepté les deux premieres 57, 39, & au lieu de diviser leur intervalle en douze parties égales, on le divisera en quinze, pour tirer par les points de division d'autres paralleles qui representeront les Jours de la Lune, ausquels par consequent on ajoûtera les chifres convenables, comme nous avons ici fait le long de la Ligne Meridienne, par le moyen desquels on connoîtra de nuit l'heure du Soleil aux Rayons de la Lune, en cette sorte.

Appliquez au centre du Cadran A, un Axe, c'est-à-dire, une Verge qui fasse à ce centre A, avec la Souftilaire A 12, un Angle égal à l'Elevation du Pole sur le Plan du Cadran, qui est la même que la Hauteur du Pole sur l'Horizon dans un Cadran Horizontal, & alors cet Axe montrera par son ombre sur le jour courant de la Lune l'heure qu'on cherche.

Remarque.

Parce que la Lune par son mouvement propre s'éloigne du Soleil à chaque jour d'environ trois quarts d'heure vers l'Orient, ce qui fait qu'à chaque jour elle se leve de trois quarts d'heure plus tard que le jour precedent, il est évident qu'en sçachant l'âge de la Lune on peut par le moyen d'un simple Cadran au Soleil, connoître l'heure de nuit aux Rayons de la Lune, sçavoir en ajoûtant à l'heure que la Lune marquera sur ce Cadran, autant de fois trois quarts-

d'heure que la Lune aura de jours. L'âge de la
Lune se trouvera, comme nous enseignerons dans
la Cosmographie.

PROBLEME XX.

Décrire un Cadran par Reflexion.

ON peut décrire sur une Muraille obscure, ou
bien sur une voute un Cadran, où l'on puisse
connoître les heures par reflexion, en cette sorte.
Décrivez un Cadran sur un Plan Horizontal qui
puisse être éclairé des Rayons du Soleil, par exemple sur une fenêtre, en sorte que le centre du Cadran regarde directement le Septentrion, & que les
Lignes horaires ayent une situation contraire à celle
qu'on leur donne dans les Cadrans Horizontaux
ordinaires : & ce Cadran étant ainsi construit, avec
son petit stile droit, appliquez un filet sur quelque point que ce soit de chaque Ligne horaire, &
l'étendez fermement jusqu'à ce que passant par le
bout du stile, il rencontre la Muraille ou la Voute
en un point qui appartiendra à l'heure sur laquelle
le filet aura été appliqué. C'est ainsi qu'on trouvera autant d'autres points qu'on voudra de chaque
Ligne horaire, qu'on joindra par une ligne droite
ou courbe, & le Cadran sera achevé, où l'on connoîtra les heures par Reflexion, en appliquant au
bout du Stile du Cadran Horizontal une petite piece de Miroir plat, qui doit être posée bien horizontalement, ce qui se fera d'autant plus facilement, si au lieu d'un Miroir plat, on met de l'eau
qui se met naturellement dans une situation horizontale, outre que cette eaüe par son mouvement
fera mieux distinguer la reflexion sur la Muraille

où fur le plancher où l'on a tracé le Cadran, lorſque la lumiere du Soleil eſt foible.

PROBLEME XXI.

Décrire un Cadran par Refraction.

ON peut décrire tres-facilement un Cadran
Horizontal par Refraction dans le fond d'un
Vaſe rempli d'eau, par le moyen de la Table des
Verticaux du Soleil, que vous avez dans la page
300. de la Table des Hauteurs du Soleil, qu'on
trouve dans la page 279 & de la Table ſuivante,
dont la premiere colonne vers la gauche contient
les Angles d'inclinaiſon des Rayons du Soleil, c'eſt
à dire les degrez du complement de la hauteur du
Soleil ſur l'Horizon, ou de la diſtance du Soleil
au Zenit, auſquels il répond dans la ſeconde colonne vers la droite les degrez & les minutes des
Angles briſez qui ſe font dans l'eau, c'eſt à-dire,
la diminution des Angles d'inclinaiſon, qui ſe fait
dans l'eau, lorſque le Soleil eſt éloigné du Zenit
d'autant de degrez, ce qui fait racourcir l'ombre
du ſtile qui doit être couvert d'eau, quand on veut
connoître les heures aux Rayons du Soleil par le
moyen de ce Cadran, dont la conſtruction ſera
telle.

Plan-
che 40.
115. Fig. Ayant tiré par le pied du ſtile A, la Ligne Meridienne AB, vous marquerez ſur cette Meridienné
AB, les points des Signes, par exemple, le point
du commencement de ♐, par le moyen de la Table precedente des Angles briſez, & de la Table
des Hauteurs du Soleil ſur l'Horizon, en tirant à la
Meridienne AB, par le pied du Stile A, la perpendiculaire AD, égale au Stile AC, & en faiſant au

point D , l'Angle ADB de la distance brisée au

Table des Angles brisez dans l'eau, pour tous les degrez des Angles d'inclinaison.

A	D.M.	A	D.M	A	D.M
1	0.46	31	23.38	61	42.52
2	1.33	32	24.21	62	43.23
3	2.20	33	25. 4	63	43.53
4	3. 7	34	25.47	64	44.21
5	3.54	35	26.30	65	44.50
6	4.40	36	27.13	66	45.17
7	5.27	37	27 55	67	45.44
8	6.13	38	28.37	68	46.10
9	7. 0	39	29 19	69	46.34
10	7.46	40	30. 0	70	46.58
11	8.30	41	30.41	71	47.21
12	9.18	42	31 22	72	47.43
13	10. 4	43	32. 2	73	48. 3
14	10.50	44	32 42	74	48.23
15	11.36	45	33.22	75	48.43
16	12.22	46	34. 2	76	49. 1
17	13. 9	47	34.41	77	49.17
18	13.55	48	35.19	78	49.33
19	14.40	49	35.57	79	49.47
20	15.25	50	36.35	80	50. 0
21	16.11	51	37.12	81	50.12
22	16.57	52	37.47	82	50.23
23	17.42	53	38.24	83	50.32
24	18.27	54	39. 0	84	50.41
25	19.12	55	39.35	85	50.48
26	19.56	56	40. 9	86	50.54
27	20.40	57	40.43	87	50.58
28	21.25	58	41.17	88	51. 1
29	22.10	59	41.49	89	51. 3
30	22.54	60	42 11	90	0. 0

Zenit, qui au commencement du ♎ se trouve à

Midy d'environ 48 degrez, par la ligne DB, qui donnera sur la Meridienne AB, le point B de ♄. Ainsi des autres.

Pour trouver la distance brisée du Soleil au Zenit, on regardera premierement la Table des Hauteurs du Soleil, où l'on connoît que le Soleil étant au commencement de ♄, est à Midy élevé sur l'Horizon de 17. 29′. & que par consequent il est éloigné du Zenit de 72. 31′. qui sont le reste de la Hauteur Meridienne à 90 degrez : & considerant cette distance comme un Angle d'inclinaison, l'on connoîtra par la Table des Angles brisez que cet Angle d'inclinaison se change en un Angle d'environ 48 degrez pour la distance brisée du Soleil au Zenit.

C'est de la même façon que l'on trouvera par le moyen de ces deux Tables la distance brisée du Soleil au Zenit au commencement de quelqu'autre Signe, non seulement à Midy, mais encore aux autres heures du Jour, ce qui servira pour en trouver les points, & en même temps les points des Signes par le moyen de la Table des Verticaux du Soleil, en cette sorte.

Pour trouver par exemple le point du commencement de ♄, & de 1 heure, auquel temps le Soleil est dans un Vertical éloigné du Meridien de 14. 19′. faites au pied du stile A, avec la Meridienne AB, l'Angle BAF de 14. 19′. par la ligne AF, qui representera le Vertical du Soleil ; & ayant tiré à cette ligne AF, par le même pied du stile A, la perpendiculaire AE, égale au stile AC, faites au point E l'Angle AEF égal à la distance brisée du Soleil au Zenit, qui se trouvera de 48. 18′. pour avoir en F sur le Vertical AF, le point de 1. heure & du ♄.

On trouvera de la même façon les autres points
des Signes, & des autres heures, & si l'on joint
ceux qui appartiendront à une même heure par
une ligne courbe, & pareillement ceux qui appartiendront à un même Signe par une ligne courbe,
le Cadran sera achevé, où l'on connoîtra les heures par Refraction, lorsque tout le stile AC sera
couvert d'eau, & que le pied de ce stile A sera
tourné directement vers le Midy, en sorte que le
point B regarde le Septentrion : & le bout de
l'ombre du stile AC montrera en même temps le
Signe du Soleil.

PROBLEMES

DE COSMOGRAPHIE.

LA Cosmographie, selon son étymologie, c'est la description du Monde, c'est-à-dire, du Ciel & de la Terre. Elle se divise en *Generale*, qui considere generalement tout l'Univers, & qui recherche & fournit plusieurs manieres de le décrire & representer selon les divers sentimens des Philosophes & des Mathematiciens : & en *Particuliere*, qui est proprement ce qu'on appelle *Geographie*, parce qu'elle represente en détail chaque partie du Monde, & particulierement la Terre, tant par les Globes que par les Planispheres & Mappemondes. Je ne prétens pas traiter ici en particulier de ces deux Parties, mais seulement de vous donner quelques Problêmes utiles & agreables qui en dépendent.

PROBLEME I.

Trouver en tout temps & en tout lieu les quatre Parties Cardinales du Monde, sans voir le Soleil, ni les Etoiles, ni sans se servir de la Boussole.

LEs quatre Parties Cardinales du Monde, qui sont l'Orient, l'Occident, le Midy, & le Septentrion, se peuvent aisément connoître par le

moyen de la Bouſſole, dont l'aiguille qui eſt aimantée, tourne toûjours une de ſes deux pointes
vers le Midy, & l'autre vers le Septentrion, ce qui
ſuffit, pour pouvoir connoître l'Orient & l'Occident, parce que l'Orient eſt à la droite, & l'Occident à la gauche de celuy qui regarde le Septentrion.

On peut auſſi tres-facilement connoître le Septentrion la nuit aux Etoiles en regardant l'Etoile
Polaire qui n'eſt éloignée du Pole Arctique que
d'environ deux degrez : & les Aſtronomes marquent
de jour la Ligne Meridienne ſur un Plan Horizontal, par le moyen de deux points d'ombre, marquez devant & aprés Midy ſur la circonference
d'un Cercle décrit de la pointe du ſtile, dont l'ombre a ſervi par ſon extremité à marquer ſur cette
circonference deux points également éloignez du
Midy.

Mais ſans toutes ces choſes on peut en tout
temps & en tout lieu marquer la Ligne Meridienne, en cette ſorte.

Ayant mis de l'eau dans un Vaſe, comme dans
un plat, ou dans un baſſin, mettez tout doucement
dans cette eauë, lorſqu'elle ſera bien tranquille,
une aiguille de fer, ou d'acier, ſemblable à celle
dont les Tailleurs & les Femmes ſe ſervent ordinairement pour coudre; ſi cette aiguille eſt ſeche,
& qu'on la mette tout de ſon long ſur la Surface de
l'eau, elle ne s'enfoncera point, & aprés avoir fait
pluſieurs tours, à la fin elle s'arrêtera, & elle de-
meurera dans le Plan du Cercle Meridien, de ſorte
qu'elle repreſentera la Ligne Meridienne, dont une
extremité repreſentera par conſequent le Midy, &
l'autre le Septentrion : mais ſans voir le Soleil, ou
les Etoiles, on ne peut pas aiſément connoître la-

quelle de ces deux extremitez regarde le Midy, ou le Septentrion.

Le Pere Kircher donne un moyen facile pour connoître le Midy & le Septentrion. Il veut que l'on coupe horizontalement le tronc d'un arbre bien droit, qui soit au milieu d'une Plaine sans le voisinage d'aucune hauteur, ni d'aucune muraille, qui l'ait pû tenir de ce côté à l'abri du vent, ou des Rayons du Soleil ; & alors on verra dans la Section de ce tronc plusieurs lignes courbes autour de la seve, qui seront plus serrées d'un côté que de l'autre : & il dit que le Septentrion sera du côté où ces lignes courbes seront plus serrées, peut être parce que le froid qui vient du Septentrion resserre, & que le chaud qui vient du Midy élargit & rarefie les humeurs & la matiere, dont se forment ces lignes courbes, qui, à ce que dit le même Auteur, font comme des circonferences de Cercles concentriques dans l'Ebene & dans le bois de Bresil.

PROBLEME II.

Trouver la Longitude d'un Lieu proposé de la Terre.

ON appelle *Longitude* d'un Lieu de la Terre, la distance de son Meridien au Premier Meridien qui passe par l'Isle de Fer la plus Occidentale des Canaries. Cette distance se compte sur l'Equateur de l'Occident à l'Orient, à l'imitation du Mouvement en Longitude des Planetes qui se fait aussi de l'Occident à l'Orient, & qui se compte sur le Déferent de chaque Planete, qu'on appelle *Excentrique*, parce qu'on le suppose excentrique à la Terre, pour expliquer l'*Apogée*, qui est le lieu où la Planete se trouve la plus éloignée de la Terre,

& le *Perigée*, où la Planete se trouvant, elle est la plus proche de la Terre qu'elle puisse être.

On voit dans les *Mappemondes*, ou Cartes generales, les degrez de Longitude marquez sur l'Equateur de 10 degrez en dix degrez, depuis le Premier Meridien vers l'Orient tout le long de la Terre jusqu'à 360 degrez : de sorte que le Premier Meridien est le 360. Meridien, ayant ainsi plû aux Geographes de compter les Longitudes terrestres, comme il a plû de la même façon aux Astronomes de compter les Longitudes celestes dans l'Ecliptique, depuis la *Section Vernale*, c'est-à-dire, depuis le commencement de la Constellation du Belier, où l'Equateur & l'Ecliptique s'entrecoupent, à l'égard des Etoiles fixes.

Il est évident que ceux qui sont situez sous un même Meridien, ont une même Longitude : & que tous ceux qui sont sous le Premier Meridien, n'ont aucune Longitude : & qu'enfin ceux qui sont plus Orientaux ont dés Longitudes differentes, c'est-à-dire, qu'ils sont sous des Meridiens differens, & alors la distance d'un Meridien à l'autre s'appelle *Difference des Longitudes*, qui fait connoître de combien de temps il est plûtôt Midy en un Lieu qu'à l'autre qui est plus Occidental ; étant certain qu'il sera d'une heure plûtôt Midy au plus Oriental qu'à l'autre, lorsque la difference des Longitudes sera de 15 degrez, c'est-à-dire, quand ce Lieu sera plus Oriental que l'autre de 15 degrez, parce que 15 degrez de l'Equateur font une heure, puisque 360 degrez font 24 heures, qui est une circonvolution entiere du Premier Mobile.

Ainsi l'on void que pour connoître la Longitude d'un Lieu de la Terre, il ne faut que sçavoir l'heure que l'on compte en ce Lieu lorsqu'on en compte une certaine en un autre Lieu situé sous le Premier Meridien : car si l'on convertit cette difference des heures en degrez, en prenant 15 degrez pour une heure, 1 degré pour 4 Minutes de temps, & 1 Minute de degrez pour 4 secondes de temps, on aura la Longitude du Lieu proposé. Pour connoître cette difference des heures, on se servira de quelque Signe visible dans le Ciel, qui se puisse remarquer en même temps par deux Mathematiciens, dont l'un soit sous le Premier Meridien, & l'autre au Lieu dont on cherche la Longitude. Les Anciens se sont servi des Eclipses de Lune, & l'on se sert à present des Eclipses du premier Satellite de Jupiter, qui arrivent plus souvent, & dont les Immersions, ou Emersions se peuvent connoître plus facilement par le moyen des Lunettes à longue-vûë.

Quand on a une fois connu la Longitude d'un Lieu de la Terre, on n'a plus que faire du Premier Meridien pour connoître la Longitude de quelqu'autre lieu que ce soit, parce qu'il suffit de connoître de combien ce Lieu est plus Oriental, ou plus Occidental que le premier, ce qui se peut connoître, comme nous avons dit : mais il ne sera pas necessaire de deux Mathematiciens, un seul pouvant connoître la Longitude du Lieu où il sera, en observant en ce Lieu l'heure de l'immersion ou de l'émersion du Satellite, & en comparant cette heure avec celle du Lieu, dont on connoît la Longitude, parce que par les Tables de Monsieur Cassini, qu'il a suppurées pour le Meridien de Paris, dont je suppose que la Longitude est connuë, l'on peut sçavoir à quelle heure doit arriver à Paris cette immersion, ou émersion, qui est l'entrée du Satellite dans l'ombre de Jupiter en

ceſſant de paroître, ou la ſortie du Satellite hors
de l'ombre de Jupiter, en commençant à repa-
roître.

Remarque.

On void par ce qui a été dit, la verité de ce Pa-
radoxe, ſçavoir que *Quâlibet horâ eſt omnis hora;*
c'eſt-à-dire, qu'en tout temps il eſt toute heure,
ce qui ſe doit entendre des Lieux de la Terre, qui
ſont ſous des Meridiens differens, étant certain
que quand il eſt Midy par exemple à Paris, il eſt
une heure aprés Midy à Vienne en Auſtriche, &
dans tous les autres Lieux qui ſont plus Orientaux
que Paris de 15 degrez : & qu'il eſt deux heures
aprés Midy à Conſtantinople, & dans tous les autres Lieux qui ſont plus Orientaux que Paris de 30
degrez. Ainſi des autres.

D'où il ſuit que de deux Voyageurs, dont l'un
va vers l'Occident en ſuivant le cours du Soleil,
& l'autre vers l'Orient en allant contre le cours du
Soleil, le premier doit avoir les Jours plus longs
que le ſecond, de ſorte qu'au bout d'un certain
temps, le ſecond qui va vers l'Orient comptera
plus de jours que le premier qui va vers l'Occident. Ce qui fait dire que de deux Jumeaux qui en
voyageant l'un vers l'Orient & l'autre vers l'Occident, meurent en même temps, le premier a vé-
cu plus de jours que l'autre.

Comme l'on diviſe la Latitude en Septentrionale & en Meridionale, en l'étendant juſqu'à 90
degrez vers les deux Poles deça & delà depuis l'E-
quateur ; on auroit auſſi pû diviſer la Longitude
en Orientale & en Occidentale, en ne l'étendant
que juſqu'à 180 degrez de part & d'autre depuis le
Premier Meridien ; ce qui ſeroit tres-commode

pour nous faire connoître que quand il est par exemple Midy sous le Premier Meridien, il n'est que 8 heures du Matin en l'Isle de Cuba, dont la Longitude Occidentale est de 60 degrez.

PROBLEME III.

Trouver la Latitude d'un Lieu proposé de la Terre.

ON appelle *Latitude* à l'égard d'un Lieu de la Terre, la distance de ce Lieu à l'Equateur, qui est mesurée par l'arc du Meridien de ce Lieu entre son Zenit & l'Equateur. Cet arc est toûjours égal à l'Elevation du Pole, qui est l'arc du même Meridien entre le Pole & l'Horizon, ce qui fait que l'on confond ordinairement la Latitude avec l'Elevation du Pole : de sorte que ceux qui n'ont point de Latitude, c'est-à-dire, qui sont sous l'E-quateur, n'ont aussi aucune Elevation du Pole, ayant les deux Poles du Monde à l'Horizon.

La Latitude d'un Lieu de la Terre se peut con-noître de Jour à Midy par le moyen de la hauteur Meridienne du Soleil & de sa Déclinaison, & de nuit en tout temps par le moyen de la hauteur Me-ridienne de quelque Etoile fixe & de sa Déclinai-son, & aussi sans sa Déclinaison, lorsque l'Etoile ne se couche point, & que la nuit est plus lon-gue que de douze heures, comme vous allez voir.

Pour trouver premierement la Latitude de quel-que Lieu de la Terre que ce soit, par le moyen de la hauteur Meridienne du Soleil, on ajoûtera à cet-te hauteur Meridienne la Déclinaison du Soleil, si cette Déclinaison est Meridionale, ce qui arrivera depuis l'Equinoxe d'Automne jusqu'à l'Equinoxe

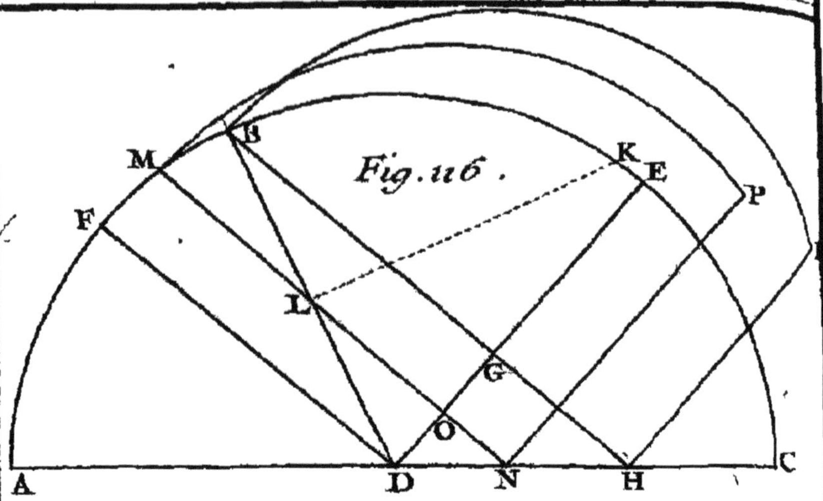

Fig. 116.
M
B
F
K E
P
L
G
O
A D N H C

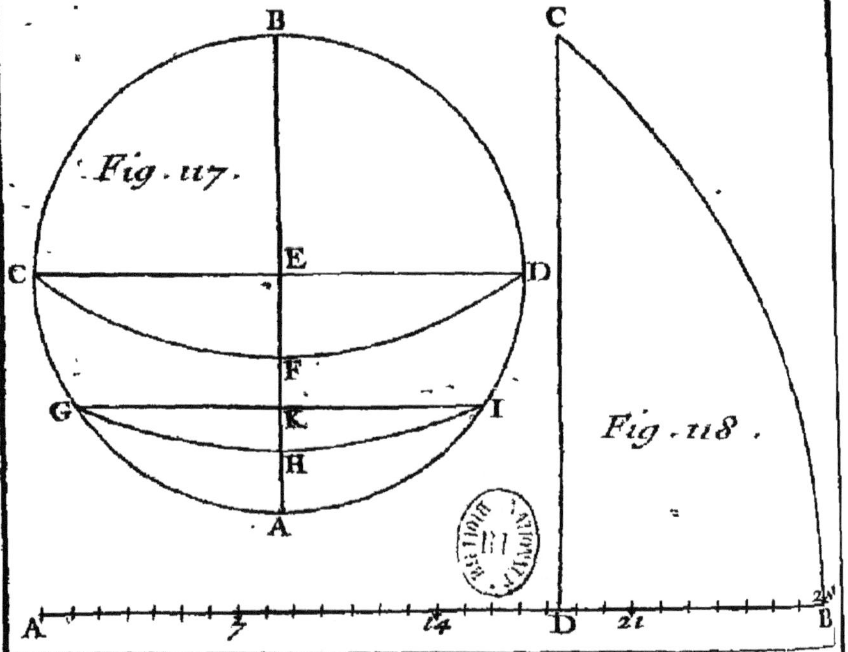

Fig. 117.
B
C E D
F
G K I
H
A

C
Fig. 118.
A 7 14 D 21 B

du Printemps : ou bien on ôtera de la hauteur
Meridienne la Déclinaison, si cette Déclinaison est
Septentrionale, ce qui arrivera depuis l'Equinoxe
du Printemps jusqu'à l'Equinoxe d'Automne; car
ainsi on aura la hauteur de l'Equateur, laquelle étant
ôtée de 90 degrez, le reste sera la Latitude qu'on
cherche.

On travaillera de la même façon la nuit aux
Etoiles qui seront vers le Midy, & à celles qui seront vers le Septentrion sans se coucher, comme
il arrive à celles qui sont proche du Pole élevé sur
l'Horizon, on prendra d'abord que la nuit sera
venuë la hauteur Meridienne d'une semblable E-
toile, & le matin douze heures après la hauteur
Meridienne de la même Etoile; car ainsi en ajoûtant ensemble ces deux hauteurs trouvées, la moitié de la somme donnera la hauteur du Pole sur
l'Horizon.

PROBLEME IV.

Connoître la quantité du plus grand Jour d'Eté
en un Lieu proposé de la Terre, dont on
connoît la Latitude.

POur connoître par exemple à Paris, où le Pole est élevé sur l'Horizon d'environ 49 degrez, le plus grand Jour d'Eté qui est de même
longueur que la plus grande Nuit d'Hyver; décrivez à volonté du centre D, le Demi-cercle ABC, &
y prenez d'un côté l'arc CE de l'Elevation du Pole
sur l'Horizon, qui a été ici supposée de 49 degrez,
& de l'autre côté AF du complement de l'Elevation
du Pole, qui dans cette supposition est de 41 degrez, & tirez du centre D, par les points E, F, les

Plan-
che 41.
116. Fig.

lignes DE , DF , dont la premiere DE reprefentera le Cercle de fix heures , & la feconde DF l'Equa-teur ; en prenant le Cercle ABC pour le Meridien du Lieu propofé , & le Diametre AC pour l'Ho-rizon , felon les regles de la Projection Ortogra-phique de la Sphere.

Aprés cela , prenez l'arc FB de la plus grande Dé-clinaifon du Soleil , qui eft d'environ 23 degrez & demi , & ayant tiré par le point B , à la ligne DF , la ligne BH , qui coupe ici le Cercle de fix heures au point G , & l'Horizon au point H , dé-crivez du point G , comme centre , par le point B , l'arc de Cercle BI , qui fe trouve terminé en I , par la ligne HI parallele à la ligne DE , ou perpendi-culaire à la ligne BH. Cet arc BI fe trouve ici de 120 degrez , ou de 8 heures , en prenant 1 heure pour 15 degrez , dont le double fait connoître qu'à Paris , & en tout autre Lieu , où le Pole eft élevé fur l'Horizon de 49 degrez , le plus grand Jour d'Eté , ou la plus grande Nuit d'Hyver eft de 16 heures.

L'arc BI étant de 120 degrez , ou de 8 heures , fait connoître que le Soleil fe couche au plus grand Jour d'Eté , ou fe leve au plus court Jour d'Hyver à 8 heures , & que par confequent il fe leve au plus grand jour d'Eté , ou fe couche au plus court jour d'Hyver à 4 heures ; ce qui arrive lorfque le Soleil eft dans le Tropique d'Eté , ou dans le Tro-pique d'Hyver : & l'on pourra de la même façon trouver l'heure du Lever & du Coucher du Soleil , lorfqu'il eft dans quelqu'autre Signe du Zodiaque ; par exemple , au commencement de ♉ & de ♍ , pourvû que l'on fçache décrire le Parallele de ce Signe , ce qui fe fera en cette forte.

Ayant tiré du centre D , qui reprefente le point
dé

de l'Orient & de l'Occident Equinoxial, par le
point B, qui repreſente le Point Solſtitial de ♋,
ou de ♑, la ligne DB, qui repreſentera par conſequent un quart de l'Ecliptique : & ayant pris ſur
le Meridien, ou ſur le Colure des Solſtices ABC,
l'arc BK de 60 degrez, telle qu'eſt la diſtance
du Signe propoſé au commencement de ♋, que le
point B repreſente, parce que l'on ſuppoſe que le
Colure des Solſtices convient avec le Meridien ;
tirez du point K, la ligne KL perpendiculaire à la
ligne DB, & par le point L, à la ligne DF, la parallele MN, qui repreſentera le Parallele de ♉, &
coupera l'Horizon AC au point N, & l'Axe du
Monde DE au point O, duquel comme centre,
vous décrirez par le point M, l'arc MP, qui ſe
trouvera terminé en P, par la ligne NP parallele
à la ligne DE, ou perpendiculaire à la ligne MN,
& cet arc NP étant reduit en heures, lorſqu'on en
aura connu les degrez & les minutes, donnera
l'heure qu'on cherche.

Remarque.

L'arc FM eſt la Déclinaiſon du Signe propoſé,
dont la diſtance au plus proche Equinoxe eſt ſuppoſée de 30 degrez : l'arc DN eſt l'Amplitude O-
rientale, ou Occidentale du même Signe, à l'é-
gard de l'Horizon AC, que nous avons ſuppoſé
oblique de 49 degrez : & l'arc ON eſt la difference Aſcenſionnelle, qui montre de combien le Soleil
étant au Signe propoſé ſe leve ou ſe couche devant
ou aprés ſix heures ſur le même Horizon. Ces Arcs ſe
peuvent connoître Geometriquement dans la Figure, mais on les peut connoître beaucoup plus exactement par la Trigonometrie, en cette ſorte.

Tome I. X

Pour connoître premierement l'arc FM, en fuppofant l'arc FB, ou l'Angle FDB, c'eft-à-dire, l'O-
bliquité de l'Ecliptique de 23. 30'. On fera cette
Analogie, où nous nous fommes fervi des Loga-
rithmes qui font tres-commodes dans la Trigonometrie Spherique ,

Comme le Sinus Total,   100000000
*Au Sinus de la diftance du Signe propofé au
plus proche Equinoxe*   96989700
Ainfi le Sinus de l'obliquité de l'Ecliptique
96006997
Au Sinus de la Déclinaifon qu'on cherche.
92996697

qui fe trouvera de 11 degrez , & d'environ 30
minutes.

Pour l'*Amplitude* DN , on fe fervira de la Déclinaifon trouvée , pour faire l'Analogie fuivante,

*Comme le Sinus du complement de la Hauteur
du Pole,*   98169429
Au Sinus de la Déclinaif. trouvée 92996697
Ainfi le Sinus Total   100000000
Au Sinus de l'Amplitude qu'on cherche
94827268

qui fe trouvera de 17 degrez , & d'environ 41
minutes.

Pour *trouver la Difference Afcenfionnelle NO*,
on fe fervira pareillement de la Déclinaifon trouvée , pour faire cette Analogie,

Comme le Sinus Total .   100000000
A la Tangente de la Déclinaison trouvée
                            93084626 ·
Ainsi la Tangente de l'Elevation du Pole ,
                            100608369
Au Sinus de la difference Afcenfionnelle
                            93692995·

qui fe trouvera de 13 degrez & 32 minutes , qui
étant reduits en temps , en difant, li 15 degrez don-
nent 1 heure , ou 60 minutes , combien donneront
13. 32′. ou 8 12′. on connoîtra que le Soleil étant
au commencement de ♉ , ou de ♍ , fe couche à 6
heures & 54 minutes , & que par confequent il fe.
leve à 5 heures & 6 minutes , &c.

PROBLEME V.

Trouver le Climat d'un Lieu propofé de la Terre ,
dont la Latitude eft connuë.

ON appelle *Climat* un efpace de la Terre , qui
eft fait en Zone , ou comme une ceinture ,
parce qu'il eft terminé par deux Cercles paralleles
entre eux & à l'Equateur, dans lequel efpace depuis le Parallele qui eft plus proche de l'Equateur,
jufqu'à l'autre qui eft plus proche du Pole, le plus
grand Jour d'Eté varie, c'eft-à-dire, croît ou décroît d'une demie-heure.

Comme les Climats fe comptent vers l'un des
deux Pôles du Monde ; en commençant depuis l'E-
quateur, fous lequel en tout temps le Jour eft de
douze heures, & la Nuit d'autant : & que ceux
qui font éloignez de l'Equateur, ont le plus grand

jour d'Eté plus long que de douze heures , &
d'autant plus long que plus ils en font éloignez ; il
s'enfuit que la fin du premier Climat eft là où le
plus grand Jour d'Eté eft de douze heures & demie , la fin du fecond là où le plus grand Jour
d'Eté eft de treize heures , & ainfi enfuite, jufqu'à
la fin du 24. Climat, où le plus grand Jour d'E-
té eft de 24. heures , ce qui arrive fous le Cercle
Polaire Arctique , ou Antarctique , où l'Elevation
du Pole eft de 66. 30'. au delà duquel on ne fçauroit plus compter de Climats , parce que pour
peu qu'on s'en éloigne en s'avançant vers le Pole
le plus proche , le plus grand Jour d'Eté croîtra
de plus que d'une demie-heure : ce qui a fait ajoûter aux Modernes fix autres Climats depuis le Cercle Polaire jufqu'au Pole, en faifant croître le plus
grand Jour d'Eté d'un Mois entier.

Ainfi pour fçavoir en quel Climat eft fitué un
Lieu propofé de la Terre, dont on connoît la Latitude, il n'y a qu'à chercher par le Problême précedent, la quantité du plus grand Jour d'Eté , &
en ôter toûjours douze heures : car le double du
refte fera connoître le nombre du Climat qu'on
cherche. Ainfi ayant connu qu'à Paris, où le Pole
eft élevé fur l'Horizon d'environ 49 degrez, le
plus grand Jour d'Eté eft de 16 heures, fi l'on en ôte
12 , il reftera 4 , dont le double 8 fait connoître
que Paris eft dans le huitiéme Climat. Ainfi des
autres.

Remarque.

Comme les Longitudes font connoître les Païs
les plus Orientaux, ou les plus Occidentaux, &
les Latitudes les Païs les plus Meridionaux, ou les
plus Septentrionaux : de même les Climats font

connoître les Païs où les Jours sont plus longs ou plus courts. Or par la connoissance du Climat, on peut aisément trouver le plus long Jour d'Eté, par une operation contraire à la precedente, sçavoir en ajoûtant 12 à la moitié du nombre du Climat : car la somme donnera la quantité du plus long Jour d'Eté. Ainsi en sçachant que Paris est dans le huitiéme Climat, en ajoûtant 4 moitié de 8, à 12, la somme 16 fait connoître qu'à Paris le plus grand Jour d'Eté est de 16 heures.

PROBLEME VI.

Trouver la valeur d'un Degré d'un grand Cercle de la Terre.

EN supposant que la Terre est ronde, & que son centre est le même que celuy du Monde, un degré de l'un de ses Cercles répondra à un degré d'un semblable Cercle correspondant dans le Ciel : de sorte que si par exemple une personne parcourt un degré de la Terre sur un même Meridien Terrestre, en allant directement vers le Midy, ou vers le Septentrion, son Zenit s'éloignera aussi d'un degré dans le Ciel sous le Meridien Celeste correspondant, & l'Elevation du Pole sur l'Horizon changera par consequent d'un degré ; pareillement si une personne parcourt un degré de la Terre sur l'Equateur terrestre, en allant directement vers l'Orient, ou vers l'Occident, son Zenit s'éloignera aussi d'un degré dans le Ciel sous l'Equateur celeste, & sa Longitude changera par consequent d'un degré.

Ce changement ayant été remarqué par quantité d'experiences faites par plusieurs Astronomes en des

Lieux differens de la Terre, nous pouvons conclure de là que la Terre est ronde du Midy au Septentrion, & aussi de l'Orient à l'Occident, & qu'elle
est au centre du Monde, ou pour le moins au milieu des circonvolutions Celestes. On en tire aussi
la maniere de trouver en lieuës, ou en quelqu'autre mesure que ce soit la quantité d'un degré d'un
de ses grands Cercles qui sont tous égaux : sçavoir
en choisissant sur la Terre deux Lieux situez sous
un même grand Cercle, par exemple, sous un même Meridien, & dont la distance soit exactement
connuë, & aussi les Latitudes ; car ainsi en ôtant la
plus petite de ces deux Latitudes de la plus grande,
on aura l'arc de leur Meridien commun, compris
entre ces deux Lieux de la Terre. Ainsi l'on sçaura
qu'à un certain nombre de degrez & de minutes
d'un grand Cercle de la Terre, il répond un certain nombre de lieuës, ce qui suffit pour pouvoir
connoître la valeur d'un degré du même grand
Cercle, & mêmes de toute la circonference de la
Terre, si on la veut connoître, en disant par la Regle de Trois directe, si à tant de degrez & de minutes, s'il y en a, il répond tant de lieuës, combien de lieuës répondront à un degré, si l'on ne
veut connoître qu'un degré, ou à 360 degrez,
si l'on veut connoître le contour de la Terre.

Supposons que les deux Lieux de la Terre soient
Paris & Dunquerque, qui sont situez sous un même Meridien, & éloignez l'un de l'autre d'environ
62 lieuës Parisiennes de 2000 toises chacune. La
Latitude de Paris est de 48. 51'. laquelle étant
ôtée de celle de Dunquerque ; qui est de 51. 1'. il
reste 2. 10'. ou 130 minutes pour l'arc du Meridien compris entre Paris & Dunquerque. Sçachant
donc qu'un arc d'un grand Cercle de la Terre de

130 minutes eſt de 62 lieuës, on ſçaura de combien de lieuës doit être un degré ou 60 minutes
du même Cercle, en multipliant ces 60 minutes
par 62, qui eſt la diſtance de Paris à Dunquerque,
& en diviſant le produit 3720 par 130, qui eſt le
nombre des minutes de l'arc du Meridien commun
à ces deux Villes, & le Quotient donnera environ
28 lieuës Pariſiennes pour la valeur d'un degré
d'un grand Cercle de la Terre.

J'ay dit environ, parce que Meſſieurs de l'Acade-
mie Royale des Sciences ont trouvé qu'un degré de
la Terre vaut 57060 toiſes des meſures du Châtelet de Paris, leſquelles 57060 toiſes font un peu
plus que 28 lieuës Pariſiennes de 2000 toiſes chacune, comme l'on connoiſt en diviſant 57060 par
2000, car le quotient eſt 28, & il reſte encore
1060 à diviſer par 2000, ce qui fait environ une
demie-lieuë.

La Toiſe du Châtelet de Paris ſe diviſe en 6
Pieds, & ſi l'on diviſe ce Pied en 1440 parties, le
Pied Rheinlandique, ou de Leyde en comprendra
1390, le Pied de Londres 1350, le Pied de Bou-
logne 1686, & la Braſſe de Florence 2580.

PROBLEME VII.

Connoître la Circonference, le Diametre, la Surface,
& la Solidité de la Terre.

Uoiqu'on ne puiſſe pas meſurer actuellement
la circonference de la Terre, à cauſe des hau-
tes Montagnes, & des vaſtes Mers, qu'on ne ſçau-
roit parcourir en ligne droite ; on peut neanmoins
aiſément le déterminer par les regles de l'Aſtrono-
mie, & enſuite ſon Diametre, ſa Surface, & ſa

Solidité par les principes de la Geometrie, comme vous allez voir.

Premierement, pour connoître la Circonference de la Terre, ayant trouvé par le Problême precedent, qu'un degré de cette circonference est de 28 lieuës Parisiennes, si l'on multiplie ces 28 lieuës par 360, c'est-à-dire, par le nombre des degrez du contour de la Terre, le produit donnera 10080 lieuës Parisiennes pour la circonference de la Terre.

Secondement, pour trouver le Diametre de la Terre, ou la distance qu'il y a d'icy à nos Antipodes, on considerera que le Diametre d'un Cercle étant à sa circonference, comme 100 à 314, ou comme 50 à 157, & que la circonference de la Terre ayant été trouvée de 10080 lieuës Parisiennes, il n'y a qu'à multiplier ces 10080 lieuës par 50, & diviser le produit 504000 par 157, & le quotient donnera 3210 lieuës pour le Diametre de la Terre.

Troisiémement, pour trouver en lieuës quarrées la Surface de la Terre, il n'y a qu'à multiplier sa circonference, qui a été trouvée de 10080 lieuës, par son Diametre, que nous avons trouvé de 3210 lieuës, & le produit donnera 32356800 lieuës quarrées pour la Surface de la Terre.

Enfin, pour trouver en lieuës cubiques la Solidité de la Terre, il n'y a qu'à multiplier sa Surface qui a été trouvée de 32356800 lieuës quarrées par la sixiéme partie 535 de son Diametre, qui a été trouvé de 3210 lieuës, & le produit donnera 17310888000 lieuës cubiques pour la Solidité de la Terre.

Parce que dans le Diametre de la Terre nous avons negligé les fractions, cela nous a donné sa Surface un peu imparfaite, & sa Solidité encore

plus imparfaite. Si vous voulez trouver plus exactement cette Surface & cette Solidité, sans se servir du
Diametre de la Terre, mais seulement de sa circonference qui a été trouvée precisément de 10080
lieuës Parisiennes, faites ainsi.

Pour trouver en premier lieu la Surface de la Terre, dont le contour a été trouvé de 10080 lieuës,
multipliez ce contour 10080 par luy-même, pour
avoir son quarré 101606400, qu'il faudra multiplier toûjours par 50, & diviser le produit
5080320000 toûjours par 157; & le quotient
donnera 32356814 lieuës quarrées pour la Surface de la Terre.

Pour trouver maintenant la Solidité de la Terre, dont le contour a été trouvé de 10080 lieuës,
multipliez ce contour 10080 par luy-même, pour
avoir son quarré 101606400, qu'il faudra multiplier encore par le même contour 10080, pour
avoir son cube 1024192512000, lequel é-
tant multiplié toûjours par 1250, & le produit
1280240640000000 étant divisé toûjours par
73947, le quotient donnera 17312949004
lieuës cubiques pour la Solidité de la Terre.

COROLLAIRE I.

De ce que la circonference de la Terre est de
10080 lieuës Parisiennes, on conclud aisément,
que si la Terre se meut autour de son Axe d'Occident en Orient, en sorte que dans l'espace de 24
heures elle acheve une circonvolution, un Lieü de
la Terre situé sous l'Equateur qui est un grand
Cercle, doit parcourir en une heure 420 lieuës
par le mouvement de la Terre, parce que divisant
son contour 10080 par 24, le quotient est 420:

& qu'en une minute de temps il doit faire sept lieuës, comme l'on connoît en divisant 420 par 60, &c.

COROLLAIRE II.

De ce que le Diámetre de la Terre est de 3210 lieuës, on conclud que son Demi-diametre, ou la distance qu'il y a de sa Surface à son Centre, est de 1605 lieuës, comme l'on connoît en prenant la moitié de 3210. D'où il est aisé de tirer cette consequence, que si l'on pouvoit faire un puits profond jusqu'au centre de la Terre, la profondeur de de ce Puits devroit être de 1605 lieuës, ou de 3210000 toises, comme l'on connoît en multipliant 1605, qui est le Demidiametre de la Terre, par 2000, qui est le nombre des toises d'une lieuë Parisienne, comme vous avez vû au *Probl. 6.*

COROLLAIRE III.

Parce qu'un Puits, dont le fond seroit au centre de la Terre, devroit avoir 3210000 toises de profondeur, on peut trouver par là le temps que devroit employer une pierre, ou quelqu'autre corps qui seroit jetté de la Surface de la Terre dans ce Puits, que je suppose vuide, pour aller jusqu'au fond, si l'on sçait une fois par quelque experience bien faite, le temps que ce corps pesant a employé à parcourir un espace connu en tombant librement dans l'air.

Supposons qu'en une minute de temps un corps pesant soit décendu de 100 toises; pour trouver le temps qu'il doit employer à décendre dans le même milieu de 3210000 toises, multipliez ce nombre 3210000 par le quarré 1 du temps, c'est-à-dire de 1 minute, & divifez le produit 3210000 par 100, qui eft l'efpace parcouru pendant une minute, le quotient fera 32100, dont la Racine quarrée donnera 179 minutes, qui font prefque 3 heures, pour le temps que le même corps pefant doit employer à décendre jufqu'au centre de la Terre.

Remarque.

Nous remarquerons ici en paffant, que fi ce Puits étoit continué jufqu'aux Antipodes, en forte que la Terre fût percée à jour, le corps pefant qui feroit jetté depuis la Surface de la Terre dans ce Puits, ne s'arrêteroit pas tout court au centre de la Terre, quoique ce foit le lieu le plus bas : car étant parvenu au centre de la Terre par un mouvement fort acceleré, cela le feroit éloigner du centre de la Terre, & remonter vers les Antipodes par un mouvement qui fe diminueroit peu à peu, & fe détruiroit entierement proche la Surface de la Terre vers les Antipodes, ce qui le feroit retomber & revenir au delà du centre de la Terre vers nous; de forte que pendant quelque temps, en faifant abftraction de la refiftance de l'air, ce corps pefant continuëroit à aller & à revenir par plufieurs Vibrations qui feroient à peu prés d'une égale durée, quoique plus petites toûjours de plus en plus, jufqu'à ce qu'enfin le Mobile s'arrêteroit au centre de la Terre.

Tout ce que nous avons dit touchant les mefures de la Terre, fuppofe qu'elle eft parfaitement ronde, quoiqu'elle ne le foit pas en parlant à la figueur, à caufe de la hauteur des Montagnes, qui n'eft confiderable qu'à l'égard de nous, car à l'égard de la Terre c'eft peu de chofe, comme vous voyez dans la Table fuivante que nous, avons tirée du P. Kircher, & qui montre en Pas geometriques la hauteur des plus confiderables Montagnes du Monde, autant qu'on en a pû juger par la longueur de leurs ombres.

Pelion Montagne de la Theffalie	1250
Le Mont Olympe en Theffalie	1269
Catalyrium	1680
Cyllenon	1875
Le Mont-Aetna, ou Mont-Gibel en Sicile	4000
Les Montagnes de Norvege	6000
Le Pic des Canaries	10000
Hemus Montagne de la Thrace	10000
Le Mont Caucafe dans les Indes	15000
Le Mont Atlas dans la Mauritanie	15000
Les Montagnes de la Lune	15000
Le Mont Athos entre la Macedoine & la Thrace	20000
Stolp le plus haut des Monts Riphées en la Scythie	25000
Caffius	28000

PROBLEME VIII.

Connoître la quantité d'un Degré d'un petit Cercle propofé de la Terre.

AYant connu *par Probl.* 6. la valeur d'un degré d'un grand Cercle de la Terre, il fera facile de connoître la quantité d'un degré d'un petit Cercle, par exemple, d'un Cercle parallele à l'Equateur, qu'on appelle fimplement *Parallele*, pourvû que fa diftance à l'Equateur foit connuë, ce qui fert aux Geographes pour la defcription des Cartes

Chorographiques, & pour trouver la distance de deux Lieux de la Terre, situez sous un même Parallele, c'est-à-dire, également éloignez de l'Equateur.

Comme si l'on veut sçavoir la valeur d'un degré du Parallele de Paris, qui est éloigné de l'Equateur d'environ 49 degrez, en supposant que la quantité d'un degré de l'Equateur est de 28 lieuës, Plantirez à part la ligne AB d'une longueur volontaire, che 41. que vous prendrez pour un degré de l'Equateur, & 118. Fig. la divisez en 28 parties égales, dont chacune representera une lieuë. Décrivez de l'extremité A, par l'autre extremité B, l'arc de Cercle BC de 49 degrez, & tirez du point C, la ligne CD perpendiculaire à la ligne AB : & comme cette ligne CD retranche de la ligne AB, la partie AD d'environ 18 parties, on conclura qu'un degré d'un Parallele éloigné de l'Equateur de 49 degrez, est de 18 lieuës Parisiennes.

Cette valeur se peut connoître plus exactement & plus facilement par la Trigonometrie, en raisonnant de la sorte.

Soit l'Axe du Monde AB, en sorte que A & B, 117. Fig. soient les deux Poles, & ACBD l'un des deux Colures. Soit l'Equateur CFD, & le Parallele de Paris GHI, dont le Diametre GI est perpendiculaire à l'Axe AB, & dont la distance CG, ou DI, à l'Equateur est supposée de 49 degrez, auquel cas le complement AG, ou AI sera de 41 degrez.

Il est évident qu'à l'égard du Sinus Total CE, le Demi-diametre GK est le Sinus de l'arc AG, ou du complement de la distance du Parallele. Il est évident aussi que le Demi-diametre CE de l'Equateur, ou le Sinus Total, est à sa circonference, comme le Demi-diametre GK du Parallele, ou le

Sinus du complement de la diſtance de ce Parallele , eſt à ſa circonference : & que par conſequent le
Sinus Total eſt à un degré de l'Equateur, comme
le Sinus du complement de la diſtance du Parallele
eſt à un degré de ce Parallele ; & parce qu'un degré de l'Equateur eſt connu , ayant été trouvé de 28
lieuës Pariſiennes , on pourra connoître de combien de ſemblables lieuës eſt un degré du Parallele
propoſé par cette Analogie ,

> *Comme le Sinus Total*   100000
>   *A un degré de l'Equateur*   28
> *Ainſi le Sinus du complement de la diſtance du*
>   *Parallele à l'Equateur*   65606
>   *A un degré de ce Parallele*   18

qui ſe trouvera d'environ 18 lieuës Pariſiennes.

Ayant ainſi connu la quantité d'un degré du
Parallele de Paris , on pourra connoître ſi l'on veut,
la circonference entiere de ce Parallele , en multipliant par 360 ſa quantité trouvée 18 , ou plus
exactement par cette Analogie ;

> *Comme le Sinus Total ,*   100000
>   *A la circonference de la Terre*   10080
> *Ainſi le Sinus du complement de la diſtance du*
>   *Parallele à l'Equateur*   65606
>   *A la circonference du Parallele*   6613

qui ſe trouvera d'environ 6613 lieuës Pariſiennes :
ce qui fait connoître , que ſi la Terre ſe meut, la
Ville de Paris , ou quelqu'autre point que ce ſoit
de ſon Parallele , fait en 24 heures 6613 lieuës
d'Occident en Orient , & par conſequent 275
lieuës en une heure , & environ 4 lieuës & demie
en une minute de temps.

PROBLEME IX.

Trouver la distance de deux Lieux proposez de la Terre, dont on connoît les Longitudes & les Latitudes.

IL peut arriver trois cas differens, parce que les deux Lieux proposez peuvent être sous un même Parallele, ayant une même Latitude, & la Longitude differente : ou bien sous un même Meridien, ayant une même Longitude, & une Latitude differente : ou bien encore ils peuvent être sous des divers Paralleles,& sous des Meridiens differens, ayant par conséquent des Longitudes & des Latitudes differentes. Nous allons resoudre ces trois cas les uns aprés les autres, en cette sorte.

Premierement, si les deux Lieux proposez sont sous un même Parallele, comme Cologne & Maëstrick, qui sont sous un Parallele éloigné de l'Equateur vers le Septentrion de 50. 50'. Parce que Cologne est plus Oriental que Maëstrick de 6 minutes de temps, qui valent 1. 30'. de l'Equateur, ou du Parallele, sous lequel ces deux Villes sont situées, comme l'on connoît en disant, si 1 heure, ou 60 minutes valent 15 degrez, combien vaudront 6 minutes ? de sorte que l'arc de ce Parallele compris entre Cologne & Maëstrick est de 1. 30'. qui dans l'Equateur valent 42 lieuës Parisiennes, à raison de 28 lieuës pour un degré, comme l'on connoît en disant, si 1 degré, ou 60 minutes valent 28 lieuës, combien vaudront 1. 30'. ou 90 minutes ? & pour sçavoir de combien de semblables lieuës doit être cet arc dans un Parallele éloigné de l'Equateur de 50. 50'. ou la distance des deux Lieux propofez , on fe fervira de cette Analogie , .

> Comme le Sinus Total,   100000
> A la valeur de 1. 30'. de l'Equateur   42
> Ainfi le Sinus du complement de la diftance du Parallele à l'Equateur   63158
> A la diftance qu'on cherche. $26\frac{1}{2}$

qui fe trouvera d'environ 26 lieuës Parifiennes & demie.

Secondement, fi les deux Lieux propofez font fous un même Meridien , comme Paris , dont la Latitude eft de 48. 51'. & Amiens , dont la Latitude eft de 49. 54'. Otez de cette Latitude 49. 54'. la Latitude de Paris 48. 51'. qui eft plus petite , pour avoir au refte 1. 3'. l'arc du Meridien , compris entre Paris & Amiens , que l'on convertira en lieuës par la Regle de Trois , en difant , fi un degré , ou 60 minutes d'un grand Cercle de la Terre vaut 28 lieuës Parifiennes , combien vaudra 1. 3'. ou 63 minutes ? Multipliant donc 63 par 28 , & divifant par 60 le produit 1764 , le quotient donnera environ 29 lieuës Parifiennes pour la diftance de Paris à Amiens.

Enfin , fi les deux Lieux propofez font differens en Longitude & en Latitude , comme Paris & Conftantinople qui eft plus Oriental que Paris de 29. 30'. & plus Meridional de 7. 45'. on imaginera un grand Cercle qui paffe par ces deux Villes , & l'on trouvera l'arc de ce grand Cercle , compris entre ces deux mêmes Villes , en cette forte.

Plan-
che 42.
119. Fig.
Soit le Premier Meridien ABCD, & l'Equateur CD également éloigné des deux Poles A, C. Soit le Meridien

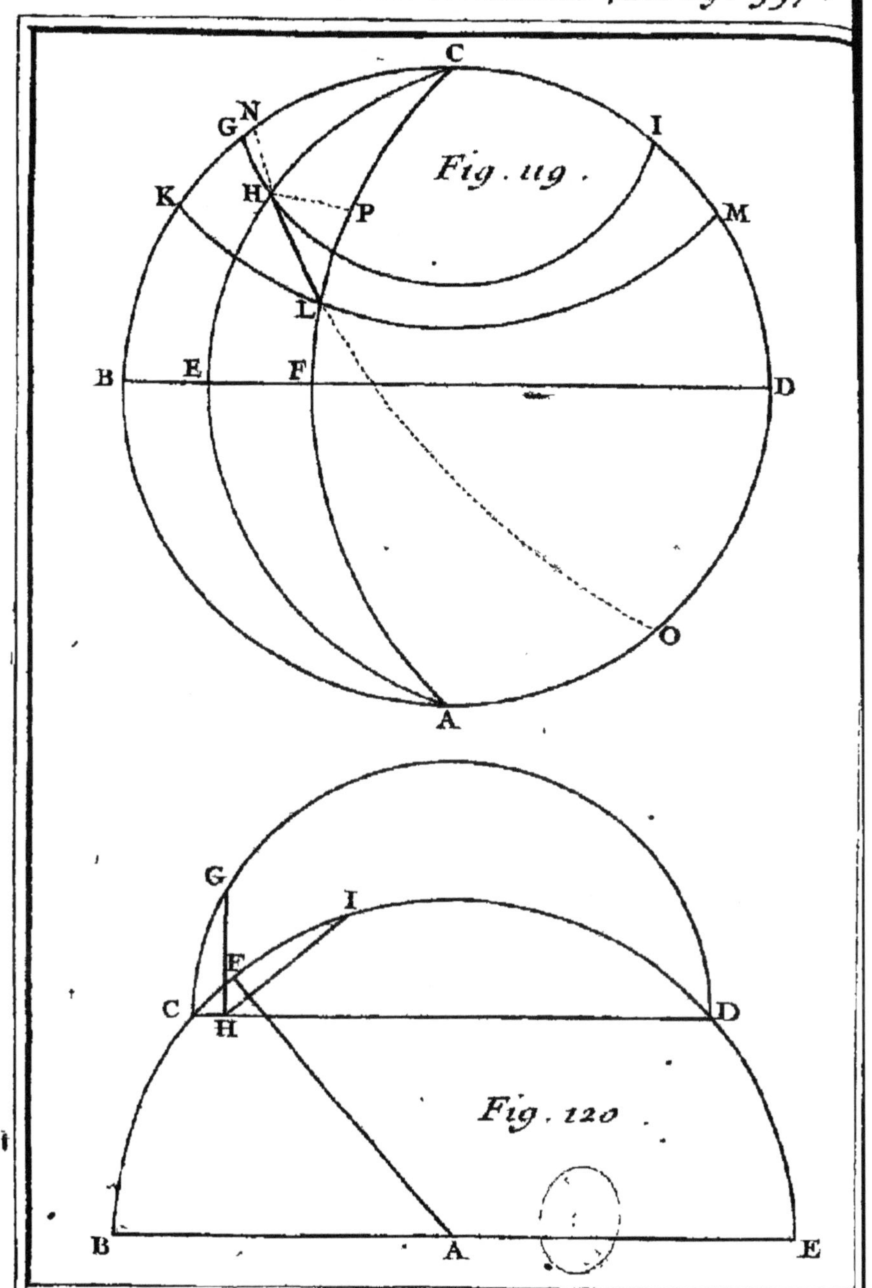
C
N
G
I
K
H
P
Fig. 119.
M
L
B
E
F
D
O
A
G
I
F
C
D
H
Fig. 120.
B
A
E

dien de Paris AEC, & fon Parallele GHI, en for-
te que Paris foit en H. Soit encòre le Meridien de
Conftantinople AFC, & fon Parallele KLM, en
forte que Conftantinople foit en L. Soit enfin l'arc
HL du grand Cercle NHLO, qui paffe par les deux
Lieux propofez H, L.

Cet arc HL fe pourra connoître par la Trigonometrie dans le Triangle Spherique obliquangle
HCL, dans lequel on connoît le côté HC de 41.
9′. complement de la Latitude EH de Paris, qui
eft de 48. 51′. le côté CL de 48. 54′. complement
de la Latitude FL de Conftantinople, qui eft de
41. 6′. & l'angle compris HCL, ou la difference
des Longitudes BCE, BCF, des deux Lieux propofez H, L, qui eft de 29. 30′.

Pour dònc trouver le côté ou la diftance HL
premierement en degrez & en minutes, tirez de
l'Angle H, l'arc de grand Cercle HP perpendiculaire au côté oppofé CL, & faites ces deux Analogies,

Comme le Sinus Total	100000000
Au Sinus du complement de l'angle HCL	
	99396968
Ainfi la Tangente du côté HC	99414585
A la Tangente du Segment CP	98811553

qui fe trouvera de 37. 25′. & qui étant ici ôté de
la bafe CL, ou de 48. 54′. il reftera 11. 29′½
pour l'autre Segment LP.

Comme le Sinus du complement du Segment
    CP   9899950б
Au Sinus du complement du Segment LP
                            99912184
Ainſi le Sinus du complement du côté HC
                            9876789
Au Sinus du complement du côté HL
                            99680567

qui ſe trouvera de 21. 42′. qui étant reduits en
lieuës Pariſiennes par la Regle de Trois, en diſant, ſi un degré, ou 60 minutes d'un grand Cercle de la Terre vaut 28 lieuës Pariſiennes, combien
vaudront 21. 42′. ou 1302 minutes? on trouvera
607 lieuës Pariſiennes pour la diſtance de Paris à
Conſtantinople.

Remarque.

Lorſque les deux Lieux propoſez ſont éloignez
entre eux d'une diſtance conſiderable, comme dans
cet exemple, on pourra ſans aucun calcul trouver
preſque auſſi exactement cette diſtance en degrez &
en minutes d'un grand Cercle de la Terre, par la
Projection Ortographique de la Sphere, comme
vous allez voir.

Décrivez du centre A, avec une ouverture volontaire du Compas le Demi-cercle BCDE, que
vous prendrez pour le Meridien de Paris. Prenez
ſur ce Demi-cercle l'arc BF de 48. 51′. telle qu'eſt
la Latitude de Paris, pour avoir le lieu de Paris
en F, par où vous tirerez du centre A, le Rayon
AF.

Prenez ſur le même Demi-cercle les arcs BC,

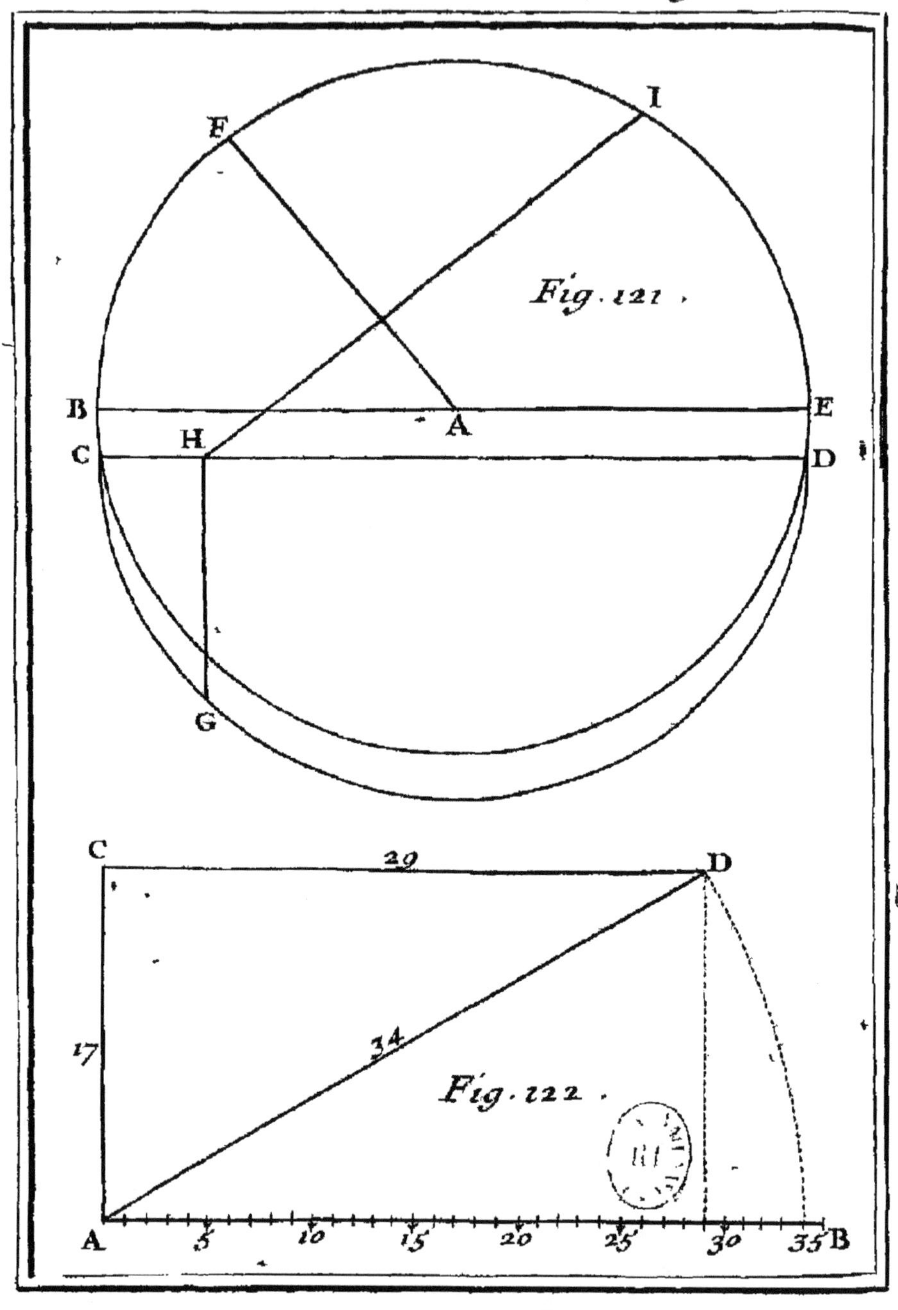
Fig. 121.
F
I
B
A
E
C
H
D
G
C
29
D
17
34
Fig. 122.
A
5
10
15
20
25
30
35
B

ED, chacun de 41. 6'. telle qu'eſt la Latitude de Conſtantinople, & tirez la ligne CD, qui repre-ſentera le Parallele de Conſtantinople, ſur lequel vous déterminerez le lieu de Conſtantinople, en cette ſorte.

Ayant décrit autour du Diametre CD le Demi-cercle CGD, prenez ſur ſa circonference l'arc CG de 29. 30'. telle qu'eſt là difference des Longitu-des de Paris & de Conſtantinople, & tirez du point G la ligne GH perpendiculaire au Diametre CD, pour avoir en H le lieu de Conſtantinople, d'où l'on tirera la ligne HI perpendiculaire à la li-gne AF, & l'arc FI étant meſuré, donnera en de-grez & en minutes la diſtance qu'on cherche, qui ſe trouvera d'environ 22 degrez, comme aupa-ravant.

Nous avons pris la Latitude BC de Conſtantinople dans le même Hemiſphere que la Latitude BF de Pa-ris à l'égard de la ligne BE, qui repreſente l'Equateur, c'eſt-à-dire, depuis l'Equateur BE vers le lieu de Pa-ris F, parce que les Latitudes de ces deux Villes ſont Septentrionales : car ſi l'une avoit été Meridionale, comme celle de Pernambouc dans le Breſil Region conſiderable de l'Amerique Meridionale, laquelle Latitude eſt de 7. 40'. il auroit fallu prendre l'arc BC de 7. 40'. vers l'autre côté, & achever le reſte comme nous avons dit, en ſorte que l'arc CG ſoit de 44. 15'. telle qu'eſt la Difference des Latitu-des de Paris & de Pernambouc : & parce que l'arc FI ſe trouve d'environ 70 degrez, ſi l'on reduit ces 70 degrez en lieuës, en les multipliant par 28, on aura 1960 lieuës Pariſiennes pour la diſtance de Paris à Pernambouc.

Lorſque la diſtance des deux Lieux propoſez ne ſera pas beaucoup conſiderable, comme celle de

Planche 42.
120, Fig.

Planche 43.
121. Fig.

Lyon à Genéve , qui eſt plus Septentrional que
Lyon de 36 minutes , parce que la Latitude de
Lyon eſt de 45. 46'. & que celle de Genéve eſt de
46. 22'. & qui eſt plus Oriental que Lyon de 6
minutes de temps , qui valent 1. 30'. de l'Equateur ; la Methode precedente , quoique bonne
en elle-même , ne pourra pas bien réüſſir , & dans
ce cas , on pourra ſe ſervir de la ſuivante qui n'eſt
pas geometrique , mais qui dans une petite diſtance
ne manquera pas ſenſiblement.

    Ayant tiré la ligne AB diviſée en autant de par-
ties égales & de telle grandeur qu'il vous plaira ,
qui repreſenteront des licuës , tirez-luy la perpendiculaire AC de 17 lieuës priſes ſur l'Echelle AB,
telle qu'eſt la difference des Latitudes , que nous
avons trouvée de 36 minutes, qui étant reduites
en lieuës , en donnant 28 lieuës Pariſiennes à un
degré d'un grand Cercle de la Terre , font environ
17 lieuës.

    Aprés cela ajoûtez enſemble les Latitudes des
deux Lieux propoſez, ſçavoir 45. 46'. & 46. 22'.
& prenez la moitié de leur ſomme 92. 8'. pour
avoir une Latitude moyenne 46. 4'. à l'égard de
laquelle vous trouverez *par Probl.* 8. la quantité
d'un arc de 1. 30'. telle qu'eſt la difference des
Longitudes des deux Villes propoſées. Cette quantité ſe trouvera d'environ 29 lieuës Pariſiennes ,
c'eſt pourquoy vous tirerez par le point C, paral-
lelement à la ligne AB , la droite CD de 29 parties
priſes ſur l'Echelle AB , & vous porterez ſur la même Echelle AB , la longueur de la ligne AD, qui
ſe trouvant ici d'environ 34 parties fait connoître
que de Lyon à Genéve il y a en ligne droite environ 34 lieuës Pariſiennes.

    Parce que le Triangle ACD eſt rectangle en C,

& que le côté AC eſt de 17 parties, & l'autre
côté CD de 19, on peut trouver par le calcul
l'hypotenuſe AD, ou la diſtance qu'on cherche,
en ajoûtant enſemble le quarré 289 du côté AC,
& le quarré 841 du côté CD, & en prenant la
Racine quarrée de la ſomme 1130, qui donnera
preſque 34 lieuës Pariſiennes pour la ligne AD,
qui repreſente la diſtance des deux Lieux propoſez,
car le point A étant pris pour le lieu de Lyon,
le point D peut être pris pour le lieu de Genéve,
& la ligne AD pour l'arc du grand Cercle qui paſſe
par ces deux Villes, parce que la ligne AC repreſente la difference de leurs Latitudes, ou la diſtance de leurs Paralleles, & la ligne CD la difference
moyenne de leurs Longitudes, ou la diſtance
moyenne de leurs Meridiens, &c.

Plan-
che 42.
122. Fig.

PROBLEME X.

*Décrire la ligne courbe que feroit un Vaiſſeau ſur
la Mer en faiſant ſa route par un même Rumb
marqué dans la Bouſſole.*

SUppoſons que l'arc AB, dont le centre eſt C,
ſoit un quart de la circonference de l'Equateur
Terreſtre, en ſorte que le centre C ſoit la repreſentation de l'un des deux Poles du Monde, &
que toutes lignes droites tirées de ce centre C,
par les diviſions de l'arc AB, comme CD, CE,
CF, &c. repreſentent autant de Meridiens.

Suppoſons encore qu'un Navire parte du point
A de l'Equateur, dont le Meridien eſt AC, pour
aller en G, par le Rumb ou Vent AH, qui faſſe
avec le Meridien AC, un angle CAH, par exemple de
60 degrez, qu'on appelle *Inclinaiſon de la Loxodro-*

Plan-
che 44.
123. Fig.

Y iij

Plan-
che 44.
11 3. Fig.

mie. Il est évident que si le Vaisseau a toûjours le Cap au même Rumb, c'est-à-dire, qu'étant en H sous le Meridien AD, il continuë son chemin par le Rumb ou Vertical HI incliné au Meridien AD du même angle de 60 degrez, en sorte que l'angle CHI soit aussi de 60 degrez; les trois points A, H, I, ne sont pas en ligne droite. Pareillement si le même Navire continuë sa route depuis I, où il a la ligne AE pour Meridien, en K, par le Rumb IK, qui fait avec le Meridien CE, l'Angle CIK aussi de 60 degrez, les trois points H, I, K, ne feront pas une ligne droite, & ainsi ensuite jusqu'en L sur le dernier Meridien CB.

D'où il est aisé de conclure, que la ligne AHIKL, que le Vaisseau a décrit en suivant le même Vent, & qu'on appelle *Ligne Loxodromique*, ou simplement *Loxodromie*, est une ligne courbe qui s'écarte continuellement du lieu G, où l'on s'étoit proposé d'aller, & qui imite la figure d'une ligne Spirale, qui, comme vous voyez, se va toûjours approchant du Pôle C.

Remarque.

Si l'on divise la Ligne Loxodromique AKL en plusieurs parties égales si petites qu'elles puissent passer pour des lignes droites, comme AH, HI, IK, &c. & que par les points de division H, I, K, &c. l'on fasse passer autant de Paralleles, ou Cercles de Latitude; tous ces Cercles seront également éloignez entre eux, de sorte que les arcs des Meridiens DH, MI, NK, &c. seront égaux entre eux, aussi-bien que les arcs correspondans AD, HM, IN, &c. non pas en degrez, mais en lieuës, à cause de l'égalité des Triangles rectilignes rectangles ADH, HMI, INK, &c.

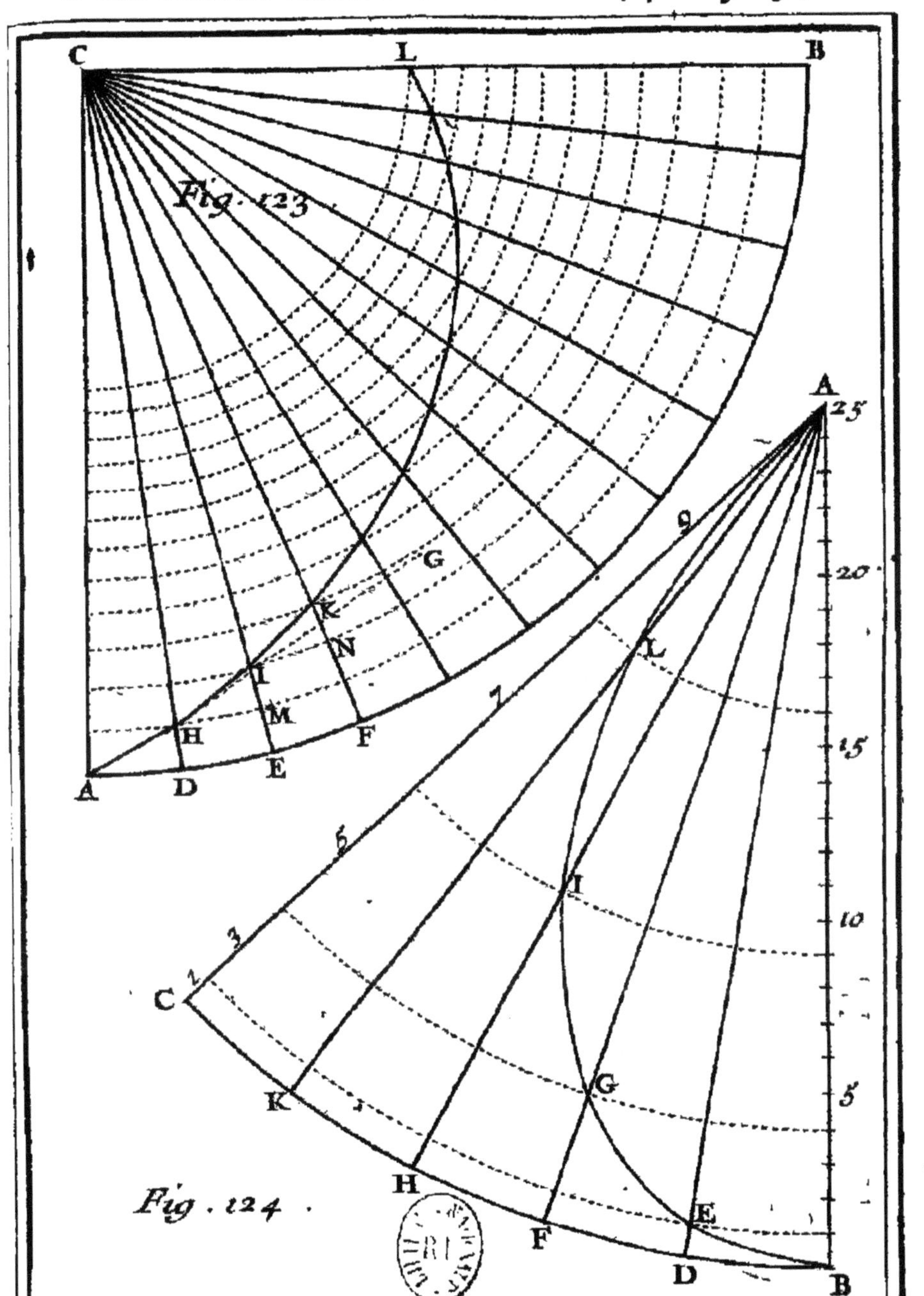
Fig. 123.
Fig. 124.

Quand on sçait le temps qu'on a employé pendant un Vent favorable à parcourir une Loxodromie tres-petite, comme AH, en suivant un même
Rumb, & qu'ainsi l'on sçait l'arc AD, qu'il est facile de reduire en lieuës, en donnant 20 lieuës à
un degré : & qu'étant en H, on a *Pris Hauteur*,
c'est-à-dire, qu'étant en ce Lieu on a observé la
Hauteur du Pole, ou la Latitude DH, qu'il est aussi
aisé de reduire en lieuës ; on pourra aisément connoître le chemin qu'on aura fait depuis A en H,
en ajoûtant ensemble les quarrez des lignes AD,
DH, & en prenant la Racine quarrée de la somme.

Il est visible que la Loxodromie est une ligne
droite lorsque son Angle d'inclinaison est nul,
c'est-à-dire, lorsque le Vaisseau navigue Nord & Sud,
ou suit le Rumb Nord & Sud marqué par la Bouf-
fole, quand l'aiguille ne décline point : parce que
dans ce cas le Vaisseau avançant selon la Ligne Meridienne, doit necessairement décrire cette ligne
qui est droite, puisqu'elle est la commune Section
du Meridien & de l'Horizon.

Il arrivera la même chose, lorsque le Navire
étant sous l'Equateur celeste, ou sous quelqu'un de
ses Paralleles, met le Cap à l'Est ou à l'Oüest, c'est-
à-dire, navigue directement à l'Est ou à l'Oüest,
en sorte que l'Inclinaison de la Loxodromie soit de
90 degrez, parce que dans ce cas, le Vaisseau décrit ou l'Equateur Terrestre, ou l'un de ses Paralleles qui font avec tous les Meridiens des Angles
droits, ou de 90 degrez.

Enfin, il est visible, que comme nous avons déja
dit, un Vaisseau qui navigue par un même Rumb
oblique, en sorte que l'Inclinaison de la Loxodromie soit un angle oblique, c'est-à-dire, aigu, ou
obtus, décrit sur la Surface de la Mer une ligne

Y iiij

Plan-
che 44.
123. Fig.

courbe, comme AKL, pour aller de A en G, par
le Rumb oblique AH, parce que les Meridiens
Terreſtres CA, CD, CE, CF, &c. ne ſont pas paralleles entre eux, étant certain que s'ils étoient
paralleles, au lieu de décrire la ligne courbe AKL,
qui fait avec ces Meridiens des angles égaux, il décriroit la ligne droite AG, qui feroit avec ces mêmes Meridiens des angles égaux.

Cette ligne courbe AKL reſſemble à celle que
décriroit un corps peſant, comme une pierre, qui
tomberoit de la Surface de la Terre juſqu'à ſon
centre, s'il eſt vray que la Terre ſe meuve autour
de ſon Axe d'Occident en Orient : comme vous allez voir par la deſcription de cette ligne courbe,
qui eſt telle.

PROBLEME XI.

*Repreſenter la ligne courbe que décriroit par le mou-
vement de la Terre un corps peſant en tombant librement de haut en bas juſqu'au centre
de la Terre.*

SOit le centre de la Terre A, & une partie de ſa
circonférence, repreſentée par l'arc BC, que le
point B ait parcouru par le mouvement de la Terre
en un certain temps, en parcourant en des temps
égaux les arcs égaux BD, DF, FH, HK, KC.

Cela étant ſuppoſé, le Demi-diametre de la
Terre AB prendra au premier temps la ſituation
AD, & la pierre qui étoit en B, ſera décenduë
en E, lorſque le point B ſera parvenu en D : &
lorſqu'au ſecond temps il ſera parvenu en F, le
Demi-diametre AB aura pris la ſituation AF, & la
pierre ſera décenduë en G ; de ſorte que la partie
FG ſera 4, lorſque la partie DE ſera 1, par la na-

ture des corps pesans, qui en tombant librement de
haut en bas acquierent en temps égaux des degrez
égaux de vîtesse, en parcourant des espaces qui
croissent comme les quarrez 1, 4, 9, 16, 25,
&c. des nombres naturels 1, 2, 3, 4, 5, &c. ces
espaces croissant les uns par dessus les autres, selon les nombres impairs 1, 3, 5, 7, 9, &c. c'est
pourquoy lorsqu'au troisiéme temps, le point D
sera parvenu en H, le Demi-diametre AB aura pris
la situation AH, & la pierre sera décenduë en I,
de sorte que la partie HI sera 9 : & lorsqu'au quatriéme temps le point B sera parvenu en K, le
Demi-diametre AB prendra la situation AK, & la
pierre sera décenduë en L, de sorte que la partie
KL sera 16 : & enfin le point B étant parvenu au
cinquiéme temps en C, auquel cas le Demi-diametre AB aura pris la situation AC, la pierre sera
décenduë en A, & toute la ligne CA sera 25.
Ainsi la pierre en décendant continuellement, fera
la ligne courbe BEGILA, laquelle par consequent
vous pourrez representer en cette sorte.

Parce que la somme des cinq premiers nombres
impairs 1, 3, 5, 7, 9, est le nombre quarré 25,
dont la Racine quarrée est 5, parcourez sur la ligne droite AB 25 parties égales d'une grandeur volontaire, depuis B jusqu'en A, d'où comme centre,
vous décrirez par le même point B, l'arc de Cercle
BC aussi d'une grandeur volontaire. Divisez cet arc
BC en cinq parties égales aux points D, F, H,
K, par où vous tirerez au centre A les rayons
ou Demi-diametres AD, AF, AH, AK, sur lesquels vous trouverez les points E, G, I, L, de
la ligne courbe que vous voulez décrire, en prenant la partie DE d'une partie égale de la ligne
AB, FG de quatre parties, HI de neuf parties,
& KL de seize parties, &c.

PROBLEME XII.

Connoître quand une Année proposée est Bissextile.

QUoique l'Année Solaire, ou le temps que le Soleil employe à parcourir par son mouvement propre tout le Zodiaque, soit d'environ 365 jours, 5 heures, & 49 minutes : neanmoins on ne la fait que de 365 jours, pour le moins quand elle n'est pas Bissextile, en omettant les 5 heures & les 49 minutes, qui font presque 6 heures, n'y ayant que 11 minutes à redire, afin de pouvoir commencer l'Année toûjours à une même heure ; ce qui fait que chaque Année commune se trouve trop courte d'environ 6 heures ; qui en quatre Années font presque un Jour, qu'on ajoûte entre le 23. & le 24. de Février de chaque quatriéme Année, laquelle à cause de cela a été appellée *Bissextile* ; parce qu'à cette Année là, qui est de 366 jours, on dit deux jours de suite le sixiéme des Calendes de Mars, afin que les Nônes & les Ides se trouvent dans leurs places ordinaires.

C'est pourquoy pour sçavoir si une Année proposée est Bissextile, il en faut diviser le nombre par 4, & s'il ne reste rien de la division, cette Année sera Bissextile, ou de 366 jours, & elle ne le sera pas, c'est-à-dire, qu'elle sera seulement de 365 jours, s'il reste quelque chose aprés la division. Ainsi l'on connoît que cette Année 1693. n'est pas Bissextile, parce que divisant 1693 par 4, il reste 3, ce reste 3 faisant connoître que la troisiéme Année aprés 1693. sçavoir 1696. sera Bissextile.

Neanmoins quoiqu'en divisant par 4, les Années 1700, 1800, 1900, il ne reste rien, il ne faut

pas croire pour cela que ces Années soient Bissextiles, ce qui vient de la Reformation du Calendrier, qui a été faite par le Pape Gregoire XIII. en
l'Année 1582. à cause des six heures qu'on ajoûte
à chaque quatriéme Année, qui sont un peu plus
qu'il ne faut, l'excés étant de onze minutes, qui
dans l'espace de quatre Siecles font environ trois
jours de trop, que l'on recompense en ne faisant
point Bissextiles les trois Années 1700, 1800,
1900, parce que l'Année 1600 a été Bissextile.

Remarque.

Cette Reformation du Calendrier au Siecle passé
par le Pape Gregoire XIII. qui en l'Année 1582.
fit retrancher dix jours de l'Année, qui s'étoient
augmentez depuis Jules Cesar qui a institué l'Année Bissextile ; a donné le nom de *Calendrier Gregorien*,
& de *Calendrier nouveau*, au Calendrier, dont
l'Eglise Romaine se sert à present, & dans lequel
on void les *Calendes*, qui sont les premiers jours
de chaque mois, d'où il semble avoir tiré son nom,
& ensuite les *Nônes*, & les *Ides*, qui étoient autrefois en usage parmi les Romains.

On a au Siecle passé retranché dix jours de l'Année, par lesquels l'Equinoxe du Printemps antici-
poit le 21. de Mars, car il arrivoit le 11. de ce
mois, afin que cet Equinoxe qui regle le temps
auquel les Fideles doivent celebrer la Fête de Pâques, arrive toûjours le 21. de Mars, comme il
arrivoit au temps du Concile de Nycée : ce qui
rend à l'Année Solaire un Siege déterminé, c'est-à-
dire, que par cette Reformation faite au Siecle
passé les Equinoxes, & les Solstices sont retenus
& dans les mêmes jours & dans les mêmes mois.

C'eſt pourquoy les Nations qui par une opiniâtreté ridicule, n'ont pas voulu recevoir cette Reformation, comptent les Equinoxes, & tous les autres temps de l'Année dix jours plus tard que nous ; & ſi elles continuent dans cette obſtination il arrivera dans la ſuite, qu'ils celebreront la Nativité de Nôtre Seigneur Jeſus-Chriſt au Solſtice d'Eté, & la Fête de la Saint Jean Baptiſte au Solſtice d'Hyver.

PROBLEME XIII.

Trouver le Nombre d'or en une Année propoſée.

NOus avons dit au Problême precedent, que l'Année Solaire eſt de 365 jours, & 5 heures, & 49 minutes, & nous dirons ici que l'*Année Lunaire,* où la ſomme de douze revolutions de la Lune par ſon propre mouvement dans le Zodiaque, eſt de 354 jours, 8 heures, & 49 minutes, qui eſt, comme vous voyez, plus courte que l'Année Solaire d'environ 11 jours, ce qui fait que l'Année Lunaire finit 11 jours plûtôt que l'Année Solaire, & que par conſequent les Nouvelles-Lunes arrivent 11 jours plûtôt en une Année qu'en la precedente.

Ainſi vous voyez que le Soleil & la Lune ne finiſſent pas toûjours leurs Periodes en même temps: & ils ne repaſſent pas les mêmes diſpoſitions, où ils ſe ſont rencontrez auparavant, c'eſt-à-dire que les Nouvelles-Lunes n'arrivent pas les mêmes mois, ni les mêmes jours d'une Année qu'elles étoient arrivées en une autre Année, ſi ce n'eſt dans l'eſpace d'environ 19 Années ; j'ay dit environ, parce qu'il s'en manque 1 heure, 27 minutes, & 32 ſecondes, ce qui eſt peu de choſe, les Nouvelles-Lunes n'anticipant que d'un jour dans l'espace d'environ 312 Années, ce qui a été l'une des causes de la Reformation du Calendrier, & qu'au lieu du Nombre d'or, qui est une periode de 19 Années, on y a mis les Epactes.

Ce nombre donc de 19 Années Solaires, au bout desquelles le Soleil & la Lune retournent ensemble dans les mêmes points où ils étoient auparavant, est ce qu'on appelle *Nombre d'or*, qui a été ainsi appellé par les Atheniens qui l'ont reçû avec tant d'applaudissement, qu'ils le firent décrire en gros caractères d'or au milieu de la Place publique. Il a été aussi appellé *Cycle Lunaire*, parce que c'est une periode ou revolution de 19 Années Solaires qui font autant que 19 Années Lunaires, entre lesquelles il y en a douze *Communes*, ou de douze Mois Synodiques chacune, & sept *Embolismiques*, c'est-à-dire, de treize Lunes chacune, ce qui fait en tout 235 Lunaisons, au bout desquelles les Nouvelles-Lunes arrivent les mêmes jours des mêmes mois qu'auparavant.

Pour trouver le Nombre d'or pour une Année proposée, par exemple, pour cette Année 1693 ; ajoûtez 1 au nombre 1693 , & divisez la somme 1694 par 19, & en negligeant le quotient vous aurez seulement égard au reste qui donnera 3 pour le Nombre d'or de l'Année 1693. On ajoûte 1 au Nombre des Années, parce qu'à la premiere Année de Jesus-Christ on avoit 2 de Nombre d'or.

Remarque.

Il est évident que quand on a une fois trouvé le Nombre d'or pour une Année, l'on peut avoir par la seule addition le Nombre d'or pour l'Année suivante , sçavoir en ajoûtant 1 à ce Nombre d'or trouvé : & par la seule soustraction le Nombre d'or pour l'Année precedente , sçavoir en ôtant 1 du même Nombre d'or trouvé. Ainsi ayant trouvé 3 pour le Nombre d'or de l'Année 1693. en ajoûtant 1 à ce Nombre trouvé 3 , on a 4 pour le Nombre d'or de l'Année 1694 , & en ôtant 1 du même Nombre trouvé 3 , on a 2 pour le Nombre d'or de l'Année 1692.

Il est aussi évident qu'à toutes les Années qui ont un même Nombre d'or , les Nouvelles-Lunes arrivent les mêmes jours & les mêmes mois. Ainsi parce qu'en cette Année 1693. qui a 3 pour Nombre d'or, la Lune est Nouvelle les Calendes du mois d'Aoust, c'est-à-dire, le premier jour de ce mois, elle sera aussi Nouvelle le premier jour du même mois aux années 1712. 1731. 1750. &c. qui ont aussi 3 pour Nombre d'or.

PROBLEME XIV.

Trouver l'Epacte pour une Année proposée.

Nous avons dit au Problême precedent, que l'Année Solaire surpasse l'Année Lunaire d'environ 11 jours , ce qui arrivera precisément si l'on compare l'Année Solaire commune, qu'on appelle *Année Egyptienne*, parce qu'elle n'est que de 365 jours, avec l'Année Lunaire commune , qui est de 354 jours seulement, & par consequent moindre que l'Année Solaire commune justement de 11 jours, laquelle difference de 11 jours est ce qu'on appelle *Epacte*, laquelle étant ajoûtée à l'Année Lunaire commune, qui est le temps de douze Lunaisons, ou Lunes, ou *Mois Synodiques*, dont chacun eſt de 29 jours & demi, on a l'Année Solaire commune.

On appelle *Mois Synodique*, le temps depuis une Nouvelle-Lune juſqu'à l'autre Nouvelle-Lune, qui eſt, comme nous avons dit, de 29 jours & demi, ou plus rigoureuſement de 29 jours, 12 heures, & 44 minutes, & qui par conſequent ſurpaſſe de 2 jours & 7 heures le *Mois Periodique*, c'eſt-à-dire, la revolution ou periode de la Lune par ſon mouvement propre depuis un point du Zodiaque juſqu'au même point, laquelle Periode eſt de 27 jours, 5 heures, & 44 minutes, qui doit être neceſſairement moindre que le Mois Synodique, à cauſe du mouvement propre du Soleil, par lequel il fait pendant le Mois Periodique environ 27 degrez, que la Lune doit parcourir aprés être retournée au point où elle étoit conjointe avec le Soleil, pour le pouvoir atteindre, ce qu'elle ne fait que dans l'eſpace d'environ 2 jours & 7 heures aprés avoir achevé ſa periode ou revolution dans le Zodiaque.

Avant que de vous enſeigner la maniere de connoître l'Epacte, qui dans chaque Année ne commence qu'au mois de Mars, nous dirons ici que les Mois Synodiques étant chacun d'environ 29 jours & demi, on les trouve dans le Calendrier alternativement de 29 & de 30 jours, ſçavoir le premier mois de 30 jours, & le ſecond de 29 : & pareillement le troiſiéme mois de 30 jours, & le quatriéme de 29, & ainſi enſuite. Le mois de 29 jours ſe nomme *Mois Cave*, & le mois de 30 jours s'appelle *Mois Plein*. Lorſque l'Année eſt Biſſextile, auquel cas le mois de Février eſt de 29 jours, on fait en ce Mois le Mois Periodique de 30 jours.

Le premier Mois commence parmi le commun dans la Nouvelle-Lune de Janvier, qui autrefois étoit en Septembre parmi les Juifs : & l'Eglise le commence dans la *Nouvelle-Lune de Pâques*, qui est celle où la Lune se trouve Pleine aprés l'Equinoxe du Printemps, ou le jour même de l'Equinoxe, que l'Eglise a fixé au 21. de Mars, parce que, comme nous avons déja dit ailleurs, au temps du Concile de Nicée l'Equinoxe du Printemps arrivoit à peu prés ce jour-là.

D'où il suit que lorsque la Lune se trouve Pleine avant le 21. de Mars. Cette Lunaison n'est pas le premier mois de l'Année, mais le dernier de l'Année precedente : & que pour être le premier, il faut que la *Pleine-Lune*, qui est le quatorziéme jour de la Lune, arrive ou le 21. de Mars, ou immediatement aprés le 21. Mars : & alors les Catholiques Romains celebrent Pâques le Dimanche qui suit immediatement aprés cette Pleine-Lune, en memoire de la glorieuse Resurrection de Nôtre Seigneur Jesus-Christ.

D'où il suit encore que toutes les Lunes qui commencent depuis le 8. de Mars jusqu'au 5. d'Avril inclusivement, peuvent être Pascales, & que par consequent la Pâque ne se peut point celebrer avant le 22. de Mars, ni aprés le 25. d'Avril, & qu'ainsi Pâque peut arriver plus tard en une Année qu'en une autre de 35 jours. Elle se celebrera le 22 de Mars, lorsque la Lune se trouvera Pleine le 21. de ce mois, & que ce jour est un Samedi, comme il est arrivé cette Année 1693. & elle se celebrera le 25. d'Avril, lorsque la Lune se trouvera Pleine le 18. de ce mois, & que ce jour est un Dimanche, comme il est arrivé en l'Année 1666.

Pour trouver l'Epacte d'une Année proposée,

laquelle

laquelle Epacte ne commence , comme nous avons déja dit, qu'au mois de Mars, trouvez par le Problême precedent le Nombre d'or qui convient à cette Année, & ayant multiplié ce nombre toûjours par 11, qui est la difference de l'Année Solaire & de l'Année Lunaire, divisez le produit toûjours par 30, qui est le nombre des jours d'un Mois Synodique, & en negligeant le quotient de la division, ayez égard au reste qui sera l'Epacte qu'on cherche, si l'Année proposée est avant la Reformation du Calendrier ; mais si elle est aprés la Reformation du Calendrier jusqu'à l'Année 1700, il en faut ôter toûjours 10, à cause des 10 jours qu'on a retranchez de l'Année dans la Reformation du Calendrier : ou bien il en faut ôter 11, si l'Année proposée est dans le Siecle suivant, sçavoir depuis l'Année 1700. jusqu'à l'Année 1800. parce que l'Année 1700. qui selon le Calendrier Julien devroit être Bissextile, ne le sera pas selon le Calendrier Gregorien, que nous suivons à present depuis la Reformation du Calendrier sous Gregoire XIII. Que si la Souftraction ne se peut pas faire, pour avoir un reste moindre que 10, ou que 11, il le faudra augmenter de 30 , afin de pouvoir ôter 10 de la somme pour ce Siecle, ou 11 pour le Siecle suivant, & le reste sera l'Epacte de l'Année proposée.

Comme pour trouver l'Epacte de cette Année 1693. dont le Nombre d'or a été trouvé 3 au Problême precedent ; en multipliant ce nombre 3 par 11, & en divisant le produit 33 par 30, il reste 3, d'où il faudroit ôter 10, & comme cela ne se peut pas, on ajoûtera 30 à ce reste 3 , & l'on ôtera 10 de la somme 33 , pour avoir au reste 23 l'Epacte de cette Année 1693.

Pareillement pour trouver l'Epacte de l'Année 1724. dont le Nombre d'or est 15, comme l'on connoît par le Problème precedent, en multipliant ce nombre 15 par 11, & en divisant le produit 165 par 30, il reste 15, d'où ôtant 11, au lieu de 10., il reste 4 pour l'Epacte de l'Année proposée 1724.

Remarque.

La premiere Epacte qu'on trouve sans en ôter 10 pour ce Siecle, ou 11 pour le Siecle 1700. & aussi pour le Siecle 1800, à cause de l'Equation de la Lune, s'appelle *Epacte vieille*, parce qu'elle convient aux Années avant la Reformation du Calendrier, c'est-à-dire, avant l'Année 1582.

Cette Epacte vieille se peut trouver sans la division, en cette sorte. Faites valoir 10 l'extremité d'en haut du pouce de la main gauche, 20 la jointure du milieu, & 30, ou plûtôt 0, ou rien l'autre extremité, ou la racine : & comptez le Nombre d'or de l'Année proposée sur le même pouce, en commençant à compter 1 à l'extremité, 2 à la jointure, 3 à la racine, & ensuite 4 à l'extremité, 5 à la jointure, 6 à la racine, & de même 7 à l'extremité, 8 à la jointure, 9 à la racine, & ainsi ensuite, jusqu'à ce que vous soyez parvenu au Nombre d'or courant, auquel on n'ajoûtera rien s'il tombe à la Racine, parce que nous luy avons attribué 0, mais on luy ajoûtera 10 s'il tombe à l'extremité, & 20 s'il tombe à la jointure, parce que nous les avons fait valoir autant ; & la somme sera l'Epacte qu'on cherche, pourvû qu'on en ôte 30 quand elle sera plus grande.

Par le même artifice l'on pourra trouver l'Epacte pour quelque Année que ce soit de ce Siecle, pourvû

que l'on fasse valoir 20 l'extremité du pouce, 10
la jointure, & 0, ou rien la Racine, & que l'on
commence à compter 1 sur la racine, 2 à la jointure, &c.

Il est évident par ce qui a été dit, que pour trouver l'Epacte d'une Année proposée, lorsqu'on a celle de l'Année precedente, il n'y a qu'à ajoûter 11
à l'Epacte de cette année precedente : & que si à
cette Epacte trouvée on ajoûte pareillement 11 ;
on aura l'Epacte de l'Année suivante, & ainsi ensuite, où l'on aura soin d'ôter toûjours 30 de la somme, lorsqu'elle sera plus grande, & d'ajoûter 12
au lieu de 11, lorsqu'on aura 19, ou plûtôt 0
pour Nombre d'or.

Ainsi ayant trouvé 23 pour l'Epacte de cette Année 1693. en ajoûtant 11 à cette Epacte 23, la
somme est 34, de laquelle ôtant 30, le reste 4
est l'Epacte de l'Année 1694, à laquelle Epacte 4
si l'on ajoûte pareillement 11 ; on aura 15 pour
l'Epacte de l'Année 1695. & ainsi ensuite.

On peut encore trouver tres-facilement l'Epacte
pour une Année proposée depuis la Réformation
du Calendrier jusqu'à la fin de ce Siecle, c'est-à-
dire, depuis l'Année 1572. jusqu'à l'Année 1699.
inclusivement, par le moyen de la Table suivante,
qui est composée de deux colonnes, dont la premiere vers la gauche contient tous les Nombres
d'or depuis l'unité jusqu'à 19, & la seconde vers
la droite comprend autant de Nombres en continuelle proportion arithmétique, dont l'excés est
2, en commençant depuis 6, qui répond au premier Nombre d'or 1 jusqu'à 36, qui répond au
dernier Nombre d'or 19.

Ayant trouvé par le Problême précedent, le
Nombre d'or pour l'Année proposée, par exemple

3 pour cette Année 1693. multipliez toûjours par
5 le nombre 4, qui répond à la droite dans la se-
conde colonne au Nombre d'or 3, qui est dans la premiere, & ajoûtez au produit 20 le même Nombre d'or 3, pour avoir en la somme 23 l'E-pacte pour l'Année proposée 1693.

1	0
2	2
3	4
4	6
5	8
6	10
7	12
8	14
9	16
10	18
11	20
12	22
13	24
14	26
15	28
16	30
17	32
18	34
19	36

Il peut arriver que cette somme sera plus grande que 30, dans ce cas, il en faut ôter 30 autant de fois qu'il sera possible, & le reste sera l'Epacte qu'on cherche. Comme pour trouver l'Epacte de l'Année 1699, qui a 9 pour Nombre d'or, comme l'on connoît par le Problême precedent, en multipliant par 5 le nombre 16, qui se trouve dans la Table precedente vis-à-vis de ce Nombre d'or 9, & ajoûtant le même Nombre d'or 9 au produit 80, on a 89, d'où ôtant deux fois 30, c'est-à-dire, 60, le reste 29 est l'E-pacte qui convient à l'Année 1699.

PROBLEME XV.

Trouver l'âge de la Lune en un jour donné d'une Année proposée.

POur trouver l'âge de la Lune, par exemple aujourd'huy 18. Avril de l'Année 1693. qui a 23 pour Epacte, comme l'on connoît par le Problême precedent; ajoûtez à cette Epacte 23 le nombre 2 des mois inclusivement depuis le mois de Mars jusqu'au mois d'Avril, & ôtez la somme 25 de 30, ou bien de 60 si elle surpasse 30, & le reste 5 fera connoître que la Lune est Nouvelle le 5. d'Avril, ce qui suffit pour sçavoir l'âge de la Lune, car si du jour proposé 18. on ôte 5, le reste 13 est l'âge de la Lune.

Ou bien sans sçavoir le jour de la Nouvelle-Lune, si vous ne voulez, ajoûtez ensemble ces trois choses, l'Epacte courante 23, le nombre 2 des mois de Mars & Avril, & le nombre 18 du jour proposé, & la somme 43 seroit l'âge de la Lune pour ce jour-là, si elle n'étoit pas plus grande que 30, dans ce cas, il en faut ôter 30, & il restera 13 pour l'âge de la Lune qu'on cherche.

Remarque.

Comme l'Epacte d'une Année ne commence qu'au mois de Mars, si l'on veut sçavoir l'âge de la Lune au jour d'un mois qui precede le mois de Mars, par exemple, le 15. de Janvier de la même Année 1693. au lieu de se servir de l'Epacte 23, on se servira de l'Epacte 12 de l'Année precedente 1692. Ajoûtant donc à cette Epacte 12 le nombre 11 des mois inclusivement depuis le mois de Mars jusqu'au mois proposé de Janvier, & de plus le nombre 15 du jour donné, & ôtant 30 de la somme 38, le reste 8 est l'âge de la Lune qu'on demande, & qui étant ôté du nombre donné 15 du jour du mois, le reste 7 fait connoître que la Lune a été Nouvelle le 7. du mois de Janvier de l'Année 1693.

Ou bien pour trouver le jour de la Nouvelle-Lune au mois de Janvier de la même Année 1693. on ajoûtera à l'Epacte 12 de l'Année precedente 1692. le nombre 11 des mois compris inclusivement entre les mois de Mars & le mois de Janvier,

& l'on ôtera de 30 la somme 23, & le reste 7,
fait connoître que la Lune a été Nouvelle environ
le 7. Janvier de l'Année 1693. J'ay dit environ,
parce que par les Epactes on s'éloigne quelquefois
d'un jour de la Nouvelle-Lune, comme il arrive
dans cet exemple, parce que par les Tables Astro-
nomiques on connoît que la Lune doit avoir été
Nouvelle le 6. Janvier de l'Année 1693. & que
par conséquent elle doit avoir été Pleine le 20. du
même mois, comme l'on connoît en ajoûtant toûjours 14 au nombre trouvé 6 du jour de la Nouvelle-Lune, &c.

PROBLEME XVI.

*Trouver la Lettre Dominicale, & le Cycle Solaire,
d'une Année proposée.*

COmme l'Année commune est de 365 jours,
qui font 52 semaines & un jour, & l'Année
Bissextile de 366 jours, qui font 52 semaines &
deux jours : & que les sept jours de la semaine,
qu'on appelle *Feries*, sont representez dans le Calendrier nouveau par les sept premieres lettres de
l'Alphabet A, B, C, D, E, F, G, qu'on appelle
Lettres Dominicales, parce que chacune sert à son
tour pour indiquer le Saint Dimanche ; il est évident que ces Lettres reviendroient dans le même
ordre de sept ans en sept ans, s'il n'étoit interrom-
pu de quatre ans en quatre ans par le jour qu'on a-
joûte à chaque Année Bissextile : ce qui fait que cet
ordre ne sçauroit revenir qu'au bout de quatre fois
sept Années, c'est-à-dire de 28 ans, & c'est ce
qu'on appelle *Cycle Solaire*, & aussi *Cycle de la Lettre Dominicale.*

Ainſi vous voyez que le Cycle Solaire, ou le Cycle de la L ttre Dominicale, eſt le nombre de 28,
ans, qu'il faut aux Lettres Dominicales, pour revenir dans le même ordre qu'elles avoient été auparavant. Ce Cycle a été inventé pour pouvoir facilement connoître en toute l'Année quels ſont les
jours du Saint Dimanche, par la Lettre Dominicale
de cette Année, qu'on peut trouver ainſi.

Pour trouver la *Lettre Dominicale* pour une Année propoſée depuis Jeſus-Chriſt, ſelon le Calendrier nouveau, ajoûtez au nombre de l'Année propoſée, ſa quatriéme partie, ou ſa plus prochainement moindre, ſi ce nombre ne ſe peut exactement
diviſer par 4, & ayant ôté 5 de la ſomme, pour
ce Siecle 1600, 6 pour le Siecle ſuivant 1700, 7
pour le Siecle 1800, & 8 pour les Siecles 1900,
2000, parce que les Années 1700. 1800. 1900.
ne ſeront point Biſſextiles: & pareillement 9 pour
le Siecle 2100, 10 pour le Siecle 2200, & 11
pour les Siecles 2300, & 2400, parce que les
trois Années 2100. 2200. 2300. ne ſeront point
Biſſextiles, & ainſi enſuite; diviſez le reſte toûjours par 7, & ſans avoir égard au quotient, le
reſte de la diviſion vous fera connoître la Lettre
Dominicale qu'on cherche, en la comptant depuis
la derniere G, vers la premiere A : de ſorte que s'il
ne reſte rien, la Lettre Dominicale ſera A; s'il reſte
1, la Lettre Dominicale ſera G; s'il reſte 2, la Lettre Dominicale ſera F, & ainſi des autres, en vous
ſouvenant qu'outre cette Lettre Dominicale, qui
ſervira juſqu'à la Fête de ſaint Mathias, on doit encore prendre ſa precedente, qui ſervira aprés la Fête de ſaint Mathias, lorſque l'Année eſt Biſſextile.

Ainſi pour trouver la Lettre Dominicale de cette
Année 1693. ajoûtez à ce nombre 1693 ſa qua-

triéme partie 423, & aprés avoir ôté 5 de la somme 2116, divisez le reste 2111 par 7, & sans avoir égard au quotient 301, le reste 4 vous fait connoître qu'en cette Année 1693. nous avons la quatriéme Lettre Dominicale : sçavoir D, en commençant à compter depuis la derniere Lettre G, par un ordre retrograde. Voyez la Table qui est sur la fin du *Probl.* 19. & qui vous servira pour trouver avec facilité la Lettre Dominicale pour quelque Année que ce soit depuis Jesus-Christ sans aucun calcul.

Pour trouver le *Cycle Solaire* d'une Année proposée, comme de l'Année presente 1693. ajoûtez toûjours 9 à ce nombre d'Année 1693, & divisez la somme 1702 par 28 : & sans avoir égard au quotient 60, le reste de la division vous fera connoître que le Cycle Solaire pour cette Année 1693. est 22.

Remarque.

Il est évident que quand on a une fois connu le nombre du Cycle Solaire pour une Année depuis Jesus-Christ, on a en ajoûtant 1 à ce nombre, le Cycle Solaire de l'Année suivante, & qu'en ôtant 1 du même nombre, on a le Cycle Solaire de l'Année precedente. Ainsi ayant trouvé 22 pour le Cycle Soire de cette Année 1693. en ajoûtant 1 à 22, on a 23 pour le Cycle Solaire de l'Année suivante 1694. & en ôtant 1 du même nombre 22, on a 21 pour le Cycle Solaire de l'Année precedente 1692.

Il est évident aussi que quand on a une fois la Lettre Dominicale d'une Année depuis Jesus-Christ, on a facilement la Lettre Dominicale pour l'Année suivante, ou pour la precedente : sçavoir en prenant pour cette Lettre Dominicale la Lettre qui suit

dans l'ordre de l'Alphabet, pour l'Année precedente, & reciproquement pour l'Année suivante
on prendra la Lettre precedente, qui servira pour
toute l'Année, si cette Année n'est pas Bissextile :
car si elle est Bissextile, cette Lettre ne servira que
jusqu'au 24. de Février, l'autre Lettre qui prece-
dera en l'ordre de l'Alphabet, servant pour le reste
de l'Année, parce que l'Année Bissextile ayant un
jour de plus, a deux Lettres Dominicales.

Ainsi ayant connu que la Lettre Dominicale de
cette Année 1693. est D, on connoîtra que la Lettre Dominicale de l'Année suivante 1694. est C,
& que l'Année precedente 1692. qui étoit Bissextile, avoit ces deux Lettres Dominicales F, E, dont
la premiere F a servi jusqu'au 24. de Février, l'autre Lettre E ayant servi pour le reste de l'Année.

On peut sans la division trouver immediatement
le Cycle Solaire pour une Année proposée depuis
Jesus-Christ, par le moyen de la Table suivante,
qui est composée de deux colonnes, dont celle qui
est à la gauche, contient les Années de Jesus-Christ,
depuis 1 jusqu'à 10, & depuis 10 jusqu'à 100,
de dixaine en dixaine, & ensuite depuis 100 jusqu'à 1000 de centaine en centaine, & pareillement depuis 1000 jusqu'à 9000, de mille en mille, & il est facile de la continuer à l'infini, si l'on
sçait la maniere de mettre dans la colonne qui est à
la droite, vis-à-vis de ces Années les nombres du
Cycle Solaire, ce qui se fait ainsi.

Ayant mis vis-à-vis des dix premieres Années
les mêmes nombres pour les Cycles Solaires de ces
mêmes Années, & aussi 20 pour le Cycle Solaire
de la 20. Année, au lieu de mettre 30 pour le Cycle Solaire de la 30. Année, mettez seulement 2,
qui est l'excés de 30 sur 28, ou sur la periode du

Cycle Solaire : & pour la 40. Année , qui eſt la
ſomme des Années 10 & 30 , mettez la ſomme 12.

1	1	100	16
2	2	200	4
3	3	300	20
4	4	400	8
5	5	500	24
6	6	600	12
7	7	700	0
8	8	800	16
9	9	900	4
10	10	1000	20
20	20	2000	12
30	2	3000	4
40	12	4000	24
50	22	5000	16
60	4	6000	8
70	14	7000	0
80	24	8000	20
90	6	9000	12

des Cycles Solaires 10 & 2 , qui conviennent à ces
Années , & ainſi des autres , en ôtant toûjours 28
de la ſomme des Cycles Solaires , quand elle ſera
plus grande. Voilà pour la conſtruction de la Table , venons maintenant à ſon uſage.

Premierement , ſi l'Année propoſée , dont on
cherche le Cycle Solaire, ſe trouve dans la Table
precedente , on aura ce Cycle Solaire en ajoûtant 9.
au nombre qui luy répond dans la colonne droite.
Ainſi en ajoûtant 9 au nombre 12 qui répond à
l'Année 2000 dans la Table precedente , on a 21.
pour Cycle Solaire de l'Année propoſée.

Mais si l'Année donnée ne se trouve pas exactement dans la Table precedente, on la divisera en
plusieurs Années qui s'y puissent trouver, & l'on
ajoûtera ensemble tous les nombres qui se trouveront dans la colonne droite vis-à-vis de ces Années
qui sont à la gauche, & la somme de tous ces
nombres étant augmentée de 9, on aura le Cycle
Solaire de l'Année proposée, pourvû qu'on ôte
28 de cette somme autant de fois qu'il sera possible, quand elle sera plus grande.

Comme pour trouver le Cycle Solaire de cette
Année 1693. on reduira ce nombre d'Années
1693 en ces autres quatre 1000, 600, 90, 3,
auxquels il répond dans la Table precedente ces
quatre nombres 20, 12, 6, 3, dont la somme
41 étant augmentée de 9, on a cette seconde somme 50, d'où ôtant 28, il reste 22 pour le nombre du Cycle Solaire de cette Année 1693.

On ajoûte 9 à la somme de tous ces nombres,
parce que le Cycle Solaire avant la premiere Année
de Jesus-Christ est 9, & que par consequent le
commencement de ce Cycle a été dix ans avant la
Nativité de Jesus-Christ, ce qui se peut connoître
en cette sorte.

Sçachant par tradition, ou autrement, le Cycle
Solaire d'une Année, par exemple 22 pour cette
Année 1693. ôtez 22 de 1693 ; & divisez le reste
de 1671 par 28, & enfin ôtez de 28 le reste 19 de
la division, & le nombre restant 9 est le Cycle Solaire avant la premiere Année de Jesus-Christ.

On pourra de la même façon construire une Table propre pour connoître le Nombre d'or d'une
Année proposée, avec cette difference, qu'au lieu
d'ôter 28, il faut ôter 19, parce que la periode
de ce Cycle est 19 : & qu'au lieu d'ajoûter 9, il

faut ajoûter feulement 1, parce que le Nombre d'or avant la premiere Année de Jefus-Chrift eft 1, & que par confequent le commencement de ce Cycle a été deux ans avant la Nativité de Jefus-Chrift, c'eft-à-dire, que la premiere Année de Jefus-Chrift a eu 2 pour Nombre d'or, &c.

On peut auffi trouver autrement la Lettre Dominicale d'une Année propofée, ce qui fervira pour trouver la Lettre qui convient à chaque jour de la même Année, comme vous allez voir.

Divifez le nombre des jours qui fe font écoulez inclufivement depuis le premier de Janvier jufqu'au jour propofé, qui doit être un Dimanche quand on veut trouver la Lettre Dominicale de l'Année, autrement on trouvera feulement la Lettre qui convient au jour propofé. Divifez, dis-je, ce nombre de jours par 7, & s'il ne refte rien de la divifion, la Lettre qu'on cherchè fera G, & s'il refte quelque chofe, ce nombre reftant fera connoître le nombre de la Lettre qu'on demande, en la comptant felon l'ordre de l'Alphabet depuis la premiere Lettre A.

Ainfi pour connoître la Lettre qui convient à ce jour auquel nous écrivons ces lignes, fçavoir le 26. d'Avril de l'Année 1693. en divifant par 7 le nombre 116 des jours compris inclufivement entre le 1. de Janvier & le 26. d'Avril, le refte de la divifion eft 4, qui fait connoître que la quatriéme Lettre D convient au jour propofé, lequel étant un Dimanche, l'on conclud que la Lettre Dominicale pour cette Année 1693. eft D.

PROBLEME XVII.

Trouver à quel jour de la Semaine tombe un Jour donné d'une Année proposée.

NOus avons déja dit que les Jours de la Semaine sont appellez *Feries*, & nous dirons ici que la premiere Ferie est le jour du saint Dimanche, que la seconde Ferie est le Lundy, que la troisiéme est le Mardy, & ainsi ensuite jusqu'au Samedy, qui est la septiéme Ferie, & qui a été appellé *Samedy*, ou *Jour du Sabbath*, c'est-à-dire, jour du repos, parce que c'est ce jour-là que Dieu se reposa dans la Creation du Monde.

Pour trouver en quelle Ferie tombe un jour proposé de quelque Année depuis Jesus-Christ, ajoûtez au nombre donné des Années sa quatriéme partie, ou sa plus proche qui soit moindre, quand il n'en a pas une juste, & ajoûtez encore à la somme le nombre des jours compris inclusivement entre le 1. de Février, & le jour proposé, pour avoir une seconde somme, de laquelle il faudra toûjours ôter 12, & diviser le reste toûjours par 7, & le reste de la division sera le nombre de la Ferie qu'on cherche, sçavoir Dimanche s'il reste 1, Lundy s'il reste 2, Mardy s'il reste 3, & ainsi ensuite : & quand il ne restera rien, le jour proposé sera un Samedy.

Ainsi pour sçavoir à quel jour de la Semaine tombe par exemple le 27. d'Avril de l'Année 1693, ajoûtez à ce nombre d'Années 1693. sa quatriéme partie 423, & de plus le nombre 117 des jours qui se sont écoulez inclusivement depuis le 1. de Janvier & le 27. d'Avril, & ayant ôté 12 de la somme 2233, divisez le reste 2221 par 7, & sans avoir égard au quotient 317, le reste 2 de la division vous fait connoître que le 27. d'Avril de cette Année 1693. est la seconde Ferie, c'est-à-dire, un Lundy.

Remarque.

Cette Methode suppose que l'on suit le Calendrier nouveau, car en suivant le Calendrier Julien, au lieu d'ôter 12 de la somme, il ne faut ôter que 2, sçavoir 10 de moins, à cause des dix jours qui ont été retranchez de l'Année en 1582. Ainsi avant cette Année 1582. il ne faut ôter que 2 de la somme, & achever le reste, comme il a été dit. Mais il faudra ôter 13 de la même somme pour le Siécle suivant, parce qu'en l'Année 1700. on omettra un jour, en ne la faisant point Bissextile, comme elle le devroit être, selon le Calendrier Julien. Voyez le *Probl.* 19.

Nous remarquerons ici en passant, que les noms des jours de la Semaine viennent des Idolâtres, qui ont marqué chaque jour de la Semaine par le nom particulier d'une Planete. Neanmoins au lieu de dire *Jour du Soleil*, nous disons *Dimanche*, c'est-à-dire, *Jour du Seigneur*, parce que Jesus-Christ a voulu ressusciter un tel jour : & au lieu de dire *Jour de Saturne*, nous disons *Samedy*, c'est-à-dire, *Jour du Sabbath*, ou *Jour du repos*, parce que, comme nous avons déja dit auparavant, Dieu s'est reposé le septiéme jour dans la Creation du Monde.

PROBLEME XVIII.

Trouver la Fête de Pâques, & les autres Fêtes mobiles en une Année proposée.

NOus avons remarqué au *Probl.* 14. que la Pâque se peut celebrer depuis le 22. de Mars, sçavoir lorsque la Lune étant Nouvelle le 8. Mars, son 14. jour tombe au 21. de Mars, & que ce jour est un Samedy, jusqu'au 25. d'Avril inclusivement, sçavoir lorsque la Lune étant Nouvelle le 5. d'Avril, le 14. jour tombe au 18. de ce mois, & que ce jour est un Dimanche, parce que dans ce cas, on remet à celebrer la Pâque au Dimanche suivant, c'est-à-dire, sept jours aprés, pour ne la pas celebrer avec les Juifs, cela ayant été ainsi arrêté par les Conciles, & sur tout par le Concile de Nicée, qui a été tenu au commencement du quatriéme Siecle en la presence du grand Constantin. Ainsi vous voyez que le commencement de la Lune Pascale est entre le huitiéme de Mars & le cinquiéme d'Avril inclusivement.

Nous avons aussi dit au même *Probl.* 13. qu'on appelle *Epactes* les 11 jours, par lesquels l'Année Solaire surpasse l'Anné Lunaire, ce qui a fait donner le même nom d'Epactes à ces trente nombres qui sont placez vis-à-vis des jours de chaque mois dans le Calendrier nouveau par un ordre retrograde, dont celles qui sont depuis XIX jusqu'à XXIX inclusivement sont appellées *Epactes Embolismiques*, parce qu'en leur ajoûtant XI, qui est la veritable Epacte, la somme surpasse une Lune complette, c'est-à-dire 30, & qu'ainsi il y a treize Lunes qui finissent dans les Années, où ces Epactes Embolismiques servent d'Epactes.

Ces trente Epactes ainſi diſpoſées dans le Calendrier Gregorien, ſervent à nous faire connoître les jours en toute une Année, auſquels la Lune ſe trouve Nouvelle. Ainſi l'Epacte 23 de cette Année 1693. répondant dans le Calendrier Gregorien au 8. de Janvier, au 6. de Février, au 8. de Mars, au 6. d'Avril, au 6. de May, au 4. de Juin, au 4. de Juillet, au 2. d'Aouſt, au 1. de Septembre, au 30. d'Octobre, au 28. de Novembre, & au 28. de Decembre, fait connoître que les Nouvelles-Lunes Eccleſiaſtiques arrivent ces mêmes jours.

C'eſt pourquoy ſi vous voulez connoître par le Calendrier nouveau, le jour auquel on doit celebrer Pâques en une Année propoſée, par exemple, en cette Année 1693. dont l'Epacte eſt 23 ; cherchez cette Epacte 23 dans le Calendrier, entre le 8. de Mars & le 5. d'Avril incluſivement, & vous trouverez qu'elle répond au 8. de Mars, qui ſera par conſequent le premier jour de la Lune Paſcale : c'eſt pourquoy ſi vous comptez enſuite 14 jours, en commençant à compter 1 ſur 8, 2 ſur 9, & ainſi enſuite, vous tomberez au 21. du même mois, qui ſera par conſequent le jour de la Pleine-Lune Paſcale, & comme ce jour eſt un Samedy, le Dimanche ſuivant, ſçavoir le 22. de Mars a été le jour de Pâques, en cette Année 1693.

Pareillement pour connoître par le moyen du même Calendrier, le jour auquel on a celebré la Fête de Pâques en l'Année 1666. dont l'Epacte eſt 24, en cherchant cette Epacte 24 dans le Calendrier Gregorien entre le 8. de Mars & le 5. d'Avril, incluſivement, & ayant trouvé qu'elle répond au 5. d'Avril, qui a été par conſequent le premier jour de la Lune Paſcale, comptez 14 jours depuis ce 5. en commençant à compter 1 ſur 5, & vous arrive-

rez

rez au 18. d'Avril, qui se rencontrant un Dimanche, comme l'on connoît par *Probl.* 17. le Dimanche suivant, sçavoir le 25. d'Avril a été le jour de Pâques en l'Année 1666. Ainsi des autres.

Mais comme l'on n'a pas toûjours un Calendrier entre les mains, on pourra se servir de la Table suivante, qui est composée de 9 colonnes de haut en bas, dont la premiere vers la gauche contient les sept Lettres Dominicales par ordre, & la derniere à la droite comprend les Mois & les jours des mêmes Mois, ausquels se doit celebrer la Pâque aux Années qui ont les mêmes Lettres Dominicales, que l'on void écrites dans la premiere colonne, & les mêmes Epactes que l'on voit marquées par ordre dans les autres sept colonnes d'entredeux.

Ainsi vous voyez que pour connoître par le moyen de cette Table le jour auquel on doit celebrer la Fête de Pâques en une Année proposée depuis Jesus-Christ, on doit sçavoir l'Epacte de cette Année *par Probl.* 14. & aussi la Lettre Dominicale *par Probl.* 16. car vis-à-vis de cette Lettre Dominicale, & de cette Epacte, l'on trouvera dans la derniere colonne le jour de la Fête de Pâques, qui regle toutes les autres Fêtes Mobiles. Comme pour connoître le jour de Pâques en cette Année 1693, dont la Lettre Dominicale est D, & l'Epacte est 23, on trouvera vis-à-vis de cette Epacte 23, & de cette Lettre Dominicale D, que le jour de Pâques est le 22. Mars. Pareillement pour connoître le jour de Pâques en l'Année 1666. dont la Lettre Dominicale est C, & l'Epacte est 24, on trouvera vis-à-vis de l'Epacte 24, & de la Lettre Dominicale C, le 25. d'Avril pour le jour de Pâques qu'on cherche.

Table pour trouver la Fête de Pâques.

A	23	22	21	20	19			26. Mars
	18	17	16	15	14	13	12	2. Avril
	11	10	9	8	7	6	5	9. Avril
	4	3	2	1	*	29	28	16. Avril
	27	26	25	24				23. Avril
B	23	22	21	20	19	18		27. Mars
	17	16	15	14	13	12	11	3. Avril
	10	9	8	7	6	5	4	10. Avril
	3	2	1	*	29	28	27	17. Avril
	26	25	24					24 Avril
C	23	22	21	20	19	18	17	28. Mars
	16	15	14	13	12	11	10	4. Avril
	9	8	7	6	5	4	3	11. Avril
	2	1*	29	28	27	26	25	18. Avril
	25	24						25. Avril
D	23							22. Mars
	22	21	20	19	18	17	16	29. Mars
	15	14	13	12	11	10	9	5. Avril
	8	7	6	5	4	3	2	12. Avril
	1*	29	28	27	26	25	24	19. Avril
E	23	22						23. Mars
	21	20	19	18	17	16	15	30. Mars
	14	13	12	11	10	9	8	6. Avril
	7	6	5	4	3	2	1	13. Avril
	*	29	28	27	26	25	24	20. Avril
F	23	22	21					24. Mars
	20	19	18	17	16	15	14	31. Mars
	13	12	11	10	9	8	7	7. Avril
	6	5	4	3	2	1	*	14. Avril
	29	28	27	26	25	24		21. Avril
G	23	22	21	20				25. Mars
	19	18	17	16	15	14	13	1. Avril
	12	11	10	9	8	7	6	8. Avril
	5	4	3	2	1	*	29	15. Avril
	28	27	16	25	24			22. Avril

Le jour de la Pleine-Lune Pascale se nomme *Terme de Pâques*, lequel étant connu, le jour de

Pâques eſt aiſé à connoître, comme vous avez vû, mais on le peut trouver encore autrement ſans Table, ni ſans Calendrier, en cherchant le Terme de Pâques, en cette ſorte.

Si l'Epacte nouvelle de l'Année propoſée n'excede pas 23, ôtez-la de 44, & le reſte donnera le jour de Mars pour le Terme de Pâques, ſi ce reſte ne ſurpaſſe pas 31, car s'il excede 31, le ſurplus donnera le jour d'Avril pour le Terme de Pâques. Mais ſi l'Epacte courante eſt plus grande que 23, ôtez-la de 43, ou ſeulement de 42, quand elle ſera 24 ou 25 de different caractere : & le reſte donnera le jour d'Avril pour le Terme de Pâques.

Ainſi pour avoir le Terme de Pâques en cette Année 1693. dont l'Epacte eſt 23, ôtant 23 de 44, le reſte donne le 21. de Mars pour le Terme de Pâques : & pareillement pour trouver le Terme de Pâques en l'Année 1666. dont l'Epacte eſt 24, ôtant 24 de 42, on aura le 18. d'Avril, pour le Terme de Pâques. Ainſi des autres.

Puiſque la Fête de Pâques regle toutes les autres Fêtes Mobiles, il ſera facile de connoître les jours auſquels ces Fêtes ſe doivent célebrer ayant une fois connu le jour de Pâques ; car le Lundy aprés le cinquiéme Dimanche, c'eſt-à-dire 35 jours aprés Pâques viennent les *Rogations*, aprés leſquelles, ſçavoir le Jeudy ſuivant, ſuit immediatement l'*Aſcenſion* de Nôtre Seigneur Jeſus-Chriſt, le 40. jour aprés Pâques : & 10 jours aprés, ou le 50. jour aprés Pâques on celebre la Fête de la *Pentecôte* ; le Dimanche ſuivant, ſçavoir 56 jours aprés Pâques on celebre la Fête de la *Sainte Trinité*, & le Jeudy ſuivant, ou 11 jours aprés la Pentecôte, c'eſt à dire, 60 jours aprés Pâques, arrive la *Fête-Dieu*.

Le neuviéme Dimanche avant Pâques eſt la *Septuageſime*, qui eſt éloignée de Pâques de 63 jours; le Dimanche ſuivant, ou le huitiéme Dimanche avant Pâques eſt la *Sexageſime*, qui eſt éloignée de Pâques de 56 jours ; le Dimanche ſuivant , ou le ſeptiéme Dimanche avant Pâques eſt la *Quinquageſime*, qui eſt éloignée de Pâques de 49 jours ; & le Mercredy ſuivant qui eſt éloigné de Pâques de 46 jours , eſt le *Jour des Cendres*.

Pour le Dimanche de l'*Avent*, qui ne dépend point de Pâques , c'eſt celuy qui tombe ou à la Fête de ſaint André, ou qui eſt le plus proche de cette Fête. L'Egliſe appelle *Quadrageſime* le premier Dimanche du Carême : *Reminiſcere* le ſecond Dimanche du Carême : *Oculi* le troiſiéme Dimanche du Carême : *Lætare* le quatriéme Dimanche du Carême : *Judica* le Dimanche de la Paſſion, qui eſt le cinquiéme Dimanche du Carême : & *Oſanna* le Dimanche des Rameaux , qui eſt le ſixiéme Dimanche du Carême , ou le premier Dimanche avant Pâques.

Elle appelle *Quaſimodo* , le premier Dimanche aprés Pâques : *Miſericordia* le ſecond Dimanche aprés Pâques : *Jubilate* le troiſiéme Dimanche aprés Pâques : *Cantate* le quatriéme Dimanche aprés Pâques ; & *Vocem Jucunditatis* le cinquiéme Dimanche aprés Pâques, ou le Dimanche avant les Rogations.

Enfin, les *Jeûnes* , ou les *Quatre-Temps* ſe trouvent par le moyen de ce petit vers ,

Pentec. Cru. Luc. Cin. ſunt tempora quatuor anni.

dont le ſens eſt tel. Les Quatre-Temps arrivent le Mercredy d'aprés la Pentecôte, le Mercredy d'a-

prés l'Exaltation de la Sainte Croix en Septembre,
le Mercredy d'aprés la Fête de sainte Luce en Decembre, & le Mercredy d'aprés les Cendres.

PROBLEME XIX.

*Trouver à quel jour de la Semaine commence cha-
que Mois d'une Année proposée.*

CE Problême se peut aisément resoudre par le
moyen de la Table suivante, sçavoir en cherchant à la tête la Lettre Dominicale de l'Année
proposée, par exemple D, pour cette Année 1693.

*Table pour trouver le commencement de
chaque Mois.*

	A	B	C	D	E	F	G
Janvier	Dimanche	Sam.	Vendr.	Jeudy	Mercr.	Mardy	Lundy
Février	Mercredy	Mardy	Lundy	Dim.	Sam.	Vendr	Jeudy
Mars	Mercredy	Mardy	Lundy	Dim.	Sam.	Vendr.	Jeudy
Avril	Samedy	Vendr.	Jeudy	Mercr.	Mardy	Lundy	Dim.
May	Lundy	Dim.	Samed.	Vendr.	Jeudy	Mercr.	Mardy
Juin	Jeudy	Mercr	Mardy	Lundy	Dim.	Sam.	Vendr.
Juillet	Samedy	Vendr.	Jeudy	Mercr.	Mardy	Lundy	Dim.
Aoust	Mardy	Lundy	Dim.	Sam.	Vendr	Jeudy	Mercr.
Septembre	Vendredy	Jeudy	Mercr.	Mardy	Lundy	Dim.	Sam.
Octobre	Dimanche	Sam.	Vendr	Jeudy	Mercr.	Mardy	Lundy
Novembre	Mercredy	Mardy	Lundy	Dim.	Sam.	Vendr.	Jeudy
Decembre	Vendredy	Jeudy	Mercr.	Mardy	Lundy	Dim.	Sam.

car au dessous de cette Lettre D, l'on trouve que
Janvier commence par un Jeudy, Février par un
Dimanche, Mars aussi par un Dimanche, Avril par
un Mercredy, May par un Vendredy, Juin par un
Lundy, Juillet par un Mercredy, Aoust par un Sa-
medy, Septembre par un Mardy, Octobre par un

A a iij

Jeudy, Novembre par un Dimanche, & Decembre par un Mardy.

Lorsque l'Année est Bissextile, auquel cas elle a deux Lettres Dominicales, comme l'Année passée 1692. qui a eu ces deux Lettres Dominicales F, E, on se servira de la premiere F, pour les deux premiers Mois, Janvier, Février, & de la derniere E pour les dix autres Mois.

PROBLEME XX.

Trouver le quantiéme du mois se rencontre un jour donné de la Semaine en une Année proposée.

CE Problême se peut aussi aisément resoudre par le moyen de la Table suivante, qui montre les jours du mois, ausquels se rencontre chaque jour de la Semaine, lorsque le commencement du mois arrive un certain jour de la semaine, ce qui se peut connoître par le Problême precedent, aprés quoy on achevera le reste en cette sorte.

Table pour trouver à quel jour du mois arrive un jour proposé d'une Semaine.

DIMANCHE.						LUNDY.				
Dimanche	1	8	15	22	29	Lundy	1	8	15	22	29
Lundy	2	9	16	23	30	Mardy	2	9	16	23	30
Mardy	3	10	17	24	31	Mercredy	3	10	17	24	31
Mercredy	4	11	18	25		Jeudy	4	11	18	25	
Jeudy	5	12	19	26		Vendredy	5	12	19	26	
Vendredy	6	13	20	27		Samedy	6	13	20	27	
Samedy	7	14	21	28		Dimanche	7	14	21	28	

MARDY.

Mardy	1	8	15	22	29
Mercredy	2	9	16	23	30
Jeudy	3	10	17	24	31
Vendredy	4	11	18	25	
Samedy	5	12	19	26	
Dimanche	6	13	20	27	
Lundy	7	14	21	28	

VENDREDY.

Vendredy	1	8	15	22	29
Samedy	2	9	16	23	30
Dimanche	3	10	17	24	31
Lundy	4	11	18	25	
Mardy	5	12	19	26	
Mercredy	6	13	20	27	
Jeudy	7	14	21	28	

MERCREDY.

Mercredy	1	8	15	22	29
Jeudy	2	9	16	23	30
Vendredy	3	10	17	24	31
Samedy	4	11	18	25	
Dimanche	5	12	19	26	
Lundy	6	13	20	27	
Mardy	7	14	21	28	

SAMEDY.

Samedy	1	8	15	22	29
Dimanche	2	9	16	23	30
Lundy	3	10	17	24	31
Mardy	4	11	18	25	
Mercredy	5	12	19	26	
Jeudy	6	13	20	27	
Vendredy	7	14	21	28	

JEUDY.

Jeudy	1	8	15	22	29
Vendredy	2	9	16	23	30
Samedy	3	10	17	24	31
Dimanche	4	11	18	25	
Lundy	5	12	19	26	
Mardy	6	13	20	27	
Mercredy	7	14	21	28	

Pour sçavoir le quantiéme du mois de May par exemple, de cette année 1693. arrive le Lundy, ayant trouvé par le Problème precedent, que le mois de May a commencé en cette Année 1693. par un Vendredy, je cherche dans la Table precedente le Lundy à la colonne de la main gauche sous le Vendredy qui est écrit en lettres capitales, & je trouve vis-à-vis ces quatre nombres 4, 11, 18, 25, qui signifient que le Lundy arrive en cette Année 1693. le 4. 11. 18. & 25. jour du mois de May; & l'on connoîtra de la même façon que le Dimanche arrive le 3. 10. 17. 24. & 31. jour du mois de May de la même Année 1693. Ainsi des autres.

Pareillement pour sçavoir le quantiéme du mois d'Avril de l'Année passée 1692. vient le Lundy, sçachant par le Problême precedent que le mois d'Avril a commencé un Mardy en l'Année 1692. je cherche dans la Table precedente sous Mardy, qui est écrit en lettres capitales, le Lundy à la gauche, & je trouve vis-à-vis à la droite ces quatre nombres 7, 14, 21, 28, qui font connoître qu'en l'Année 1692. le Lundy est arrivé le 7. 14. 21. & 28. jour du mois d'Avril : & l'on connoîtra de la même façon, que le Jeudy est arrivé le 3. 10. 17. & 24. en laissant 31, parce que le mois d'Avril n'a que 30 jours.

Remarque:

On peut aussi par le moyen de la Table precedente, & du Problême precedent, resoudre le *Probl.* 17. c'est-à-dire, trouver à quelle Ferie, ou à quel jour de la Semaine tombe un jour proposé de quelque mois que ce soit, & pour quelque Année que ce soit depuis Jesus-Christ, comme vous allez voir.

Le Château de Namur s'est rendu à l'obeïssance du Roy le 30. Juin 1692. & l'on veut sçavoir à quel jour de la Semaine cela est arrivé. Ayant connu pat le Problême precedent que le mois de Juin a commencé par un Dimanche, je cherche le nombre 30 dans la Table precedente sous Dimanche en lettres capitales, & je trouve dans la premiere colonne vers la gauche, que le 30. de Juin a répondu à un Lundy, & qu'ainsi c'est un Lundy que le Château de Namur a capitulé.

Puisque nous avons donné une Table pour trouver à quel jour du mois arrive un jour proposé de la Semaine, ou reciproquement à quel jour de la Semaine tombe un jour proposé du mois, & une autre Table pour connoître à quel jour de la Semaine commence chaque mois d'une Année proposée depuis Jesus-Christ : & que cela dépend de la Lettre Dominicale, dont nous avons enseigné l'invention au *Probl.* 16. nous donnerons aussi une Table pour trouver autrement & plus facilement la même Lettre Dominicale à perpetuité, selon le Calendrier nouveau.

Cette Table que vous avez dans les deux pages suivantes, a été divisée pour une plus grande commodité en deux parties, dont la premiere sert pour connoître la Lettre Dominicale, selon le Calendrier Gregorien depuis la Naissance de Nôtre Seigneur jusqu'à la fin de ce Siecle 1600, & l'autre pour connoître la même Lettre Dominicale pour les Siecles suivans 1700, 1800, 1900, & ainsi ensuite jusqu'au Siecle 2700, & il est facile de la continuer à l'infiny.

Cette separation a été ainsi faite pour la distinction des Années qui font les commencemens des Siecles, & qui ne font pas Bissextiles selon le Calendrier Gregorien, sçavoir 1700. 1800. 1900. 2100. 2200. 2300. 2500. 2600. 2700. comme elles le devroient être, selon le Calendrier Ju-

lien : ce qui fait qu'à ces Années on n'a pas ajoûté
en deſſous une double Lettre Dominicale , comme
nous avons fait aux Années 1600. 2000. 2400.
qui ſont Biſſextiles , & pareillement aux Années
1628. 1656. 1684. ſçavoir les deux Lettres BA,
parce que ces Années ſont auſſi Biſſextiles : & pareillement les deux Lettres FG aux Années Biſſextiles 1732. 1760. 1788. &c.

Table des Lettres Dominicales pour chaque Année, depuis la Naissance
de Nôtre Seigneur jusqu'à l'Année 1700.

				0 / 700 / 1400	100 / 800 / 1500	200 / 900 / 1600	300 / 1000	400 / 1100	500 / 1200	600 / 1300
0	28	56	84	G F	A G	B A	C B	D C	E D	F E
1	29	57	85	E	F	G	A	B	C	D
2	30	58	86	D	E	F	G	A	B	C
3	31	59	87	C	D	E	F	G	A	B
4	32	60	88	B A	C B	D C	E D	F E	G F	A G
5	33	61	89	G	A	B	C	D	E	F
6	34	62	90	F	G	A	B	C	D	E
7	35	63	91	E	F	G	A	B	C	D
8	36	64	92	D C	E D	F E	G F	A G	B A	C B
9	37	65	93	B	C	D	E	F	G	A
10	38	66	94	A	B	C	D	E	F	G
11	39	67	95	G	A	B	C	D	E	F
12	40	68	96	F E	G F	A G	B A	C B	D C	E D
13	41	69	97	D	E	F	G	A	B	C
14	42	70	98	C	D	E	F	G	A	B
15	43	71	99	B	C	D	E	F	G	A
16	44	72		A G	B A	C B	D C	E D	F E	G F
17	45	73		F	G	A	B	C	D	E
18	46	74		E	F	G	A	B	C	D
19	47	75		D	E	F	G	A	B	C
20	48	76		C B	D C	E D	F E	G F	A G	B A
21	49	77		A	B	C	D	E	F	G
22	50	78		G	A	B	C	D	E	F
23	51	79		F	G	A	B	C	D	E
24	52	80		E D	F E	G F	A G	B A	C B	D C
25	53	81		C	D	E	F	G	A	B
26	54	82		B	C	D	E	F	G	A
27	55	83		A	B	C	D	E	F	G

Suite de la Table des Lettres Dominicales jusqu'à l'Année 2800.

				1600 / 2000 / 2400	1700 / 2100 / 2500	1800 / 2200 / 2600	1900 / 2300 / 2700
0	28	56	84	B A	C	E	G
1	29	57	85	G	B	D	F
2	30	58	86	F	A	C	E
3	31	59	87	E	G	B	D
4	32	60	88	D C	F E	A G	C B
5	33	61	89	B	D	F	A
6	34	62	90	A	C	E	G
7	35	63	91	G	B	D	F
8	36	64	92	F E	A G	C B	E D
9	37	65	93	D	F	A	C
10	38	66	94	C	E	G	B
11	39	67	95	B	D	F	A
12	40	68	96	A G	C B	E D	G F
13	41	69	97	F	A	C	E
14	42	70	98	E	G	B	D
15	43	71	99	D	F	A	C
16	44	72		C B	E D	F G	B A
17	45	73		A	C	E	G
18	46	74		G	B	D	F
19	47	75		F	A	C	E
20	48	76		E D	G F	B A	D C
21	49	77		C	E	G	B
22	50	78		B	D	F	A
23	51	79		A	C	E	G
24	52	80		G F	B A	D C	F E
25	53	81		E	G	B	D
26	54	82		D	F	A	C
27	55	83		C	E	G	B

Pour connoître par le moyen de cette Table la Lettre Dominicale pour une Année proposée depuis Jesus-Christ, par exemple, pour cette Année 1693. cherchez à la Table l'Année 1600. & à côté vers la gauche le reste des Années 93, & vis-à-vis des deux vous trouverez D pour la Lettre Dominicale de cette Année 1693. Ainsi des autres,

PROBLEME XXI.

Trouver le nombre de l'Indiction Romaine pour une Année proposée.

LEs Grecs comptoient autrefois leurs Années par *Olympiades*, qui est une revolution de quatre Années, au bout de laquelle ils celebroient des Jeux qu'ils appelloient *Olympiques*, parce qu'ils furent autrefois instituez par Hercule proche la Ville d'Olympe en Arcadie; mais depuis que Rome eut soûmis la Grece à sa Domination, elle ne voulut plus que l'on comptât par Olympiade, ayant trouvé ce terme de quatre Années trop court, & elle le mit à trois Lustres, ou à quinze Années, qu'on appella *Indiction*.

Ainsi l'Indiction est un espace de quinze Années, au bout duquel on commence de nouveau à compter par une circulation continuelle. Cette Periode de quinze Années a été appellée *Indiction*, parce que selon quelques Auteurs elle servoit aux Romains à indiquer l'Année qu'il falloit payer la Taille ou le Tribut à la Republique, ce qui luy a donné le nom d'*Indiction Romaine*, & on la nomme aussi *Indiction Pontificale*, qui a son commencement au premier jour de Janvier, parce que la Cour de Rome s'en sert dans ses Bulles & dans toutes ses Expeditions.

J'ay dit, selon quelques Auteurs, parce qu'on ne trouve nulle part de quelle cause est procedé ce nombre de quinze années pour supputer les Indictions, sinon que les Soldats aprés avoir servy quinze ans dans les Armées, & apiés avoir reçû comme quinze Soldes, pouvoient être honorablement congediez avec toutes sortes de franchises, & s'ils y vouloient demeurer, ils joüissoient de plus grands privileges. Il semble donc que cette façon de compter quinze années de solde par autant d'années d'Indiction soit arrivée de ce que tous les ans l'Indiction se faisoit aux Provinces par l'ordre du Prince, pour fournir & distribuer la munition aux Soldats, ce qui est la cause que l'Indiction a été quelquefois appellée *Distribution & Largesse.*

Quoiqu'il en soit, voici la maniere de trouver le nombre de l'Indiction Romaine pour une Année proposée depuis Jesus-Christ. Parce qu'en l'Année 1632. par exemple, le nombre de l'Indiction étoit 15, en divisant 1632 par 15, le reste 12 de la division fait connoître que la 12. Année de Jesus-Christ on avoit 12 d'Indiction, & que par consequent trois ans avant la Nativité de Nôtre Seigneur, on a eu le commencement du Cycle de l'Indiction.

C'est pourquoy pour trouver le nombre de l'Indiction Romaine pour quelque Année que ce soit depuis Jesus-Christ, par exemple, pour cette Année 1693. ajoûtez 3 à 1693, & divisez la somme 1696 par 15, & le reste 1 est le nombre de l'Indiction pour cette Année 1693. De même pour trouver l'Indiction pour l'Année 1700, on ajoûtera 3 à 1700, & l'on divisera la somme 1703 par 15, & le reste de la division donnera 8 pour le nombre de l'Indiction que l'on cherche.

PROBLEME XXII.

Trouver le nombre de la Periode Julienne pour une Année proposée.

Quoique l'Indiction Romaine n'ait aucune connexion avec les mouvemens celestes, neanmoins on ne laisse pas de comparer cette revolution de 15 années avec la Periode du Cycle Lunaire de 28 années, & la Periode du nombre d'or de 19 années, en multipliant ensemble ces trois Cycles 15, 28, 19, pour avoir en leur produit solide cette fameuse Periode de 7980 ans, qu'on appelle *Periode Julienne*, parce que c'est Julius Scaliger qui en a parlé le premier, & que les Chronologistes modernes ont introduite, pour y rapporter toute la difference des temps par quelque évenement dans les Histoires, étant certain que ce nombre de 7980 ans contient toutes les differentes combinaisons des trois Cycles precedens, qui dans tout ce temps ne peuvent jamais plus d'une fois se rencontrer d'une même maniere.

Il sera facile de trouver le nombre de cette Periode de 7980 ans pour une Année proposée depuis Jesus-Christ, si l'on sçait une fois son commencement, c'est-à-dire, le temps qu'elle doit avoir commencé avant la premiere Année de Jesus-Christ, & mêmes avant la Creation du Monde : car comme ce Cycle est grand, son commencement dans lequel chacun des trois Cycles qui le composent, auroit eu le même nombre 1, surpasse de plusieurs années, non-seulement l'Epoque des Chrétiens, mais encore le terme que l'Ecriture Sainte attribuë à la Création du Monde. Voici donc la maniere de trouver le commencement de cette grande Periode.

Parce qu'en la premiere Année de Jesus-Christ on a eu 4 d'Indiction, 10 de Cycle Solaire, & 2 de Cycle Lunaire, ou de Nombre d'or, multipliez le

<pre>
      6916   4845   4200
Indiction 4   Cycle Sol. 10   Cycl. Lun. 2
    ────   ────   ────
    27664   48450   8400
                                       48450
                     4714   27664
                     1692   ────
                     ───
                     6406   84514 (10
                                      7980
                                      ────
                                      4714
</pre>

nombre 4 de l'Indiction toûjours par 6916, le nombre 10 du Cycle Solaire toûjours par 4845, & le nombre 2 du Cycle Lunaire toûjours par 4200, & ajoûtez ensemble les trois produits 27664, 48450, 8400, pour diviser leur somme 84514 par 7980, qui est la Periode Julienne, & en negligeant le quotient 10, le reste 4714 de la division fait connoître que le commencement de la Periode Julienne est 4714 années avant la Naissance de Jesus-Christ.

Sçachant donc que le commencement de la Periode Julienne est 4714 ans avant la Naissance de nôtre Sauveur, si l'on veut sçavoir le nombre de cette Periode pour une Année proposée depuis Jesus-Christ, par exemple, pour cette Année 1693. ajoûtez au nombre 4714 des années du commencement de la Periode Julienne le nombre 1692 des années qui se sont écoulées depuis la Naissance

de

Nôtre Seigneur jufqu'à la prefente année 1693,
& la fomme 6406 fera l'Année Julienne qu'on
cherche.

Ou bien fervez-vous de la Methode precedente, c'eft-à-dire, multipliez le nombre 1 de l'Indiction pour cette Année 1693. par 6916, le nombre 22 du Cycle Solaire par 4845, & le nombre

$$
\begin{array}{ccc}
6916 & 4845 & 4200 \\
\textit{Indiction}\ 1 & \textit{Cycle Sol.}\ 22 & \textit{Cycle Lun.}\ 3 \\
\hline
6916 & 9690 & 12600 \\
 & 9690 & 106590 \\
 & \hline & 6916 \\
 & 106590 & \hline \\
 & & 126106\,(\,15 \\
 & & 7980 \\
 & & \hline \\
 & & 46306 \\
 & & 7980 \\
 & & \hline \\
 & & 6406 \\
\end{array}
$$

3 du Cycle Lunaire par 4200, & ajoûtez enfemble les trois produits 6916, 106590, 12600,
pour divifer leur fomme 126106 par 7980, &
fans fe mettre en peine du quotient 15, le refte de
la divifion donnera 6406, comme auparavant,
pour l'Année Julienne qu'on cherche. Voyez le
Problême fuivant.

Remarque.

Comme la Periode Julienne n'a été inventée
que pour arriver à l'origine des temps, & qu'elle

n'a que deux Cycles naturels & aftronomiques, fçavoir le Cycle Solaire, & le Cycle Lunaire : le Cycle de l'Indiction étant arbitraire & politique, il femble qu'au lieu de ce troifiéme Cycle on devroit plûtôt prendre le nombre 30 du Cycle naturel des Epactes, & la Periode qui fe formeroit par la multiplication continuelle de ces trois Cycles 28, 19, 30, fçavoir 15960 feroit plus propre pour la Chronologie, non-feulement parce qu'elle eft compofée de trois Cycles naturels, qu'il eft bon de ne point feparer, mais encore parce qu'elle eft plus étenduë que la Periode Julienne qui n'en eft que la moitié.

Cette Periode de 15960 années a été appellée par fon Auteur Jean Loüis d'Amiens Capucin, *Periode de Loüis le Grand*, parce qu'il l'a imaginée fous le Regne heureux de Loüis LE GRAND. Or quoique la Periode Julienne étant doublée égale à celle-ci, il ne faut pas croire pour cela qu'elle doive faire le même effet dans la Chronologie que la Periode de Loüis le Grand, car il s'en faut de beaucoup, comme dit l'Auteur de cette Periode, de laquelle nous ne parlerons pas davantage, parce que quoy qu'excellente, les Chronologiftes ont donné la preference à la Periode Julienne, pour être venuë la premiere.

PROBLEME XXIII.

Trouver le nombre de la Periode Dionifienne pour une Année propofée.

SI l'on multiplie feulement la Periode 28 du Cycle Solaire par la Periode 19 du Cycle Lunaire, il fe formera une Periode de 532 Ans, qu'on appelle *Periode Dionisienne* ; du nom de son inventeur, & qui sert à connoître toutes les differences & tous les changemens, qui se peuvent rencontrer entre les Nouvelles-Lunes & les Lettres Dominicales dans le cours de 532 Ans, aprés lesquels les combinaisons des uns & des autres retournent dans le même ordre, & continuent dans la même suite.

Pour trouver le nombre de cette Periode de 532 Ans, pour une Année proposée depuis Jesus-Christ, par exemple, pour cette Année 1693. qui a 22

Cycle Sol. 22	*Cycle Lun.* 3	2682
57	476	532 (5
154	1428	22
110	1254	
1254	2682	

de Cycle Solaire, & 3 de Cycle Lunaire, multipliez le nombre 22 du Cycle Solaire toûjours par 57, & le nombre 3 du Cycle Lunaire toûjours par 476, & ajoûtez ensemble les deux produits 1254, 1428, pour diviser leur somme 2682 toûjours par 532, c'est-à-dire, par la Periode Dionisienne, & sans vous mettre en peine du quotient 5, arrêtez-vous au reste de la division, qui vous donnera 22 pour le nombre de la Periode Dionisienne en cette Année 1693.

Remarque.

Le nombre 57, par lequel on a multiplié le nombre 22 du Cycle Solaire, est tel qu'étant di-

visé par la Periode 28 du Cycle Solaire, il reste 1,
& qu'étant divisé par la Periode 19 du Cycle Lunaire, il ne reste rien : & reciproquement le nombre 476, par lequel on a multiplié le nombre 3 du
Cycle Lunaire, est tel qu'étant divisé par la Periode 19 du Cycle Lunaire, il reste 1, & qu'étant
divisé par la Periode 28 du Cycle Solaire, il ne
reste rien. Ainsi le premier nombre 57 fait connoître l'Année Dionisienne, à laquelle on a 0, ou 19
de Nombre d'or, & 1 de Cycle Solaire : & le second nombre 476 fait connoître l'Année Dionisienne, à laquelle on a 0 ou 28 de Cycle Solaire,
& 1 de Nombre d'or.

Pour trouver le premier nombre 57, qui doit
être multiple de 19, afin qu'étant divisé par 19,
il ne reste rien, si l'on met par exemple le double
de 19, sçavoir 38 pour le nombre qu'on cherche,
ce nombre 38 étant divisé par 28, il reste 10, au
lieu de rester 1, comme porte la Question : &
comme ce reste 10 est moindre que le diviseur 28
de 18, il est évident que si l'on ajoûte 18 à 38,
on aura 56, qui étant divisé par 28, il ne restera
rien ; c'est pourquoy si au lieu d'ajoûter 18 à 38,
on ajoûte 19, on aura 57, qui sera le nombre
qu'on cherche, parce qu'il se rencontre multiple
de 19, sçavoir le triple.

Si de la Periode Dionisienne 532, on ôte ce
premier nombre trouvé 57, & qu'au reste 475,
on ajoûte 1, on aura le second nombre 476, que
l'on peut aussi trouver immediatement par un raisonnement semblable au precedent, excepté qu'il
y a plus de tentatives à faire, comme vous allez
voir.

Pour donc trouver le second nombre 476, qui
doit être multiple de 28, afin qu'étant divisé par

28, il ne reste rien, si l'on met par exemple le double de 28, sçavoir 56 pour le nombre qu'on cherche, ce nombre 56 étant divisé par 19, il reste 18, au lieu qu'il devroit rester 1, comme porte la Question : & comme ce reste 18 est moindre que le diviseur 19 de 1, il est évident que si l'on ajoûte 1 à 56, on aura 57, qui étant divisé par 19, il ne restera rien ; c'est pourquoy si au lieu d'ajoûter 1 à 56, on ajoûte 2, on aura 58, qui étant divisé par 19, il restera 1. Mais comme ce nombre 58 ne se rencontre pas multiple de 28, il n'est pas le nombre qu'on cherche ; ainsi l'on en cherchera un autre de la même façon, en multipliant 28 par 3, par 4, par 5, & ainsi ensuite jusqu'à ce qu'on rencontre un multiple de 28, qui étant divisé par 19, il reste 1, ce qui arrivera ici en multipliant 28 par 17, & le produit 476 sera le nombre qu'on cherche, & qui étant pareillement ôté de la Periode Dionisienne 532, & le reste 56 étant augmenté de l'Unité, on aura 57 pour le premier nombre.

Pareillement le nombre 6916, par lequel on a multiplié dans le Problême precedent le nombre de l'Indiction, est tel qu'étant divisé par la Periode 15 de l'Indiction, il reste 1, & qu'étant divisé par la Periode 28 du Cycle Solaire, & par la Periode 19 du Cycle Lunaire, ou ce qui est la même chose, par le produit 532 de ces deux Periodes, il ne reste rien : & le nombre 4845, par lequel on a multiplié dans le Problême precedent le nombre du Cycle Solaire, est tel qu'étant divisé par la Periode 28 du Cycle Solaire, il reste 1, & qu'étant divisé par la Periode 19 du Cycle Lunaire, & par la Periode 15 de l'Indiction, ou ce qui est la même chose, par le produit 285 de ces deux Periodes, il ne reste rien : & enfin le nombre 4200, par lequel on a multiplié dans le Problême precedent le nombre du Cycle Lunaire, est tel qu'étant divisé par la Periode 19 du Cycle Lunaire, il reste 1, & qu'étant divisé par la Periode 15 de l'Indiction, & par la Periode 28 du Cycle Solaire, ou ce qui est la même chose, par le produit 4200 de ces deux Periodes, il ne reste rien.

Le premier nombre 6916 nous fait connoître l'Année Julienne, à laquelle nous avons 1 d'Indiction, & 0 de Nombre d'or, & de Cycle Solaire, ou 0 de Periode Dionisienne : le second nombre 4845 nous fait connoître l'Année Julienne, à laquelle on a 1 de Cycle Solaire, & 0 de Nombre d'or, & d'Indiction : & le troisiéme nombre 4200 nous fait connoître l'Année Julienne, à laquelle on a 1 de Nombre d'or, & 0 de Cycle Solaire, & d'indiction. Ces trois nombres ont été trouvez comme les deux precedens.

PROBLEME XXIV.

Connoître les Mois de l'Année, qui ont 31 jours, & ceux qui n'en ont que 30.

Planche 45. 125. Fig.

ELevez le Pouce A, le Doigt du milieu C, & l'Auriculaire E, ou le petit doigt de la main gauche, & abaissez les deux autres, sçavoir l'Index B, qui suit le Pouce, & l'Annulaire D, qui est entre le Doigt du milieu, & l'Auriculaire. Aprés cela commencez à compter Mars sur le Pouce A, Avril sur l'Index B, May sur le Doigt du milieu C, Juin sur l'Annulaire D, Juillet sur l'Auriculaire E : & de nouveau continuez à compter Aoust sur le Pouce, Septembre sur l'Index, Octobre sur le

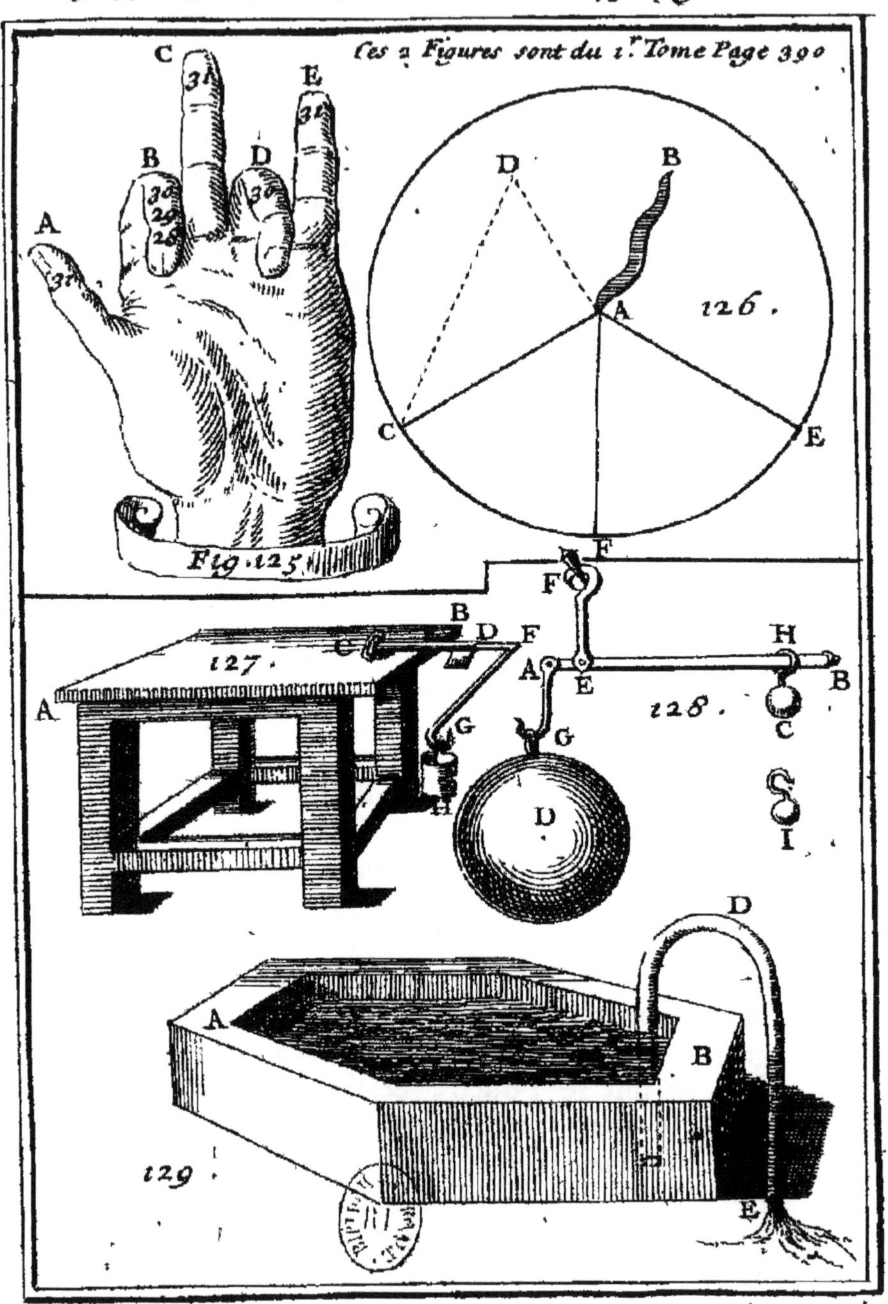
C
E
B
D
38
30
30
28
28
A
37
Ces 2 Figures sont du 1.r Tome Page 390
D
B
A
126.
C
E
Fig. 125
F
F
127.
B
D
F
C
A
G
H
A
E
128.
B
H
C
G
D
S
I
D
A
B
129.
E

Doigt du milieu, Novembre sur l'Annulaire, Decembre sur l'Auriculaire : & enfin en recommen-
çant continuez à compter Janvier sur le Pouce, &
Février sur l'Index ; & alors tous les Mois qui tomberont sur les Doigts élevez A, C, E, auront 31
jours, & ceux qui tomberont sur les Doigts abaiffez B, D, n'en auront que 30, excepté le Mois
de Février, qui n'a jamais plus de 29 jours quand
l'Année est Bissextile, & seulement 28, lorsque
l'Année est commune.

PROBLEME XXV.

*Trouver le jour de chaque Mois, auquel le Soleil
entre dans un Signe du Zodiaque.*

LE Soleil entre au commencement des Signes
du Zodiaque environ le 20. de chaque Mois
de l'Année, sçavoir au commencement de ♈ environ le 20. Mars, au commencement de ♉ environ le 20. Avril, & ainsi ensuite : & pour sçavoir
ce jour un peu plus exactement, servez-vous de ces
deux Vers artificiels, dont l'Usage est tel ;

> *Inclita Laus Justis Impenditur, Harefis Horret,*
> *Grandia Gefta Gerens Felici Gaudet Honore.*

Distribuez les douze dictions de ces deux Vers
aux douze Mois de l'Année, en commençant par
Mars que vous attribuerez à *Inclita*, & en finissant
par Février, qui répondra à *Honore* : & considerez
le nombre que la premiere lettre de chaque mot
obtient dans l'Alphabet, car si de 30 vous ôtez ce
nombre, vous aurez au reste le nombre du Mois
qu'on cherche.

B b iiij

Par exemple, *Inclita* répond au mois de Mars, & au Signe du Belier, & sa premiere lettre I est la 9. lettre de l'Alphabet, si l'on ôte 9 de 30, le reste 21 fait connoître que le 21. de Mars le Soleil entre dans Aries. Pareillement *Gaudet* répond au mois de Janvier & au Signe du Verseau, & sa premiere lettre G est la 7. dans l'ordre Alphabetique, en ôtant 7 de 30, le reste 23 fait connoître que le 23. Janvier le Soleil entre au Verseau. Ainsi des autres.

PROBLEME XXVI.

Trouver le degré du Signe, où le Soleil se rencontre en un jour proposé de l'Année.

POur sçavoir le lieu du Soleil dans le Zodiaque, c'est-à-dire, en quel degré d'un Signe le Soleil est à chaque jour de quelque Mois que ce soit, par exemple, aujourd'huy 18. May, auquel il répond dans les deux Vers du Problême precedent, ce mot *Justis*, dont la premiere lettre I est la 9. de l'Alphabet, ajoûtez ce nombre 9 au nombre 18 du jour proposé, & la somme 27 vous fera connoître que le 18. de May le Soleil occupe le 27. degré du Taureau, qui répond à la diction precedente *Laus*, la premiere *Inclita* répondant au Belier, comme nous avons dit au Problême precedent.

Cela se pratique ainsi, lorsque la somme est moindre que 30, comme ici, car quand elle sera plus grande que 30, on prendra le Signe qui répond au mot Latin du mois proposé, & l'on ôtera 30 de cette somme, pour avoir au reste le degré de ce Signe.

Comme pour sçavoir le degré du Signe courant du Soleil, le 25. du mois d'Aoust, auquel il répond dans le premier des deux Vers precedens le mot Latin *Horret*, qui appartient au Signe de la Vierge, & dont la premiere lettre H est la 8. de l'Alphabet ; ajoûtez 8 à 25, & ôtez 30 de la somme 33, & le reste 3 vous fait connoître que le Soleil est au 3. degré de la Vierge le 25. du mois d'Aoust.

Remarque.

Dans ce Problême & dans le precedent, nous avons supposé que l'on sçache l'ordre des douze Signes du Zodiaque, & les Mois qui leur répondent, ce que peu de personnes ignorent : neanmoins pour ceux qui ne le sçavent pas, nous avons ici ajoûtez ces deux Vers Latins,

Sunt Aries, Taurus, Gemini, Cancer, Leo,
Virgo,
Libraque, Scorpius, Arcitenens, Caper, Am-
phora, Pisces.

où l'on se souviendra que le premier Signe *Aries*, répond au Mois de Mars, le second *Taurus* au Mois d'Avril, & ainsi ensuite jusqu'au dernier *Pisces*, qui répond au Mois de Février.

PROBLEME XXVII.

Trouver le Lieu de la Lune dans le Zodiaque en un jour proposé d'une Année.

ON trouvera premierement le Lieu du Soleil dans le Zodiaque, comme il a été enseigné au Problême precedent, & ensuite la distance de la Lune au Soleil, ou l'arc de l'Ecliptique, compris entre le Soleil & la Lune, comme nous allons enseigner.

Ayant trouvé *par Probl.* 14. l'âge de la Lune, & l'ayant multiplié toûjours par 12; divisez le produit toûjours par 30, & le quotient donnera le nombre des *Signes*, & le reste de la division donnera le nombre des degrez de la distance de la Lune au Soleil. C'est pourquoy si selon l'ordre des *Signes* on compte cette distance dans le Zodiaque, en commençant depuis le Lieu du Soleil, on aura le Lieu de la Lune qu'on cherche.

Comme si l'on veut sçavoir le Lieu de la Lune aujourd'huy 18. May 1693. auquel jour le Soleil occupe le 27. degré du Taureau, & l'âge de la Lune est 14; en multipliant 14 par 12; & en divisant le produit 168 par 30, le quotient 5, & le reste 18 de la division, font connoître que la Lune est éloignée du Soleil de 5 Signes & de 18 degrez. Si donc on compte 5 Signes & 18 degrez dans le Zodiaque depuis le 27. degré du Taureau, qui est le Lieu du Soleil, on tombera sur le 15. degré du Scorpion, qui est le Lieu de la Lune.

PROBLEME XXVIII.

Trouver à quel Mois de l'Année appartient une Lunaison.

DAns l'Usage du Calendrier Romain, chaque Lunaison est estimée appartenir au Mois où elle se termine, suivant cette ancienne maxime des Computistes

In quo completur mensi Lunatio detur.

C'est pourquoy pour sçavoir si une Lunaison appartient à un Mois proposé de quelque Année que ce soit, par exemple, à ce Mois de May 1693. ayant trouvé *par Probl.* 14. l'âge de la Lune au dernier jour de May qui a 31 jours, sçavoir 27, cet âge 27 fait connoître que la Lune finit au mois suivant, c'est-à-dire, au mois de Juin, & que par conséquent elle appartient à ce Mois. Il fait aussi connoître que la Lunaison precedente a fini au mois de May, & que par conséquent elle appartient à ce Mois. Ainsi des autres.

PROBLEME XXIX.

Connoître les Années Lunaires qui sont communes, & celles qui sont Embolismiques.

CE Problême est aisé à resoudre par le moyen du precedent, par lequel on connoît facilement qu'un même Mois Solaire peut avoir deux Lunaisons, parce qu'il se peut faire que deux Lunes finissent en un même Mois, sçavoir lorsqu'il aura 30, ou 31 jours : comme Novembre qui a 30 jours, où une Lune peut finir le premier de ce mois, & la suivante le dernier, ou le 30. du même Mois; & alors cette Année aura treize Lunes, & sera par conséquent Embolismique. En voici un exemple.

En l'Année 1712. la premiere Lune de Janvier finissant au huitiéme de ce mois, la deuxiéme de Février au sixiéme, la troisiéme de Mars au huitiéme, la quatriéme d'Avril au sixiéme, la cinquiéme de May aussi au sixiéme, la sixiéme de Juin au quatriéme, la septiéme de Juillet aussi au quatriéme, la huitiéme d'Aouſt au deuxiéme , la neuviéme de Septembre au premier , la dixiéme d'Octobre auſſi au premier , l'onziéme auſſi d'Octobre au trentié-me du même Mois, la douziéme de Novembre au vingt-neuviéme , & la treiziéme de Decembre au vingt-huitiéme ; l'on connoît par là que cette An-née étant de treize Lunes eſt Emboliſmique.

On connoît pour le Calendrier nouveau , pour lequel tout ce que nous avons dit touchant le Compoſt Eccleſiaſtique , ſe doit entendre , que tou-tes les Années civiles Lunaires , qui ont leur com-mencement au premier de Janvier , ſont Emboliſ-miques, quand elles ont pour Epacte *, 29, 28, 27, 26, 25 , 24 , 23, 22, 21 , 19, & auſſi 18 , quand le Nombre d'or eſt 19.

Ainſi l'on connoît qu'en cette Année 1693. dont l'Epacte eſt 23 , l'Année Lunaire civile eſt Embo-liſmique , c'eſt-à-dire , qu'elle a treize Lunes , ce qui arrive à cauſe que le mois d'Aouſt a deux Lu-naiſons , une Lune finiſſant le premier de ce Mois, & la ſuivante finiſſant le trentiéme du même Mois.

PROBLÉME XXX.

Trouver le temps auquel la Lune éclaire pendant la nuit en un jour propoſé.

AYant trouvé *par Probl.* 14. l'âge de la Lune , & l'ayant augmenté d'une Unité , multipliez la ſomme par 4 , ſi cette ſomme ne paſſe pas 15 , car ſi elle paſſe 15 , il la faut ôter de 30 , & mul-tiplier le reſte par 4 ; aprés quoy l'on diviſera le produit par 5 , & le quotient donnera autant de douziémes parties de la Nuit, pendant leſquelles la Lune luit. Ces douziémes parties ſont appel-lées *Heures inégales* , qu'il faut compter aprés le

Coucher du Soleil, lorſque la Lune croît, & a-
vant le Lever du Soleil, lorſque la Lune décroît.

Comme ſi l'on veut ſçavoir le temps que la Lune luit pendant la nuit de ce jour 21. May 1693.
auquel l'âge de la Lune eſt 17, ajoûtant 1 à 17,
& ôtant la ſomme 18 de 30, il reſtera 12, lequel étant multiplié par 4, & le produit 48 é-
tant diviſé par 5, le quotient donnera 9 heures
inégales & $\frac{3}{5}$, pour le temps auquel la Lune é-
claire la nuit avant le Lever du Soleil.

Il eſt aiſé de reduire les Heures inégales en Heures égales, ou Aſtronomiques, qui ſont la 24.
partie d'un Jour naturel comprenant le Jour & la
Nuit, lorſque l'on ſçait la longueur de la nuit au
jour propoſé. Comme en cet exemple, ſçachant
qu'à Paris la nuit du 21. May eſt de 8 heures &
34 minutes, en diviſant ces 8 heures & 34 minutes par 12, on aura 42 minutes & 50 ſecondes, pour la valeur d'une Heure inégale, laquelle
étant multipliée par $9\frac{3}{5}$, qui eſt le nombre des
Heures inégales, pendant leſquelles la Lune éclaire depuis ſon Lever juſqu'au Lever du Soleil, on
aura 6 Heures égales, & environ 51 minutes pour
le temps compris entre le Lever de la Lune & le
Lever du Soleil.

COROLLAIRE.

Par là on peut *trouver l'heure du Lever de la
Lune*, ſçachant l'heure du Lever du Soleil : car ſi
à l'heure du Lever du Soleil, qui eſt 4 heures &
17 minutes, on ajoûte 12 heures, & que de la

fomme 16 heures & 17 minutes, on ôte 6 heures & 51 minutes, qui eſt le temps compris entre le Lever de la Lune & le Lever du Soleil, on aura au reſte 9 heures & 26 minutes pour l'heure du Lever de la Lune.

PROBLEME XXXI.

Trouver la Hauteur du Soleil, & la Ligne Meridienne.

LOrſque dans le *Probl.* 3. nous avons enſeigné la maniere de trouver la Latitude d'un Lieu propoſé de la Terre, nous avons ſuppoſé que l'on ſçavoit connoître la hauteur du Soleil, & auſſi la Ligne Meridienne, puiſque nous nous ſommes ſervi de la Hauteur Meridienne. Ainſi avant que de finir, nous ajoûterons ici en peu de mots, le moyen de connoître la Hauteur du Soleil en tout temps, & enſuite la Ligne Meridienne.

Planche 45. 126. Fig. Premierement pour trouver la Hauteur du Soleil à quelque heure du jour, élevez à Angles droits ſur un Plan Horizontal, le ſtile AB d'une longueur volontaire, & marquez un point, comme C, à l'extremité de l'ombre du ſtile AB, dans le temps que vous voudrez connoître l'élevation du Soleil ſur l'Horizon. Aprés cela tirez par le pied du ſtile A, & par le point d'ombre C, la ligne AC, qui repreſentera le Vertical du Soleil, & luy tirez par le même pied du ſtile A, la perpendiculaire AD égale au ſtile AB. Enfin tirez par le point D, & par le point d'ombre C, la droite CD, qui repreſentera le rayon du Soleil, tiré de ſon centre par l'extremité B du ſtile AB, & qui fera au point C, avec le Vertical du Soleil AC, l'Angle ACD, qui étant meſuré avec un Tranſporteur, ou autrement, donnera les degrez de la hauteur du Soleil, qu'on cherche.

Secondement pour trouver la Ligne Meridienne, marquez ſur quelque Plan Horizontal, environ deux ou trois heures avant Midy, le point d'ombre C, comme il vient d'être dit : & décrivez du pied du ſtile A, qui repreſente le Zenit, par ce point d'ombre C, la circonference de Cercle CFE, qui repreſentera l'Almicantarat du Soleil. Aprés cela marquez aprés Midy un ſecond point d'ombre, comme E, lorſque l'extremité de l'ombre du ſtile AB ſera retournée ſur la circonference CFE ; & ayant diviſé l'arc CE en deux également au point F, tirez par ce point de milieu F, & par le pied du ſtile A, la droite AF, qui ſera la Ligne Meridienne qu'on cherche.

PROBLEME XXXII.

Connoître facilement les Calendes, les Nones, & les Ides à chaque mois de l'Année.

LEs Calendes, les Nones, & les Ides, qui étoient autrefois en uſage parmi les Romains, ſe peuvent connoître facilement par le moyen de ces trois Vers Latins,

Principium menſis cujuſque vocato Kalendas,
Sex Maius Nonas, *October, Julius, & Mars,*
Quatuor at reliqui : dabit Idus *quilibet Octo.*

dont le premier montre que les *Calendes* ſont le premier jour de chaque mois, ce premier jour étant chez les Romains le premier jour de l'apparition de la Lune ſur le ſoir, auquel ils avoient coûtume d'appeller à la Ville le Peuple de la Campagne, pour apprendre ce qu'il avoit à faire pendant le reſte du mois.

Le second Vers fait connoître, que les *Nones* font les septiémes jours des quatre mois Mars, May, Juillet, & Octobre, & les cinquiémes jours des autres mois ; & l'on connoît par le troisiéme Vers, que les *Ides* font huit jours aprés les Nones, fçavoir les quinziémes jours de Mars, May, Juillet, & Octobre, & les treiziémes jours des autres mois.

, Les Romains comptoient les autres jours à rebours, en allant toûjours en diminuant, & ils donnoient le nom des Nones d'un mois aux jours qui font entre les Calendes & les Nones de ce mois, & le nom des Ides d'un mois aux jours qui font entre les Nones & les Ides de ce mois, & enfin le nom des Calendes d'un mois aux jours qui reftent depuis les Ides jufqu'à la fin du mois precedent.

Ainfi dans les quatre mois, par exemple Mars, May, Juillet, & Octobre, où les Nones ont fix jours, le deuxiéme jour du Mois s'appelle VI. *Nonas*, c'eft-à-dire, le fixiéme jour avant les Nones, la prepofition *antè* étant fous-entenduë : & pareillément le troifiéme jour fe nomme V. *Nonas*, pour dire le cinquiéme jour des Nones, ou avant les Nones, & ainfi des autres. Mais au lieu d'appeller le fixiéme jour du mois II. *Nonas*, on dit, *Pridie Nonas*, c'eft-à-dire, la veille des Nones.

F I N.